计算机基础教程

穆肇南　韩　琰　主　编

北京理工大学出版社
BEIJING INSTITUTE OF TECHNOLOGY PRESS

内容简介

本书是根据教育部计算机基础课程教学指导分委员会提出的“大学计算机基础课教学基本要求”，并结合新的计算机等级考试一级考试大纲的基本要求，以及当前计算机发展的最新成果编写而成。操作系统平台为 Window 7，办公软件为 Microsoft Office 2010。

全书共分为 8 章，第 1 章介绍计算机的基础知识，第 2 章介绍 Windows 7 操作系统的使用方法，第 3 章介绍了 Word 2010 文字处理软件，第 4 章介绍 Excel 2010 表格处理软件，第 5 章介绍了 PowerPoint 2010 演示文稿软件，第 6 章介绍计算机网络基础知识和 Internet 应用基本操作，第 7 章介绍 Access 2010 数据库管理软件，第 8 章介绍程序设计基础。与本书配套的《计算机基础实验教程》包含与教材对应的实验任务、习题和模拟题。

本书内容新颖、层次清晰、图文并茂、通俗易懂、可操作性和实用性强，可作为高等院校非计算机专业的计算机公共基础课程教材，还适用于其他读者自学。

图书在版编目（CIP）数据

计算机基础教程/穆肇南，韩琰主编. —北京：北京理工大学出版社，2016. 8（2020. 7重印）

ISBN 978 - 7 - 5682 - 2955 - 5

Ⅰ. ①计…　Ⅱ. ①穆…②韩…　Ⅲ. ①电子计算机 - 高等学校 - 教材　Ⅳ. ①TP3

中国版本图书馆 CIP 数据核字（2016）第 201631 号

出版发行 / 北京理工大学出版社有限责任公司
社　　址 / 北京市海淀区中关村南大街 5 号
邮　　编 / 100081
电　　话 / （010）68914775（总编室）
　　　　　（010）82562903（教材售后服务热线）
　　　　　（010）68948351（其他图书服务热线）
网　　址 / http://www. bitpress. com. cn
经　　销 / 全国各地新华书店
印　　刷 / 三河市华骏印务包装有限公司
开　　本 / 787 毫米 ×1092 毫米　1/16
印　　张 / 20
字　　数 / 470 千字
版　　次 / 2016 年 8 月第 1 版　2020 年 7 月第 6 次印刷
定　　价 / 48. 00 元

责任编辑 / 陈莉华
文案编辑 / 张　雪
责任校对 / 周瑞红
责任印制 / 李志强

图书出现印装质量问题，请拨打售后服务热线，本社负责调换

前　言

从计算机发明到现在短短的70年，人类社会已经步入了一个新的信息文明时代，计算机技术正以前所未有的发展速度影响着人类的生存方式，人们在思维方式、行为方式、生活方式、交往方式等方面都发生了巨大的变化，计算机已不再是单纯的科学名词，而是被越来越多地赋予了一种新的文化内涵，越来越多地丰富了人类的文化。作为当代大学生，应该认识到计算机文化作为一种新兴的文化形态在当代社会中所具有的重要价值和深远意义。全书的内容构建组成了从文化思维到工具应用的知识体系，旨在将计算机文化融入思想，成为今后在生活、学习、工作、决策、商务等各方面自然而然的一种思考方式。

本书根据教育部计算机基础课程教学指导分委员会提出的“大学计算机基础课教学基本要求”，以及新的计算机等级考试一级考试大纲的基本要求而编写。以 Windows 7 和 Microsoft Office 2010 作为教学软件平台，使学生能够学到当前主流的计算机基本技术，适应日新月异的计算机发展。

本书在内容编排上以“理论适度，重在应用”为原则，采用案例驱动方式来组织、设计教材的内容，全书案例丰富，操作步骤清晰，实用性强。全书共分为8章，第1章介绍计算机的基础知识，第2章介绍 Windows 7 操作系统的使用方法，第3章介绍了 Word 2010 文字处理软件，第4章介绍 Excel 2010 表格处理软件，第5章介绍了 PowerPoint 2010 演示文稿软件，第6章介绍计算机网络基础知识和 Internet 应用基本操作，第7章介绍 Access 2010 数据库管理软件，第8章介绍程序设计基础。

本书由贵州商学院穆肇南、韩琰担任主编，参加编写的还有贵州商学院：贾国荣、郭志伟、张翔、杜少波、杨磊、余先昊、叶符明、洪奕、袁华、陈曦、陆元婷、张俊、何文华等。本书是贵州商学院长期从事计算机基础教学与实践的一线教师经验的归纳、整理与总结。

本书在编写和出版过程中得到了北京理工大学出版社的大力支持和帮助，在此表示诚挚的谢意。此外，编者在本书编写过程中参考了大量的文献和网站资料，在此对这些文献的所有作者表示衷心感谢。

本书内容新颖、层次清晰、图文并茂、通俗易懂、可操作性和实用性强。可作为高等院校非计算机专业的计算机公共基础课程教材，还适用于其他读者自学。

由于计算机技术发展迅速，新技术层出不穷，加上时间仓促以及编者水平有限，书中难免有不妥之处，恳请广大读者批评指正。

编　者

CONTENTS 目录

第 1 章　计算机文化基础 …… (1)
1.1　计算机文化概述 …… (1)
1.1.1　计算机发展简史 …… (1)
1.1.2　计算机文化概念 …… (10)
1.1.3　计算机文化对社会发展的影响 …… (12)
1.2　计算机基础知识 …… (25)
1.2.1　信息的表示与存储 …… (25)
1.2.2　计算机系统 …… (31)
1.2.3　计算机的应用领域 …… (40)
1.2.4　计算机病毒及防治 …… (41)
本章小结 …… (43)
习题 …… (43)
第 2 章　中文操作系统 Windows 7 …… (44)
2.1　计算机操作系统基础知识 …… (44)
2.1.1　操作系统的定义和功能 …… (44)
2.1.2　操作系统的分类 …… (45)
2.1.3　典型操作系统介绍 …… (46)
2.2　Windows 7 概述 …… (47)
2.2.1　Window 7 的运行环境 …… (47)
2.2.2　Window 7 操作系统的启动和关闭 …… (47)
2.3　Window 7 的基本操作 …… (49)
2.3.1　桌面及其基本操作 …… (49)
2.3.2　任务栏 …… (53)
2.3.3　“开始”菜单 …… (54)
2.3.4　窗口及其操作 …… (54)
2.3.5　菜单、对话框及其操作 …… (57)
2.3.6　剪贴板及其操作 …… (58)
2.3.7　Windows 7 自带的常用软件 …… (59)
2.4　文件、文件夹与路径 …… (60)
2.4.1　文件和文件名 …… (60)
2.4.2　文件夹的基本概念 …… (62)

2.4.3　文件目录的结构及路径的表示 …… (62)
2.5　Windows 7 资源管理器的使用 …… (64)
2.5.1　资源管理器简介 …… (64)
2.5.2　文件与文件夹的管理 …… (66)
2.5.3　查看和管理磁盘 …… (74)
2.6　任务管理器 …… (74)
2.6.1　任务管理器简介 …… (74)
2.6.2　任务管理器的使用 …… (75)
2.7　控制面板及其使用 …… (76)
2.7.1　控制面板简介 …… (76)
2.7.2　控制面板的使用 …… (76)
2.8　Windows 7 的系统维护工具 …… (79)
2.8.1　磁盘清理程序 …… (79)
2.8.2　磁盘碎片整理程序 …… (80)
本章小结 …… (81)
第3章　文字处理软件 Microsoft Word 2010 …… (82)
3.1　认识 Microsoft Office 2010 …… (82)
3.1.1　Microsoft Office 2010 常用软件简介及新增功能 …… (82)
3.1.2　Office 2010 组件的共性操作 …… (84)
3.2　文档的录入与编辑——自荐书 …… (86)
3.2.1　录入文档内容——输入自荐书 …… (87)
3.2.2　编辑文档内容——编辑自荐书 …… (90)
3.3　规范与美化文档 …… (94)
3.3.1　设置文档的字符格式——设置自荐书的文字格式 …… (94)
3.3.2　设置文档的段落格式——设置自荐书的段落格式 …… (97)
3.3.3　设置文档的页面格式——设置自荐书的页面格式 …… (101)
3.3.4　设置文档页面格式——设置打印格式 …… (105)
3.4　文档中表格的使用 …… (106)
3.4.1　在文档中创建表格——创建个人简历表 …… (106)
3.4.2　编辑表格——编辑个人简历表 …… (109)
3.4.3　设置表格格式——美化个人简历表 …… (113)
3.4.4　表格的计算与排序 …… (117)
3.5　创建图文并茂的办公文档 …… (119)
3.5.1　在文档中插入图片——在招生简章中插入产品图片 …… (119)
3.5.2　编辑图片对象——编辑图片 …… (120)
3.5.3　在文档中插入形状——在招生简章中制作图标 …… (127)
3.5.4　插入艺术字——在招生简章中插入艺术字 …… (130)
3.5.5　使用文本框——在招生简章中插入文本框 …… (132)
3.6　文档的高级设置与应用 …… (134)

3.6.1 使用样式与模板——在投标书中应用样式与模板 …… (134)
3.6.2 使用脚注与尾注——在投标书中应用脚注与尾注 …… (139)
本章小结 …… (140)
第4章 表格处理软件 Microsoft Excel 2010 …… (141)
4.1 Excel 2010 概述 …… (141)
4.1.1 Excel 的基本功能 …… (141)
4.1.2 Excel 的基本概念 …… (142)
4.2 Excel 电子表格基础 …… (145)
4.2.1 工作簿基本操作 …… (145)
4.2.2 工作表的基本操作 …… (146)
4.2.3 单元格的基本操作 …… (149)
4.2.4 输入和编辑工作表数据 …… (152)
4.2.5 拆分和冻结工作表窗口 …… (159)
4.3 格式化工作表 …… (161)
4.3.1 设置单元格格式 …… (161)
4.3.2 设置单元格行高和列宽 …… (162)
4.3.3 使用条件格式 …… (163)
4.3.4 套用表格格式 …… (163)
4.4 Excel 公式和函数 …… (164)
4.4.1 自动计算 …… (164)
4.4.2 输入公式 …… (166)
4.4.3 复制公式 …… (168)
4.4.4 使用函数的基本方法 …… (168)
4.4.5 Excel 中常用函数的应用 …… (169)
4.5 在 Excel 中创建图表 …… (171)
4.5.1 图表的基本概念 …… (171)
4.5.2 创建图表 …… (172)
4.5.3 修饰和编辑图表 …… (173)
4.5.4 打印图表 …… (177)
4.6 Excel 数据分析与处理 …… (178)
4.6.1 合并计算 …… (178)
4.6.2 对数据进行排序 …… (182)
4.6.3 数据筛选 …… (187)
4.6.4 分类汇总和分级显示 …… (192)
4.6.5 创建数据透视表 …… (196)
4.7 Excel 工作表的打印和超链接 …… (197)
4.7.1 页面布局 …… (197)
4.7.2 页面设置 …… (197)
4.7.3 打印预览 …… (200)

4.7.4 打印 …………………………………………………………………………… (202)
4.7.5 工作表中的超链接 ……………………………………………………………… (202)
4.8 Excel 数据保护 ………………………………………………………………………… (205)
4.8.1 保护工作簿和工作表 …………………………………………………………… (205)
4.8.2 隐藏工作表 …………………………………………………………………… (212)
本章小节 ………………………………………………………………………………… (214)
第 5 章 演示文稿软件 Microsoft PowerPoint 2010 …………………………………… (215)
5.1 PowerPoint 2010 概述 …………………………………………………………………… (215)
5.1.1 PowerPoint 2010 的启动和退出 …………………………………………… (215)
5.1.2 PowerPoint 2010 的窗口 ……………………………………………………… (217)
5.2 演示文稿的基本操作 ………………………………………………………………… (218)
5.2.1 演示文稿的建立 ………………………………………………………………… (218)
5.2.2 演示文稿的打开与保存 ………………………………………………………… (218)
5.2.3 视图切换 ……………………………………………………………………… (219)
5.3 演示文稿的编辑 ……………………………………………………………………… (220)
5.3.1 设定幻灯片版式 ………………………………………………………………… (220)
5.3.2 编辑文本 ……………………………………………………………………… (220)
5.3.3 编辑图片、艺术字 ……………………………………………………………… (222)
5.3.4 编辑表格和图表 ………………………………………………………………… (224)
5.3.5 编辑 SmartArt 图形 …………………………………………………………… (226)
5.3.6 演示文稿的页面设置与打印 …………………………………………………… (227)
5.4 管理幻灯片 …………………………………………………………………………… (228)
5.4.1 幻灯片的选定、插入、移动、复制和删除 ……………………………………… (228)
5.4.2 设定幻灯片应用主题 …………………………………………………………… (228)
5.4.3 设定幻灯片背景 ………………………………………………………………… (229)
5.4.4 设定幻灯片母版 ………………………………………………………………… (230)
5.5 幻灯片的播放设定 …………………………………………………………………… (233)
5.5.1 设定动画效果 ………………………………………………………………… (233)
5.5.2 设置幻灯片切换效果 …………………………………………………………… (233)
5.5.3 建立超链接 …………………………………………………………………… (234)
5.5.4 创建动作按钮 ………………………………………………………………… (236)
5.5.5 设定放映方式 ………………………………………………………………… (237)
5.5.6 幻灯片放映 …………………………………………………………………… (238)
5.5.7 排练计时 ……………………………………………………………………… (239)
本章小节 ………………………………………………………………………………… (239)
第 6 章 计算机网络基础知识 ……………………………………………………………… (241)
6.1 计算机网络的一般概念 ……………………………………………………………… (241)
6.1.1 计算机网络的定义 ……………………………………………………………… (241)
6.1.2 计算机网络系统的定义 ………………………………………………………… (241)

6.2 网络组成 …… (242)

6.2.1 按网络逻辑划分 …… (242)

6.2.2 按网络组成划分 …… (243)

6.3 计算机网络分类 …… (244)

6.4 计算机网络的拓扑结构 …… (245)

6.5 计算机网络功能 …… (247)

6.6 常用网络操作 …… (248)

6.6.1 设置 IP 地址 …… (248)

6.6.2 浏览网页 …… (252)

6.6.3 搜索引擎的使用 …… (254)

6.6.4 下载文件 …… (259)

6.6.5 收发电子邮件 …… (260)

本章小结 …… (267)

习题 …… (267)

第 7 章 数据库管理软件 Microsoft Access 2010 …… (269)

7.1 数据库基础 …… (269)

7.1.1 数据处理 …… (269)

7.1.2 计算机数据管理 …… (269)

7.1.3 数据库管理系统 …… (270)

7.1.4 大数据时代 …… (271)

7.2 Access 2010 概述 …… (271)

7.2.1 Access 2010 功能简介 …… (271)

7.2.2 Access 2010 的启动与退出 …… (271)

7.3 数据库的创建和操作 …… (273)

7.3.1 创建空数据库 …… (273)

7.3.2 使用模板创建数据库 …… (274)

7.4 表 …… (275)

7.4.1 表的设计 …… (275)

7.4.2 创建表 …… (276)

7.4.3 修改表结构和数据 …… (279)

7.4.4 表之间的关系 …… (279)

7.5 数据查询 …… (282)

7.5.1 查询的功能与种类 …… (282)

7.5.2 创建查询 …… (283)

7.6 窗体 …… (286)

7.6.1 窗体类型和窗体视图 …… (286)

7.6.2 创建窗体 …… (286)

7.7 报表 …… (290)

7.7.1 报表和报表窗口的类型 …… (290)

7.7.2 创建报表 …………………………………………………………………… (291)
7.7.3 美化报表 …………………………………………………………………… (292)
本章小结 ……………………………………………………………………………… (292)
第 8 章 程序设计与算法 ……………………………………………………………… (293)
8.1 程序设计与计算机语言 ……………………………………………………… (293)
8.1.1 程序设计 …………………………………………………………………… (293)
8.1.2 设计步骤 …………………………………………………………………… (293)
8.1.3 程序设计分类 ……………………………………………………………… (294)
8.1.4 基本规范 …………………………………………………………………… (297)
8.1.5 程序设计语言 ……………………………………………………………… (298)
8.1.6 语言分类 …………………………………………………………………… (298)
8.2 算法概述 ……………………………………………………………………… (300)
8.2.1 计算机程序与算法 ………………………………………………………… (300)
8.2.2 算法的特征 ………………………………………………………………… (301)
8.2.3 用自然语言描述算法 ……………………………………………………… (301)
8.2.4 用伪代码描述算法 ………………………………………………………… (301)
8.2.5 用流程图描述算法 ………………………………………………………… (302)
8.2.6 使用计算机软件绘制流程图 ……………………………………………… (303)
8.3 常用算法简介 ………………………………………………………………… (305)
8.3.1 枚举算法 …………………………………………………………………… (305)
8.3.2 迭代算法 …………………………………………………………………… (306)
本章小结 ……………………………………………………………………………… (307)
参考文献 ……………………………………………………………………………… (309)

第1章 计算机文化基础

1776年瓦特将蒸汽机进行改革，掀开了工业革命的序幕，从工业革命后100年的1878年，到互联网出现的1995年，约120年的时间中，人类实际GDP的增长大约是前1 800年的4倍，平均而言（实际并不是平均的），人类用不到40年的时间就可以创造前1 800年的GDP，这就是科学文化的力量。1946年世界上第一台计算机ENIAC的诞生同样标志着一个新时代的来临，1995年互联网的出现加速了新时代的步伐，从计算机发明到现在，短短的70年，人类已经步入了一个新的信息文明时代，计算机文化功不可没。

1.1 计算机文化概述

1.1.1 计算机发展简史

1. 第一台电子计算机的诞生

世界上最早且影响深远的计算工具当数中国的算盘，今天虽然无法考证算盘具体发明的年代，但算盘的使用却有着几千年的历史，它是最早同时具有"算"和"存"两种功能的计算工具。但是算盘却不是计算的机器，世界上最早的计算机器是欧洲的齿轮加减法器，它是1642年由法国的物理学家帕斯卡（Balise Pascal）发明的，1673年德国的数学家莱布尼茨（Gottfriod Wilhelm Leibnize）在帕斯卡的基础上增加了乘除法，制成了能进行四则运算的机械式计算机器。从此，计算的机器随着工业革命的发展及需要也不断地发展，直到1822年英国的数学家查尔斯·巴贝奇（Charles Babbage）才真正设计出了机械式计算机——差分机，并于1834年又设计了分析机，他的机械式计算机由3个部分构成："仓库（The store）""工场（The mill）"和"控制桶（Control barrel）"。"仓库"用来存储数据信息，"工场"进行数据运算处理，最巧妙的要属"控制桶"，它是在"仓库"和"工场"中用来调度使机器的运算能够持续有序地进行。正是巴贝奇的巧妙设计才奠定了现代计算机的基本构架——"仓库"相当于现代计算机的内存，"工场"相当于现代计算机的运算器，"控制桶"相当于现代计算机的控制器和输入输出装置，因此人们将巴贝奇称为计算机之父。1936年，美国的霍华德·艾肯（Howard Aiken）在深入研究了巴贝奇分析机的基础上，对巴贝奇分析机的设计做了重大改革，提出了用机电方法而不是纯机械方法来实现分析机。他于次年进入哈佛大学任教，1944 年终于制成了改进的巴贝奇分析机——Mark Ⅰ计算机。

世界上公认的第一台数字式电子计算机是 1946 年由美国宾夕法尼亚大学的物理学家约翰·莫奇利（Mauchly,John William）和工程师普雷斯伯·埃克特（Eckert,John Presper,Jr）领导研制并取名为 ENIAC（Electronic Numerical Integrator and Calculator）的计算机。它是在第二次世界大战中美国陆军弹道研究实验室为了解决弹道问题研究中所涉及的许多复杂计算而设计制造的。与现代的计算机相比，它体积庞大、耗电量大，而存储容量却很小，运算速度也非常慢，但在当时它的功能确实出类拔萃。例如，它可以在 1 s 内进行5 000次加减运算，2. 8 ms 便可进行一次乘法运算，比当时 IBM 公司生产的 Mark Ⅰ计算机快 1 000 倍。在 ENIAC 出现之前，一位熟练的台式计算机操作员至少要花 24 h 才能得出一条抛物线的正确结果，用 Mark Ⅰ计算需要 20 min，而用 ENIAC 只需 30 s。但它也明显存在着很多缺点，例如体积庞大、重 30 余吨，整个机器占据了 170 m^2；机器中用了 17 468 只电子管，约 1 500 只继电器，10 000 多只电容器，7 000 多只电阻及其他各类电气元件；运行时耗电量很大，功率约为 150 kW；存储容量却很小，只能存 20 个字长为 10 位的十进制数。假如让现在的人使用它，最不能容忍的就是编排程序都要靠人工改接连线，因此每次解题都要靠人工改线，准备时间大大超过实际计算时间。尽管如此，ENIAC 的研制成功还是为之后计算机科学的发展做出了重大贡献。

然而，在 ENIAC 诞生之前，任教于美国艾奥瓦州立大学数学物理系的阿塔纳索夫在 1940 年资金短缺的情况下，用了 300 只电子管及电阻、电容等元器件完成了世界上真正的第一台电子计算机——ABC 机。它能做加减法运算，存储 300 个数字，运行起来的时候，它的两个大鼓呼呼有声，自行车链条叮当作响，空气中还充满了烧焦的气味，高压电弧嗞嗞声在走廊都能听见，就好像有个怪物进了物理大楼。因为其太简陋，所以校方没有看到这台“怪物”的前景，并停止资助进一步的研究工作，阿塔纳索夫失去了获得世界上第一台电子计算机发明的机会。

1940 年 12 月，约翰·莫奇利在宾夕法尼亚大学召开的有关科学发展的美国联盟会议中做了关于用模拟计算机解决气象难题的使用潜力问题的报告，会议上幸运地遇见了阿塔纳索夫并获知其杰出创造，莫奇利惊讶万分，于是不惜花几天的时间穿越美国中部去看那台名为 ABC 机的“怪物”。在阿塔纳索夫那台“怪物”的启发下，1942 年莫奇利提出了用电子管组成计算机的设想，这一方案得到了美国陆军弹道研究实验室 40 万美元的资助。当时正值第二次世界大战，新武器研制中的弹道问题涉及许多复杂的计算，单靠手工计算已远远满足不了需求，急需自动计算的机器。于是在美国陆军部的资助下，1943 年开始了 ENIAC 的研制，1946 年完成并投入使用。

ENIAC 的研制成功为以后计算机科学的发展提供了契机。虽然它存在许多缺点，然而科学家每克服它的一个缺点，都会很大程度地促进计算机的发展。其中影响最大的是美籍匈牙利数学家冯·诺依曼（John von Neumann）提出的采用程序存储方式，即在计算机中设置存储器，将符号化的计算步骤放在存储器中，然后依次取出存储的内容进行译码，并按照译码结果进行计算，从而实现计算机工作的自动化，彻底解决了 ENIAC 人工改接线编程的问题。

1944 年 9 月，冯·诺依曼在获得官方特许的情况下考察了 ENIAC，经过详细的考察研究之后指出了 ENIAC 的缺陷，并计划了改进后新机器 EDVAC（Electronic Discrete Variable Automatic Computer）的研制工作，研制小组的其他成员还包括 ENIAC 的原班人马埃克特和莫奇利等。EDVAC 的最大改进是采用了水银延迟存储器来存储程序，也就是现在称为内存的部件；另外，在机器内摈弃了原来的十进制编码而采用二进制编码。遗憾的是，在研制过程中，以冯·诺依曼为首的理论界人士和以埃克特、莫奇利为首的技术界人士之间发生了严重的意见分歧而使 EDVAC 的研制搁浅，直到 1951 年 EDVAC 才勉强完成。而在此期间，英国剑桥大学的莫里斯·威尔克思因参加了 EDVAC 讲习班，回国后开始研制新的计算机，居然于 1949 年比 EDVAC 早两年完成了 EDSAC（Electronic Delay Storage Automatic Calculator）。EDSAC 是在 EDVAC 方案的影响下研制成功的，因此它与 EDVAC 一样采用了二进制和程序存储方式，加减法运算速度为 670 次/s，乘法运算速度为 170 次/s，程序和数据的输入采用纸带，输出采用电传打字机。这样，世界上第一台程序存储式计算机的殊荣由 EDSAC 夺得。此后的计算机都采用了程序存储方式，而采用这种方式的计算机统称为冯·诺依曼式计算机。

2. 计算机发展阶段

从第一台计算机的诞生到现在，计算机走过了 70 年的发展历程。其间，计算机的系统结构不断变化，应用领域不断拓宽，以至于影响到了人类的生存方式。根据计算机的发展历程，可以归为以下三大阶段。

1）计算机发展的初期阶段

这个阶段大约是从 1946 年世界上第一台电子计算机诞生到 20 世纪 70 年代末个人计算机开始普及应用之前的整个时期。其特点是计算机的应用范围基本局限于军事、科学计算及工业大企业的大数据处理，应用的范围很小，并且计算机及其有关外设的价格非常昂贵。在传统计算机的划分中，人们根据计算机核心部件所用逻辑元件的种类进程将计算机划分为 4 代，这 4 代都属于初期阶段：

第一代为电子管：

第二代为晶体管；

第三代为中规模、小规模集成电路；

第四代为大规模、超大规模集成电路。

第一代机从第一台计算机的出现直至 20 世纪 50 年代后期，这一时期计算机的主要特点是采用电子管作为基本物理器件。电子管体积大、能耗高、速度慢、容量小、价格昂贵，其应用范围也仅限于科学计算和军事方面。

从 20 世纪 50 年代后期到 60 年代中期出现的第二代计算机采用晶体管作为基本物理器件，并采用了监控程序，这是操作系统 DOS 的雏形。适用于事务处理的 COBOL 语言也得到了广泛应用。这意味着计算机的应用范围已从科学计算扩展到了事务处理领域。

与第一代计算机相比，晶体管计算机体积小、成本低、功能强、可靠性高。在这一时期，计算机不仅应用在军事与尖端技术上，还应用在工程设计、数据处理、事务管理等方面。

1964 年 4 月，IBM 公司推出了采用新概念设计的计算机 IBM360，宣布了第三代计算机的诞生。IBM360 正像其名字中的数字所表示的那样，有 360 度全方位的应用范围，分大、中、小型等 6 个型号，具有通用化、系列化、标准化的特点。

(1) 通用化，指兼顾了科学计算、数据处理、实时控制等多方面的应用，机器指令丰富。

(2) 系列化，指在指令系统、数据格式、字符编码、中断系统、输入/输出方式、控制方式等方面保持统一，使用户在低档机上编写的程序可以不加修改地在以后性能更好的高档机上运行，实现了程序的兼容。

(3) 标准化，指采用标准的输入、输出接口，这样各机型的外部设备都是通用的。

从 20 世纪的 70 年代初到 80 年代初出现的第四代计算机，其特征是以超大规模集成电路 (Very large Scale Integration，VLSI) 为计算机主要功能部件，用 16 KB、64 KB 或集成度更高的半导体存储器作为主存储器，计算速度可达每秒几百万次至上亿次。在系统结构方面发展了并行处理技术、分布式计算机系统和计算机网络等。在软件方面发展了数据库系统、分布式操作系统、高效而可靠的高级语言，以及软件工程标准化等，并逐渐形成软件产业部门。

由于 VLSI 技术的发展，计算机系统中的硬件成本下降，软件成本提高。人们为扩大计算机的适用范围，不断地增加指令系统中的指令，并考虑尽量缩短指令系统与高级语言的语义差异，即增强每条指令的功能，以便于高级语言程序的编译和软件成本的降低。这一切使得指令系统的复杂程度提高了，相应地造成 CPU 设计复杂及硬件成本的上升。当某一系列计算机增设新型号机或高档机时，为维护老用户在软件上的投资不受损失，新机器中不得不继承老机器指令系统中的全部指令，这也使同一系列计算机的指令系统越来越复杂，后来称这些计算机为复杂指令系统计算机 (Complex Instruction Set Computer，CISC)。

日趋庞大的指令系统加长了新机器的研制周期，增大了机器调试和维护的难度，从而降低了系统的性能。而对 CISC 机的测试表明，机器中最常执行的是一些简单指令，仅占指令系统中指令总数的 20%，而占指令总数 20% 的最复杂指令却差不多占用了控制存储器容量的 80%。1975 年 IBM 的 Jhon Cocke 提出精简指令系统 (Reduced Instruction Set Computer，RISC) 的想法。RISC 计算机的特点是通过简化指令使计算机的结构更加简单合理，从而提高运算速度，并最终达到整体上的性能优化。在采用 RISC 技术设计指令时，选择使用频率较高的简单指令和常用指令，因此指令长度固定、指令格式种类少、寻址方式种类少。目前的 RISC 机大都采用超标量流水线技术，以增加指令执行的并行度，减少指令的执行周期，并通过增加通用寄存器数量减少存取数据的次数。此外还采用优化的编译程序，可以有效地支持高级语言程序。

到目前为止，各种类型的计算机都属冯·诺依曼型计算机，即采用存储程序方式进行工作。随着计算机应用领域的扩大，冯·诺依曼型的工作方式逐渐显露出其局限性，科学家早在 20 世纪 70、80 年代就提出了制造非冯·诺依曼型计算机，期望能够突破传统冯·诺依曼型计算机的结构模式并着手开发研制第五代智能计算机，其目标为新一代计算机应具有自动识别自然语言、图形、图像的能力，理解和推理的能力，知识获取和知识更新的能力。但是究竟什么是智能计算机呢？这个问题早在 30 年代电子计算机还未出世之前就由英国科学家阿兰·图灵所提出，当时有很多科学家都热衷于人工智能的讨论。1936 年，图灵从数学的角度提出了计算机的模型之后，又界定了人工智能的标准——图灵检验：一个人在不知情的情况下，通过一种特殊的方式与相互隔开的人和机器进行问答，如果在相当长的时间内，他分辨不出与他交流的对象哪一个是人，哪一个是机器，那么这台机器就可以认为是具备人工智能了。时至今日，虽然人工智能作为计算机学科的一个分支已经有了很大的发展，出现了无人机、无人驾驶汽车及计算机击败欧洲围棋冠军和国际象棋大师等事例，但目前还是无法通过图灵检验，人工智能依然任重道远。

2）计算机的普及应用阶段

从 1975 年美国的一个小公司 MITS 利用 Intel 的 8080 处理器和 256 Byte 的 RAM 推出 Altair 8800 微电脑开始，就掀起了计算机微型化和个人计算机普及应用的热潮，直到 20 世纪 70 年代末苹果机（apple Ⅰ）出现之前这段时间，是个人计算机系统的孕育时期，计算机的主流产品还是大、中、小型计算机，但在这个时期电子发烧友们推动了个人计算机软硬件的发展。

在美国乃至于全世界，计算机的生产在苹果机（apple Ⅰ）出现以前几乎是被 IBM 公司垄断的，主要生产的计算机为大、中、小型各个系列的计算机，每台的售价都在 100 万至数千万美元之间，非常昂贵，因此 IBM 根本没有把生产 1 万美元以内的微机的利润看在眼中。然而 1976 年 21 岁的乔布斯（Steve Jobs）和 26 岁的沃兹尼克（Stephen Gary Wozniak）在汽车库里组装了个人计算机并成立了苹果公司，开始向市场推出红极一时的 apple 个人计算机。每台售价仅为 1 350 美元的 apple Ⅱ在短短的 4 年中，销售额由 1977 年的 100 万美元急速攀升至 1980 年的 117 亿美元，极大地震撼了 IBM 公司在计算机界“龙头老大”的地位，为此 IBM 公司才在 1980 年下半年急急忙忙组织一班人马涉足微机领域，研究生产个人计算机。

另外从软件方面的发展来说，20 世纪 70 年代微机才出现，各生产商生产的机型很多，其中最大的问题是其接口、控制口和磁盘驱动器型号都不统一，相互之间编写的软件不兼容，因而计算机操作系统的标准化需求很迫切。在此情况下，1973 年加里·基尔代尔（Gary Kildall）为单机单用户的微机编写了世界上第一个磁盘操作系统 PL/M，可以应用在任何有 16 KB 内存和 8080、280 的 CPU 的微机上，初步统一了个人计算机的操作系统，后经 Seattle Computer Products 公司修改后取名为 QDOS（Quick and Dirty Operating System）。1980 年比尔·盖茨（Bill Gates）的微软公司以 5 万美元买下并重写，成了后来的 MS－DOS（PC－DOS）操作系统。

1980 年 IBM 公司与盖茨的微软公司合作，将微软的 MS－DOS 作为 IBM 公司新推出的微型 PC 机的操作系统，并取名为 PC－DOS。与此同时，IBM 公司为了与苹果公司竞争个人计算机市场，便将 PC 机的机器架构公之于世。在 IBM 公司 PC 机推出并急剧占领个人计算机市场的同时，众多的大公司争相生产 IBM 公司 PC 机的兼容机，由于微软的 MS－DOS 操作系统并没有被 IBM 公司买断产权，众多公司的兼容机也同样使用，微软的 DOS 操作系统。在以上诸多巧合因素的影响下，微软帝国借助 DOS 操作系统初步形成，同时计算机的应用也随着以 DOS 为操作系统的廉价 PC 兼容机快速普及。

1984 年，一家名为 Novell 的美国公司推出一种新的局域网操作系统 Netware 1.0，通常称为 Novell LAN，在此系统下的每一台工作站的操作界面及命令与 DOS 操作系统下的单用户机几乎完全相同，而由于工作站没有硬盘因此其成本很低，受到了不少用户的青睐，特别是用来组建微机局域网进行计算机教学的教育系统用户。随后，Novell 公司的 Novell LAN 发展迅猛几经升级，并一直延续到 20 世纪 90 年代中期都是组建微机局域网的主流产品，之后随着 DOS 操作系统的衰落淘汰才逐步退出市场。Novell LAN 是一个网络的操作系统，由于其组建的局域网成本低，而使更多的人能够学习计算机的操作使用，降低了计算机学习使用的成本，从而极大地加速了计算机普及应用，对计算机的普及应用起到了不可低估的作用。

计算机的普及应用阶段是以个人计算机的普及应用为标志的，以苹果机（apple Ⅰ）的出现为开始，以互联网（Internet）的产生为结束。计算机的普及应用阶段为计算机文化的形成奠定了基础，而计算机文化的形成又引发了一个更高层次的计算机的普及应用。

3）计算机文化阶段

计算机作为一种文化的理念是在 1981 年瑞士洛桑召开的第三次世界计算机教育大会上由苏联学者伊尔肖夫首次提出，虽然伊尔肖夫提出的是“计算机程序设计语言是第二文化”，与现在所讲的计算机文化有本质的区别，但其不同凡响的观点在会上引起了巨大反响，几乎得到所有与会专家的支持。实质上，计算机程序设计语言并不是计算机文化，所谓计算机文化，指的是由于计算机这种具有人类大脑部分功能的工具的产生与广泛使用，使人类在思维方式、行为方式、生活方式等人类生存方式的方方面面都在发生巨大改变，并从本质上产生了一场伟大而深刻的文化变迁，这种变迁所形成的文化，便称之为计算机文化。

计算机文化阶段是计算机普及应用发展到一定程度才出现的，是由两方面因素决定的。一是微型计算机价格不断下降，使更多的人买得起、用得起微型计算机；二是微型计算机软件、硬件的发展不断拓展应用空间，使其逐步覆盖人类活动的各个方面。因此，笔者认为计算机文化阶段应该是从多媒体计算机出现及 Internet 普遍使用开始，即从 1991 年世界上第一台多媒体微机在美国拉斯维加斯计算机大展上首次展出开始。

从 20 世纪 70 年代开始，微机在美国逐渐普及，特别是 apple 机的出现，应用微机办公成了必然趋势，因此在 1978—1979 年两年间，几乎同时出现了两家革命性的计算机应用软件公司，一家是西摩·鲁宾斯坦（S. Rubinstein）创办的 MicroPro 公司，开发并成功推出了名为 WordStar（文字之星，简称 WS）的文字处理软件，到 1982 年，WS 的年销售量超过 100 万套，MicroPro 公司一跃跻身全美大型软件公司行列；另一家是丹尼尔·布莱克林（Daniel Bricklin）成立的 Lotus 公司（莲花公司），开发并推出了名为 VisiCale 的电子表格软件，到 1983 年年初，VisiCale 的销售量一举突破 50 万套。这两家公司同时开创了办公自动化的先河，由于这两款软件的诞生，特别是 WordStar 的出现，很大地提高了办公人员的工作效率，也使计算机走出了象牙塔进入了人们的寻常生活，开始了它改变人类生存方式的道路。

文字处理软件和表格处理软件的成功，使比尔·盖茨看到了办公软件广阔的市场前景，并分别于 1982 年和 1983 年斥巨资向这两个软件方向进军，虽然几经周折，但最后都因微软公司的经济规模，其下的办公软件逐渐占领上风，特别是在微软推出 Windows 操作系统后，以及 1993 年微软把文字处理软件 Microsoft Word 6.0 和表格处理软件 Microsoft Excel 5.0 集成在一起成为套装软件 Microsoft Office 4.0，两应用软件之间能相互共享数据，极大地方便了用户的使用，从而使其他办公软件公司望尘莫及。办公软件的出现及其快速的发展加速了计算机的普及应用，为引导人类文化向计算机方向迁移奠定了基础。

1981 年 8 月 12 日，IBM 公司的 PC 机横空出世，其优良的性能使苹果机相形见绌，苹果公司的乔布斯也不甘心，立即组织人马投入了新产品的研究工作，分别于 1983 年年初和 1984 年年底先后推出了丽萨（Lisa）电脑和麦金托斯（Macintosh，简称 Mac）电脑。丽萨

电脑首创了第一台图形用户界面的机器，而且还在计算机上第一次采用了鼠标器；麦金托斯电脑更是性能绝伦，其配置了摩托罗拉 32 位、主频 8 MHz 的 68000 微处理器芯片，内存为 128 KB 并采用了全新的 System 1.0 操作系统，性能极大地超越了 IBM 的 PC 机。不仅如此，麦金托斯电脑的用户界面为大众型的图形用户平台，并且可以像人一样发声讲话，应该算是世界上第一台多媒体计算机的雏形。遗憾的是乔布斯没有抓住 IBM 趋于保守和 Windows 尚未出世的大好时机，仍然坚持“不开放”的政策，坚决拒绝其他厂商制造能运行 Mac 软件的兼容计算机，眼睁睁地看着 IBM 的 PC 机成长及微软的 Windows 渐渐地羽翼丰满，从而失去了一次千载难逢的大好时机。

1985 年 11 月，微软公司推出了 Windows 1.0 版本，由于微机硬件性能低和应用软件欠缺而没有受到用户的青睐，但微软公司没有气馁，除了继续完善 Windows 操作系统外，还加大力度开发 Windows 的应用软件。1989 年 Intel 公司发布 486 芯片后，在微机硬件性能大幅提高的同时，微软公司的办公软件也渐成气候。1987 年 10 月推出了全新的 Windows 版本的表格处理软件 Microsoft Excel，1990 年完成了 Microsoft Word 的视窗 1.0 版本的文字处理软件。从此，微软公司的业绩便扶摇直上，1990 年 5 月 22 日，Windows 3.0 推出，5 个星期内卖出 38 万套，到年底销售总量超过 200 万套；1992 年 4 月 6 日，Windows 3.1 推出，年内卖出 2 700 万套，Windows 操作系统迅速席卷全球。

个人计算机的硬件及软件相互牵制且相辅相成地发展，到 20 世纪 90 年代，已经为多媒体计算机的诞生打下了良好的基础。计算机要完成多媒体化，除了上面讲到这些计算机软件和硬件的基础外，还有两个问题要解决，一个是研发大容量的存储介质以储存大量的图像、视频、声音等文件，另一个就是让计算机能够说话唱歌。

在 20 世纪 90 年代以前，计算机存储容量一直是限制计算机发展的瓶颈之一。20 世纪 90 年代初期到 90 年代中期，个人计算机的外存储器——硬盘容量只有数十到数百兆字节（MByte），而一幅图像文件或一分钟的声音文件随便都是数兆字节；视频文件更是大得惊人，每秒长度（30 帧分辨率为 352 × 240、24 位/像素）大约 7.5 MB，500 MB 容量的硬盘也只能存储不到两分钟的视频文件。由此看来，在 90 年代解决多媒体存储的问题还比较困难。可喜的是从 60 年代起一家总部位于欧洲荷兰的著名电器设备公司——飞利浦公司（PHILIPS），为研制高画质电影和高保真音响，一改传统的磁记录方式而设计用光记录来实现。开发人员经过多次失败，最后决定采用激光在反射介质上反射光的差别来记录信息，并于 1978 年首先推出的是类似于老唱片的直径 30 cm 的 LD 光盘，这种光盘仍然采用的是模拟信号记录方式。由于没有引起多大的市场反响，飞利浦公司接着对光盘及记录方式做了重大的改进，30 cm 的 LD 光盘缩小到 12 cm 的大小，以及采用数字信号的记录方式，取名为 CD（Compact Disk，小型光盘），电路上也相应地采用数字编码技术。为了迅速占领市场及将 CD 变为世界性的规格，飞利浦公司找到了日本的索尼公司（Sony）一起携手来进一步完善 CD 技术。1981 年在萨尔斯堡复活节音乐会上，第一张 CD 播放的《合唱》交响曲清脆悦耳，令专门请来的德国柏林爱乐交响乐团的著名指挥家卡拉扬先生和在场的音乐评论家们为之倾倒，CD 取得了巨大的成功。1985 年飞利浦公司与索尼公司再度合作发表标准命名为 CD - ROM 的只读光盘，之后 CD - ROM 便渐渐走进了个人计算机的机箱内。从 90 年代开始，几乎所有的厂商售出的 PC 机都带有这个 CD - ROM，它在微机的配件中被称为光盘驱动器，简称光驱，每张光盘的存储容量为 640 MB，这在 90 年代初真算是海量了。

虽然光盘容量很大，但对于视频这样的媒体信息仍然难于满足，而且在当时的网络条件下，传输就更不可能了。这当中有3个限制，即存储容量限制、计算机处理速度限制和传输带宽的限制，其中的每一个限制都强烈地反映出多媒体海量信息的特点，因此不得不考虑对多媒体信息进行数据的压缩。对于视频活动图像的压缩，早在1988年就成立了一个活动图像专家组（Moving Picture Experts Group，MPEG），专门致力于活动图像及伴音压缩的有关研究及制定压缩编码标准的工作。1992年MPEG－Ⅰ成为国际标准，要求在可接受的质量下，把视频及其伴音压缩到速率为1.2~1.5 MB/s的单一的数据流，这样用CD－ROM驱动器来播放30帧/s的全活动电影就可以成为现实。1994年MPEG－Ⅱ成为国际标准，把视频及其伴音压缩到了10 MB/s，1998年MPEG－Ⅳ成为国际标准，传输率最大为64 MB/s。20世纪90年代CD－ROM正好解决了大容量存储介质的问题，为多媒体计算机的顺利诞生扫清了一个重大的障碍。

实际上早在1984年苹果公司的麦金托斯计算机便能够说话，虽然它发出的声音比较粗糙，但为了这一点粗糙的声音，乔布斯在它的主板上内置了一个8位的数字音效装置，应该说这就是声卡的雏形。假如乔布斯能很敏锐地发现他创造的这个类似于声卡的装置的商业前景，也许个人计算机的历史又将是另一番景象。然而恰恰相反，乔布斯没有将他的数字音效装置发扬光大，反而因他对图形和动画情有独钟，并为了获得比特尔公司（Beatle）优质显示器使用权而与比特尔公司协议不涉足音乐行业，竟与声卡的发明失之交臂，也许乔布斯真的是一个只热衷于创造性发明而对商业前景反应迟钝的人。

此后，虽然也有一个加拿大音乐老师发明了一种摩奇声卡（Adlib），但真正的声卡之父则是一位名叫沈望傅的新加坡华人。从小特别喜爱钢琴的沈望傅于1981年成立了他的创新公司，为了圆儿时的梦想，创新公司几经磨难，在1984年研制的CUBIC99型计算机终于能够说话了。1987年创新公司的第一套初级音乐系统和作曲软件面世，沈望傅接着向他的“电脑钢琴”一步一步逼近。1989年创新公司在原声卡的基础上增加了一组特别的脉冲编码调制PCM电路，从而第一块声卡诞生，其音响效果分外逼真，因此在美国市场声威大震，创新公司为它取了一个非常响亮的名字——Saund Blaster，中文译名为声霸卡；1991年创新公司又经改进推出具有20复音立体声音效的超级声霸卡（SB Pto），从这款声卡开始，创新公司被多媒体个人计算机协会接受为多媒体计算机的音响标准。

至此，多媒体个人计算机的出世已具备了全部条件，1991年在美国拉斯维加斯计算机大展上，世界上第一台多媒体个人计算机终于诞生了。

谈到计算机的多媒体还不得不讲到多媒体的创始人尼葛洛庞帝先生，1979年，尼葛洛庞帝教授在麻省理工学院院长魏斯纳的积极支持下创办了媒体实验室。开始时，这个实验室的工作并不被人们理解，甚至还受到计算机科学界的排斥，但经过十多年的默默耕耘，媒体实验室的多媒体计算机的概念及其创新的思想终于被1991年推出的多媒体个人计算机证实。尼葛洛庞帝的创新带来了人类发展史上信息表达、获取和处理方式的一次重大革命。

多媒体个人计算机是人类在发展计算机技术的同时，借助不断完善的计算机这样一个具备一定思维能力的工具，并采用了数字化的手段去征服人类生活的各个方面，计算机的产生极大地影响了人类的生活方式。然而孤立的计算机对人类生活方式的影响必定有限，大量信息的传递只能以光盘为载体通过市场传播，其速度慢、成本高，不能做到即便远隔千山万水，信息也能信手拈来。实际上，早在1969年这种信息的传播和接收方式就已经实现，那是美国国防部高级研究计划局建成的跨越美国东西部的名为 ARPANET 的网络，最初只有 4 台主机，到 1973 年已经发展到了 40 台主机，1983 年为 100 多台主机，并且跨越了美洲大陆，连通了美国的许多高等院校，甚至于通过卫星或海底电缆与欧洲等地的计算机网络联通。但 ARPANET 除了科研、军事等少数部门使用以外，其高额的费用是普通市民消费不起的。随着 20 世纪 90 年代初多媒体的出现，ARPANET 的商业价值凸显，美国政府于是同意在 ARPANET 的基础上建设全国的信息高速公路，取名为互联网。1993 年 9 月美国总统克林顿正式提出建设信息高速公路，很快世界各国也相继投入巨资修建信息高速公路接入 Internet。说到 Internet，不得不讲到一位计算机界最值得尊敬的英国科学家蒂姆・伯纳斯・李（Tim Berners Lee），他就是现在风靡全世界的 WWW（World Wide Web）的发明人，一个没有申请专利而无私地将发明贡献给了全人类的伟大发明人。

1989 年，伯纳斯・李提出了一个称之为“World Wide Web”的全球超文本项目计划，目的是能够将各自的信息通过超文本传输实现网络共享。一年以后，伯纳斯・李开发出了架构起全球信息网的三大基本技术：http（超文本传输协议——计算机与服务器之间的沟通语言）、html（超文本描述语言——全球通用的文件格式）、URL（网址——文件位置的标示系统）。1991 年年初伯纳斯・李便将自己发明的全球信息网毫无保留地放到了互联网上，于是 WWW 便迅速传遍了全世界，并使伯纳斯・李获得了“互联网之父”的美誉。伯纳斯・李的这项发明，加速了信息革命的步伐，推动了计算机文化的发展。

为了使 Internet 大众化，1993 年 4 月，在美国伊利诺伊州立大学国家超级计算机应用中心（National Center for Supercomputer Applications，NCSA）推出首个图形界面的 WWW 浏览器 Mosaic。翌年 Mosaic 的主要设计人马克・安德森（Mare Andreessen）和吉姆・克拉克（Jim H. Clark）合作成立了网景公司（Netscape Communication Corporation）并于年底推出浏览器 Netscape Navigator，到 1995 年 Netscape Navigator 夺取了高达九成的浏览器市场。微软公司直到此时才如梦初醒，在意欲入股网景公司遭到拒绝之后，花数百万美元从软件商 Spyglass 手中购得 Mosaic 的技术使用权，然后调动 500 余名程序员夜以继日地开发 Internet Explorer（IE），于 1995 年 8 月 24 日推出 IE 的 1.0 版本，随后不断推出升级版本，逐渐蚕食 Netscape Navigator 的市场，最后微软公司采取免费下载 IE 且免费供应各 ISP 服务商，甚至于将 IE 捆绑在 Windows 98 内，利用 Windows 在操作系统市场的垄断地位将 Netscape Navigator 赶出市场，1998 年美国司法部及 19 个州的政府联合控告其利用操作系统的市场优势对网景公司进行不公平竞争。

除了浏览器的发展外，1998 年网上传呼机 ICQ 和免费网页、免费电子邮件的热潮势不可当，吸引了数以千万计的互联网用户。另外，互联网上网络公司不断增多，它们开办的网站为用户提供了应有尽有的服务，互联网成了一个信息的海洋，也因此成就了谷歌、雅虎及中国的 BAT（百度、阿里、腾讯）。2007 年乔布斯的苹果公司进军手机市场，推出的 iPhone 彻底改变了人们单独依赖微机（计算机）为终端进入互联网的方式，由此引发了信息技术的又一波浪潮——移动互联网。苹果公司开创的智能手机终端及 Facebook、微信等社交软件使人们通过智能手机利用碎片时间随时随地同互联网连接，已经让世界超过五分之一的人口——14 亿多人可实时连接互联网，互联网从信息的海洋又升级成了跨越地理空间的“社群”家园。从而使网络成了人们生活中不可或缺的部分，工作、学习、度假、娱乐、休闲，甚至睡觉、如厕都离不开网络；政府、企业、学校、家庭也都成了网络的一部分；生产、管理、决策、投资也无一不与网络有关；更有甚者，网络成了战争的帮凶，卫星、飞机、导弹、坦克都成了网络控制的武器，甚至于每个士兵身上都带有与网络随时联系的计算机。总之，计算机文化正是由这些使人们周围充斥着多种媒体信息的工具，借助信息的“高速公路”高速传播信息而使人们感觉到它的存在，这也正是计算机文化的阶段。

1.1.2 计算机文化概念

1. 关于文化的概念

文化是人类社会的特有现象。英国学者泰勒（E. B. Tylor）指出：“文化是一种复合的整体，包括知识、信仰、艺术、道德、法律、习惯，以及作为社会一分子所获得的任何其他能力。”这就是说，文化是人类特有的能力，知识、信仰、艺术、道德、法律、习惯，以及社会组织结构和精神产品，是人类在几千年的文明进化过程中积累起来的，它表现在人类特有的思维方式、行为方式、生活方式、交往方式之中。或者说，文化即人类行为的社会化，是人类创造功能和创造成果的最高和最普遍的社会形式。

计算机从问世直至发展到今天只有短短70年时间，但计算机技术却以前所未有的发展速度影响着人类的生存方式，人类通过广泛地使用计算机，其思维方式、行为方式、生活方式、交往方式等都在发生巨大的变化，计算机已不再是单纯的科学名词，而被越来越多地赋予了一种新的文化内涵，越来越多地丰富了人类文化的内容。可以清楚地看到，计算机的产生与广泛使用，在本质上反映了一场伟大而深刻的文化变迁，这种文化变迁，便称之为计算机文化。

清华大学何克抗教授从信息社会的角度分析到：根据目前国内外大多数计算机教育专家的意见，最能体现计算机文化的知识结构和能力素质的，应当是与“信息获取、信息分析与信息加工”有关的基础知识和实际能力。其中信息获取包括信息发现、信息采集与信息优选；信息分析包括信息分类、信息综合、信息查错与信息评价；信息加工则包括信息的排序与检索、信息的组织与表达、信息的存储与变换，以及信息的控制与传输等。这种与信息获取、分析、加工有关的知识可以简称为信息学基础知识，相应的能力可以简称为信息能力。这种知识与能力既是计算机文化水平高低和素质优劣的具体体现，又是信息社会对新型人才培养所提出的最基本要求。换句话说，达不到这方面的要求，将无法适应信息社会学习、工作与竞争的需要，就会被信息社会所淘汰。从这个意义上完全可以说，缺乏信息方面的知识与能力就相当于信息社会的“文盲”。这就是当代计算机文化的真正内涵。

计算机文化是以计算机技术为核心而迅速膨胀起来的文化形态，是由电子计算机的广泛使用而引发的一场文化革命，这场革命正在推动人类文化的发展，这种人类文化的发展产生的巨大影响，形成了与语言具有同样价值的计算机文化现象。每个人从小就练习写字，这是文化教育中的一项基本技能训练，学会写字、写好字将受益终身。同样，在信息化的社会里，学习使用计算机也是文化教育中的一项基本技能训练，人人都要使用计算机，用好计算机，也会终身受益。因此，计算机作为一种文化，体现这种文化的知识与能力，在信息社会中已与体现传统文化的“读、写、算”方面的知识和能力一样重要，不可缺少。换句话说，

“读、写、算、信息”是信息社会中文化基础课的四大支柱。

与其他自然科学文化相比较，计算机文化对人类文化的影响更为深远，更具广泛的价值及意义。数学的发展给人类文化带来了深远的影响，从古代文明直到现代社会，数学总是作为一种基本的文化基础体现出来，“算”是体现文化知识能力的一个重要方面。物理学的发展致使近代科学技术突飞猛进，对近代工业革命产生的文明做出了主要的贡献，也给人类文化增添了许多内容。而以计算机为核心的信息技术的发展则在短短的几十年中对人类的文明进程产生的影响远远超过了前两者，从以下两个方面可以体现出来，一是广泛性，计算机将涉及全社会的每一个人、每一个家庭，又将涉及全社会的每一个行业、每一个应用领域；二是深刻性，计算机的普及应用给人类社会带来的影响不是带来社会上某一方面、某个部门或某个领域的改良与变革，而是从思维方式出发，使生产方式、工作方式、学习方式及生活方式发生根本性变革。

2. 计算机文化的特征

计算机文化是属于人类文化中的一个子系统文化，是20世纪中叶才开始发展起来的新学科，同时又是当今发展最快、最具发展潜力的一门新兴应用学科。计算机文化除了具有文化共性中的特性特征外，还有如下特征。

1）数字化特征

计算机文化是一种数字化的文化。1945年计算机之父冯·诺依曼提出新的计算机方案之中的一条就是采用二进制。另外20世纪中叶，数学家纽曼发明了数字式数据处理计算结构使电子信息加工处理产生了一次质的飞跃，即可以将文字、声音、图像，以及各种测量仪器产生的模拟电信号迅速而准确地转换成一串串电子脉冲数字信号。于是，计算机的应用逐渐扩展到非数值的计算领域——数据处理及信息处理，将千变万化的世界化为0和1的不同组合——数字化。数字化是计算机文化所独有的特征，也是信息时代的基本特征。

在物理时代，科学文化的特征是由物质决定，所有的物质都由原子构成，原子成了构成物质的基本单位，人们的思维方式都是与原子有关。而在信息时代，计算机文化更为突出，人们更为关心的是信息，信息的基本粒子——比特取代了物理的原子，人们通过计算机将过去、现在、未来都在计算机中以比特作为最基本的单位虚拟出来。

人类的生存环境逐渐由物理时代的原子空间变为信息时代的比特空间。计算机文化就是这种由比特组成的文化，一种数字化的文化。

2）网络化特征

网络技术是计算机科学技术的一部分，网络使计算机的能力得到了最大限度的发挥，计算机只有通过网络化，才能真正做到信息的快速共享，特别是全世界信息的共享。因此，网络文化是计算机文化的组成部分，网络化是计算机文化的一个重要特征。过去要给亲友发一封信，少则1、2天，多则5、6天，如果是国际邮件则更长了，而现在通过互联网发E-mail，只要在计算机上发出，不论对方在世界何处，几乎可以立即收到。现在人们通过互联网可以看到世界最新的消息，可以远隔千里阅读国家图书馆的藏书，可以通过社交软件同千里之遥的好友异地聊天，通过云端服务下棋、玩游戏，更为奇妙的是需要的资料或消息，互联网上应有尽有。这些都是计算机网络化后带来的方便，使古人所说的“秀才不出门，全知天下事”的梦想得以实现，也可体会到“天涯若比邻”的真正含义。以上这些都证明了计算机网络文化在悄悄地改变着人类的工作及生活方式。

3）信息化特征

对于人类社会信息的获取、传递及加工处理，不论在任何时候都必不可少。春秋战国时期的烽火台、近代工业革命时期的电报、电话都是围绕信息的传递而发明的，而以计算机技术为核心的现代技术的发展开启了这个新时代的大门，才真正使交换信息、加工处理信息的手段发生了根本性的变革，带来了信息的彻底革命。计算机这样一种信息处理机的运用再加上网络，使得信息的获取、传递及加工处理如此快捷、准确，特别是能对海量信息进行处理。因此，信息化也是这个计算机时代的一大特征，人们因此将这个具有信息化特征的时代称为信息时代。信息时代的特点就是信息的传递、获取、加工处理都是通过计算机来实现，而计算机所做的工作又都围绕信息获取、信息分析与信息加工处理等方面。

4）多媒体化特征

人类自从步入文明社会以来，信息的传播和接收就必不可少，特别是在当今信息时代，时时刻刻都以各种方式传播和接收各类信息，而信息需要依附于人能感知的方式来传播，即信息的传播必须有媒体（Medium），如报纸、电视、广播及各种出版物等。多媒体指的是信息的表示多样化，包括文字、数字、声音、图形、图像等多种媒体的信息综合。计算机的多媒体指的是利用计算机对多种媒体信息综合处理的技术，通常称为多媒体技术，即计算机对文字、图形、图像、声音、动画、视频等多种媒体以某种方式建立连接的媒体集成，使其成为有别于传统线性媒体的、非线性的，并具有交互功能的系统。多媒体化指的是在信息时代的今天，由于计算机技术的高速发展使其变成了信息传播和接收的媒体工具，特别是成为了可处理原来必须由人脑来完成的信息处理的工具，并且广泛地渗透到传统的媒体中，改造优化传统的媒体或是创造新的媒体。总之，在信息时代的今天，计算机发展到多媒体技术出现后才使人类在思维方式、行为方式、工作方式、生活方式等各方面发生比较明显的变化，才使人们逐渐感觉到了计算机在以一种文化的形式出现。

1.1.3 计算机文化对社会发展的影响

1. 计算机文化对人类思维方式的影响

计算机正在悄悄地改变人类的思维方式，所谓思维方式就是人们思考问题的根本方法。因时代不同，思维方式亦不相同，看问题的角度及所采取的方式方法必然不同，最终的结果和收获也就不同。

（1）计算机在思维观念上的影响。1996 年比尔·盖茨在他的《未来时速》一书中就提出了一个新的思维概念——数字神经系统。比尔·盖茨说，数字神经系统就是根本改变企业观念和文化观念的一种思维系统，把一系列崭新的时空观念带到现实生活中来。从数字神经系统的概念出发，比尔·盖茨预示在 10 年后的 21 世纪，信息技术的发展将给人类社会带来极其重大的影响。盖茨指出：“如果说 80 年代是注重质量的年代，90 年代是注重再设计的年代，那么 21 世纪的头 10 年就是注重速度的年代，是企业本身迅速改造的年代，是信息渠道改变消费者生活方式和企业期望的年代。”从这一思想出发，比尔·盖茨在他的书中描述了数字神经系统如何在一个统一的基本结构上集中了所有的系统和过程，避免产生泛滥成灾的信息垃圾，促使企业的工作在效率、增长和收益上产生量的飞跃。今天，虽然还没有非常有效地消除信息垃圾，但许多互联网企业及互联网化的企业已经站在了福布斯和胡润排行榜的前端，包括在中国也成就了 BAT 等互联网企业，这就充分说明了数字神经系统的能量及其在思维观念上产生的影响。从思维科学方面来说，就是一种集约化的归纳推理模式和演绎推理并存的模式、集分析与综合为一体的模式——在人脑中给以预设，而在计算机中变为现实。

（2）计算机在思维习惯上的影响。人们因发电子邮件十分方便、快捷而不会想到再写书信，书信变成了珍藏的记忆。另外，作家的手稿也越来越珍贵，因为他们已经告别了自来水笔，再也不愿伏案“爬格子”，他们真切地体会到了计算机写作的优势，久而久之个人头脑中的时空观念扭转，思维模式也演变成了计算机的创作思维，加上信息爆炸使人们觉得时间在缩短，空间在变小的同时思维在放飞。情感的交流方面，一旦大家的屏幕进入了互联网，瞬间远在天边的陌生“网民”顷刻就到了面前成了“网友”，而面对面的亲人又因网络的隔离显得那么遥远、陌生，网络的思维习惯颠覆了人们的时空观及亲友观。

生活中计算机文化的思维习惯已然形成，而工作和商务上，很多人的思维习惯却迟迟未跟上。今天的社会生产过剩已经使企业间的竞争白热化，工业时代的大规模生产模式使得消费者眼花缭乱，过剩的千篇一律的产品已经难以适应今天的个性化需求，信息技术又逐渐舀干了因信息不对称储存给企业留的“那桶水”，而处于时代变迁过程中的老板、员工对此视而不见，甚至还在天天盯着并期盼那个“桶”里的“水”再次储满，思维的惰性充斥在这些人的头脑中，虽然身体已经进入了信息时代，但是头脑还留在工业时代。

（3）计算机在人类语言方面的影响。人类之所以是一种“文化动物”就在于人类有着不同于动物的思维，其思维是靠语言来表达的，假如离开了语言，人脑就好像删除了文件的硬盘而毫无用处。随着计算机、手机占领每个人的生活，人类正面临着一个语言或话语转换的时代，如果与计算机长时间隔绝，要不了多久就完全可能看不懂报纸、听不懂广播，甚至不理解电视里在说什么。因为不仅计算机专用术语，如信息、删除、拷贝、文本、视窗、平台、病毒、反馈、系统、复制、缩放、格式化等在生活中被大量采用或转化使用，而且计算机网络术语，如国际互联网、移动互联网、网吧、网站、网址、网页、网民、网虫、上网、网络电话、网上购物、网上冲浪、域名、微信、黑客、硬件、软件、QQ、电子邮件、计算机宠物等也应接不暇。有语言学家预言：随着计算机的融入，计算机名词和术语、网络流行语将日益侵蚀人们的日常话语，现代汉语从计算机文化中的借词会成倍翻新，用不了多少年，正在使用的汉语词典就要被淘汰。计算机带来信息时代，而信息社会是一个知识爆炸的时代，知识爆炸对人们思维的影响必然要表现在语言的基本单位——词汇的剧增上，而新词汇的排列组合又将极大地丰富人们的思想。

另一方面，计算机的程序语言也以一种特殊的语言形式出现在人类语言当中。学习过计算机语言的人完全可以以程序语言的形式沟通，计算机程序的运行结果就是编程人员最终的表达。这使人们自然想到“世界语”，17 世纪的英国学者弗兰西斯·培根（F. Bacon）曾经主张用中国的汉语作为“世界语”，19 世纪，波兰人柴门霍夫还创造了一种被称为“世界语”的语言，却都因为不同民族的不同习俗始终无法通行。而计算机语言因有统一的标准、格式及共同的思想却真正地成了“世界语”，凡要在计算机上编程，完成自己的设计梦想或向别人展示自己的聪明才智，都可以用通用计算机语言来编写，也因此使计算机语言成了共同认识的语言。

（4）计算机文化对思维方式的又一重要影响可以体现在逻辑思维上。逻辑学是研究思维形式、思维规律和思维逻辑方法的科学，是19世纪后半叶从哲学中独立出来的一门学科，20世纪又与现代语言学、现代数学结合发展出其分支——数理逻辑。计算机与数理逻辑有着天然的联系，计算机本身就是建立在数理逻辑理论基础之上，并由称之为逻辑电路的基本部件所构成，计算机的电路设计、程序设计都与数理逻辑分不开，因此数理逻辑是计算机发展最重要的理论基础之一。计算机中的逻辑部分地反映了思维的形式与思维的规律，功能上替代了人脑的部分思维功能，从而使人们把计算机也称为“电脑”，特别是今天的计算机已经越来越多地代替了人脑的功能，可见计算机对人类思维的影响程度。

另外，逻辑学随着计算机文化对社会生活的渗透从来没有像今天这样为人们所重视。逻辑思维是文化建构的出发点，推理形式是社会理性化的前提，随着最理性化的工具——计算机的使用，人们开始利用“规范”“失范”“有序”“无序”范畴描述眼前的一切，充满理性的眼光从计算机程序移向社会生活，对社会的规范化、有序化、法制化的呼唤正是支撑人类理性大厦的基石。这一切都随着计算机文化的流行而得到了加强。

计算机文化对思维方式最大的影响莫过于人工智能，人工智能是人类智能的产物，而人工智能在某些方面极大地超越了人类智能，世界上第一台计算机ENIAC在运算的速度上一开始就超过了个人计算速度的千倍，如今我国的天河二号超级计算机运算一小时的计算量，相当于13亿人同时用计算器计算一千年的计算量。更为特别的是人工智能与人类智能相互刺激、相互促进已经带来了思维的极大进步，计算机仿真、计算机知识库、机器学习、云计算等技术的应用使得计算机越来越像人一样，具有学习能力及精密的控制能力，因此出现了无人驾驶汽车、无人机、无人工厂，甚至战斗机器人等人工智能的杰出产品。具体来说，在过去许多不适合人类从事劳动的特殊场合，设计了具有“视觉”“听觉”“触觉”，以及能模拟人脑高级思维活动的，用来探知周围环境的，具有感知功能的智能机器，如今又加上了具有概念、判断、推理、联想、对话、决策等人类特有的思维活动功能，只要给它一个初始化程序，就有可能与人脑一比高低，一方面成为人类忠实可靠的助手和伙伴，另一方面也可能成为在特定场合下人类的竞争对手。当下，人类思维因计算机而到得了增强，机器人不仅能帮人做事、伴人娱乐，其聪明程度往往会使人刮目相看，连韩国围棋顶级高手李世石近期也输给了谷歌的计算机AlphaGo。从20世纪末开始，世界上就已有若干的机器人在高温、高压、有毒、有辐射的生产流水线上作业，今天更多的机器人代替了人进入了工厂甚至进入家庭。

从目前的发展速度来看，虽然人工智能还属于“弱人工智能”阶段，但21世纪的人工智能显然已经展示出了美妙的前景。牛津大学的哲学家Nick Bostrom近年做了一个问卷调查，涵盖了数百位当今的人工智能专家，问卷的内容是“你预测人类级别的强人工智能什么时候会实现”，有50%的回答是2040年。也就是说，未来24年具有人工智能的机器人将越来越多地进入人们的世界。机器人不仅会在工厂替代过去工人的劳动，也会在政府、企事业单位接替很多服务工作甚至家政服务。未来的机器人不仅会是看得见的实物服务工具，更多看不到的软件机器人将会工作在网络中，为人们提供形形色色的网络服务及虚拟服务。中央电视台《互联网时代》预言，整个互联网世界将成为一个智能的“全球脑”，显然这个“全球脑”就是一个超强大的人工智能网络。专家们进一步提出，与人类智能相当的强人工智能一旦出现，比人类聪明万倍以上的超人工智能便指日可待，并可肯定地推测，到时人类将面临两种可能：要么灭亡，要么永生。但更多专家倾向于，以人类的智慧，在超人工智能出现之前，人类定会引导其向人类永生的方向发展。

此外，也有科学家认为人工智能不可能成为超越于人类思维之上、异于人类思维的不可思议的神秘怪物，而应该是人类智能的派生，辅助人类智能的产物。说到底，人工智能是人类智能的延伸和拓展，那种把人工智能与人类智能对立起来的观念是根本错误的。他们同时还认为，人工智能与人类智能的主要联系大致有二：第一，人工智能无法离开人类智能凭空诞生和存在；第二，人工智能是靠人类编制和输入的程序进行思维的，这种思维说到底是人类思维的机械化，机械化的思维永远不可能超越人所固有的辩证思维。马克思曾经举例说过，蜜蜂建造蜂房的本领让最高明的建筑师也望尘莫及，但是，连最蹩脚的建筑师都具有蜜蜂所不具备的本领，即他在没有建造蜂房之前，蜂房就在他的脑中存在了。同理，一台会下象棋的计算机，其根本原因在于人们已经给它编制和输入了下棋的程序。假若没有给它输入下棋的程序，这台计算机恐怕永远也不会下棋，更不用说赢棋。所以，只能认为计算机的思维是人的思维的延伸和补充，而不可把它看成与人的思维完全对立的思维。

2. 计算机文化对人类生活方式的影响

今天，计算机文化对人类生活方式的影响已经非常明显。工作离不开计算机，生活时刻离不开手机。这样的生活状态已经是常态。

十多年前，通过计算机便可以“不出门，游天下”，鼠标轻轻点，世界尽收眼底。今天的计算机屏幕又搬到了手机上，用手机“游天下”已不是什么新鲜玩意儿了，商场、饭店、电影院、游戏等全都跑到了手机上。特别是原来的 QQ、淘宝、网吧也一起搬到了手机上，微信占领了人们的碎片时间，手机淘宝占领了女人逛商场的休闲时间，手游占领了小伙子们的网吧时间……当然，在人们看不到的地方，许许多多计算机还默默地管理着互联网，以确保计算机和手机可以聊天、玩游戏、听音乐、看视频、逛京东、上淘宝。也因此，百货商店冷清了、网吧的生意差了、连报纸杂志都难卖出去了，这一切的一切都是计算机文化“惹的祸”。不过要肯定的是，计算机文化更多是通过改变人们的生活方式及行为方式造福于人类，让人们出行更为方便、购物更为便宜、生活更为舒适。

如果说在计算机网络产生之前有过“地球村”或“全球化”之说，在国际互联网的今天，“地球村”或“全球化”才算真正现实。在国际互联网上，电子邮件是最早的信息服务方式，让人们不用通过邮局便能将信函“跨越”千山万水到达收信人手中。今天，计算机的网络服务更加多样化了，而且是实时的，比如微信、Facebook 的服务，可以随时随地与遥远的朋友进行文字、语音、图片、视频的交流，这一切显然使人们早已忘却了曾经的信笺写信，从而完全颠覆了邮局的信函、电报业务。19 世纪末，荷兰人贝尔发明了电话，使远距离实时通话的“顺风耳”成为现实。然而，如果发明电话的贝尔还在世的话，今天的手机也会让他十分震惊，他的电话不仅有“顺风耳”还增加了“千里眼”，即便远隔重洋也如同站在面前。对于大学生来说，找到一个好工作曾经是非常辛苦的事，即便烈日炎炎或是寒风呼啸也要东奔西跑，在那人头攒动的招聘台前挤挤攘攘也在所不惜。而今天只要安安静静地待在家里，用手机就可参加网上的招聘会，通过人才网站给向往的单位投递精心制作的简历，同时还可以一边休闲地听着音乐，剩下的就是等待单位的回复，这样的事一天可以办很多件。与过去相比，省去了不少奔波之苦，另外还节约了不少冤枉的路费。

近代以来，人们对新闻传媒的需求量大大增加，也因此催生了报刊、广播及电视等传媒工具的产生，这些传媒工具使工业革命以来信息呈现方式发生了巨大的改变，并极大加速了信息传播的速度，也因此深刻地影响了人类生活的方方面面。而互联网出现之后，应用于计算机网络的传媒工具同样迅速地成了继报刊、广播、电视之后的第四媒体，即便如此，第四媒体对传统媒体的冲击还不至于成为颠覆性的，报刊、广播、电视依然没有完全脱离人们的生活。然而移动互联网及手机的出现并不像第四媒体那么友好，应用于移动互联网的新媒体——第五媒体一出现，人们自然而然地聚集其中，对传统媒体（报纸、广播、电视）则越来越不感兴趣，其原因就是第五媒体的先天优越性——受众广泛、内容草根、途径多样、传递即时、对象精准、信息可信等六大优点，使报刊、广播、电视等传统媒体遭受重创。在第五媒体的攻击下，2012 年中的短短两个多月时间，传媒十分发达的德国就有三家报纸宣告破产，其中发行了 93 年的《纽伦堡晚报》也没有能够幸免，给全球传媒界带来了阵阵剧痛。2013 年，世界上最大的传媒公司。其核心业务涵盖广播、报纸、杂志、电影、电视，同时拥有著名的福克斯电影公司、英国天空广播等众多媒体公司的美国新闻集团也大声疾呼：报纸没有了读者，电视台没有了广告，传统媒体还能依靠什么生存？虽然如此，第五媒体确实给人们带来了极大的方便，报箱不用了、手机上看新闻、社交发微信，显然人们获取信息的方式发生了巨变。

美国《科学》杂志主编鲁宾斯坦也说：“国际互联网为记者提供了前所未有的丰富信息和机遇。”第四媒体的崛起正在改变新闻从业人员的工作方式。一组统计数据就充分说明了这个观点：无线电广播问世 38 年后拥有 5 000 万听众，电视诞生了 13 年后便拥有同样数量的观众，而国际互联网从 1993 年对公众开放到拥有 5 000 万用户只花了 4 年时间，最惊人的是应用于移动互联网的微信，从对公众开放到拥有 5 000 万用户只用了 10 个月的时间！

计算机文化对传统商贸的颠覆是刻骨铭心的，阿里巴巴的淘宝网简直让商铺的老板们咬牙切齿。今天，家喻户晓的电子商务是改变人们购物习惯的一种网上贸易方式，是计算机文化影响现代社会的一种新型的人类生活交换方式，早期人们还认为它仅仅是对传统贸易方式的一种补充，但今天人们才看到了来自淘宝电子商务的颠覆性。实际上，互联网出现不久人们就曾预言，21 世纪电子商务的贸易额将逐渐超过旧式的贸易额，跃居为占主导地位的新型贸易方式。显然，今天的电子商务在不断制造销售神话，比如阿里主导的“双 11”购物节，2009 年就达到了 5 200 万的成交额，第 2、3、4 年更达到了 9. 36 亿、52 亿、191 亿，2015 年甚至飙升到了惊人的 912. 17 亿，在一天之中不断地刷新销售的奇迹。

计算机文化对家庭生活的影响同样让人耳目一新。如今，阅读都是习惯在网上通过手机或计算机阅读，到书店买书或图书馆读书的人已是少之又少，家中的藏书显得也不重要了。阅读中认为重要的内容被储存在计算机硬盘里，还可以通过文字输入和扫描输入来完成这项工作。而过去书架上那一本本沉甸甸的书籍被轻便的光盘或计算机硬盘所代替，不仅能通过计算机欣赏到古今中外的名著，还能通过计算机查阅百科全书、翻译外文典籍、学习各种语言和知识。现在的计算机网络上，有大量的家庭应用书籍，其中包括医疗、保健、烹饪、绘画、制图、书法、通信、娱乐及各类词典等各种与个人和家庭生活有关的内容。计算机的文化含量简直就是无穷大。只要有一台计算机或智能手机，就一定会发现，它不仅是工具，而且是良师益友，并且越来越能体会到计算机简直就是人们生活中不可或缺的部分。

计算机网络不仅构成了全世界的互联网，在家里也能构成局部的家庭网络，Wifi 已经是人们最熟悉及最不能离开的家庭网络了。此外，涵盖智能家居的家庭网络也越来越多地出现，各种家用电器（如灯、窗帘、空调、电冰箱、洗衣机等）及其他家用设备（如防盗电子设施）能智能连接在一起而构成家庭控制网。家庭网络能对各种家用设备进行控制，只要用一个手机就能操作和控制所有的家用设备。出门在外时，可以利用手机操纵家中的各种设备，譬如打开自动窗帘或关掉微波炉。在家时，也可以通过手机或计算机屏幕上的一个小窗口观察装在门上的数码相机或摄像机传送过来的景象。通过家庭网络，各种家用设备之间能相互交换信息，譬如把在书房里的计算机上制作的多媒体节目传输到客厅的数字电视播放，目前有很多公司都有智能家居的产品，这些产品都能够简便易行地建设一个家庭网络。

计算机文化对书写及印刷方式的影响也极为深远。以书写来说，今天用笔来写文稿的人已经是少之又少，特别是新闻记者、作家和其他一些经常与文字打交道的人，这些最早告别纸笔的人最大的感受就是计算机代替了手工劳作，从而使其工作效率达到了质的飞跃。曾经有位作家兴奋地说道："电脑使我成了多产作家，电脑提供的便利使我再也不愿拿起自来水笔爬格子了！"另外有位学者说道："电脑让我告别了原始的检索文献、书写卡片、储存资料和修改文稿的方式，大大提高了我的工作效率。假若现在没有了电脑，我不知道我将如何工作。没有电脑，我的学术生涯就将完结了。"可见，计算机产生的书写革命在这个时代变成了"计算机依赖症"，也因此成了现代人的"时髦病"。

另一方面，印刷方式也因计算机而彻底改变。19 世纪发明的打字机对计算机的发展产生过重大的影响，现代计算机的键盘就源于机械式打字机，但计算机普及后特别是激光照排系统的发明，使书写方式和印刷技术又一次发生了历史性、革命性的飞跃。被称为"当代毕昇"的北京大学数学系王选教授从 20 世纪 70 年代中期就开始研究汉字的数字化技术，直到 80 年代才完成了世界上最先进的汉字照排印刷系统，这个把计算机与激光照排机结合的设备，使我国古老的汉字焕发了青春，至今王选教授的专利仍在全世界印刷技术革命上占有重要的地位。

音乐美术是人们日常文化生活中不可或缺的精神生活内容，计算机技术的进步也使得音乐美术的表现及创作进入了新天地。第一架钢琴诞生后，钢琴一度成为欧洲人心目中的时代宠儿和精神文化的物质象征。然而诞生于 20 世纪 50 年代的电子琴也曾深受人们喜爱，今天计算机的数字音乐系统，更是集策划、复制、指挥和录音制作于一体，一位作曲家便可以独立完成以前多人联合创作的作品。同样，今天的美术创作也发生了极大的变化，过去人们用排笔来写的艺术字现在用计算机打印更加规整和方便快捷，商用广告也不再用手工画出，特别是这些需要很长时间练就的艺术能力，被平常人操作的计算机也能轻松拥有，而且打印出的艺术字和广告画效果更好、色彩更加艳丽。如此，艺术工作者通过计算机拓展了创作空间，用更多的精力去考虑艺术的创造性、艺术的效果，从而也因此产生新的绘画门类。

娱乐是人们生活中的调味剂，计算机让人们的娱乐更加贴近了生活。首先，社会娱乐设施越来越离不开计算机的介入，从电影院到音像厅，从电子游戏场所到歌舞厅，多媒体技术、VCD 和 DVD 技术都已非常成熟。家庭娱乐就更不用说了，计算机、手机直接应用到幼儿的娱乐教育，年轻人更是离不开手机，除了聊天之外应用最多的就是音乐软件与视频软件。也因此，手机在视频、游戏等方面的应用引发了很多问题，除了对视力的影响外还致使家庭教育受到了极大的挑战。即便是成年人也热衷于网络游戏的追求，因为网络游戏不仅可以提供丰厚的商业利润，也可以给人们提供休闲消遣的新方式。假若你有着广泛的业余爱好，便完全可以同计算机下棋、聊天，也可以利用计算机来绘画、练习书法。假若你是一个足球迷，只要鼠标轻轻一点，你的眼前就会出现当天世界上最精彩的一场足球大赛。

3. 计算机文化对生产方式的影响

对人类社会的发展起决定性因素的是生产方式的发展，是人类最主要的一种行为方式，是人们谋取物质生活资料的一种最基本的手段，表现为生产者与生产工具的结合、生产力与生产关系的结合。历史上每一次重大的技术革命，都必然直接引起生产方式的变革、刺激社会的进步。18 世纪以蒸汽机的使用为代表的工业革命就是一次生产方式的重大变革，人类由此开始了工业化的征途。计算机作为一种信息处理的新型生产工具，因其广泛地使用及深度地融合工业时代的生产工具并使其优化，引起了生产方式的巨大变化，其变化主要体现在以下方面。

（1）生产资料发生的变化。农业社会的主要生产资料是种子、农具等；工业社会的主要生产资料是土地、机器、设备厂房等；而计算机导致的信息社会，主要的生产资料是信息，人们的社会生产变成了获取信息、加工处理信息及传播信息，并通过信息的获取、加工处理及传递等手段对工业社会的生产资料进行优化处理，让土地提高利用率、让机器智能化、让设备发挥更大的效益，使整个社会的运转更节能，最终让人得到更多的休闲时间，更加愉快地进行社会创造。

（2）生产的产品发生的变化。传统的工农业社会的产品都是有形的产品，所使用的原材料也是看得见、摸得着的物体，而在信息社会的计算机上只有数据信息，生产出来的产品主要是虚拟产品，这些虚拟产品从媒体新闻到商业广告，从各种商品到音乐视频、游戏等，这些虚拟产品与传统的产品完全不同，从物质的角度来说看不见摸不着，但却同样价值千金。若以物质来比较，一张作为产品的光盘与一张还没有刻录过的光盘是毫无区别的，原来的物质成本就是几元人民币，但信息的价值却会相差成千上万倍。这些虚拟产品的生产就是信息生产，这种信息生产相对过去的物质生产，其显著特征是生产的虚拟产品高速更新（升级）及高速淘汰，一方面表现在信息量和知识总量的成倍增长，知识老化的周期在缩短；另一方面表现在计算机这种工具自身加速更新换代而反过来又进一步促使信息生产的突飞猛进发展。

（3）生产力的变化。人类历史的进程充分说明了技术的进步是推动生产力进步的动力，同样以计算机技术为主的信息技术正在以一种全新方式推动着生产力进步。从工业生产的角度来看，信息技术正在优化工业生产，推动工业升级换代，电子信息产业本身的高速发展及不断地升级换代催生了新的信息技术产业，又与制造业深度融合升级成为高端装备制造业，在向其他行业的渗透中不断地颠覆其生产模式、应用模式及营销模式，如家电行业的海尔集团就已经彻底地由大工业生产管理模式转向扁平化生产管理模式，汽车行业的特斯拉也正在引领本行业的新生模式，甚至信息产业的苹果也被传会进入汽车行业，极有可能彻底颠覆传统汽车的生产应用模式。

信息技术不仅对工业生产力的发展具有推动作用，而且对农业生产力的发展同样具有巨大的推动力，在工业装备农业的基础上进一步武装农业，使其实现自动化、智能化、可视化和泛在化，迅速地提升农业生产力的现代化水平。可以说，没有信息化就没有农业的现代化，其主要体现在：信息化为农业发展提供了新技术，新的信息技术在消除信息不对称后，很大程度上改变了已有农业技术推广难的问题，极大地增强了技术的推广效果；信息化还有利于促进农业要素的优化配置，更利于实现农业的专业化、标准化、集约化和规模化，并结合信息化的新型流通方式，使新型农业的产品品质快速提高且物流更为方便，因此更容易节本增效并提升市场的竞争力。总体来说，信息化极有利于促进农业的可持续发展。

信息技术对第三产业生产力的贡献最为突出。当今世界，计算机在第三产业（流通及服务行业）的渗透是最为广泛的，产生的影响十分巨大并极其深远。比如第三产业的占比就是衡量一个国家发达水平的重要标志，如美国第三产业占 GDP 比重超过 75%，其他发达国家第三产业占 GDP 比重都大于 60%，我国 2015 年第三产业也首次超过了 50%，这也是得益于信息技术对第三产业的贡献。随着信息技术融入第三产业步伐的深入，第三产业的服务领域正被加速拓展，新型的第三产业越来越多地向全社会提供更多更广泛的优质便捷服务，并同时为社会生产和生活消费创造出更加新式的服务方式，促成了经营方式和管理方式的革命性变革，导致企业管理现代化水平的进一步提高，最终在优质、便捷服务的基础上被广大用户所认可，最终为企业带来了高效率和高效益，以此提升了社会的生产力。

此外，从今天人们的经济活动来看，计算机更是其他生产工具所不可代替的。如社会生产和生活中，无论是在气象预报、水文、出行、防灾减灾、矿产、测绘等方面，还是在资源、能源、工业、农业、交通、传媒、教育等方面，时时刻刻都离不开计算机的广泛介入。例如，每天飞行在头顶上的数百颗人造卫星，大多数都与日常生活息息相关。比如气象卫星时刻收集大气数据信息的变化送给大型的计算机处理，提供相应的气相服务并由手机软件下载成为天气信息，或者通过广播电视播送到千家万户。如今手机或计算机中的天气信息都可以较准确地预报未来 7 天的天气，还可以大致看看半月的预报，且走到什么地区就可以预报所在的地区（到县城），这就是计算机给人们的出行提供的优质服务。

通过以上的讨论，完全可以看到计算机介入人类的生产活动使人类生活无比便捷，显然计算机真实地带来了生产方式的空前巨变。

4. 计算机文化对政府的影响

自从以“apple Ⅰ”为代表的现代个人计算机问世以来，其在社会控制和管理中的作用便不可漠视。计算机在公民投票、民意测验，以及各种选拔考试、考核中正发挥着极其巨大的作用，它可以有效地杜绝因信息不对称产生的种种专断、营私、作弊等弊端，越来越显示了其公正性特征，日益受到政府部门的高度重视。然而，计算机文化滋生出来的政治文化对社会的影响也存在着正反两方面的效应：第一层效应是随着计算机的网络文化去信息不对称效应，必然使世界范围内各种政治观念和意识形态的冲突越来越淡漠，本属对立的思想体系出现了相互渗透，政治意识形态矛盾趋于淡化，文化意识形态冲突趋于边缘化，因此增进了东西方不同意识形态国家之间的友谊，增强了世界各国人民间的相互理解和学习，促进了世界和平；第二层效应是霸权主义通过计算机的网络文化加强对别国内政的干涉甚至颠覆，并企图把西方的人权标准和价值观念强加在他国人民头上，甚至于公开干涉别国的内政，并发展到军事干涉的程度，中东及中亚的颜色革命就是最明显的事例，斯诺登事件暴露的美国棱镜计划也是这种效应的有力证据，这样势必造成了对世界各国社会稳定的隐性干扰。因此，必须清醒地看到计算机文化对于政治文化的各种负面效应，各国政府必须做到防患于未然。

对于本国的政府，计算机文化的确对推进政府行为科学化、民主化、法制化和公开化产生，积极的影响，这是计算机文化的本质要求使然。第一，网络的开通优化了政府的政务及加强了政府与百姓的联系。当今除极少数国家之外，全球大多数国家和地区及其地方政府都建立了自己的网站或网络体系，各级政府之间通过网络上传下达信息，通过网络媒体向公民乃至全球发布最新消息，公布国家基本的法律和政策，表彰各方面所取得的成就，电子政务网就是典型的政府应用。另外从对公民的角度出发，新型的网络社交平台还能快速发布政府的信息，并能及时收集公民的各种反馈意见，检验政府行为产生的民意倾向，这方面无疑促进了政府功能的现代化和民主化的进程。第二，除报刊、广播和电视以外，政府还拥有了通过第五媒体树立自己形象的机会。特别是“十八大”以来，手机的网媒成了中央新政的宣传渠道，“打老虎”“拍苍蝇”都是第一时间进入老百姓的视野，新一届国家领导人，特别是习近平总书记的亲民形象时常通过第五媒体展示。此外，政府体系内部有了进一步加强沟通和协调的技术手段，各国政府之间的信息交流更加方便快捷，政府操作程序的公开化具备了技术条件。上述诸条中最重要的一条就是政府拥有了更好更直接的公民联系通道，政府因此可以更好地适应公民的需求、提供更多的服务，并有效地接受公民的监督。由于网络使政府决策过程的透明度提高，政府接触公民的机会增多，公民也有了向政府反映问题、施加压力的更多机会，从而使民主化决策的程度不断提高。

网络时代对政府行为的挑战，显然是计算机文化的一项极为重要的成果。同时，政府还要注意网络时代政府行为机制的变化，在更大程度上实现政府行为机制的电子化、网络化，并在此基础上进行相应的组织改革和机构改革，从而以现代化的决策文明、管理文明和制度文明把国家带进人类新文明。

5. 计算机文化对现代战争的影响

海湾战争，因伊拉克入侵科威特而爆发，是以美国为首的 34 国部队于 1991 年 1 月 17

日在联合国安理会授权下，为恢复科威特领土完整而对伊拉克进行的局部战争，同时也是人类战争史上现代化程度最高、使用新式武器最多、投入军费最多的一场信息完全不对称的军事较量。到2月28日为止的短短42天内，多国部队以阵亡192人，伤318人，损失战机68架、坦克35辆、舰艇2艘的极小代价，造成伊军伤亡10万人左右，俘虏8.6万人，损失飞机324架、坦克3 847辆、装甲车1 450辆、火炮2 917门、舰艇143艘，打了一场规模上史无前例的巨大战争。海湾战争彻底改变了传统的作战模式，对第二次世界大战以来形成的传统战争观念产生了强烈的震撼。其最大特点为，这是一次高科技战争，以美国为首的多国部队普遍使用各种先进技术，主要体现在以下4点。

（1）电子战对战争进程和结果产生重要影响。以美国为首的多国部队充分发挥高技术兵器远距离精确打击的性能，例如“阿帕奇”武装直升机通常都是在伊军地面防空火力有效射程之外发射反坦克导弹，摧毁伊军坦克装甲车，M1A1坦克也是在敌方火力射程之外开火，摧毁伊军坦克和阵地设施。因而大大减少了己方人员的伤亡，从而使电子战成为战争中的新制高点。

（2）空中力量发挥了决定性作用。海湾战争开创了以空中力量为主体从而赢得战争的先例，在空袭中，由于大量精确制导武器——“战斧”巡航导弹的使用，并有极为先进的计算机储存系统，能对地形自动辨别、敌我自动识别，以及自动导航和自动目标搜索，因此提高了空袭的准确性，平民伤亡降低到了最低程度。

（3）作战空域空前扩大。战场空域包括了科威特、伊拉克及沙特阿拉伯边境地带，显示了战场向大纵深、高度立体化方向发展，不存在明显的前方和后方。

（4）高技术大大提高了作战能力。多国部队有70多万军队、3 000多架飞机、4 000多辆坦克、247艘战船，因此必须有完善的指挥机构。单看美军开始大规模空袭中首次使用的由侦察卫星、通信卫星、预警雷达、战场监视指挥机、战场指挥控制机、地面雷达、矩阵计算机、显示控制设备、抗干扰通信系统和数据库组成的$C^3$1指挥系统，组成了贯穿于战争全过程的统一指挥的火力攻击系统，其复杂程度和各部分配合的有效性都显示了信息技术使作战行动向高速度、全天候、全时域的方向发展。

海湾战争对冷战后的战争观产生了深刻影响，展示了基于信息技术的现代高科技作战的新情况和新特点，对军事战略、战役战术和军队建设等问题带来了极其深远的影响。

科索沃战争。时隔8年，1999年北约部队对南联盟发动持续性的空袭，又一次充分展示了电子制导武器在实战中的强大威力。如美国的“战斧”巡航导弹采用微机导航、卫星定位的高科技手段，具有不容置疑的高精确性、高穿透力和高威慑力。这种导弹击中目标的误差不超过1 m，可以穿透数米厚的钢筋水泥墙体，假若给它装上核弹头，其破坏威力不容小觑。另外，美国的激光制导武器命中率也十分精确，在对南联盟的空袭中，北约主要就是用这种武器和集束炸弹来摧毁南联盟的地面目标。还有用电子计算机制导的“阿帕奇”武装直升机可以准确地击中8 km以外的较小地面目标，因而被称为“坦克杀手”。这次战争中美国还在南联盟上空部署了50多颗间谍卫星，其中有20多颗是为地面定位和导弹制导所用。另外，美国和北约又出动了大量随身携带微机的特工人员，这充分显示了计算机正成为现代战场上的一种新式武器。

阿富汗战争。2001年9月11日，美国遭受了来自阿拉伯恐怖组织的袭击，10月，美国就调兵遣将组织了多艘航空母舰及反恐部队赴海湾对阿富汗作战。除了使用在海湾战争及科索沃战争中曾使用的卫星定位系统精确制导的导弹和飞机进行轰炸外，其最大的特点是反恐部队的每个士兵都有一台可随身携带的计算机系统，一旦发现目标可随时精确定位及时打击，成了在阿富汗地形复杂的山区作战中最有效的武器。

通过海湾战争、科索沃战争、阿富汗战争和伊拉克战争这几场局部战争，可以清楚地看到，战争形态正由机械化战争向信息化战争转变。信息时代，信息化军队运用信息化武器装备在陆、海、空、天四维交织的立体战之外构建了第五维战场，并以信息战为主导，展开而形成全维的一体化战争。在这种意义上的第五维战场是一个看不见的空间，但其突出特点就是打精度、打速度，超视距的精确打击成为基本的火力运用方式，若按这种战争趋势发展下去，将来战场上携带计算机的士兵将要多于携带枪支的士兵。因此，世界主要军事大国特别是美国为争夺未来战争的制高点、迎接信息化战争进行了大量的理论和实践的准备，并将成果成功地应用在了海湾战争、科索沃战争和阿富汗战争的实践当中，推动了美军信息化战争理论界新军事变革的浪潮，显然给未来战争的各国特别是正在发展中的中国带来了严峻挑战。

但是仅仅是在计算机精确信息系统控制下的战争还不能称为真正完全意义的信息战，信息战的另一层重要含义就是必须包括纯粹信息的战役。所谓信息战，是指为了夺取和保持制信息权而进行的斗争，亦指战场上敌对双方为争取信息的获取权、控制权和使用权，通过利用、破坏敌方和保护己方的信息系统而展开的一系列作战活动。由此可以看出，在现代战争中信息是军事斗争中极其重要的战略资源，谁取得了信息的控制权，谁就能在战争中处于优势地位。早在 20 世纪 80 年代，美国社会预测学家阿尔温·托夫勒的《第三次浪潮》便影响了美国军方人士，有人就开始研究信息时代的战争，1989 年美国军方有人提出“计算机病毒战”这一概念，1990 年托夫勒又出版了《权力的转移》一书，用一章的篇幅阐述信息战，1992 年美军进而提出计算机战，1993 年托夫勒出版的《第三次浪潮的战争》更进一步研究并表述了信息战，因此美军中关于信息战的变革风潮日涨。期间，因 1991 年爆发海湾战争从而更加快了世界范围内信息战研究及应用的步伐，信息战已经成为世界各国军队的重点研究对象。

我国信息战的研究也并不落后于美国，最著名的是我国陆军少校沈伟光先生于 1985 年就开始对信息战进行了研究，1987 年 4 月 17 日的《解放军报》以《信息战崛起》为题，介绍了他对信息战研究的学术观点，这一概念的提出早于美国，1990 年沈伟光先生出版的世界上第一部《信息战》专著，也早于托夫勒的《权力的转移》9 个月。他指出了信息战可以采取通过毁坏敌方的计算机系统，扰乱和摧毁其信息接收和传递机制，乃至金融、电信、能源、交通等一切与战争有关的网络系统，从而使敌方军心动摇、民心大乱而丧失作战能力。并且指出无声无息的信息战还可采用隐蔽或公开的形式，以计算机黑客、计算机病毒、电磁脉冲、微波光柱和激光光束等为武器，在敌方毫无知觉或无法防备的情况下实施攻击。另外他独到地表述出，信息战在战略层次上追求中国古代军事家孙武所说的“不战而屈人之兵”的“全胜”思想，旨在摧毁敌方发动战争或进行战争的意志，完全有别于西方的战争思想。沈伟光先生通过他的研究，警告人类“网络的破坏可以瞬间将地球瘫痪”，因此，我们的目标是建立信息战遏制战略，从相互制约中求相互平衡，在相互平衡中建立国际安全环境稳定的基础。

6. 计算机文化带来的负面影响

计算机文化除了带来积极的影响外，也带来了负面的影响，其主要表现在侵犯知识产权、利用计算机病毒、黑客从事犯罪和破坏行为、计算机黄毒泛滥，以及道德、法律失范等多个方面。

1）侵犯知识产权

在以市场经济为主流经济形态的社会中，侵犯知识产权是一个由来已久且十分顽固的问题。20 世纪 70 年代末开始，随着计算机逐渐普及应用，以及计算机软件具有的无形性、专有性、地域性、时间性和极易复制的特点，不管是在美国还是在中国，都曾经出现过计算机盗版软件横行、正版软件反受冷落的反常现象。其主要原因是使用者无须付费或付极低费用便可正常使用软件，同时盗版商不用承担高昂的开发费用，从而使盗版软件盛行。在暴利的驱使下盗版商不惜以身试法，使用者有法不依，监管机构执法不严，使盗版屡禁不止。盗版软件充斥计算机软件市场产生了不容忽视的恶果，严重侵害了开发者的利益，极大挫伤了人们从事知识创造和技术发明的积极性，严重阻碍了信息产业的正常发展，是计算机文化带来的一种负面影响。

2）计算机病毒

计算机病毒是编制者在计算机程序中插入的破坏计算机功能或者数据的程序代码。计算机一旦感染上了某种病毒，轻者是计算机的工作进程受到影响或存储信息丢失，重者则会损坏计算机软件系统甚至硬件。1983 年 11 月的一次国际计算机安全学术会议上，美国学者弗雷德·科恩（Fred Cohen）第一次明确提出计算机病毒的概念，次年科恩的论文《电脑病毒实验》就有了计算机病毒的可实现实验，1986 年年初，首个病毒“大脑（Brain）”由巴基斯坦兄弟巴斯特（Basit）和阿姆捷特（Amjad）所编写。1989 年出现的典型代表——“石头 2”引导型病毒可以感染硬盘、1998 年台湾大同工学院学生刘盈豪编制了破坏力巨大的 CIH 病毒，1999 年 4 月 26 号 CIH 病毒在全世界爆发，造成了有史以来计算机病毒的最大影响，仅北京瑞星这一家反病毒公司当天就接到 7 600 多个 CIH 的报警电话，全世界有 60 万台计算机中毒瘫痪，很多企业长期积累的大量文档资料和客户名单被删除，更严重的，主板中 BIOS 程序被垃圾数据改写直接导致计算机无法开机，整个事件最终导致的直接经济损失超过 10 亿元。

1999 年出现通过微软的 Outlook 电子邮件软件传播的梅利莎病毒；2001 年红色代码病毒从网络服务器上通过互联网传播，不到一周感染了近 40 万台服务器、100 万台计算机；2003 年 8 月 12 日名为“冲击波”的病毒感染的计算机系统操作异常、不停重启。甚至导致系统崩溃，造成了极大的影响；2004 年 4 月 30 日又一个名为“震荡波”的病毒通过微软的最新 LSASS 漏洞肆虐全球；2006 年 10 月 16 日由 25 岁的中国湖北武汉李俊编写的“熊猫烧香”病毒首次做到能够关闭大量的反病毒软件和防火墙软件进程，并且会删除扩展名为gho 的文件让用户无法恢复操作系统，病毒感染的系统中 *. exe、*. com、*. pif、*. src、*. html、*. asp 等文件导致用户在打开这些文件时 IE 自动连接到指定病毒网址中下载病毒，被《2006 年度中国大陆地区电脑病毒疫情和互联网安全报告》评为“毒王”，而李俊通过该病毒非法获利 10 万余元，却给中毒的数千家金融、税务、能源等企业和政府机构造成了重大的损失，并于 2007 年 9 月 24 日被湖北省仙桃市人民法院以破坏计算机信息系统罪判处有期徒刑4年。

从上述的计算机病毒事例可以看出，计算机病毒是对经济、政治、科技、文化秩序颇具威胁力的杀手，也是对社会规范的一种挑战，是一种地道的负面文化。制造计算机病毒侵犯公共利益，既不道德又违反法律，计算机文化呼唤新道德、新法律。因此，反病毒斗争势必成为各国警方的一项重要任务。为了打击病毒的流行对计算机和社会公共生活的破坏，一方面要加强对计算机从业人员的道德教育，另一方面要积极开展对反病毒软件的开发和研制，同时，对于制造和贩卖盗版软件者和编写计算机病毒者应给予法律严惩，以求从根本上清除计算机病毒带来的危害。

3）黑客的入侵

黑客源自英文hacker，最初指热心于计算机技术、水平高超的计算机专家，《牛津英语词典》解释是“利用自己在计算机方面的技术，设法在未经授权的情况下访问计算机文件或网络的人”。如今，黑客更多指“破坏者”的意思，主要指那些从事恶意破解商业软件、恶意入侵他人网站及恶意入侵控制他人计算机或手机进行非法活动的人。除常见的病毒之外，黑客其实是一种特殊的由专人操纵的病毒。在有约30亿网民的今天，一旦计算机或手机连上互联网，也许就已经被某些黑客盯上了，而其中存储的个人资料完全有可能被非法侵入者偷窃或修改，云盘或硬盘里的数据可能被人删除，特别是银行存款可能被黑客盗用密码而在一瞬间化为乌有。在国际政治、军事、经济、文化领域内，黑客更是一个可怕的间谍。黑客作为一名新型的间谍分子在国际之间早已粉墨登台，例如，1990年4月至1991年5月，来自荷兰的一伙黑客侵入美国国防部的43个网站达13个月之久，而五角大楼却一无所知。1995年，一个阿根廷的黑客利用国际互联网进入美国海军研究实验室和其他国防机构（如国家宇航局及洛斯·阿拉莫斯国家实验室）的计算机网络。

实质上黑客也是国家间竞争的手段，2013年前中情局职员爱德华·斯诺登爆出一项由美国国家安全局自2007年小布什时期起开始实施的绝密电子监听的棱镜计划令世界哗然，斯诺登也因此出走美国最终在俄罗斯寻求政治避难。另外，新闻也不断地有报道某个国家的黑客入侵其他国家盗窃其国家军事、经济、技术等机密，其实质就是国际上国家与国家之间的信息需求，从而使信息破坏战和信息防御战越演越烈，因此只有加强用户的安全和防御意识才能有效地不给黑客留有可乘之机。

在经济、商务和金融领域也一样，运用计算机进行犯罪的活动屡见不鲜。例如，亚洲和欧洲多个国家的黑客组成犯罪团伙，最早于2013年年底就开始作案，利用一种名为“Carbanak”的病毒入侵约30个国家的超过100家金融企业，作案金额高达10亿美元。2016年3月，孟加拉国银行在美联储账户被入侵盗窃1亿美元，也是因黑客“手抖”拼错了地址，否则损失金额将高达10亿美元。此外，利用网银入侵的小额盗窃几乎每天都有发生，入侵计算机或手机的钓鱼软件经常让人防不胜防。

4）计算机黄毒泛滥

除此之外，计算机还带来另一个严重的负面影响，这就是计算机黄毒的危害。据《光明日报》社记者李凌己1999年1月20日报道，该记者在某大学采访一位大学生时，这位大学生向他反映说：当他给一名中学生当家教时，这个孩子竟然利用计算机看黄色文章和图片。孩子的家长十分痛心，而孩子却对家长的批评和管教产生了抵触情绪，使家长陷入了两难境地。记者还指出，这位大学生反映的情况只是漂浮在水面上的冰山一角，实际情况则更为严重，中学生互借光盘相互传阅色情文章和图片的情况十分普遍，而且手法也十分隐蔽。在大学生中，这种情况尤甚，大学生的计算机水平相对较高，因此观看黄色 VCD 或上网接触色情文化的机会则更多。

国家每年都要投入大量的人力物力进行“扫黄打非”活动，但打击的主要目标是针对社会上出售的黄色书报和光盘，对网上的色情文化打击却要困难得多。由于家庭计算机具有私人性质，官方和学校都很难制定具体的约束方法。加之大多数中学生的家长计算机水平不高，从而使孩子接触黄色文化有了很大的方便性和隐蔽性。据报道，全球已有近 50 万个黄色网址。英国牛津大学的调查表明，学生通过互联网观看色情文化的时间比通过互联网进行学术交流的时间还要多。根据有关部门的要求，SP 服务商应负责封锁一些色情文化的网址，但实际上，不少黄色网站仍能轻易登录成功。

随着计算机网络的日益普及，计算机黄毒将成为一个越来越严重的社会问题，有关专家呼吁，为了防止计算机黄毒对青少年身心健康成长造成危害，社会各界特别是政府和教育部门应该把防范计算机黄毒作为一项亟须解决的重要课题立项攻克。

5）计算机的负面影响还表现在网络言论上

由于网上言论自由，一些不负责的、恶意的宣传语也时常在互联网上出现，其内容大致包括：

（1）夸大其词、引人上钩的商业广告和网上购物误导。

（2）无中生有的虚假新闻。

（3）恶意的人身攻击、诽谤和名誉损害。

（4）煽动不满情绪的政治宣传。互联网就是一个虚拟社会，如果过分自由，势必会造成现实社会文明的阵痛。网上宣传虽然是网民的权利，照理应该受到法律的保障，但是，网上宣传也要受社会文化、道德的制约，也要纳入法制的轨道。任何在网上攻击他人、扰乱人心、制造动乱的人，理应受到法律的惩办。令人欣慰的是，关于网上宣传的立法问题，目前已经引起了社会和有关权威部门的关注。

上述一些不良现象或负面影响虽然难以消除，但毕竟不是主流，其消极影响与计算机文化给人类带来的福祉相比，实属微不足道。21 世纪，计算机文化正在开辟着人类文明的新纪元，计算机和网络的深入普及在物质文化、制度文化和精神文化等社会文化的各层面都将不断改善着人类的生存条件和行为方式，计算机文化必将大放异彩。

1.2 计算机基础知识

1.2.1 信息的表示与存储

1. 计算机内部是一个二进制世界

不论是指令还是数据，若想存入计算机中，都必须采用二进制编码形式，即便是图形、声音等这样的信息。这是因为在机器内部，信息的表示依赖于机器硬件电路的状态，信息采用什么表示形式，直接影响到计算机的结构与性能。因此，计算机内部是一个二进制编码

（基 2 码）的世界，这个世界有如下几个优点。

1）易于物理实现

因为具有两种稳定状态的物理器件是很多的，如门电路的导通与截止、电压的高与低、磁力的有与无，以及光的亮与暗等，都恰好对应表示为 1 和 0 两个符号。假如采用十进制，则要制造具有十种稳定状态的物理电路，是非常困难的。

2）二进制数运算简单

数学推导证明，对 R 进制的算术求和、求积各有 $R(R+1)/2$ 种规则。如采用十进制，就有 55 种求和与求积的运算规则；而二进制仅各有 3 种，因而简化了运算器等物理器件的设计。

3）机器可靠性高

因为电压的高低、电流的有无、光的亮暗等都是一种质的变化，两种状态分明，所以二进制编码的传递抗干扰能力强，鉴别信息的可靠性高。

4）通用性强

二进制编码不仅成功地运用于数值信息编码（二进制），而且适用于各种非数值信息的数字化编码。特别是仅有的两个符号 0 和 1 正好与逻辑命题的两个值“真”与“假”相对应，从而为计算机实现逻辑运算和逻辑判断提供了方便。

计算机存储器中存储的都是 0 与 1 的信息（如 00110101），但它们分别代表各自不同的含义，例如：

对机器指令而言表示“位移运算”（假设）；

对二进制数而言表示数字“53”；

对字符而言可以表示符号“5”（ASCII 码）；

对色彩而言可以表示颜色“蓝”（假设）；

对声音而言可以表示声音“嘀”（假设）；

……

存储在计算机中的 00110101 编码信息采用不同的编码方案就能得到不同的含义（位移运算、数字、符号、颜色、声音等），关键取决于对不同的表示制定出不同的编码标准。于是，对于 00110101 编码，不同的解码（翻译）就有不同的结果，机器指令解码为“位移运算”，ASCII 码解码为“5”的符号等。

虽然计算机内部均用 00110101 来表示各种信息，但计算机仍采用人们熟悉和便于阅读的形式表示出来（显示或者打印在纸上），如十进制数要显示成“53”；符号就要显示成“5”；颜色显示出蓝色的色块等。其间的转换，则由计算机系统的硬件和软件来实现。

2. 计算机的数字系统

数值信息在计算机内的表示方法同样要用二进制编码来表示。为了运算简单，在不同的场合采用了原码和补码等不同的编码方法，以及采用定点数和浮点数的方式来分别表示整型数和实型数。

计算机知识中除了用到二进制外，还会讲到十六进制，因此首先应了解清楚进制的关系。

一般说来，如果数制只采用R个基本符号，则称为基R数制，R称为数制的基数，而数制中每一固定位置对应的单位值称为权。

进位计数制的编码符合逢R进位的规则，各位的权是以R为底的幂，一个数可按权展开成为多项式。例如，一个十进制数256.47可按权展开为

$$256.47 = 2\times10^2+5\times10^1+6\times10^0+4\times10^{-1}+7\times10^{-2}$$

下面是需要熟悉的几种进位数制：

（1）二进制　R为2，基本符号是0、1。

（2）八进制　R为8，基本符号是0、1、2、3、4、5、6、7。

（3）十进制　R为10，基本符号是0、1、2、3、4、5、6、7、8、9。

（4）十六进制　R为16，基本符号是0、1、2、3、4、5、6、7、8、9、A、B、C、D、E、F。

其中，十六进制的数符A~F分别对应十进制的10~15。

对于二进制来说，基数为2，每位的权是以2为底的幂，遵循逢二进一原则，基本符号只有两个，即0和1。例如：1011.01。

自然，二进制编码也有其不足之处，例如其表示数的容量最小，表示同一个数，二进制较其他进制需要更多的位数。

对于一个数，不同的进制有不同的表示，如“十”这个数十进制的表示为“10”；二进制的表示为“1010”；十六进制的表示就为“A”。为了区别通常在其后用字母“H、B、D”表示。H是表示十六进制（AH）；B表示二进制（1010B）；D表示十进制（10D）。

不同的进制之间的转换是计算机基础知识的重要内容，下面讨论上述几种进位计数制之间的转换问题。

1）二进制转换为十进制

基数$R=2$的数字，只要将各位数字与其权相乘，其积相加，和数就是十进制数。

例　1101101.0101B

$=1\times2^6+1\times2^5+0\times2^4+1\times2^3+1\times2^2+0\times2^1+1\times2^0+$ …… 整数部分

$0\times2^{-1}+1\times2^{-2}+0\times2^{-3}+1\times2^{-4}$ …………………… 小数部分

$=64+32+0+8+4+0+1+$ ……………………… 整数部分

$0+0.25+0+0.0625$ ………………………… 小数部分

$=109.3125$D ………………………… 整数部分与小数部分合并

从上面例子可以看到，当从二进制转换为十进制时，可以把小数点作为起点，分别向左右两边进行，即对其整数部分和小数部分分别转换。对于二进制来说，只要把数位是1的那些位的权值相加，其和就是等效的十进制数。因此，二－十进制转换是最简便的，同时也是最常用的一种。

2）十进制转换为二进制

将十进制数转换为二进制数时，也可将此数分成整数与小数两部分分别转换，再拼接起来即可实现。

十进制整数转换成二进制的整数采用“除2取余”法，即连续地除以2，其余数即为二进制的各位系数。

例　将十进制数57转换为二进制数。

```
2 | 57
   2 | 28        ……………余数为1    ↑
     2 | 14      ……………余数为0
       2 | 7     ……………余数为0
         2 | 3   ……………余数为1
           2 | 1 ……………余数为1
             2 | 1 …………余数为1
                 0
```

十进制小数转换成 R 进制数时，可连续地乘以 R，直到小数部分为0，或达到所要求的精度为止（小数部分可能永不为零），得到的整数即组成 R 进制的小数部分，此法称为乘 R 取整。

例 将0.312 5D转换成二进制数。

0.312 5 ×2 =0.625 ……………整数位为0

0.625 ×2 =1.25 ……………整数位为1

0.25 ×2 =0.5 ……………整数位为0

0.5 ×2 =1.0 ……………整数位为1

所以0.312 5D = 0.0101B

要注意的是，十进制小数常常不能准确地换算为等值的二进制小数（或其他 R 进制数），有换算误差存在。

例 将0.562 7D转换成二进制数。

0.562 7 ×2 =1.125 4 ……………整数位为1

0.125 4 ×2 =0.250 8 ……………整数位为0

0.250 8 ×2 =0.501 6 ……………整数位为0

0.501 6 ×2 =1.003 2 ……………整数位为1

0.003 2 ×2 =0.006 4 ……………整数位为0

0.006 4 ×2 =0.012 8 ……………整数位为0

此过程会不断进行下去（小数位达不到0），因此只能取到一定精度，即

0.562 7D≈0.100100B

若将十进制数57.312 5转换成二进制数，可分别进行整数部分和小数部分的转换，再拼在一起，如57.312 5D转换为二进制数。

57.312 5D =57D +0.312 5D

=111001B +0.0101B =111001.0101B

3）二进制、十六进制的相互转换

二进制、十六进制的相互转换在应用中占有重要的地位。由于这两种数制的权之间有内在的联系，即 $2^4=16$，因而它们之间的转换比较容易，即每位十六进制数相当于4位二进制数。

在转换时，位组划分是以小数点为中心向左右两边延伸，中间的0不能省略，两头不够时可以补0。

例 将 101101.100B 转换成十六进制数。

前面补两个0→ 00 101101.100 0 ←——后面补一个0

2 B. 8

所以 101101.100B = 2B.8H

例 将十六进制数 F7.28H 转换为二进制数。

F 7. 2 8

11110111 .00101000

所以 F7.28H = 11110111.00101B

3. 信息存储单位

前面的讨论已经讲到，在计算机内部，各种信息都是以二进制编码形式存储，那么信息在存储器中的大小如何？以何计量？这就涉及信息存储单位的问题了。

信息在计算机中是要有具体大小的，为此早期的计算机就规定了信息的基本单位。

1）位（bit，缩写为 b）

译音为比特，度量数据的最小单位，存储器中由一位二进制存储单元构成，可表示1位二进制数的信息。

2）字节（Byte，缩写为 B）

存储信息的基本单位，与长度的 m、质量的 g 等基本单位相同。在存储器中由8位二进制存储单元构成，可表示有限的数（如整数的 0 ~ 255 或带符号数的 -128 ~ +127），字节是信息存储中最常用的单位。

在计算机中，存储器（包括内存与外存）通常就是以可以存多少字节信息来表示它的容量。除字节外常用的单位还有：

kB：1 KB = 2^{10} B = 1 024 B

MB：1 KB = 2^{20} B = 1 024 × 1 024 B

GB：1 GB = 2^{30} B = 1 024 × 1 024 × 1 024 B

TB：1 TB = 2^{40} B

PB：1 PB = 2^{50} B

EB：1 EB = 2^{60} B

ZB：1 ZB = 2^{70} B

YB：1 YB = 2^{80} B

4. 非数值信息的表示

本节的开头就说过，不管是指令还是数据，还是图像和声音，在计算机中都是用二进制编码表示的。下面着重介绍非数值的符号、图形图像、声音等编码方案。

1）西文字符编码（ASCII 码）

ASCII 码是“美国信息交换标准代码（American Standard Code for Information Interchange）”的简称，是目前国际上最为流行的字符信息编码方案。ASCII 码包括 0 ~ 9 这 10 个数字，大小写英文字母及专用符号等 95 种可打印字符，还有 33 种控制字符（如回车、换行等）。

一个字符的 ASCII 码通常占一个字节，用 7 位二进制数编码组成，所以 ASCII 码最多可表示 128 个不同的符号。

例如，数字 0 ~ 9 用 ASCII 编码表示为 30H ~ 39H，H 表示十六进制。30H 转化成二进制为 0110000B，这就是机器内数字 0 的 ASCII 码。

又如，大写英文字母 A ~ Z 的 ASCII 编码为 41H ~ 5AH。字母 Z 的机内表示为

0101 1010

5　　A

因为 ASCII 码采用 7 位编码，所以没有用到字节的最高位。而很多系统就利用这一位作为校验码，以便提高字符信息传输的可靠性。

2）EBCDIC 码

EBCDIC 码是美国 IBM 公司在其各类机器上广泛使用的一种信息代码。

一个字符的 EBCDIC 码占用一个字节，用 8 位二进制码表示信息，最多可以表示出 256 个不同的代码。

例如，数字 0 的 EBCDIC 码为 F0H，字母 A 的编码为 CIH，即

0 的二进制编码　1111 0000

　　十六进制码　　F　　0

A 的二进制编码　1100 0001

　　十六进制码　　C　　1

3）中文字符编码

汉字在计算机内也只能采用二进制的数字化信息编码。汉字的数量大，常用的也有几千个之多，显然用一个字节（8 位编码）是不够的。目前的汉字编码方案有二字节、三字节甚至四字节的。

下面主要介绍“国家标准信息交换用汉字编码”（GB2312—1980），以下简称国标码。国标码是二字节码，用两个 7 位二进制数编码表示一个汉字。目前国标码收入了 6 763 个汉字，其中一级汉字（最常用）有 3 755 个，二级汉字有 3 008 个，另外还包括 682 个西文字符、图符。

例如，“巧”字的代码是 39H41H，在机内形式为

　　0111001　　1000001

　第一字节　　第二字节

在计算机内部，汉字编码和西文编码是共存的，如何区分它们是个很重要的问题，因为对不同的信息有不同的处理方式。

方法之一是对于二字节的国标码，将两个字节的最高位都置 1，而 ASCII 码所用字节最高位保持 0，然后由软件（或硬件）根据字节最高位来做出判断。

4）其他非数字信息的表示

信息是多种多样的，如文字、数字、图像、声音，以及各种仪器输出的电信号等。各种各样的信息，都可以在计算机内存储和处理，而机内表示它们的方法只有一个，就是采用基于符号 0 和 1 的数字化信息编码。不同的信息，需要采用不同的编码方案，如上面介绍的几种中西文编码。二进制数可被看作是数值信息的一种编码。

至于如何将图像、声音和其他形式的信息编码后送入计算机，要靠一些专用的外部设

备，如图形扫描仪、语音卡、数字摄像头等。它们的功能也无非是将不同的输入信息转换成二进制编码信息并存入计算机，然后由计算机（软件）做进一步的分析与处理。当然处理这些信息比处理字符信息要复杂得多。

5. 信息的终端显示

计算机的外部信息，需要经某种转换变为二进制编码信息后，才能被计算机主机所接收。同样，计算机内部信息也必须经转换后才能恢复信息的本来面目。这种转换通常是由计算机的输入/输出设备来实现的，有时还需要软件来参与这种转换过程。

例如，最常使用的终端，就是人与计算机交换信息的外部设备，主要用于在人和机器之间传递字符数据。

当一个程序要求用户在终端上输入一个十进制数“10”时，这个数值信息传递给程序的过程可分为以下 4 个步骤：

（1）用户在键盘上先后按下“1”和“0”两个键。

（2）终端的编码电路依次接收到这两个键的状态变化，并先后产生对应于“1”和“0”的用 ASCII 码表示的字符数据（31H 和 30H），然后送往主机。

（3）主机的终端接口程序一方面将接收到的两个 ASCII 码回送给终端（这样，当用户敲入“1”时，终端屏幕上就显示出“1”），另一方面将它们依次传给有关程序。

（4）程序根据本意，将这两个字符数据转换成相应十进制数的二进制表示（00001010）。

同样，当一个运算结果被送往终端显示时，首先要将数值信息转换为字符数据，即每一位数字都要换成相应的 ASCII 码，然后由主机传递到终端。终端再将这些 ASCII 码转换成相应的字符点阵信息，用来控制显示器的显示。

当然，上述输入/输出过程对普通用户来说，应该是透明的。用户可以在终端上根据程序的需要，或者输入数值信息，或者输入字符信息。

1.2.2 计算机系统

一个完整的计算机系统应包括计算机硬件系统和计算机软件系统两部分。计算机硬件系统是由中央处理器、存储器和计算机外部设备构成，是看得见摸得着的各种物理设备；计算机软件系统是相对于计算机硬件系统而言的，是由一系列的计算机系统管理程序和各种应用程序组成，另外，连同程序的各种说明资料和技术手册也是计算机软件系统的一部分。计算机软件系统是计算机的灵魂和思想，没有计算机软件系统，计算机将无法工作。计算机系统的基本组成如图 1－1 所示。

1. 计算机系统最基本的工作原理

根据计算机系统的工作特点，把计算机描绘成一台能存储程序和数据，并能自动执行程序的机器，是一种能对各种数字化信息进行处理的工具。在当今的信息时代，计算机可以协助人们获取信息、处理信息、存储信息和传递信息。所以说计算机是一台名副其实的信息处理机。下面通过对计算机系统的工作原理的论述，使读者对计算机的功能有一个比较准确的认识。

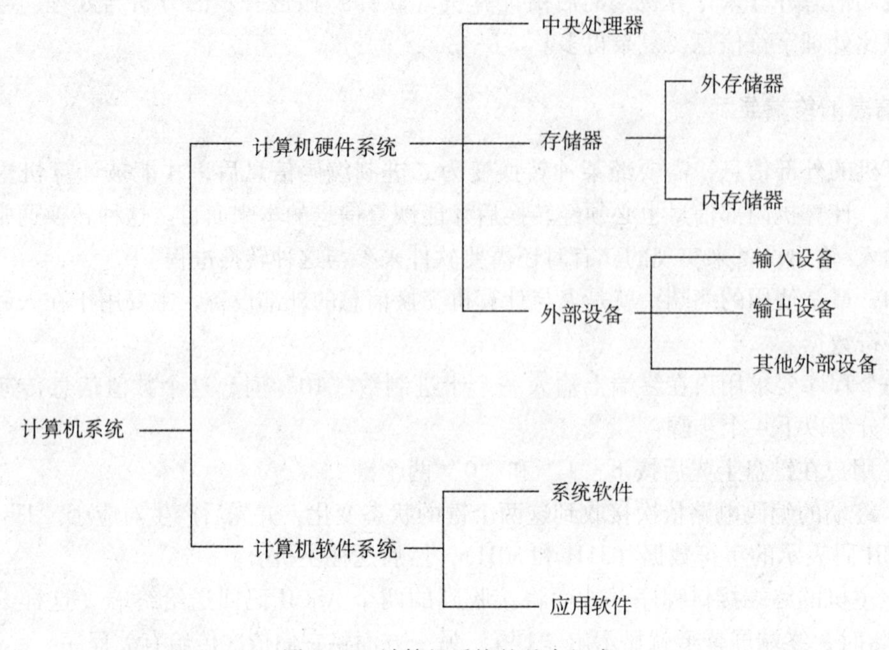

图 1－1　计算机系统的基本组成

1）存储程序工作原理

计算机之所以能够模拟人脑自动地完成某项工作，就在于它能够将程序与数据装入自己的“大脑”，并开始它的“脑力劳动”，即执行程序、处理数据的过程。那么什么是程序呢？当利用计算机来完成某项工作时，例如完成一道复杂的数学计算，或是进行资料的检索，都必须先制定问题的解决方案，进而再将其分解成计算机能够识别并能执行的基本操作命令。这些操作命令按一定的顺序排列起来，就组成了程序。计算机所能识别并能执行的每一条操作命令就称为一条机器指令，而每条机器指令都规定了计算机所要执行的一种基本操作。计算机的本能就是能够识别并执行属于它自己的一组机器指令。因此可以说，程序就是完成既定任务的一组指令序列，计算机按照程序规定的流程依次执行一条条的指令，最终完成程序所要实现的目标。

由此可见，计算机的工作方式取决于它的两个基本能力，一是能够存储程序，二是能够自动地执行程序。计算机是利用存储器（内存）来存放所要执行的程序的，而称之为 CPU 的部件可以依次从存储器中取出程序中的每一条指令，并加以分析和执行，直至完成全部指令任务为止。这就是计算机的存储程序工作原理。

要特别指出的是，计算机不但能按照指令的存储顺序依次读取并执行指令，还能根据指令执行的结果进行程序的灵活转移，这就使得计算机具有了类似于人脑的判断思维能力，再加上它的高速运算特征，计算机才真正成为人类脑力劳动的得力助手。

存储程序原理是由冯·诺依曼于 1946 年提出的，他和同事们依据此原理设计出了一个完整的现代计算机雏形，并确定了计算机的五大组成部分和基本工作方法，冯·诺依曼的这一设计思想被誉为计算机发展史上的里程碑，标志着计算机时代的真正开始。

虽然计算机技术发展很快，但存储程序原理至今仍然是计算机内在的基本工作原理。

自计算机诞生的那一天起，这一原理就决定了人们使用计算机的主要方式——编写程序和运行程序。科学家们一直致力于提高程序设计的自动化水平，改进用户的操作界面，提供各种开发工具、环境与平台，其目的都是让人们更加方便地使用计算机，可以少编程甚至于不编程来使用计算机，毕竟计算机编程是一项复杂的脑力劳动。但不管用户的开发与使用界面如何演变，存储程序原理没有变，它仍然是理解计算机系统功能与特征的基础。

2. 计算机指令系统

机器指令是要计算机执行某种操作的命令，且由计算机直接识别执行。一台计算机可以有许多指令，作用也各不相同，所有指令的集合称为计算机的指令系统。

指令系统是计算机基本功能具体而集中的体现。从计算机系统结构的角度看，指令系统是软件和硬件的界面，指令是对计算机进行程序控制的最小单位。指令系统的内核是硬件，当一台机器指令系统确定之后，硬件设计师根据指令系统的约束条件，构造硬件组织，由硬件支持指令系统功能得以实现；而软件设计师在指令系统的基础上建立程序系统，扩充和发挥机器的功能。

用机器指令编写的程序称之为机器语言程序。一条指令通常由操作码和地址码两部分组成。操作码指明计算机应该执行的某种操作的性质与功能，地址码则指出被操作的数据（简称操作数）存放在何处，即指明操作数地址，有的指令格式允许其地址码部分就是操作数本身。

指令按其功能可分为两种类型，一类是命令计算机的各个部件完成基本的算术逻辑运算、数据存取和数据传送等操作，属操作类指令；另一类则是用来控制程序本身的执行顺序，实现程序的分支、转移等，属控制转移类指令。对于不同种类的机器而言，指令系统的指令数目与种类呈现出很大的差异。指令系统决定了计算机的能力，也影响着计算机的体系结构。一台计算机的指令种类总是有限的，但在人们的精心设计下，可以编制出各式各样的程序。计算机的能力固然取决于它自身的性能，但更取决于编程人员的聪明才智。

计算机硬件系统最终只能执行由机器指令组成的程序。程序在执行前必须首先装入内存，程序执行时 CPU 负责从内存中逐条取出指令，分析识别指令，最后执行指令，从而完成一条指令的执行周期。CPU 就是这样周而复始地工作，直至程序的完成。启动一个程序的执行只需将程序的第一条指令地址置入程序计数器（Program Counter，PC）中即可，工作流程如图 1－2 所示。从图 1－2 中可以看出，程序执行的流程就是“取指→分析→执行”的循环过程。

3. 计算机硬件系统

计算机硬件系统由 5 个基本部分组成，分别为运算器、控制器、存储器、输入设备和输出设备，其中存储器又有内存储器和外存储器之分。

图 1－3 为一般计算机的硬件系统结构。在计算机中，各部件之间来往的信息可分成 3 种类型：地址、数据（包括指令）和控制信号。图 1－3 只画出了数据和部分地址信息。

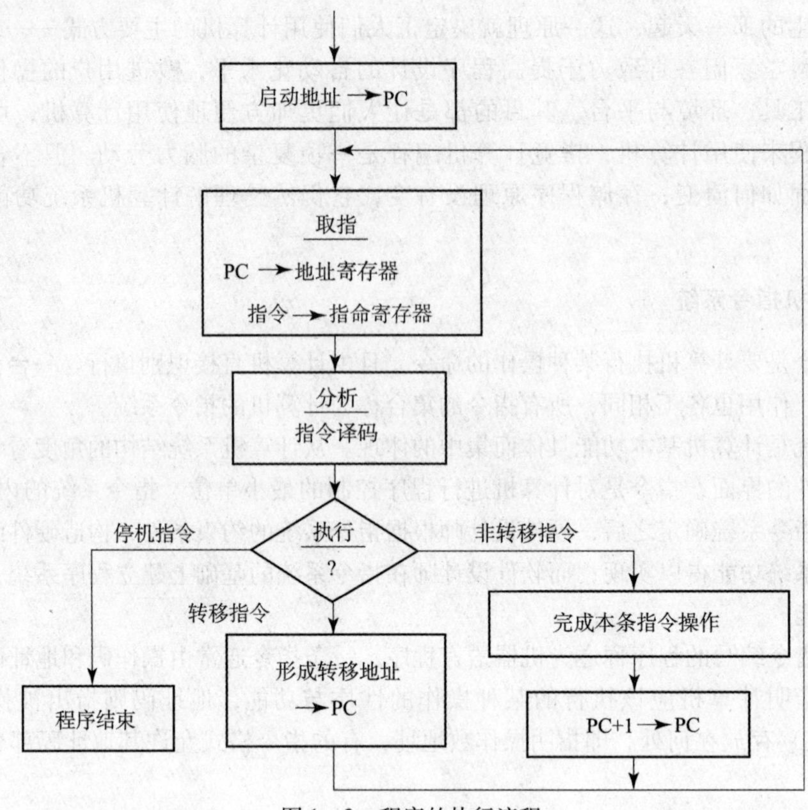

图 1－2　程序的执行流程

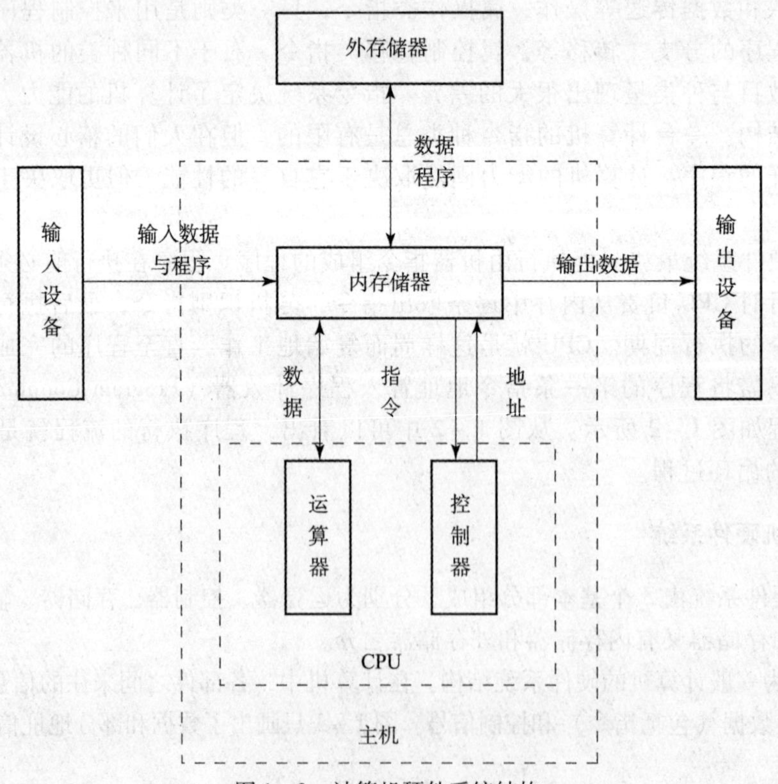

图 1－3　计算机硬件系统结构

当前大部分计算机（特别是微机）各部件之间都是用总线相连接的，系统总线成为计算机内部传输各种信息的通道。

图 1－4 为以总线连接的计算机内部结构。运算器和控制器是计算机的核心，一般称为 CPU。主机一般包括 CPU 和内存储器，有时还包括外设控制器，通常放在主机箱中。

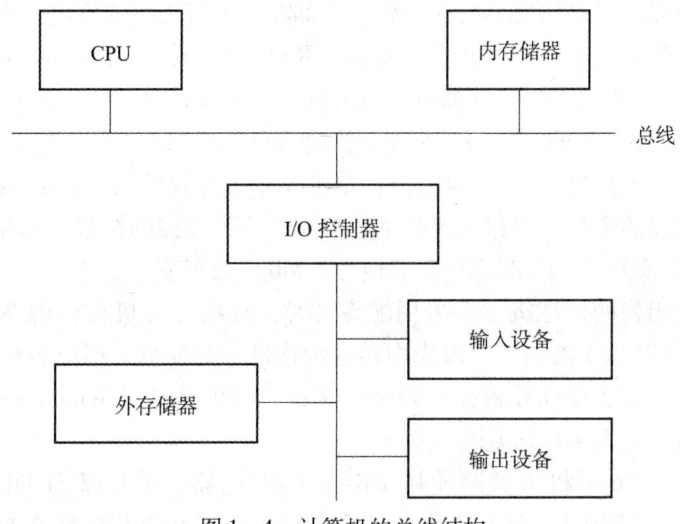

图 1－4 计算机的总线结构

1）中央处理器（CPU）

CPU 是计算机的“心脏”，负责完成各种运算和控制处理，是一块大规模集成电路芯片。评价处理器性能的主要指标是其速度，通常型号越高速度就越快。早期 IBM－PC 系列微机都是以 Intel 公司 80 系列或与其兼容的处理器为核心，即 8088/8086、80286、80386、80486、80586（即 Pentium）、PⅡ、Pm 芯片。处理器类型都以 80 开头，人们习惯只用后三位数来称呼，因此处理器甚至微机系统通常被称为 286、386、486、586 等，并统称为 X86，但从 PentiumB 片开始，Intel 公司对其 CPU 芯片的命名不再采用 80 开头，而用专门的名称命名。

目前，微机采用的 CPU 主要是 Intel 公司的第六代智能英特尔酷睿（Core），典型的有面向台式机的为 Core 2 四核处理器，面向笔记本的为 Core i3、Core i5、Core i7。Core 都采用了强大的多核技术，能有效处理密集计算和虚拟化工作负载。最新型 Core 2 四核处理器基于 45 nm 英特尔酷睿微体系结构，具有速度快、温度低、噪声小的优点，可满足下一代高线程应用的带宽需求，是台式机和工作站的理想选择。笔记本的 Core i7 芯片采用最新的 22 nm CMOS 制造工艺，从 Core 2 Duo 的 62 nm 生产线开始酷睿芯片内就已集成了 2.91 亿个晶体管，具有 32 位地址总线和 64 位数据总线，其最高时钟频率达 3.4 GHz，CPU 内最高集成了 12 MB 二级缓存（Cache）。

AMD 为 CPU 的第二大生产商，截至 2013 年年底，在 CPU 市场上的占有率仅次于 Intel，约为 20%。2011 年 1 月，AMD 推出 Fusion 加速处理器（APU）后，其在处理器市场的表现为 AMD 带来了新的发展机遇，仅 2011 年第一季度，APU 的出货量达到 300 万颗，是 2010 年第四季度的 3 倍，AMD 于 2011 年第一季度的营收达到 16.1 亿美元。

2）内存储器（Memory）

内存储器简称内存，是计算机存放数据和程序的元件，具有记忆的能力。

内存储器通常分为随机存储器 RAM（Random Access Memory）和只读存储器（Read Only Memory）两种。RAM 是一种既可以从其读取代码，又可向其写入代码的存储器，是内存储器的主体。其特点是打开电源时，其中没有有用数据，一旦写入数据，只要电源不切断且计算机处于正常工作状态，数据就能保持；断电后，数据全部丢失。ROM 是一种只能从中读取代码，而不能以一般方法向其写入代码的存储器。不管关机或停电，里面的信息永远不变。一般 RAM 和 ROM 在内存储器中统一编址，RAM 处于低地址段，ROM 处于高地址段。

一台计算机的 ROM 是固化在计算机主板上的，一般不改变。因此人们通常说的内存是指存储器中的 RAM。RAM 的类型和大小直接影响到计算机的性能和速度。

存储器的存储基本单位是字节（Byte），是由 8 个二进制的位（bit）构成。一个字节可以存放 0 到 255 之间的整数，或存放这些整数对应的字符或控制符号。习惯上把 1 024 个字节称为 1 KB（千字节），把 1 024 KB 字节称为 1 MB（兆字节）。

目前，市场上出售的计算机大多采用酷睿芯片。这些计算机在运行 Windows 操作系统时，一般应配置 4 GB 以上的内存。因为内存的价格已十分便宜，所以各种新的应用软件对内存要求越来越大。为了使计算机拥有较快的速度，特别是最近 Windows 10 的推出，一般推荐微机的内存应配置在 4 GB 以上。

早期 286、386、486 微机中普遍使用 DRAM 的存储器，主要以 SIMM（Single In - line Memory Module，单列直插式存储器模块）的形式出现。常见的 DRAM 有 30 线和 72 线两种类型。1991 年开始，EDO DRAM（Extended Data Output DRAM，扩展数据输出 RAM）逐渐取代了前者，其数据传输率比 DRAM 高 5% ~15%。随着 CPU 主频的升级，内存很快就升级到 S DRAM（Synchronous DRAM，同步 DRAM），其存取速度比 EDO DRAM 快得多，并且 S DRAM 内存条完全抛弃了 72 线结构而全部采用了 168 线，是奔腾（Pentium）系列 PⅠ、PⅡ、PⅢ微机普遍采用的内存。

目前，常用的微机上与酷睿芯片配置的内存有 DDR3 与 DDR4。DDR3 比起之前的内存有更低的工作电压（1. 5 V），工作在低电压下的内存性能更好且超级省电，DDR3 内存的存取速度最高可以达到 1. 6 Gbps（1. 6 KB/s），能够满足酷睿芯片的工作频率。DDR4 是 DDR3 的升级，其最大特点是传输速率从 1. 6 Gbps 到 6. 4 Gbps，能配合酷睿芯片跑得更快。

Cache 存储器（Cache Memory，高速缓存）属于内存但不是在内存条中，而是集成在 CPU 中作为与 CPU 工作频率完全匹配的，以及直接安装在主板上的一级缓冲存储器。即当 CPU 与主存储器（RAM）交换数据时，首先到 Cache 存储器中寻找，若找到则使用该数据；若 Cache 中未找到所需要的数据则到速度较慢的主存储器中寻找。通过 Cache 存储器，可加快 CPU 与主存储器数据交换的速度。

Cache 存储器分为两级，第一级 Cache 存储器（Level 1 Cache Memory）和第二级 Cache 存储器（Level 2 Cache Memory）。第一级 Cache 存储器是内置在 CPU 内，所以 CPU 会先到这里寻找所需的数据。第二级 Cache 存储器安装在计算机主板上。一般第一级 Cache 存储器的容量很小，需增加二级 Cache 存储器以提高微机性能。目前大多数微机主板上都安装有 4 MB或 8 MB 的二级 Cache 存储器。

3）外存储器

外存储器又称辅助存储器，常用的外存储器为 U 盘、硬盘、光盘和软盘。

（1）U 盘。

U 盘（全称 USB 闪存驱动器，英文名 USB flash drive）是一种使用 USB 接口，无须物理驱动器的微型高容量移动存储产品，通过 USB 接口与计算机连接，实现“即插即用”。U 盘连接到计算机的 USB 接口后，U 盘的资料可与计算机交换。相较于其他可携式存储设备（尤其是软盘片），U 盘有许多优点：占空间小、通常操作速度较快（USB 1.1、USB 2.0、USB 3.0 标准）、能存储较多数据并且性能较可靠（由于没有机械设备）、在读写时断开而不会损坏硬件，硬盘及软盘同样操作却会丢失数据甚至造成硬件的损坏。

现在常用的 U 盘容量有 8 GB、16 GB、32 GB、64 GB（8 GB 以下的已没有了，因为容量过小），除此之外还有 128 GB、256 GB、512 GB、1 TB 等。价格上以最常见的 8 GB 为例，10～30元就能买到，16 G 的 30 元左右。U 盘中无任何机械式装置，抗震性能极强，同时 U 盘还具有防潮防磁、耐高低温等特性，安全可靠性很好。

（2）硬盘存储器。

硬盘存储器简称硬盘，是由一片或几片刚性的，表面涂有磁介质的金属圆盘和控制电路组成。由于金属圆盘和读写头均在真空密闭的盒子内，故无空气阻力和灰尘的影响，因而硬盘具有传送信息速度快、稳定性高、使用寿命长等优点，加之硬盘的容量大，所以微型计算机广泛使用硬盘。通常使用的硬盘有 5.25 英寸、3.5 英寸及 2.5 英寸等几种规格，其存储容量单位一般为吉字节（GB）。

（3）光盘存储器。

CD 自 20 世纪 80 年代初，最初由音响应用领域跨入计算机应用领域以来，有关 CD 的技术与应用都发生了巨大的变化。光盘存储器作为一种新的存储设备，已广泛用作计算机的外部存储设备。

光盘存储器中，目前都已普遍使用 DVD－ROM（Digital Versatile Disc，DVD）。DVD 是一种实用、价廉、容量大的存储介质。由于多媒体技术涉及的音频、视频等信息的数据量庞大，因而近年来很多多媒体都为 DVD 存储形式。

CD－ROM 及 DVD 存储器由光盘及光驱动器组成。光盘是一片直径为 12 cm、厚度为 1.2 mm 的塑料薄片，薄片上有许多细密的激光凹坑，用于记录存储的数据。每片光盘上可存储最少 650 MB 的信息，而 DVD 光盘至少为 3 GB。

光驱用于读取光盘上的数据，并将数据传送给计算机，光驱的主要技术指标为数据传输率和缓冲内存。光驱的数据传输率是指光驱每秒钟向主机传送的数据量。最早的 CD－ROM 驱动器的数据传输率为 150 KB/s（150 KB/s），这种 CD－ROM 驱动器称为单速驱动器，记为“1×”。数据传输率为 300 Kbps 的 CD－ROM 驱动器称为 2 倍速光驱，记为“2×”。目前，市场上常见的光驱有 12 倍速（12×，数据传输率为 1 800 Kbps）、20 倍速（20×，数据传输率为 3 000 Kbps）、24 倍速（24×，数据传输率为 3 600 Kbps）、32 倍速（32×，数据传输率为 4 800 Kbps）、40 倍速、50 倍速等。

光盘存储器除了作为存储器外，还有以下几种应用。

①CD－R（CD－Recordable，可录式光盘）存储器，又称为一次性写存储器，可将数据记录到 650 MB 的光盘盘片上。CD－R 驱动器（又称一次性写刻录机）可以分多次将数据写入光盘，但信息写入后不可改写。所使用的盘片的几何尺寸、信息记录的物理格式和逻辑格式与 CD－ROM 一样，因而可在一般的 CD－ROM 驱动器上读出信息。

②CD－RW（CD－Rewritable，可擦写式光盘）存储器，CD－RW 存储器可在 650 MB

的盘片上多次擦写存储数据。因此可使用 CD－RW 驱动器（又称为可擦写式刻录机）在 CD 盘片上多次存储、修改、删除文件和数据，就像对存储在软盘上的文件和数据进行处理那样方便，但其存储容量却极大超过传统的软盘。

③DVD－ROM（Digital Video Disc 或 Digital Versatile Disc）存储器，DVD 盘片与 CD－ROM 相同，直径为 12 cm、厚度为 1.2 mm，不同之处是 DVD 的盘片是由两个厚度为 0.6 mm 的盘片黏合而成。DVD 的存储容量为 3～17 GB，可以存放几部电影或大型数据库。其存储容量与 CD－ROM 相比具有明显的优势，目前 CD－ROM 已经基本被 DVD－ROM 取代。

4）输入设备

常用输入设备是键盘和鼠标。

键盘是一种最常用的人机对话输入设备，键盘上有 100 个左右的按键。这些按键分为两大类，一类称为字符键，包括数字、英文字母、标点符号、加减号等；另一类称为控制键，用于输入一些特殊的信息，例如插入、删除字符等。每按一键就产生一个代表该键的代码，通过接口电路送入 CPU。

鼠标是一个手持的长形小盒，可用手握住在桌面或专门的平板上滑动。鼠标按工作原理可以分成两种，一种是机械式鼠标，其底部装有轮子，鼠标在水平及垂直方向中运动距离的大小，可转换成数字量输入给计算机：另一种是光电式鼠标，其底部装有光电管，当它在刻有网络线的光滑铝板上移动时，光电器件能检测出其水平及垂直方向上移动的相对距离，并输入给计算机。鼠标上一般装有 3 个按钮，其含义可由软件定义。

5）输出设备

常用输出设备是显示器和打印机。

显示器是人机对话的一个窗口，既可以显示键盘输入的命令和数据，也可以显示运行结果的数据和图形。当前微型机上都配有 VGA，或 SUPER VGA，或更高级的显示器，配上相应的适配器后，显示的分辨率一般可达 640×480、800×600、1024×768，有些可达 1 280×1 024 甚至更高，因而能清晰地显示文字和图形。

计算机内的信息可用打印机输出。常用的打印机有针式打印机（击打式）、喷墨打印机和激光打印机（非击打式）。针式打印机按打印针数来分，可分为 9 针、16 针、24 针等，针数越多，打印的字符越美观。目前针式打印机中使用最普遍的是 24 针打印机。喷墨打印机由喷嘴喷出带电荷的墨水，经过偏转而形成点阵字符。除了纸张和喷墨外，喷墨打印机几乎无损耗，由于打印过程中无机械动作，故常用于大量打印，其速度比针式打印机快，噪声低。激光打印机是通过激光在纸上产生静电图像，然后再对图像进行调色处理，这类打印机分辨率高，每英寸一般可达 300～600 点（DPI），但价格较贵。

6）其他外部设备

近年，随着多媒体技术和网络技术的发展，微型计算机增加了许多新的外部设备。常见的有调制解调器、网卡和声卡。

（1）调制解调器。

调制解调器（MODEM）是允许计算机通过电话线与其他计算机进行通信的设备。调制解调器通过将二进制数据转换成标准电话线能够输送的波形进行信息传输。调制解调器将二进制数据转换为波形的过程称为调制，调制的逆过程即将波形重新转换成二进制数据的过程称为解调。调制解调器的作用就是完成调制和解调过程。

台式微型计算机的调制解调器按其安装形式分为外置式和内置式两种。外置式调制解调器是通过计算机的一个串行端口与计算机相连，内置式调制解调器一般是安装在计算机主板的扩展槽上。

移动式计算机（便携式计算机）的调制解调器大多为内置式。便携机的内置式调制解调器体积很小，尺寸跟一张名片差不多，厚度约4 mm。一般称为PC MODEM，这是因为它是插在便携计算机的PCMCIA扩展插槽中。

调制解调器的主要性能指标为传输速率，传输速率的单位为Kbps。目前主要有2 Mbps至数十Mbps多种传输速率的MODEM产品，很多都改成了光MODEM了。

（2）网卡。

网卡（Network Interface Card）是将计算机与网络连接的设备。网卡一般安装在计算机主板的扩展槽上，通过网卡上的电缆插头，将计算机与网络电缆连接，从而将计算机连接在网络上。

网卡上的电缆插头分为BNC型插头及UIT型插头。BNC型插头配合网络上的T型接头和细缆一起使用，UIT型插头配合RJ-45接头和双绞线使用。

便携式计算机的网卡一般为PC卡（大小与前面提到的PC MODEM卡相同），插在便携计算机的PCMCIA扩展插槽中。

网卡的主要性能指标为其传输速率。常用网卡的传输速率有100 Mbps（10BASE-T）、1 000 Mbps（100BASE-T）等多种。

（3）声卡。

声卡是处理声音的电路板卡，一般安装在计算机主板的扩展槽中，提供了与电子合成器、喇叭及话筒的接口。计算机安装了声卡后，可以将媒体软件中的声音、音乐播放出来。

早期计算机中声卡有两种标准，一个是Creative Labs公司的Sound Blaster标准，另一个是ADLIB标准。选用的声卡首先应与Sound Blaster标准兼容，若同时与ADLIB标准兼容则更好。

中高档声卡录音、放音效果应达到CD碟片的音质，即录音采样速度应达到44.1 kHz，用16位声卡来记录声音。目前常用的声卡有16位、32位、64位3种，64位声卡的声音最真实细腻、表现力强、噪声小，但价格较贵。

4. 计算机软件系统

计算机软件系统可分为系统软件和应用软件两大类。

1）系统软件

系统软件首先用于管理和控制计算机各部分的硬件，使它们能正常运行；其次，系统软件还为应用软件提供了基本的支撑功能。系统软件通常包括操作系统和辅助系统软件。

操作系统是对计算机系统资源（包括硬件和软件）进行管理和控制的程序，是用户和计算机之间的交互界面。一个计算机系统必须有完好的操作系统才能工作，人们是通过与操作系统对话来控制和使用计算机的。常见的操作系统有MS-DOS、Windows、Windows NT、UNIX、Linux等，辅助系统软件又称为工具软件，包括各种高级语言（如Visual Basic、C++、Fortran）、数据库管理系统（如MS SQL Server、Visual Foxpro），以及调试与诊断程序等。

2）应用软件

应用软件是利用计算机系统软件及工具软件编制的解决各种实际问题的程序。应用软件概括起来可以分为两大类：一类称为通用应用软件，是适应面广、具有多种用途的软件，例如办公软件 Office；另一类称为专用应用软件，即为某一类用户或某一种应用需求而开发的专用软件，例如银行储蓄软件、铁路售票管理软件等。

1.2.3 计算机的应用领域

电子计算机，特别是微型电子计算机性能的不断提高，使计算机技术在现代社会各方面得到了非常广泛的应用。目前计算机的应用领域可归纳为以下几个方面。

1. 科学计算

科学计算是计算机应用的一个重要方面。人们可以通过编制各种软件或程序，利用计算机快速准确地解决科学研究、技术开发和工程设计中涉及的各种复杂冗长、计算量大的问题，如航空、航天、军事、气象、高能物理、地质勘探等。

2. 信息管理

信息管理是计算机应用最广泛的一个领域。计算机信息管理是指利用计算机来加工、存储和处理多种形式的事务和数据。例如计算机在企业管理、物资管理、数据统计、账务计算、情报检索等方面的应用。利用计算机的高速运算、大容量储存及逻辑判断能力，可以极大提高信息处理的速度、质量和能力。计算机信息管理还促进了事务处理的自动化，如各种交易和业务的信用卡、交通部门的自动售票系统、银行的 ATM 机等。计算机的应用极大地提高了信息管理的质量和效率。

3. 工业应用

包括计算机与各类检测仪器、控制部件、传感器和执行机构组成的自动控制系统或自动检测系统，以及各种基于微机的智能适时控制系统。

4. 科学实验

计算机技术，尤其是微机技术的广泛应用极大地改变了各种实验设备和测量仪器的制造技术，使新一代基于计算机的各种仪器仪表向智能化方面发展，不仅能快速准确地进行自动实验和测量，而且能够自动记录、打印和分析测量结果，从而使科学实验和产品开发更有效、更可靠。

5. 模拟系统

用计算机系统进行复杂系统的仿真实验和研究，为复杂系统的研究和制造提供了低成本和高准确度的辅助手段，极大降低了成本并缩短了周期。此外，计算机系统能够与图形显示和动态模拟系统组成逼真的模拟训练系统，在飞行训练、军事演习、技能评估等方面得到了很好的应用。

6. 网络通信

计算机与通信技术的结合引起了信息技术的巨大革命。将许多计算机用通信线路（或专用线路）连接，形成了计算机网络。计算机网络可以传递语音、图像、文字和数据，不同的计算机可通过网络共享信息资源。例如，银行计算机网络使得资金周转加快，用户可异地存取款；国际互联网将全世界的计算机连接在一起，人们可以在任一台联到互联网的计算机上访问网上的其他任何一台计算机，并且可以与它联络和交换信息，以及共享世界各国的信息资源。

7. 家庭应用

计算机在现代社会的家庭中已有了广泛的应用。例如，利用计算机进行家庭经济管理和家庭信息管理，特别是随着国际互联网的广泛普及，人们可以在家中用计算机浏览全世界的信息资源，通过电子邮件、QQ、Skype 等方式与世界各地的亲友联系。另外，计算机游戏、多媒体娱乐丰富了人们的生活；计算机教学软件使得人们可在家里进行和接受各个领域的学习和教育。计算机在家庭中的广泛应用极大改变了人们传统的生活方式。

1.2.4 计算机病毒及防治

1. 计算机病毒

计算机病毒是在计算机内部可以进行自我繁殖、传播，并具有破坏性的一段计算机程序。都是人为编制的，以磁盘、网络为媒质进行传播和扩散，感染别的程序或系统。

一旦满足某一特定条件，如系统日期、时钟等，计算机病毒就会被激发，干扰甚至破坏计算机的软硬件系统。

2. 计算机病毒的危害性

计算机病毒的主要破坏作用与危害性如下：

（1）破坏文件分配表，使用户在磁盘上的信息丢失。

（2）修改或破坏文件中的数据。

（3）损坏磁盘空间，使磁盘中的坏扇区增多。

（4）删除或破坏磁盘上的可执行文件或数据文件。如删除的是系统文件，则该磁盘不能引导系统，造成机器不能启动。

（5）显示不正常的信息和图像，影响正常工作的进行，如屏幕上出现跳动的小球、异常的字样等。

（6）不能存储正常的数据和文件。它是由于计算机病毒自身的多次复制，占据系统的空间而造成的。

（7）计算机启动和运行速度明显减慢。

（8）打印机出故障。如出现打印速度明显下降、打印机失控等。

(9) 常驻内存，使计算机可用内存减少。

(10) 破坏计算机硬件，如主板 CMOS 等。

3. 计算机感染病毒后的表现形式

计算机病毒的种类不同，表现形式也各不相同，主要有以下几种。

(1) 所使用程序的字节数比原来增大。

(2) 主机基本内存不足 640 KB。

(3) 周期性发出警报声或不定期发出异常的噪声。

(4) 屏幕上出现跳动的亮点、异常的图像，或屏幕上的字符出现滑动的现象。

(5) 屏幕上出现长方形亮块，或出现莫名其妙的提示等现象。

(6) 机器突然无法从硬盘引导、运行速度变慢、异常死机等。

(7) 系统上的设备无法使用。

(8) 打印速度变慢、打印异常字符等。

(9) 文件莫名其妙地消失，系统出现不应有的隐含文件。

(10) 系统无法启动，屏幕一片漆黑。

4. 计算机病毒的传播途径

计算机病毒都是通过移动存储设备和网络传播的。以前，我国大多数计算机病毒都是处于单机作业状态，因此传播病毒的主要途径是软盘；当今，随着互联网在我国的迅速普及，网络型病毒开始广泛地传播，而其传播速度和破坏力却更快更大。

5. 计算机病毒的特点

就目前发现的计算机病毒来看，有如下几个特点：

(1) 传染性，计算机病毒均能够主动将自身的复制品或变种传染到系统的其他程序上。

(2) 隐蔽性，计算机病毒一般都很短小，容易附在系统或其他正常文件中而不易被人觉察。有的病毒采用密码技术和反跟踪技术，使其更难被发现。

(3) 潜伏性，病毒侵入系统后，不一定马上激活，需要等外部条件成熟时才会发作。潜伏期越长，其传染性和危害性就可能越大。

(4) 破坏性，计算机病毒对计算机系统的正常运行均具有破坏性，它占用 CPU 时间和内存空间，降低系统效率，破坏文件，甚至破坏主板等硬件。

6. 计算机病毒的防范措施及清除方法

任何病毒的侵入都会对计算机系统构成威胁，因此，防止病毒的侵入比病毒入侵后再去检测和清除更重要。主要防范措施有以下几方面。

(1) 对公用软件和共享软件的使用要谨慎，将移动存储设备带入或借出使用时一定要进行病毒检测，确信无毒后才能使用。

(2) 经常性执行文件备份，以便遭到病毒侵害时能立即恢复，避免不必要的损失。

(3) 写保护所有系统盘，不要把用户数据或程序写到系统盘上，应备份一份无毒的系统盘并加以写保护。

（4）如有硬盘，不要用移动存储设备启动系统。绝不要用外来的移动存储设备启动系统。

（5）对来历不明的软件不要不经检查就上机运行。

（6）对计算机网络上使用的软件要严格检查，加强管理。

（7）可以上网的计算机不要随便打开不明邮件，不要随便下载网上软件，要定期用最新杀毒软件杀毒。

本章小结

本章首先介绍计算机的发展史，并对文化与计算机文化的概念及其相互关系进行界定和分析，继而从当今社会的生产方式、生活方式、交往方式、思维方式、政府决策、军事战争等方面阐述计算机文化的各种表现形式，体现出计算机文化作为一种新兴的文化形态在当代社会中的重要价值和深远意义。然后，重点讲述计算机文化中信息表示、存储、信息单位，以及计算机系统的基本构成等基础知识，帮助了解计算机在获取信息、处理信息、存储信息和传递信息等方面的功能。

习　题

1－1　从我们的生活中你感受到计算机文化了吗？请举例说明。

1－2　在今后的工作中，如何树立使用计算机的正确道德观念？

1－3　简述冯·诺依曼型计算机的组成与工作原理。

1－4　什么是计算机的指令系统？

1－5　计算机内部的信息为什么要采用二进制码表示？

1－6　ASCII 码由几位二进制数组成？能表示什么信息？

1－7　在计算机中汉字信息是如何表示的？

1－8　简述计算机系统的组成。

1－9　简述计算机病毒的基本特征。

第 2 章

中文操作系统 Windows 7

2.1 计算机操作系统基础知识

操作系统（Operating System，简称 OS）是计算机系统中最重要的系统软件，在使用计算机进行办公之前，首先要熟练地使用操作系统，目前主流的操作系统为 Windows 7，但也有部分用户已升级至 Windows 8 和 Windows 10。Windows 7 是由微软公司开发的操作系统，可供家庭及商业工作环境、笔记本计算机、平板计算机、多媒体中心等使用。微软公司在 2009 年 10 月 22 日于美国、2009 年 10 月 23 日于中国正式发布 Windows 7，其后又于 2012 年 10 月 26 日正式发布 Windows 8，于 2015 年 7 月 29 日正式发布 Windows 10。

2.1.1 操作系统的定义和功能

1. 操作系统的定义

操作系统是管理和控制计算机硬件与软件资源的计算机程序，是直接运行在裸机上的最基本的系统软件，任何其他软件都必须在操作系统的支持下才能运行。操作系统所处位置是用户和计算机交互的接口，同时也是计算机硬件和其他软件交互的接口。操作系统所处地位如图 2－1 所示。

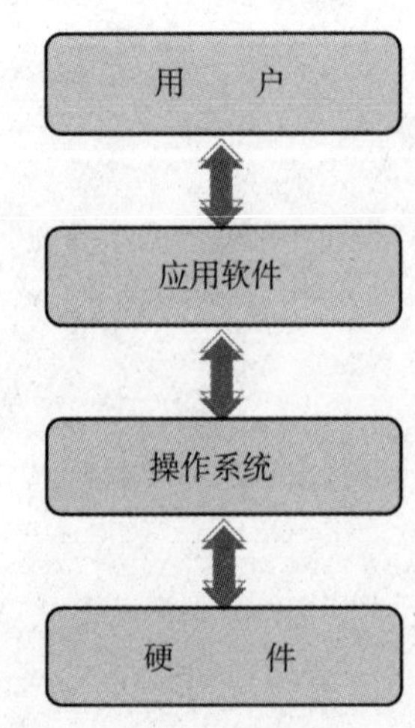

图 2－1　操作系统所处地位

2. 操作系统的功能

操作系统的功能包括管理计算机系统的硬件、软件及数据资源，控制程序运行，改善人机界面，使计算机系统所有资源最大限度地发挥作用，提供各种形式的用户界面，使用户有一个良好的工作环境，为其他软件的开发提供必要的服务和相应的接口。

从完成管理任务的角度看，操作系统的功能主要包括处理器管理、内存管理、设备管理、文件管理和用户接口 5 个方面。

1）处理器管理

处理器管理是操作系统的一个主要功能，对处理器资源进行合理的分配和调度，以提高处理器的利用率，使各用户公平地得到处理器资源。处理器的分配和运行都是以进程为基本单位，因此对处理器的管理归结为进程管理，包括进程控制、进程调度、进程同步和进程通信。

2）内存管理

内存管理是指当软件运行时操作系统对计算机内存资源的分配和使用。其最主要的目的是进行高效、快速的分配，并且在适当的时候释放和回收内存资源。

3）设备管理

设备管理是指操作系统负责管理各类外围设备（简称外设）的启动和故障处理等。主要任务是当用户使用外围设备时必须提出要求，待操作系统进行统一分配后方可使用。当用户的程序运行到要使用某外设时，由操作系统负责驱动外设。操作系统还具有处理外设中断请求的能力。

4）文件管理

文件管理是指操作系统对信息资源的管理。文件管理包括支持文件的存储、检索和修改等操作，以及文件的保护功能。操作系统一般都提供功能较强的文件系统，有的还提供数据库系统来实现信息的管理工作。

5）用户接口

用户接口用于提供方便、友好的用户界面，使用户无须了解过多的软件、硬件细节就能方便灵活地使用计算机，还为编程人员提供系统调用的编程接口。

2.1.2 操作系统的分类

操作系统的分类有很多种方法，常见的分类方法有如下几种。

1. 按照操作系统的功能分类

1）批处理操作系统

用户将作业交给系统操作员，系统操作员将许多用户的作业组成一批作业之后输入到计算机中，在系统中形成一条自动转接的连续作业流，然后启动操作系统，系统自动、依次执行每项作业，最后由操作员将作业结果交给用户。

2）分时操作系统

支持位于不同终端的多个用户同时使用一台计算机，彼此独立互不干扰，使用户感到好像一台计算机全为他所用。

3）实时操作系统

为实时计算机系统配置的操作系统，其主要特点是在资源的分配和调度中首先考虑实时性然后才是效率。此外，实时操作系统拥有较强的容错能力。

4）网络操作系统

为计算机网络配置的操作系统。在其支持下，网络中的各台计算机能互相通信和共享资源，其主要特点是与网络的硬件相结合来完成网络的通信任务。

5）分布操作系统

为分布计算系统配置的操作系统。在资源管理、通信控制和操作系统的结构等方面都与其他操作系统有较大的区别。由于分布计算机系统的资源分布于系统的不同计算机上，操作系统对用户的资源需求不能像一般的操作系统那样等待有资源时直接分配，而是要在系统的各台计算机上搜索，找到所需资源后才可进行分配。对于有些资源，如具有多个副本的文件，还必须考虑一致性。为了保证一致性，操作系统须控制文件的读、写操作，使得多个用户可同时读一个文件，而任一时刻最多只能有一个用户在修改文件。分布操作系统的通信功能类似于网络操作系统。分布计算机系统不像网络分布得很广，同时分布操作系统还要支持并行处理，因此它提供的通信机制和网络操作系统提供的有所不同，要求通信速度高。分布操作系统的结构也不同于其他操作系统，它分布于系统的各台计算机上，能并行地处理用户的各种需求，有较强的容错能力。

6）嵌入式操作系统

是一种用途广泛的系统软件，通常包括与硬件相关的底层驱动软件、系统内核、设备驱动接口、通信协议、图形界面、标准化浏览器等，负责嵌入式系统的全部软件、硬件资源的分配和任务调度，控制、写帖并发活动。

2. 按照支持的用户数分类

（1）单用户操作系统。系统的所有硬件和软件资源只能为一个用户使用，如 DOS、Windows 95/98/XP/7/8/10 等。

（2）多用户操作系统。允许多个用户同时使用计算机的硬件、软件资源。如 UNIX、Linux、Windows Server 等。

3. 按照能否运行多个任务分类

（1）单任务操作系统。用户一次只能运行一个任务，当该任务完成后才能运行下一个任务，如 DOS。

（2）多任务操作系统。用户一次可以运行多个任务，如 Windows 95/98/XP/7/8/10、Windows Server、UNIX、Linux 等。

2.1.3 典型操作系统介绍

1. Windows 系列操作系统

Windows 系列操作系统是微软公司所设计开发的窗口式操作系统，也是目前世界上使用最广泛的操作系统。自从微软公司 1985 年推出 Windows 1.0 以来，Windows 操作系统的发展主要经历了 Windows 1.0、Windows 3.0、Windows 95、Windows 98、Windows 2000、Windows XP、Windows Vista、Windows 7、Windows 8、Windows 10 等多个版本。目前，主流的操作系

统是 Windows 7。以上这些 Windows 都是单用户、多任务操作系统。

2. UNIX 操作系统

UNIX 操作系统，是美国 AT&T 公司于 1971 年推出的操作系统。是一个强大的多用户、多任务操作系统，支持多种处理器构架，具有多道批处理能力，又具有分时系统功能，因而被世界多国用户广泛使用。

3. Linux 操作系统

Linux 是一种自由和开放源代码的类 UNIX 操作系统，其内核最初由程序员 Linux Torvalds（林纳斯·托瓦兹）于 1991 年发布。Linux 是开源操作系统内核的杰出代表，也是开源协作的成功案例，其源代码允许任何人自由获取并免费使用。Linux 操作系统由于支持多平台、多用户、多任务，并具有良好的界面、丰富的网络功能、可靠的安全和稳定性等特点而深受用户青睐。UNIX、Linux 都是多用户、多任务操作系统。

4. Mac OS 操作系统

Mac OS 是由苹果公司自行开发的，基于 UNIX 内核的图形化操作系统。是苹果 Macintosh 系列计算机上的专用操作系统，一般情况下在普通的 PC 机上无法安装。其界面非常独特，主要突出了形象的图标和人机对话，最新的 Mac OS 操作系统还具有全屏模式、任务控制、快速启动面板、Mac App Store 应用商店等优点。

5. Android 操作系统

Android 是一种基于 Linux 的自由及开放源代码的操作系统，主要应用于便携设备，如智能手机和平板计算机。Android 操作系统最初主要支持手机，现在已经逐渐扩展到平板计算机及其他领域。

2.2 Windows 7 概述

2.2.1 Windows 7 的运行环境

2009 年 10 月 22 日，微软正式发布 Windows 7 操作系统，其版本类型主要有简易版、家庭普通版、家庭高级版、专业版、企业版、旗舰版等。其中，旗舰版拥有家庭高级版和专业版的所有功能。微软官方推荐的 Windows 7 最低配置要求为：主频 1 GHz 及以上的 32 位或 64 位处理器；容量 1 GB 及以上的内存；容量 16 GB 以上可用空间的硬盘；支持 DirectX 9及以上驱动程序、显存 128 MB 以上的显卡；分辨率在 1 024 × 768 像素及以上的显示器等。

2.2.2 Windows 7 操作系统的启动和关闭

由于 Windows 7 操作系统的版本较多，本书将主要以 32 位旗舰版的 Windows 7 简体中文版操作系统进行讲解。

1. Windows 7 操作系统的启动

启动计算机的方法有冷启动、热启动和复位启动 3 种。

（1）冷启动，即在计算机尚未开启电源的情况下启动。打开显示器上的电源，然后按下主机的电源开关。系统经过自检后，出现 Windows 7 的启动界面，进入 Windows 7 默认的用户操作界面。

（2）热启动，即重新启动。方法为单击桌面左下角的 Windows 图标，在弹出的“开始”菜单中单击“关机”按钮旁的右三角按钮，在弹出的级联菜单中选择“重新启动”命令，如图 2－2 所示。

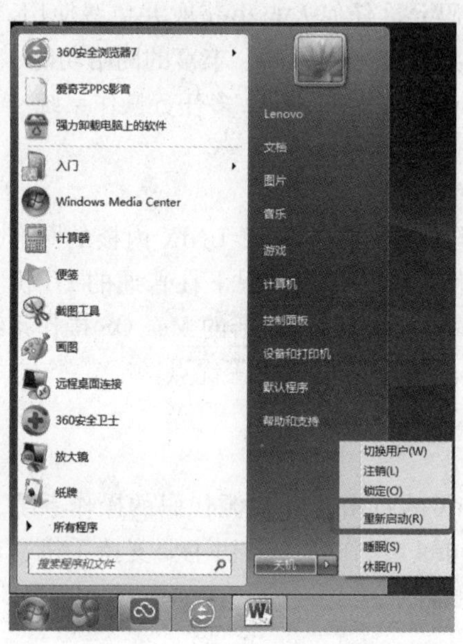

图 2－2　重新启动计算机

（3）当使用计算机时遇到系统突然没有响应，如鼠标不能移动，键盘不能输入等情况，可以通过复位来实现重新启动，方法是按下主机箱上的 Reset 按钮。

由于程序没有响应或系统运行时出现异常，而导致所有操作不能进行，这种情况称为死机。死机时应首先进行热启动，若不行再进行复位启动，如果复位启动还是不行，就只能按住电源键 10 s 进行强制关机，然后进行冷启动。

2. Windows 7 操作系统的关闭

Windows 7 操作系统的关闭指的是按正确步骤进行关机。首先关闭正在执行的任务，并保存好文档，然后关闭计算机。因为 Windows 7 系统是一个多任务的操作系统，可能同时运行着多个程序，如果不按正确步骤进行关机就有可能造成程序数据和处理信息的丢失，严重时会造成系统的损坏。关机级联菜单如图 2－3 所示。

（1）切换用户。可以在打开应用程序的情况下切换用户。

（2）注销。单击桌面左下角的 Windows 图标，在弹出的“开始”菜单中单击“关机”按钮旁的右三角按钮，在弹出的级联菜单中选择“注销”命令。

图 2 - 3 关机级联菜单

(3) 锁定。帮助用户锁定计算机不被其他人操作。

(4) 重新启动。首先会退出 Windows 7 操作系统，然后重新启动计算机。

(5) 睡眠。首先退出 Windows 7 操作系统，进入“睡眠”状态，此时除部分控制电路工作外，其他电源自动关闭，从而使计算机进入低功耗状态。要使计算机恢复原来的工作状态，移动或单击鼠标或按键盘上的任意键即可。

(6) 休眠。休眠是一种主要为便携式计算机设计的电源节能状态。使用休眠模式，可确保在回来时所有工作（包括没来得及保存或关闭的程序和文档）都会完全精确地还原到离开时的状态。

2.3 Windows 7 的基本操作

2.3.1 桌面及其基本操作

进入 Windows 7 操作系统后出现在屏幕上的整个区域称为桌面，所有的文件、文件夹及应用程序都可以用形象的图标表示，这些放置在桌面上的图标就称为桌面图标，双击任意一个桌面图标都可以快速地打开相应的文件、文件夹或启动应用程序。

1. 设置桌面图标

当 Windows 7 安装完成后第一次进入系统时，桌面上只有一个“回收站”图标，其余的图标都要通过下面的方法进行设置后才能在桌面上显示。

(1) 在桌面空白处右击，在弹出的如图 2 - 4 所示的快捷菜单中选择“个性化”命令，打开如图 2 - 5 所示的 Windows 桌面主题设置窗口。

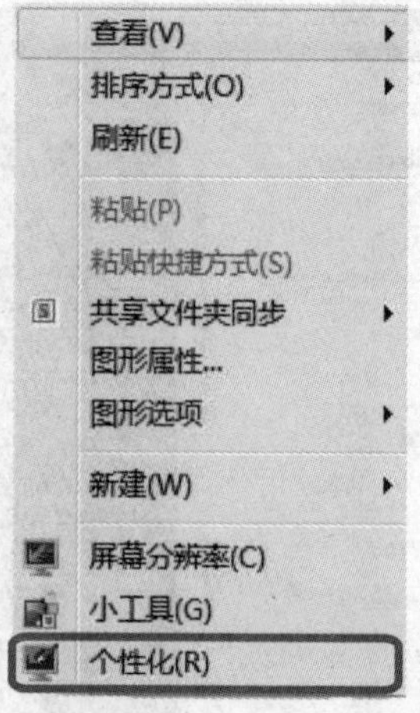

图 2-4　“个性化”命令

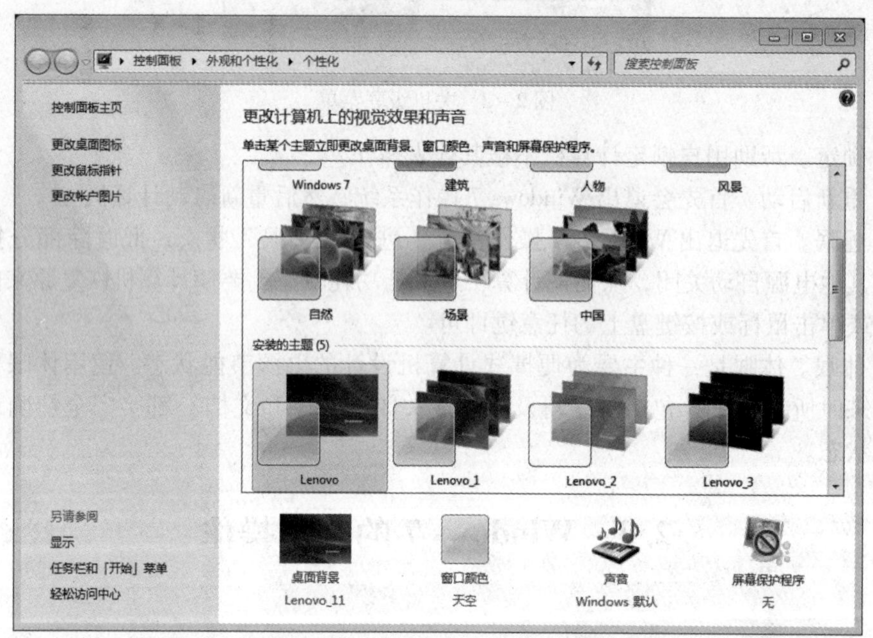

图 2-5　Windows 桌面主题设置窗口

（2）选择窗口左上部的“更改桌面图标”命令，出现如图 2-6 所示的“桌面图标设置”对话框，选中要显示的图标前面的复选框，单击“确定”按钮，即可在桌面上显示相应的图标。

2. 设置桌面背景

Windows 7 系统自带了很多精美的背景图片，用户可以从中挑选自己喜欢的图片作为桌面背景。

（1）在如图 2-5 所示的窗口中单击“桌面背景”图标，打开“桌面背景”设置窗口，如图 2-7 所示。

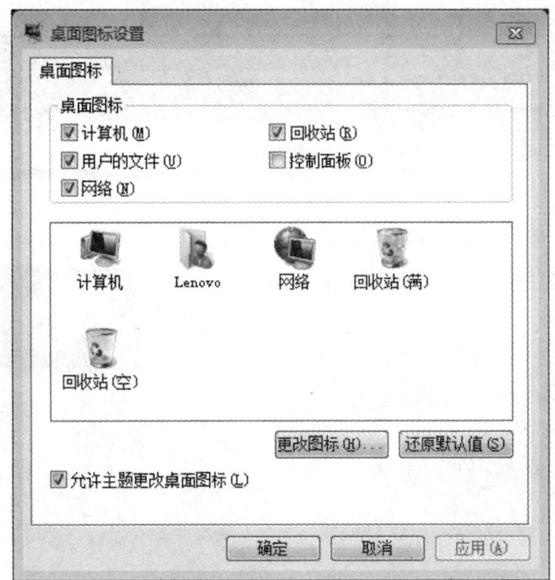

图 2－6　“桌面图标设置”对话框

图 2－7　“桌面背景”设置窗口

（2）选择好图片，单击“保存修改”按钮即可完成桌面背景的更改。

3. 设置显示属性

如果要更改显示属性，操作方式如下：

（1）在图 2－5 所示窗口中单击“显示”，打开“显示”设置窗口，如图 2－8 所示。

（2）选择左侧的“调整分辨率”命令或“更改显示器设置”命令，打开“屏幕分辨率”设置窗口。

（3）单击“分辨率”选项的下三角按钮，拖动滑块调整到合适的分辨率，如图 2－9 所示，单击“确定”按钮即可。

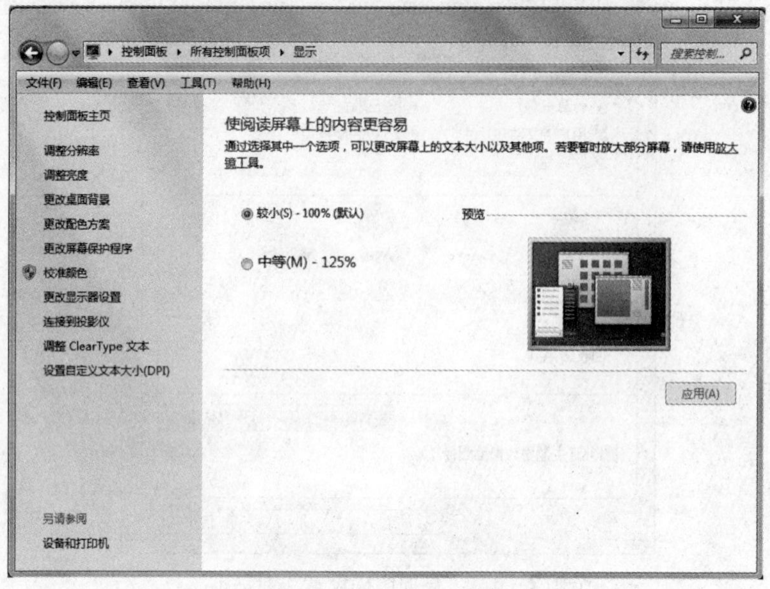

图 2-8 “显示”设置窗口

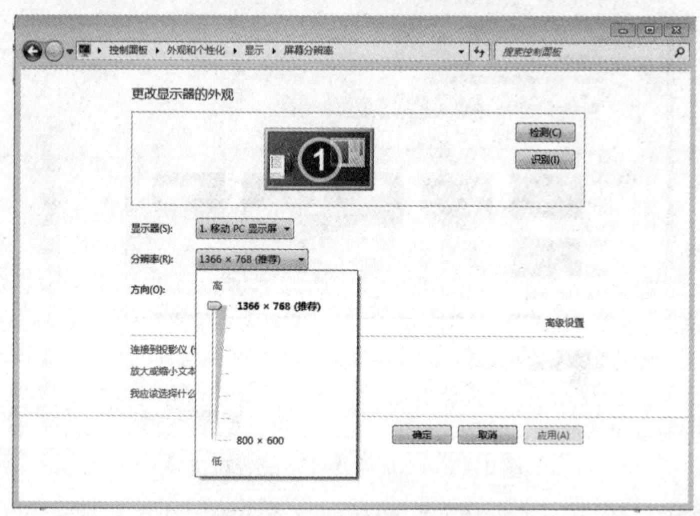

图 2-9 “屏幕分辨率”设置窗口

4. 桌面小工具

Windows 7 为用户提供了一些非常实用的小工具，如 CPU 仪表盘、幻灯片放映、时钟、日历、天气、货币的实时汇率等。

在桌面空白处右击，在弹出的如图 2-4 所示的快捷菜单中选择“小工具”命令，弹出如图 2-10 所示的窗口，双击或拖动小工具图标，使其出现在桌面的右上角，如图 2-11 所示。将鼠标移动到小工具上会出现一个“关闭”按钮，单击即可关闭小工具。

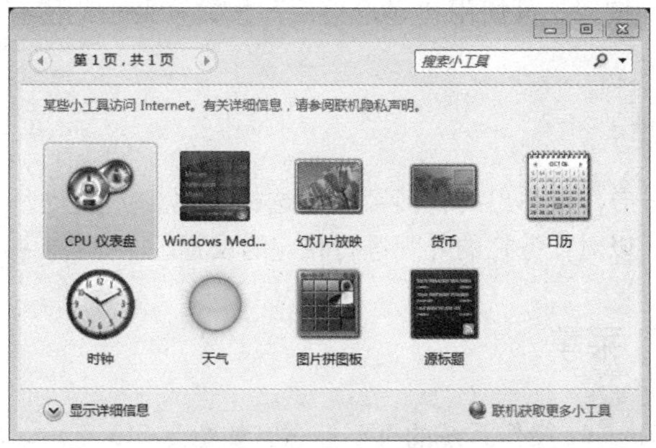

图 2－10　桌面小工具窗口

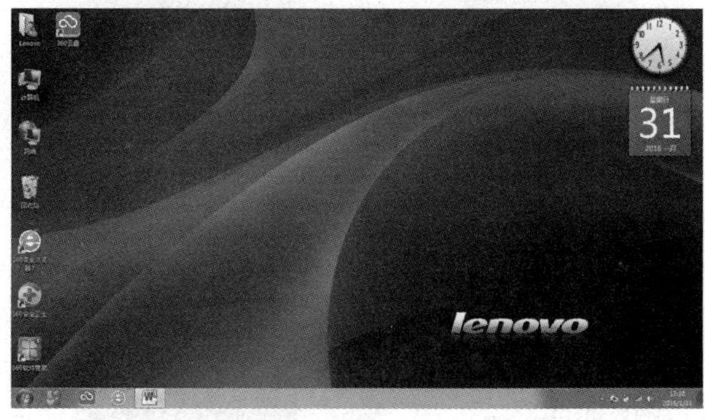

图 2－11　显示小工具的桌面

2.3.2　任务栏

桌面底端的区域称为任务栏，任务栏的主要功能是显示用户桌面当前打开程序的窗口所对应的按钮，使用按钮对窗口进行还原、切换及关闭等操作。

1. 任务栏的组成

从任务栏的最左端开始，依次是“开始”按钮、“快速启动区”、“任务按钮区”、“语言栏”、“通知区”和“显示桌面”按钮，如图 2－12 所示。

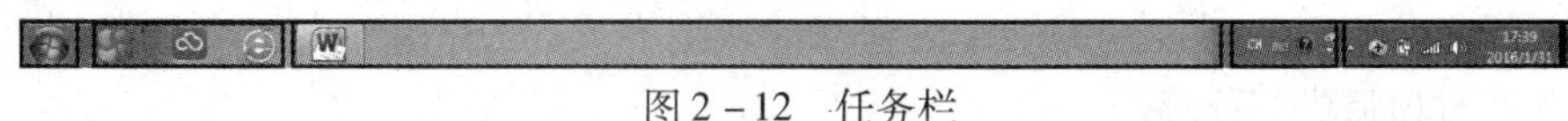

图 2－12　任务栏

（1）快速启动区。单击其中的图标就可以快速启动相应的程序，可以提高程序的使用效率。如要删除某个程序的快速启动图标，可以在相应图标上右击，在弹出的快捷菜单中单击“将此任务从任务栏解锁”即可。

（2）任务按钮区。显示的是当前所有运行中的应用程序和所有打开的文件夹窗口所对应的图标。

（3）语言栏。主要用于选择汉字输入法或切换中英文输入状态。

（4）通知区。显示一些运行中的应用程序，以及系统音量图标、网络图标、系统时钟等。

（5）“显示桌面”按钮。可使用“显示桌面”按钮来最小化所有打开的窗口，并显示桌面。

2. 设置任务栏属性

在任务栏空白区右击，在弹出的快捷菜单中选择“属性”命令，打开“任务栏和开始菜单属性”对话框，可以对任务栏的外观进行相应的设置。

2.3.3 “开始”菜单

“开始”菜单是 Windows 操作系统的重要标志，如图 2－13 所示。

图 2－13 “开始”菜单

左侧上部为常用程序列表，提供常用程序的快捷方式，“开始”菜单会根据每个程序的使用频率自动对项目进行排序。

左侧中部为“所有程序”命令，单击“所有程序”命令即可进入“所有程序”菜单——开始菜单的右侧部分，在菜单中列出了系统安装的所有程序的快捷方式和程序所在的子文件夹。

左侧下部为“搜索程序和文件”栏，在其中输入程序名或文件名，系统即可快速搜索到应用程序、文件等信息。

2.3.4 窗口及其操作

窗口是 Windows 操作系统中一个非常重要的概念。

1. 窗口的组成

窗口主要是由标题栏、地址栏、搜索栏、菜单栏、工具栏及状态栏等部分组成。如图 2-14 所示。

图 2-14　窗口的组成

（1）标题栏。位于窗口的最上部，其左边是应用程序名、文档名等，右边是“最小化”“最大化/还原”“关闭”按钮，统称窗口控制按钮。

（2）地址栏。位于标题栏下面，可输入和显示当前窗口的地址。

（3）搜索栏。位于地址栏的右侧，与“开始”菜单中的“搜索程序和文件”栏的作用相同，即在计算机中搜索文件。

（4）菜单栏。位于地址栏下面，包含了程序或文件夹等的所有菜单项，单击一个菜单项，就可以打开相应的下拉菜单，并列出所包含的各种命令选项。

（5）工具栏。提供了一些常用命令的快捷方式，单击一个工具按钮相当于从菜单中选择相应的命令。

（6）导航窗格。位于工具栏下面左侧。提供了文件夹列表，以树形结构显示，使用户能快速定位所需的文件及文件夹。

（7）工作显示区。位于工具栏下面右侧。用于显示当前已打开的文件或文件夹，是窗口中最主要的部分。

（8）滚动条。当窗口内容过多，不能同时显示所有内容时，就会出现滚动条，拖动滚动条滚动页面就可以看到窗口中没有显示出来的内容。

（9）状态栏。用于显示当前所打开的窗口的状态。

2. 窗口的基本操作

1）打开窗口

方法一：直接双击要打开的文件夹图标或应用程序图标。

方法二：在文件夹或应用程序图标上右击，在弹出的快捷菜单中选择“打开”命令。

2）关闭窗口

方法一：单击窗口中的“关闭”按钮。

方法二：双击控制图标。

方法三：单击控制图标，在菜单中选择“关闭”命令。

方法四：按“Alt + F4”组合键。

3）移动窗口

方法一：将光标指向标题栏，按住鼠标左键不放拖动鼠标，令光标指到目标位置后释放鼠标。

方法二：单击控制图标，在菜单中选择“移动”命令，按方向键，移动窗口到目标位置后，按 Enter 键。

4）改变窗口大小

方法一：移动光标到窗口四周的边框或四个角上，当光标变成双箭头形状时，按住鼠标左键不放进行窗口的拉伸或收缩。

方法二：单击控制图标，在菜单中选择“大小”命令，按方向键，移动窗口边框到合适的窗口大小位置后，按 Enter 键。

5）多窗口排列

在使用计算机时，如果打开多个窗口并且需要将其全部显示的话，就要对这些窗口进行排列，窗口的排列方式有层叠显示窗口、堆叠显示窗口、并排显示窗口 3 种。可以在任务栏空白处右击进行相应的选择。

层叠显示窗口：把窗口按照打开的先后顺序依次排列在桌面上。

堆叠显示窗口：是在保证每个窗口大小相当的情况下，使窗口尽可能沿水平方向延伸。

并排显示窗口：在保证每个窗口都显示的情况下，使窗口尽可能沿垂直方向延伸。

6）切换窗口

桌面上可以打开多个窗口，但是只有一个窗口是当前窗口，在当前窗口和非当前窗口之间切换操作。

方法一：通过任务栏按钮切换。每当打开一个新的窗口，系统就会在任务栏上自动生成一个以该窗口命名的任务栏按钮，单击该按钮即可打开相应的窗口。

方法二：通过“Alt + Tab”组合键进行切换，当按下该组合键时，屏幕中间就会出现一个矩形区域，显示的是所有当前打开的窗口，如图 2 – 15 所示，继续按该组合键，就可以在现有窗口缩略图中轮流切换，等切换到所需窗口时，松开该组合键即可将该窗口变成当前窗口。

7）复制窗口或屏幕的内容

方法一：按 PrintScreen 键，复制整个屏幕的内容到剪贴板。

方法二：按“Alt + PrintScreen”组合键，复制活动窗口的内容到剪贴板。

图 2 - 15　切换活动窗口

2.3.5　菜单、对话框及其操作

1. 菜单及其操作

Windows 菜单的种类很多，有“开始”菜单、控制图标菜单、文件夹窗口菜单、应用程序菜单、下拉菜单、快捷菜单等。

（1）下拉菜单。单击某个菜单项，其下方显示的就是下拉菜单。

灰色选项，表示当前状态下该项不能使用；

右侧带有三角符号▶的选项，表示该项有下一级子菜单；

右侧带有符号“…”的选项，表示若选中该选项则会弹出一个对话框。

（2）快捷菜单。是指在一个项目或一个区域右击时弹出的菜单，该菜单一般都包含了该对象的大多数常用命令，可以提高用户对命令的利用率。

2. 对话框及其操作

对话框主要用于输入或选择一些参数值，或者显示一些提示信息等，是完成某些特定命令或任务的途径，和窗口有相似之处，区别在于对话框没有“最大化/还原”“最小化”按钮，不能改变其大小，如图 2 - 16 所示。对话框一般由标题栏、选项卡、复选框、单选框、列表框、文本框、微调按钮、命令按钮等组成。

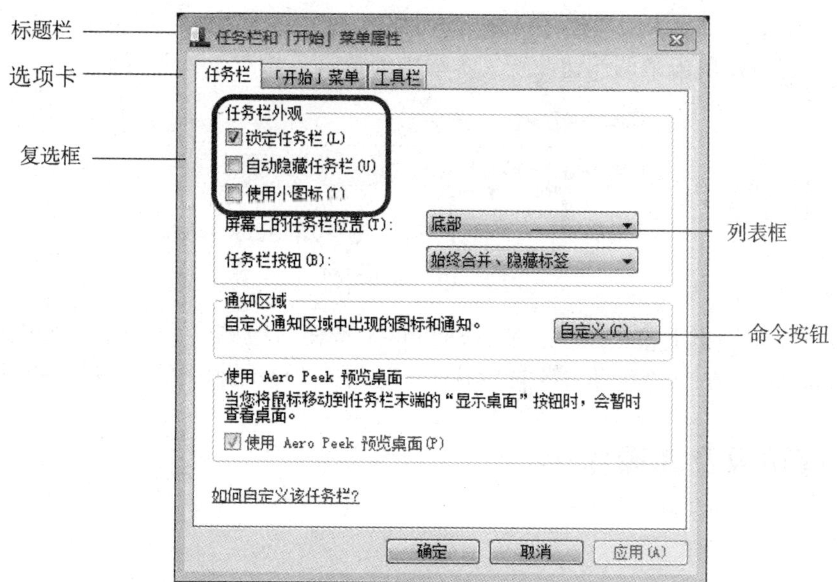

图 2 - 16　“任务栏和『开始』菜单属性”对话框

（1）选项卡。一个选项卡对应一个主题信息，该主题突出，对话框便表现出该主题的信息。

（2）复选框。复选框列出了复选项，允许用户选择多个选项。被选择的选项，其左边方框内出现“√”符号。

（3）单选框。单选框中会列出单选项，其前面有一个圆圈，用户在这一组选项中只能选择一个。被选择的选项，其圆圈中会出现一个黑点，如图 2－17 所示。

图 2－17　单选框

（4）列表框。列表框中列出了可选择的内容，当框中内容较多时，会出现滚动条，有的列表框是下拉式的，称为下拉列表框，平时只列出一个选项，当单击框右侧的下三角箭头时，可显示其他选项。

（5）文本框。是提供给用户输入文字和数值信息的地方，其中可能是空白的也可能有系统填入的默认值。对文本框进行操作时，用户可以保留文本框中系统提供的默认值，也可以重新输入数值，如图 2－18 所示。

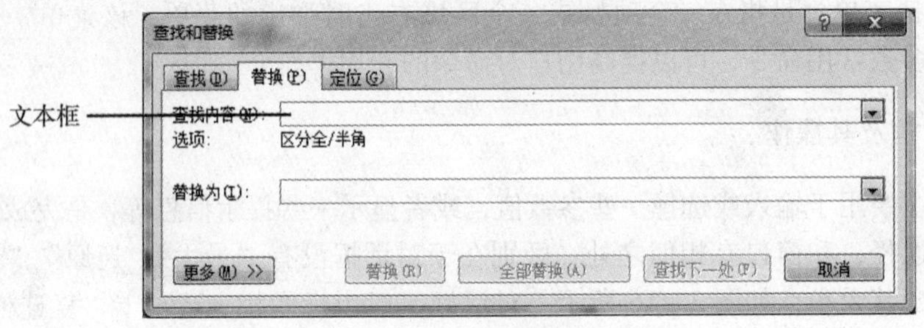

图 2－18　文本框

（6）微调按钮。主要用于调整数值，按钮前有一个文本框，可以在文本框中输入一个特定的数值，也可以单击微调按钮改变文本框中的数值，如图 2－19 所示。

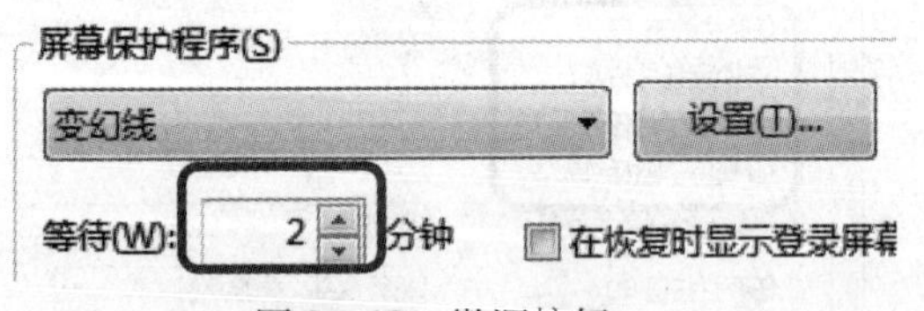

图 2－19　微调按钮

（7）命令按钮。单击命令按钮，立即执行这个按钮对应的命令。当某个按钮的命令周围出现虚线黑框时，表示该按钮处于选定状态，这时按 Enter 键即可执行对应的命令。

2.3.6　剪贴板及其操作

1. 剪贴板

剪贴板是内存中用来存放临时数据的一块空间，可以存储文本、图形、图像、声音等信

息，当信息通过“剪切”或“复制”命令移至剪贴板后，使用“粘贴”命令可以将这些内容加入到其他地方。

2. 剪贴板的操作

步骤一：选择要复制的对象；
步骤二：执行“复制”或“剪切”操作；
步骤三：确定要粘贴的位置；
步骤四：执行“粘贴”操作。

2.3.7 Windows 7 自带的常用软件

Windows 7 自带了很多实用的软件，如记事本、写字板、截图工具、画图等，熟练掌握这些软件，将会在使用计算机时更加方便。

1. 写字板

写字板可以进行中英文文档的编辑，可以进行图文混排及插入图片、声音、视频剪辑等操作。

1）写字板的启动

在“开始”菜单中，依次单击“所有程序”→“附件”→“写字板”命令，即可启动写字板，写字板打开后的操作界面如图 2－20 所示。

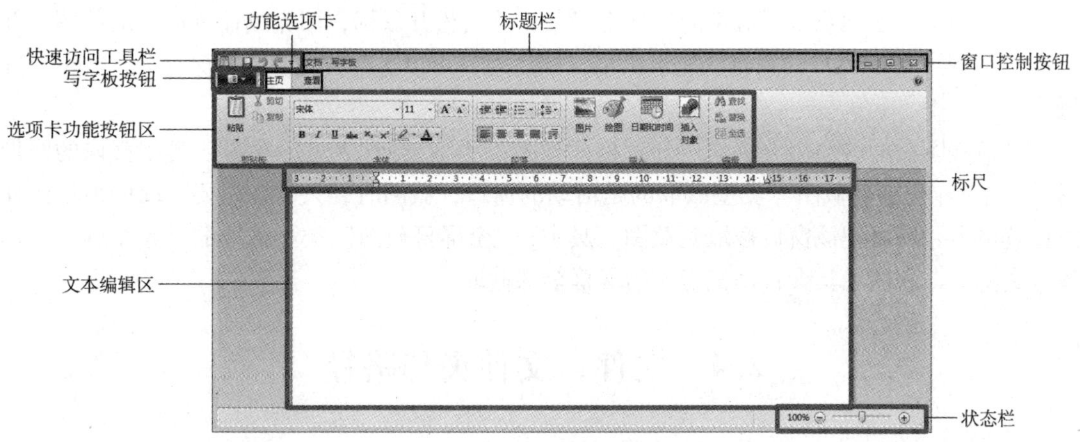

图 2－20 写字板的操作界面

2）写字板的操作界面

主要由快速访问工具栏、标题栏、窗口控制按钮、写字板按钮、功能选项卡、选项卡功能按钮区、标尺、文本编辑区和状态栏等组成。

（1）快速访问工具栏。其中包含了一些常用的操作工具，如“保存”“撤销”“重做”等，以方便用户快速使用这些功能。

（2）写字板按钮。可以进行“打开”“保存”“打印”等操作。

（3）选项卡功能按钮区。写字板的功能按钮均已展开显示，而不是隐藏在菜单中，按钮集中了最常用的按钮，如字体和段落的格式按钮等，以便用户更加直观地访问，从而减小菜单查找操作频率，提高工作效率。

（4）标尺。是显示文本宽度的工具，其默认单位是 cm，用户可以通过执行“查看”→“度量单位”命令进行设置。

（5）文本编辑区。是写字板最重要的区域，主要用于输入和编辑文本。

（6）状态栏。在状态栏中，默认情况下只有一个缩放拉杆，通过拖动滑块可以调整内容的缩放比例。

2. 截图工具

在平常的工作中，经常需要截取计算机屏幕中的画面，如果使用 Windows 7 系统中自带的截图工具，就会非常方便和快捷。

1）截图工具的启动

在“开始”菜单中依次单击“所有程序”→“附件”→“截图工具”选项，即可启动截图工具，如图 2－21 所示。

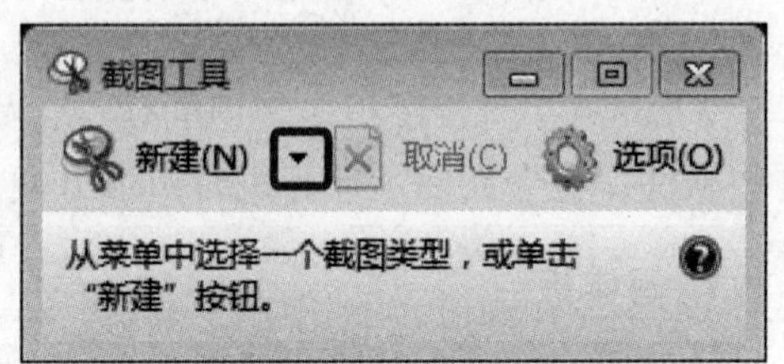

图 2－21　截图工具

2）截图工具的使用

在“截图工具”窗口中，单击“新建”按钮右边的下三角按钮，在弹出的下拉列表中可以选择不同的截图模式。

“任意格式截图”类型能够以任意形状截取屏幕上的图形，选择该模式后，整个屏幕变成像蒙上一层白色的样式，光标指针也变成了“剪刀”形状。此时，按住鼠标左键并拖动鼠标，绘制出一条围绕截图对象的不规则线条，然后松开鼠标，即完成任意形状的截图，并可在“截图工具”窗口的编辑区显示出来，然后对其可以进行“复制”“保存”“擦除”等操作。

其他截图类型的使用方法与“任意格式截图”类型类似。“矩形截图”类型截取的图形形状为矩形；“窗口截图”类型截取的是活动的窗口，截图时，只需在想要截取的窗口的任意位置单击，即可把该窗口截取到截图工具中；“全屏幕截图”类型截取的是整个屏幕，选择该类型后，截图工具会自动把当前的屏幕全部截取。

2.4　文件、文件夹与路径

2.4.1　文件和文件名

1. 文件

文件（File）是存储在磁盘上以文件名标识的信息的集合，这种信息可以是数值数据、图形、图像、声音、视频或应用程序，文件的内容不同，类型也不同。在 Windows 中，文件以图标和文件名来标识，每一个文件对应一个图标，不同类型的文件对应不同的图标，删除了文件图标即删除了该文件。

2. 文件名

文件名由文件基本名和扩展名组成，文件基本名也称为文件主名，扩展名也称为类型名。主名和扩展名之间由一个小圆点“.”隔开。扩展名主要用来表示文件类型，可帮助Windows获知文件中包含什么类型的信息，以及应该用什么程序打开该文件。例如，abc.docx，“abc”是文件的基本名，“docx”是文件的扩展名。在Windows系统中，可以使用多间隔符的扩展名，如fgbs.ini.txt.也是一个合法的文件名，但其文件类型由最后一个扩展名“txt”决定。常见的文件扩展名及其文件类型如表2-1所示。

表2-1 常见的文件扩展名及其文件类型

文件扩展名	文件类型	文件扩展名	文件类型
exe、com	可执行文件	rar、zip	压缩文件
txt	文本文件	pdf	Adobe Acrobat 文档
doc	Word 97~2003 文档文件	docx	Word 2007~2013 文档文件
xls	Excel 97~2003 电子表格文件	xlsx	Excel 2007~2013 电子表格文件
mdb	Access 2000~2003 数据库文件	accdb	Access 2000~2003 数据库文件
ppt	PowerPoint 97~2003 演示文稿	pptx	PowerPoint 2007~2013 演示文稿
bat	批处理文件	bak	备份文件
bmp、jpg、png、gif	图像文件	mp3、wma、wav、mid	声音文件
wmv、avi、rmvb、flv	视频文件	html	Web 网页文件

3. 文件名的命名规则

不同操作系统对文件命名的规则略有不同，在Windows中，文件名最长可达256个字符，但给文件命名必须遵循一定的规则。

（1）文件名可以由英文字母、数字、下划线、空格和汉字等组成，但不允许使用“/”“\”“:”“*”“?”“"”“<”“>”“|”这9个符号。

（2）在同一文件夹中不允许有名字相同的文件或文件夹，不能利用英文字母大小写来区分文件名。

给文件取名时，除了要符合命名规则外，还要考虑以后的方便使用。给文件取的名字要简短、通俗、容易记住、方便识别。

4. 文件名通配符

文件名通配符也称替代法、多义符，主要是指符号“*”和“?”。“*”通配符可以代表所在位置的多个字符。例如，A＊.＊代表文件名中第一个字符是A的所有文件；＊.docx代表基本名任意，扩展名是“docx”的所有文件；＊.＊可以代表所有文件夹和文件。“?”通配符代表所在位置的任意一个字符。例如，ASD?.xlsx表示以ASD开头，第4个字符任意，扩展名是“xlsx”的所有文件。通配符在查找文件时非常有用，如果查找时忘记了文件的完整名字，可以通过通配符来代替进行查找。

5. 设备文件

设备文件实际上是以前的DOS操作系统管理设备的一种方法，为设备起一个固定的文件名，可以像使用文件一样方便地管理这些设备。这些设备文件在Windows操作系统的命令提示符操作方式下仍然可以使用。常用设备与其对应的设备文件名如表2-2所示。

表2-2 常用设备与其对应的设备文件名

常用设备	设备文件名	操作
键盘/CRT显示器	CON	输入/输出
虚拟的空设备	NUL	输入/输出
串口或通信口	AUX或COM1	输入/输出
并行打印机	PRN或LPT1	输出

2.4.2 文件夹的基本概念

文件夹（Folder）也叫目录，是存放文件的区域。文件夹主要用来存放、组织和管理具有某种关系的文件和文件夹。文件夹的图标为一个黄色的公文包。同一类型的文件可以保存在一个文件夹中，或者根据用途将文件存在一个文件夹中。文件夹的名字为1~255个字符，可由用户自己定义。

2.4.3 文件目录的结构及路径的表示

1. 文件目录的结构

文件夹可存放文件或子文件夹，子文件夹中还可以存放下一级文件夹，这样就使得所有的文件夹形成了一种树状层次目录结构，如图2-22所示。树状层次目录结构就像一颗倒置的“树”，“树根”为根目录，“树”的每一个“树枝”为子目录，“树叶”为文件。如单击“计算机”，相当于展开文件夹树形结构的“根”，“根”的下面是磁盘的各个分区，每一个分区下面是第一级文件夹和文件，以此类推。

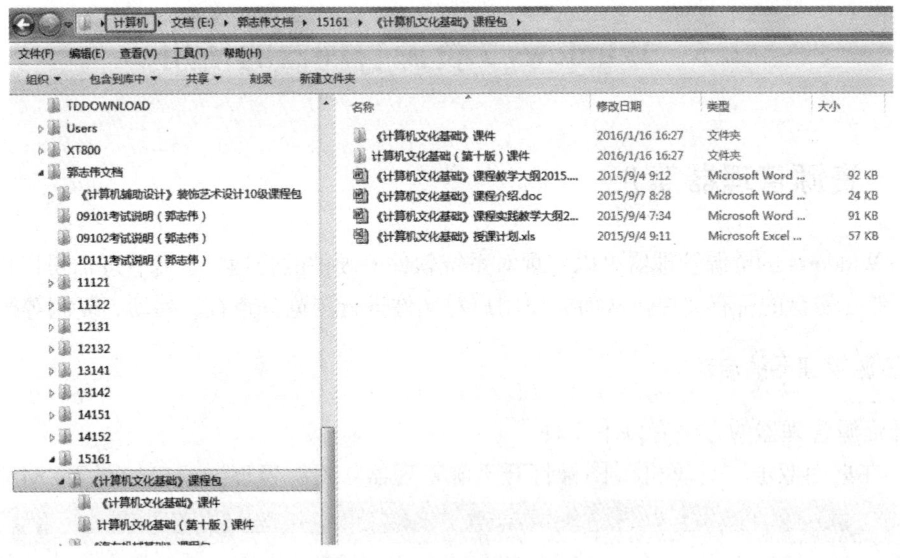

图 2-22 树状层次目录结构

2. 文件路径的表示

文件的路径由盘符、文件夹及子文件夹名称组成，在以前的操作系统中，文件的路径中间用反斜线“\”分隔。在 Windows 7 系统中，地址栏中显示的文件路径不再以“\”符号来分隔，而是用一个顶点向右的三角形符号“▶”来表示，如图 2-22 所示。单击这些三角形，会变成一个顶点向下的三角形“▼”，并展开下拉列表显示该目录中的所有子目录，如图 2-23 所示。单击地址栏中的子目录，则可以回到该目录位置，从而快速定位。

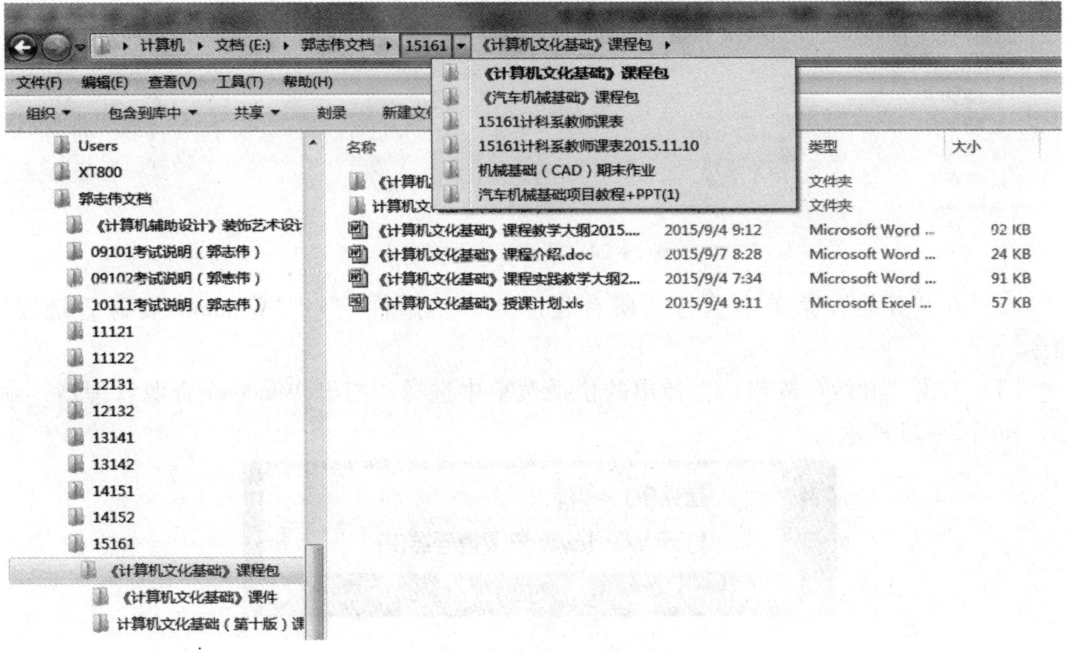

图 2-23 展开地址栏中的目录结构

2.5 Windows 7 资源管理器的使用

2.5.1 资源管理器简介

利用 Windows 的资源管理器可以实现对系统软件、硬件的管理。资源管理器可以用多种方式显示存储在磁盘的所有文件，从而方便用户对文件进行浏览、查看、移动、复制等操作。

1. 资源管理器的启动

打开资源管理器的方法有以下 5 种。

（1）在桌面双击“计算机”图标打开资源管理器。资源管理器窗口如图 2 – 24 所示。

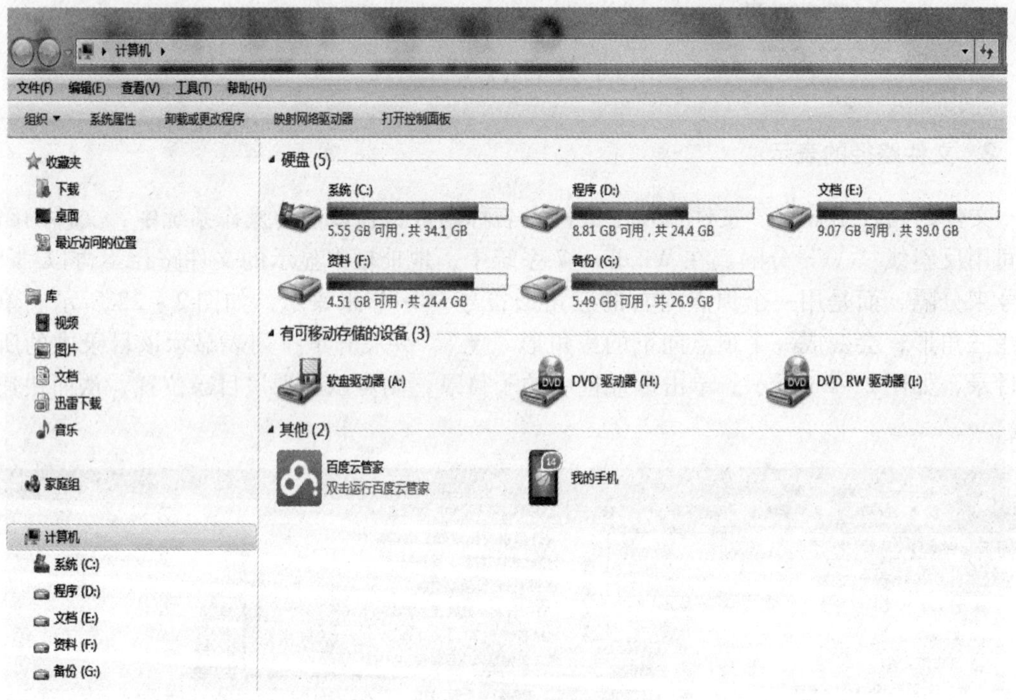

图 2 – 24 资源管理器窗口

（2）在“开始”菜单中执行“所有程序”→“附件”→“Windows 资源管理器”命令。

（3）右击“开始”按钮，在弹出的快捷菜单中选择“打开 Windows 资源管理器”命令，如图 2 – 25 所示。

图 2 – 25 通过快捷菜单打开

（4）按下“Windows + E”组合键。

（5）在“运行”命令框中，输入“explorer”后，单击“确定”按钮。

2. 资源管理器窗口的组成

资源管理器窗口的组成与一般窗口类似，包括标题栏、地址栏、菜单栏、工具栏、导航窗格、细节窗格、状态栏等，如图 2－26 所示。

图 2－26 资源管理器窗口的组成

（1）地址栏。显示当前文件或文件夹所在目录的完整路径，使用地址栏可以导航至不同的文件夹或库，或返回上一级文件夹或库，也可以直接输入网址来访问网络。

（2）搜索框。在搜索框中输入文件名或文件名中包含的关键字时，搜索程序便立即开始搜索满足条件的文件，并在右窗口中高亮显示搜索的结果。

（3）工具栏。可以快速地执行一些常见的任务，如更改文件或文件夹的显示方式；单击文件、用户文件夹和不同的系统文件夹，工具栏显示的按钮也有所不同。

（4）导航窗格。资源管理器的工作区分成左右两个窗口，左右窗口之间有分隔条，当光标指向分隔条变成双向箭头时，可拖动鼠标改变左右两个窗口的大小。左窗口称为导航窗格。

（5）右窗口。显示当前文件夹的内容，所以也被称为当前文件夹内容框，简称文件夹内容框。

（6）细节窗格。当选中文件时，细节窗格会显示其文件属性，包括修改日期、文件大小、作者等信息。

3. 资源管理器的基本操作

（1）展开文件夹。在资源管理器的导航窗格中，当一个文件夹的左边有顶点向右的空心三角形△时，表示其还有下一级文件夹，单击三角形，可在导航窗格中展开其下一级文件夹，此时文件夹左边的三角形变成一个黑色的直角三角形◢。如果单击文件夹图标，则该文件夹将成为当前文件夹，并在右窗口中显示该文件夹中的内容。

（2）折叠文件夹。在资源管理器的导航窗格中，当一个文件夹的左边有黑色的直角三角形◢时，表示已经在导航窗格中展开了其下一级文件夹，单击黑色的直角三角形◢，可使其下一级文件夹折叠起来。

（3）选定文件夹。单击一个文件夹的图标，便可选定该文件夹。在导航窗格中选定文件夹，常常是为了在右窗口中显示其所包含的内容；在右窗口中选定文件夹，常常是准备对文件夹做“复制”“移动”等操作。

2.5.2 文件与文件夹的管理

1. 新建文件或文件夹

新建文件夹的方法主要有 3 种。

（1）通过右击→快捷菜单建立。在想建立文件夹的位置的空白处右击，弹出快捷菜单，移动光标到快捷菜单中的“新建”命令，在出现的下一级菜单中单击“文件夹”选项，如图 2－27 所示。这时便在该位置生成一个名为“新建文件夹”的文件夹，而且该新建文件夹处于更改文件夹名字状态，如图 2－28 所示，如果想保留默认的名字作为文件夹名，可直接按 Enter 键或者单击旁边的空白处，否则输入文件夹名后再按 Enter 键或单击旁边的空白处即可。

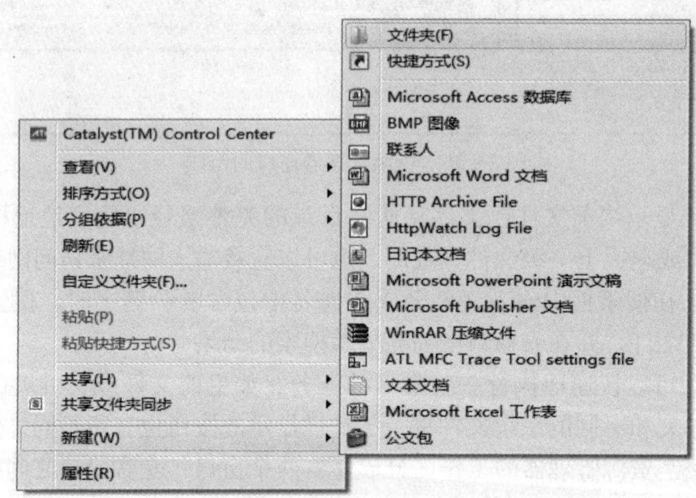

图 2－27　通过右击→快捷菜单建立文件夹

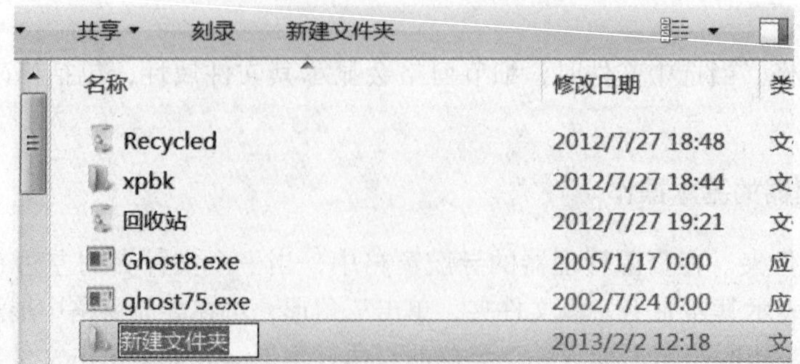

图 2－28　更改文件夹名字

（2）通过文件夹窗口菜单建立。确定要建立文件夹的位置，在文件夹窗口中执行“文件”→“新建”命令，在出现的下一级菜单中单击“文件夹”，如图2－29所示。输入新文件夹的名称后按Enter键或者在旁边的空白处单击即可。

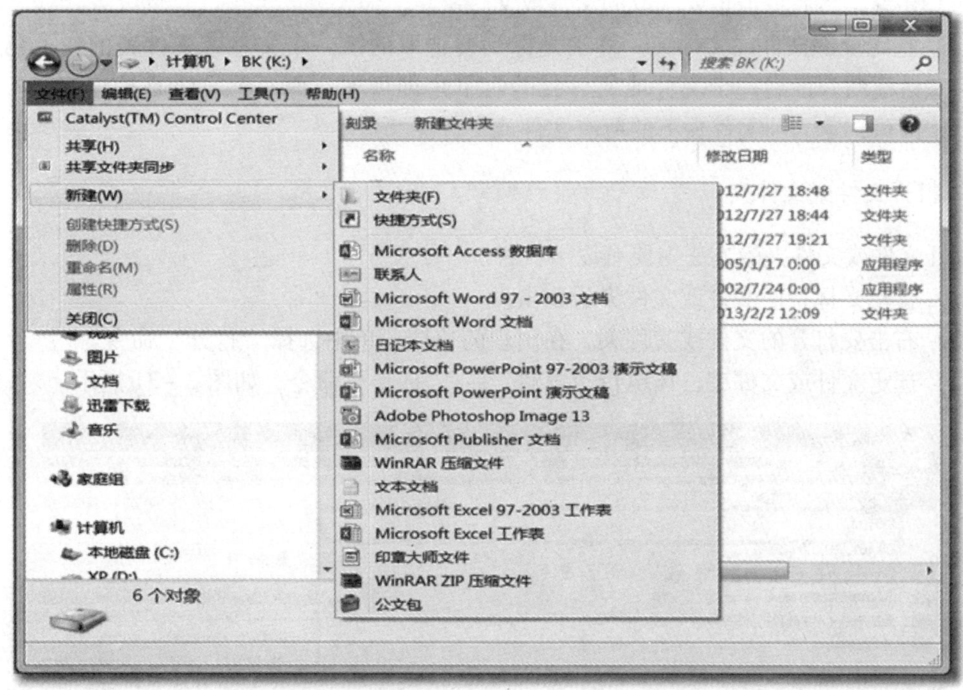

图2－29　通过文件夹窗口菜单建立文件夹

（3）通过文件夹窗口工具栏按钮建立。确定要建立文件夹的位置，在文件夹窗口中单击工具栏中的“新建文件夹”按钮，如图2－30所示，就可以建立一个新的文件夹。

图2－30　文件夹窗口工具栏按钮建立文件夹

2. 选定文件或文件夹

选定文件或文件夹包括选定单个、多个和全部3种情况。

（1）选定单个文件或文件夹。单击单个文件或文件夹，就可以选择该文件或文件夹。

（2）选定多个文件或文件夹。移动光标到要选取的第一个文件或文件夹的左上角，按住鼠标左键拖动到要选取的最后一个文件或文件夹的右下角，这样对角线所形成的矩形区域内的文件或文件夹就被选中了。另一种方法是先选择第一个文件或文件夹，然后按住 Shift 键，再单击最后一个要选择的文件或文件夹。如果想选择多个不连续的文件或文件夹，可以先按住 Ctrl 键，然后单击想要选取的文件或文件夹。

（3）选定全部文件或文件夹。移动光标到要选取的第一个文件或文件夹的左上角，按住鼠标左键拖动到最后一个文件或文件夹的右下角即可完。另一种方法是按住“Ctrl + A”组合键，即可选定当前文件夹下的所有文件或文件夹。

3. 打开文件或文件夹

打开文件或文件夹的方法主要有以下 3 种。

（1）移动光标指向文件或文件夹后双击。

（2）右击要打开的文件或文件夹，在出现的快捷菜单中选择“打开”命令。

（3）选定文件或文件夹，再执行“文件”→“打开”命令，如图 2－31 所示。

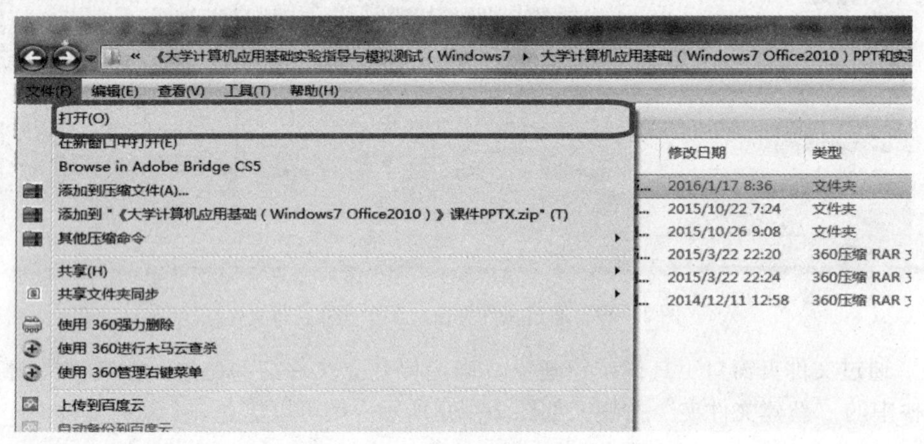

图 2－31　通过“文件”菜单打开文件夹

4. 复制与移动文件或文件夹

复制与移动文件或文件夹的方法主要有以下 4 种。

（1）通过窗口菜单。选定要复制或移动的文件（或文件夹），执行“编辑”→“复制”命令，然后定位到目标位置，执行“编辑”→“粘贴”命令，选取的文件（或文件夹）就会被复制到目标文件夹中。

（2）通过快捷菜单。把光标移到要复制或移动的文件（或文件夹）上右击，在弹出的快捷菜单中选择“复制”命令，定位到目标位置后右击，在出现的快捷菜单中选择“粘贴”命令，选取的文件（或文件夹）就会被复制到目标文件夹中。

（3）鼠标拖动。当在同一个盘上复制文件或文件夹时，先在资源管理器的右窗口选好源文件（或文件夹），然后按住 Ctrl 键，按住鼠标左键将选定的文件（或文件夹）拖动到左窗口的目标文件夹处即可。如果在不同的盘之间移动文件或文件夹，则要先按住 Shift 键，然后按住鼠标左键将文件或文件夹拖动到目标位置处。需要注意的是，鼠标拖动的方法不适合长距离的复制或移动。

（4）通过组合键。复制（或移动）文件或文件夹时，先选定文件或文件夹，然后按

“Ctrl + C”（或“Ctrl + X”）组合键执行“复制”（或“剪切”）操作，最后定位到目标位置处，按“Ctrl + V”组合键执行“粘贴”命令即可。

5. 重命名文件或文件夹

重命名文件或文件夹的方法主要有以下 4 种。

（1）选定文件或文件夹，按 F2 键进行重命名。

（2）间隔单击文件或文件夹，当原名反相显示后可改名。

（3）在需改名的文件或文件夹上右击，在弹出的快捷菜单中选择“重命名”命令，然后重新输入文件或文件夹名。

（4）选定文件或文件夹，执行“文件”→“重命名”命令，当原名反相显示后，输入新文件或文件夹名。

6. 搜索文件或文件夹

（1）基本搜索。在资源管理器窗口中，定位到要查找的文件或文件夹的位置，在搜索栏中输入要查找的条件。例如，要查找某个位置的所有演示文稿，可以输入“ *. ppt”，这时系统便会按照搜索的条件自动进行搜索，在资源管理器窗口的地址栏中会显示搜索的进度，搜索的结果则显示在资源管理器的右窗口，如图 2 – 32 所示。

图 2 – 32　搜索文件

（2）筛选搜索。如果知道要搜索的文件或文件夹的大小、修改日期，就可以设置筛选条件，提高搜索的效率。在搜索框中单击，就会激活筛选搜索界面，如图 2 – 33 所示。单击“修改日期”或“大小”选项，就可以根据修改日期或大小进行相关搜索条件的设置，如图 2 – 34 和图 2 – 35 所示。

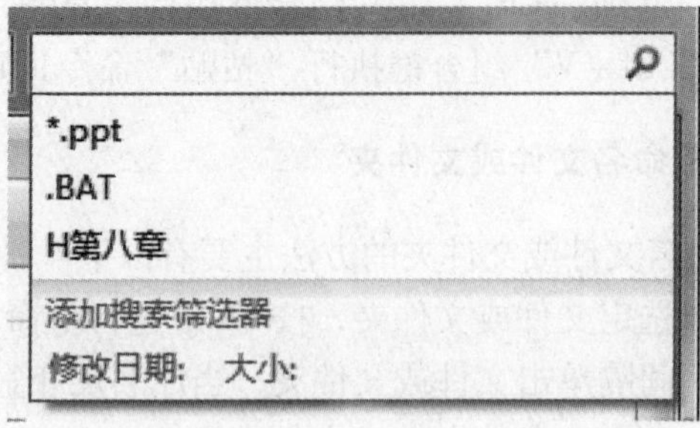

图 2－33 激活筛选搜索界面

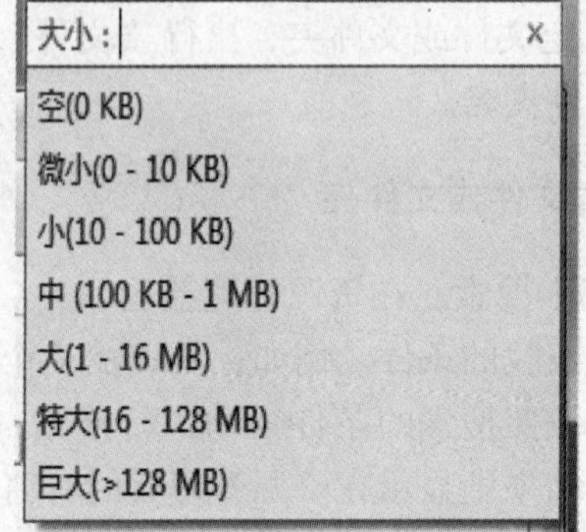

图 2－34 “修改日期”选项列表

图 2－35 “大小”选项列表

7. 删除文件或文件夹

删除文件或文件夹的方法主要有以下 4 种。

（1）选定文件或文件夹后按 Delete 键。

（2）右击选定文件或文件夹，在出现的快捷菜单中选择“删除”命令。

（3）选定文件或文件夹后，执行“文件”→“删除”命令。

（4）直接拖动选定的文件或文件夹到“回收站”中。

需要注意的是：

（1）如果没有对回收站的属性进行设置，则在默认情况下，当采用前 3 种方法删除文件或文件夹时，会出现提示是否删除文件或文件夹的提示框。单击“是”按钮，则删除的文件或文件夹将放入回收站，在回收站中再次执行删除操作将把文件或文件夹永久删除。

（2）如果要永久删除硬盘上的文件或文件夹，则选定文件或文件夹后，按“Shift + Delete”组合键，会出现提示是否永久删除文件或文件夹的提示框，单击“是”按钮，则永久删除文件或文件夹。

（3）当在 U 盘或网络上删除文件或文件夹时，删除的文件或文件夹不会放入回收站，此时为永久删除。

8. 恢复被删除的文件或文件夹

恢复回收站中被删除的文件或文件夹的方法主要有以下 4 种。

（1）打开回收站，选定要恢复的文件或文件夹，执行“文件”→“还原”命令。

（2）打开回收站，选定要恢复的文件或文件夹，单击窗口工具栏中的“还原此项目”按钮。

（3）打开回收站，右击要恢复的文件或文件夹，在弹出的快捷菜单中选择“还原”命令。

（4）打开回收站，直接把要恢复的文件或文件夹拖动到要恢复的位置。

9. 查看和更改文件与文件夹的属性

（1）查看文件与文件夹的属性。在文件（或文件夹）上右击，在弹出的快捷菜单中选择“属性”命令即可打开该文件（或该文件夹）的“属性”对话框，分别如图 2－36 和图 2－37 所示。

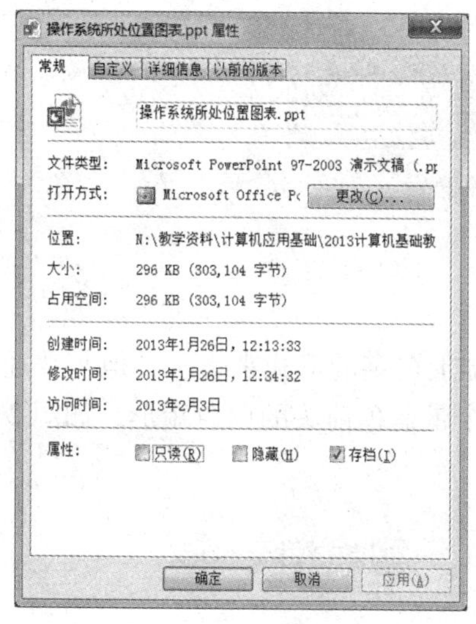

图 2－36　某个文件“属性”对话框

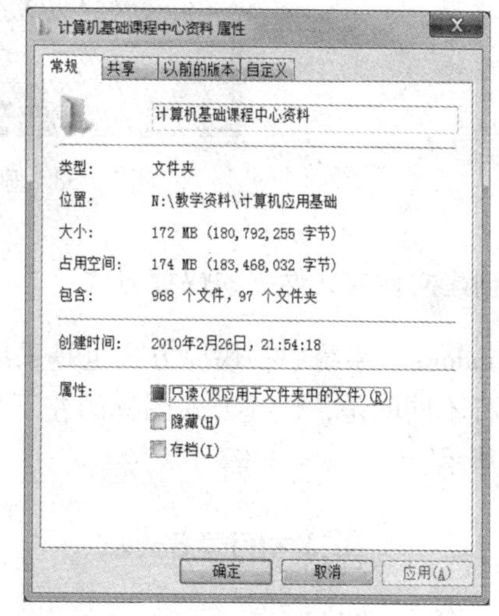

图2－37　某个文件夹“属性”对话框

（2）更改文件与文件夹的属性。在某个文件（或某个文件夹）“属性”对话框中可以设置该文件（或该文件夹）的属性。如果设置“只读”属性，则文件（如果是设置文件夹“只读”属性的话，则仅应用于文件夹中的文件）只能读取，不能写入；设置“隐藏”属性，则文件不出现在桌面、文件夹或资源管理器中；“存档”属性表示该文件已经存档。

在某个文件夹“属性”对话框，单击“共享”选项卡，接着单击“共享”按钮，可以打开“文件共享”对话框。在“文件共享”对话框中，可以进行添加或删除共享的用户、设置用户的权限级别等操作。

10. 显示文件扩展名

显示文件扩展名的方法主要有两种。

（1）执行“工具”→“文件夹选项”命令，出现“文件夹选项”对话框。在对话框中选择“查看”选项卡，把“隐藏已知文件类型的扩展名”复选框前面的钩去掉，如图2－38所示，单击“确定”按钮。

（2）单击“文件夹”窗口（或资源管理器窗口）工具栏中的“组织”按钮，在弹出的下拉菜单中选择“文件夹和搜索选项”命令，在出现的“文件夹选项”对话框中选择“查看”选项卡，把“隐藏已知文件类型的扩展名”复选框前面的钩去掉，单击“确定”按钮。

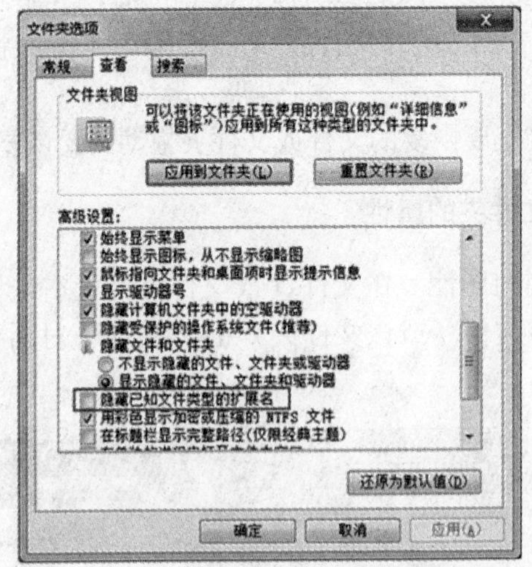

图 2 – 38　显示文件的扩展名

11. 创建文件或文件夹的快捷方式

在 Windows 7 系统中，快捷方式也是采用图标加上名字的形式来表示，但与普通文件或文件夹图标不同的是，快捷方式图标的左下角有一个带蓝色箭头的白色矩形，如图 2 – 39 与图 2 – 40 所示。

教材目录.docx　　　　教材目录.docx

图 2 – 39　快捷方式图标　　　　图 2 – 40　普通文件图标

需要注意的是快捷方式图标不是文件（或文件夹、程序）的备份，而仅仅是指向文件（或文件夹、程序）的一个指针。如果快捷方式对应的程序或文件夹不存在，则快捷方式图标无效。

创建文件或文件夹的快捷方式分以下两种情况。

（1）为一个文件或文件夹在桌面创建快捷方式。在文件或文件夹上右击，弹出快捷菜单，移动光标到“发送到”命令，在下一级菜单中选择“桌面快捷方式”选项，如图 2 – 41 所示。

（2）在任意位置创建快捷方式。在任意位置创建快捷方式有两种方法：一是在想创建快捷方式的位置空白处右击，弹出快捷菜单，执行“新建”→“快捷方式”命令（如图 2 – 42所示），在出现的“创建快捷方式”对话框中，单击“浏览”按钮（如图 2 – 43 所示），找到想要创建快捷方式的文件或文件夹后单击“下一步”按钮，最后单击“完成”按钮即可（如图 2 – 44 所示）；二是在要创建快捷方式的文件或文件夹上右击，在弹出的快捷菜单中选择“创建快捷方式”命令，将生成的快捷方式用鼠标左键按住，拖动至想要创建处或通过“剪切”→“粘贴”操作移至想要创建处。

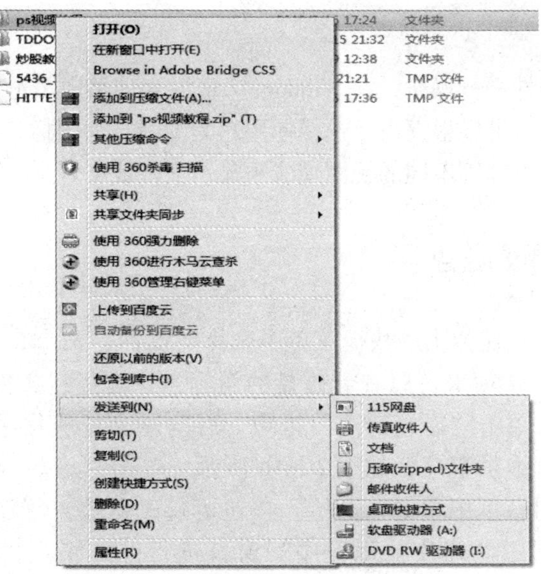

图 2－41　创建桌面快捷方式

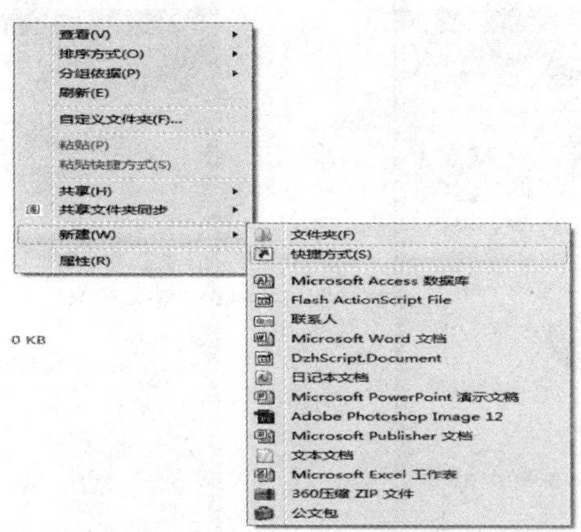

图 2－42　在任意位置创建快捷方式菜单

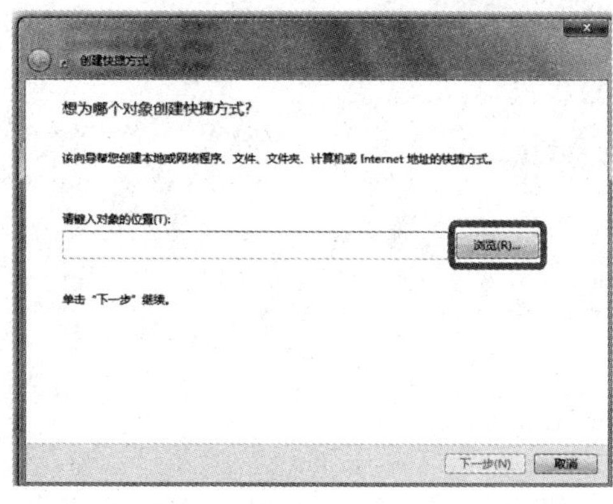

图 2－43　在任意位置创建快捷方式对话框（1）

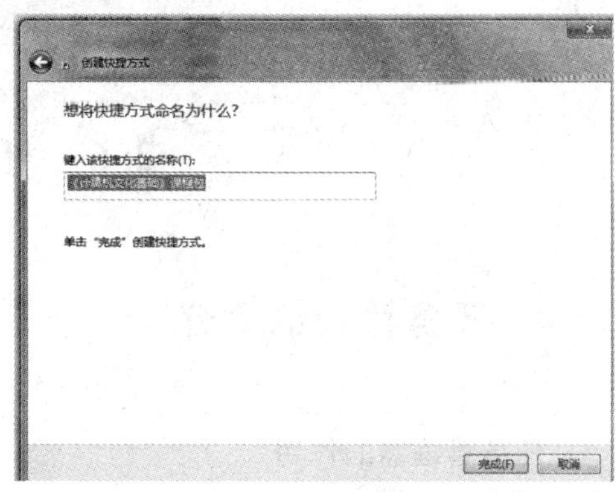

图 2－44　在任意位置创建快捷方式对话框（2）

12. 文件显示模式

为了便于用户对文件进行操作，在 Windows 7 资源管理器中单击“视图”按钮右侧的箭头可以打开视图滑动条，可以根据需要选择使用超大图标、大图标、中等图标、小图标、列表、详细信息、平铺、内容等不同的视图模式来显示文件或文件夹。

2.5.3 查看和管理磁盘

在磁盘分区上右击，在弹出的快捷菜单中选择“属性”命令，出现磁盘分区“属性”对话框，选择“常规”选项卡可以查看磁盘的卷标名、类型、文件系统、空间使用等信息，如图 2－45 所示。单击“磁盘清理”按钮，启动磁盘清理程序。单击“工具”选项卡，可以看到 3 个磁盘维护程序，如图 2－46 所示。单击“开始检查”按钮，打开“检查磁盘”对话框，在对话框中单击“开始”按钮运行磁盘检查程序；单击“立即进行碎片整理”按钮，打开“磁盘碎片整理程序”窗口进行碎片整理；单击“开始备份”按钮，打开“备份和还原”窗口对系统进行备份或还原。

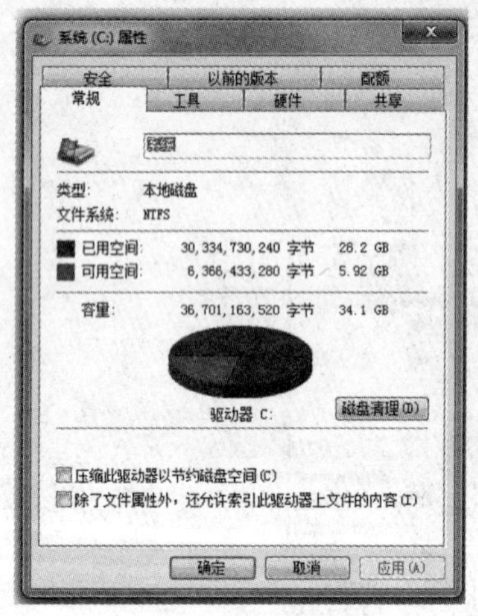

图 2－45 “常规”选项卡

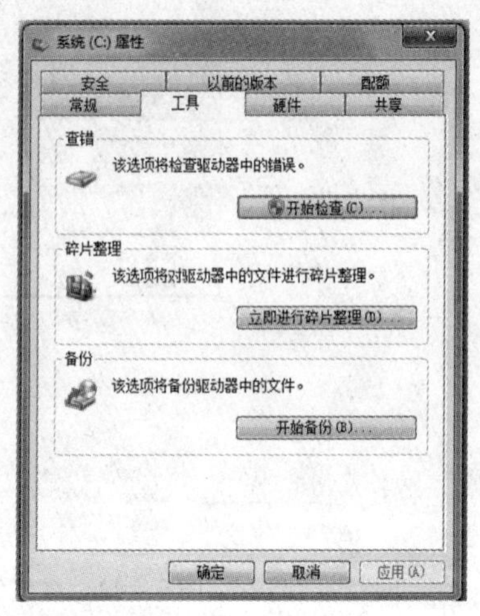

图 2－46 “工具”选项卡

2.6 任务管理器

2.6.1 任务管理器简介

1. 任务管理器的作用

任务管理器提供了计算机上所运行的程序和进程的详细信息，通过它可以快速查看正在运行的程序的状态、终止没有响应的程序、切换运行的程序、运行新的任务、查看 CPU 与内存的使用情况等。

2. 任务管理器的启动

启动任务管理器的方法主要有以下4种。

（1）按住“Ctrl + Shift + Esc”组合键。

（2）按住“Ctrl + Alt + Delete”组合键，在出现的界面中选择“启动任务管理器”命令。

（3）在任务栏的空白处右击，在出现的快捷菜单中选择“启动任务管理器”命令。

（4）在“运行”命令对话框中输入“taskmgr”，单击“确定”按钮。

3. “任务管理器”窗口的组成

Windows 7 的“任务管理器”窗口主要由标题栏、窗口控制按钮、菜单栏、选项卡、状态栏等组成，如图2-47所示。菜单栏中包括“文件”“选项”“查看”“窗口”“帮助”菜单，菜单栏下面有“应用程序”“进程”“服务”“性能”“联网”“用户”6个选项卡，窗口底部则是状态栏，在状态栏中可以查看到当前系统的进程数、CPU 使用率和内存容量使用率等信息。

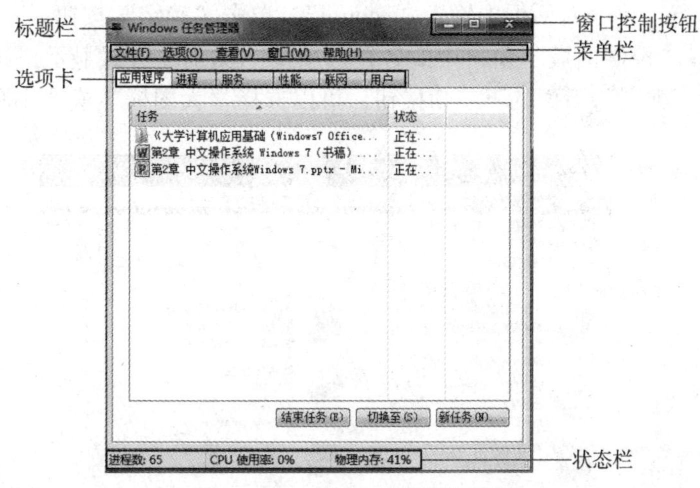

图2-47 “任务管理器”窗口

2.6.2 任务管理器的使用

1. 切换或结束任务

单击“任务管理器”窗口中的“应用程序”选项卡，此时，窗口的中间列出了已打开的应用程序及其运行状态。如果想切换任务，则选定该任务后，单击“切换至”按钮，这样该任务所对应的应用程序窗口就变成了当前活动窗口。当某个任务没有响应时，选定该任务，单击“结束任务”按钮即可结束该任务的运行。

2. 快速最小化多个窗口

选择“应用程序”选项卡，按住 Ctrl 键的同时选择需要最小化的应用程序项目，在选中的任意一个任务上右击，在出现的快捷菜单中选择“最小化”命令即可快速最小化所有选择的任务窗口；在快捷菜单中选择“层叠”“横向平铺”或“纵向平铺”命令可以让所有选中的任务窗口同时显示在屏幕，并按照所选的竖式方式展示。

2.7 控制面板及其使用

2.7.1 控制面板简介

控制面板是 Windows 系统的一个重要的设置工具，通过它可以查看和设置系统状态，如添加硬件、添加/删除程序、管理用户账户、调整系统的各种属性等。

打开控制面板的方法主要有以下 4 种。

(1) 在“开始”菜单中，选择“控制面板”命令。

(2) 执行“开始”→“所有程序”→“附件”→“系统工具”→“控制面板”命令。

(3) 在“计算机”窗口中单击工具栏上的“打开控制面板”按钮。

(4) 在“运行”命令对话框中输入“control”，单击“确定”按钮。

默认情况下，“控制面板”窗口中的各种选项按“类别”方式显示，如图 2 - 48 所示。单击“查看方式 类别”后面的下三角按钮，可以选择“大图标”或“小图标”方式显示。

图 2 - 48 “控制面板”窗口

2.7.2 控制面板的使用

1. 添加或更改用户

在“控制面板”窗口中选择“用户账户和家庭安全”栏的“添加或删除用户账户”命令，进入“管理账户”窗口，如图 2 - 49 所示。在“管理账户”窗口中，选择“创建一个

新账户”命令，然后根据提示给账户命名并选择账户类型，单击“创建账户”按钮，即可创建一个新的用户。如果想更改已有账户的名称、密码、图片等信息，则在“管理账户”窗口中，单击账户的图标，进入“更改账户”窗口后修改即可。

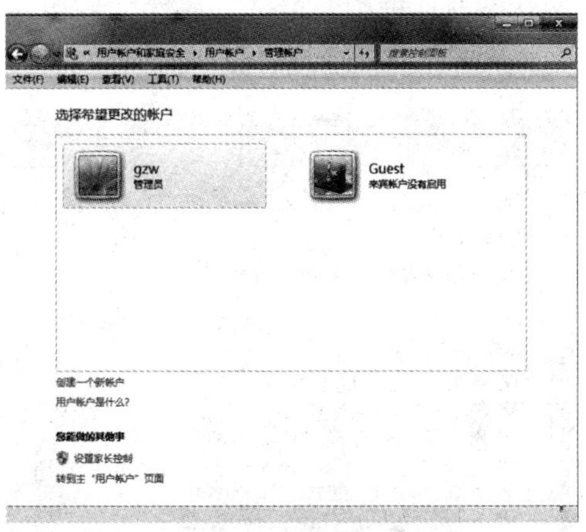

图 2－49　“管理账户”窗口

2. 添加新的硬件设备和驱动程序

Windows 7 系统的兼容性比 Windows XP 系统要好很多。大部分硬件在 Windows 7 系统下安装时，将硬件插入计算机后，系统便会自动安装硬件。如果该硬件在 Windows 7 系统下可用，系统会自动查找并安装驱动程序，否则系统将提示插入驱动程序的光盘以识别硬件（驱动程序光盘一般随硬件设备附带）。如果想在控制面板中手动安装硬件，先执行“硬件和声音”→“添加设备”命令，出现“添加设备”对话框，此时，系统将自动搜索设备，搜索到设备后，单击“下一步”按钮，并根据提示一步步安装即可。

3. 鼠标属性的设置

在“控制面板”窗口中，单击“硬件和声音”选项，然后在“设备和打印机”栏中选择“鼠标”选项，可以打开“鼠标－属性”对话框，如图 2－50 所示。在“鼠标－属性”对话框中，切换到“鼠标键”选项卡，选中“切换主要和次要的按钮”复选框，可以设置鼠标左右键的操作方式。此外，还可以设置鼠标的双击速度；切换到“指针”选项卡，可以设置鼠标的指针方案；切换到“指针选项”选项卡，可以设置鼠标指针的移动速度、对齐、可见性等属性；切换到“滑轮”选项卡，可以设置鼠标滑轮的一次垂直滚动或水平滚动的距离。

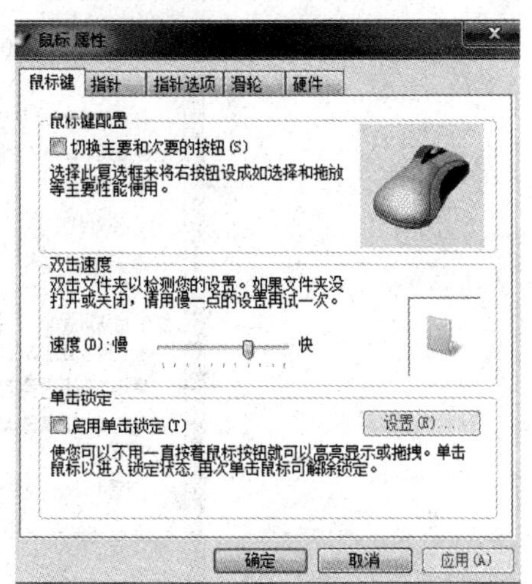

图 2－50　“鼠标属性”对话框

4. 网卡属性设置

设置网卡 IP 地址参数的方法如下：

（1）在“控制面板”窗口中，选择“网络

和 Internet”选项中的“查看网络状态和任务”命令，在出现的“网络和共享中心”对话框中，选择“查看活动网络”栏中的“本地连接”链接。单击“详细信息...”按钮，可以查看本机的网络参数详细信息。

（2）在打开的本地连接状态对话框中，单击“属性”按钮，打开本地连接属性对话框，如图 2－51 所示。

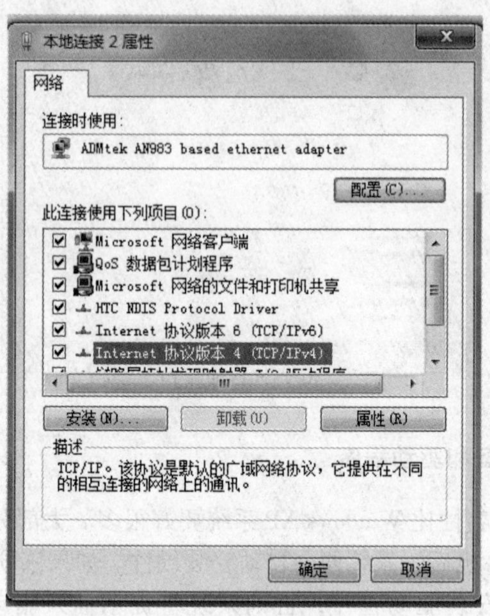

图 2－51　本地连接属性对话框

（3）在本地连接属性对话框中，双击“Internet 协议版本 4（TCP/IPv4）”选项，打开“Internet 协议版本 4（TCP/IPv4）属性”对话框，如图 2－52 所示。在对话框中，设置好计算机的 IP 地址后单击“确定”按钮即可。

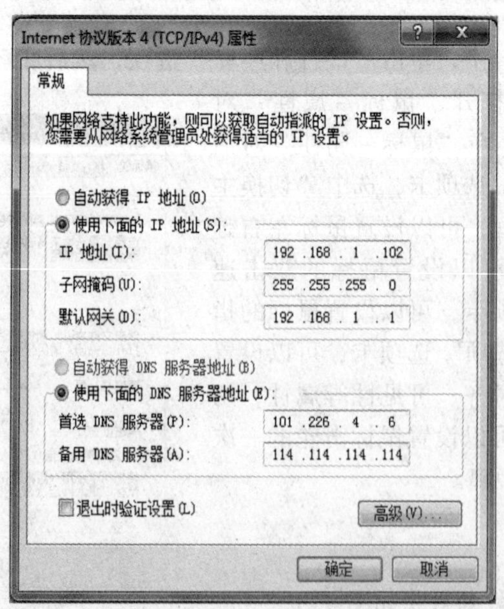

图 2－52　“Internet 协议版本 4（TCP/IPv4）属性”对话框

5. 汉字输入法的安装与配置

在控制面板中，添加输入法的步骤如下：

(1) 选择“时钟、语言和区域”选项中的“更改键盘或其他输入法”或“更改显示语言”命令，打开“区域和语言”对话框。

(2) 在“区域和语言”对话框中，选择“键盘和语言”选项卡，单击“更改键盘”按钮，打开“文本服务和输入语言”对话框，如图 2－53 所示。

(3) 选择“常规”选项卡，单击“添加”按钮，打开“添加输入语言”对话框，在对话框中添加所需的输入法后，单击“确定”按钮即可，如图 2－54 所示。

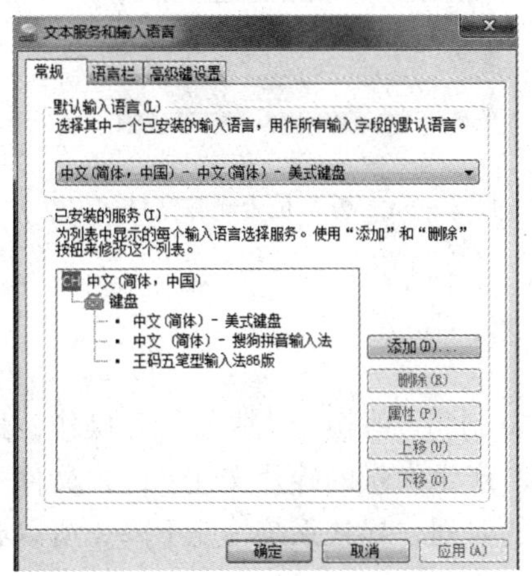
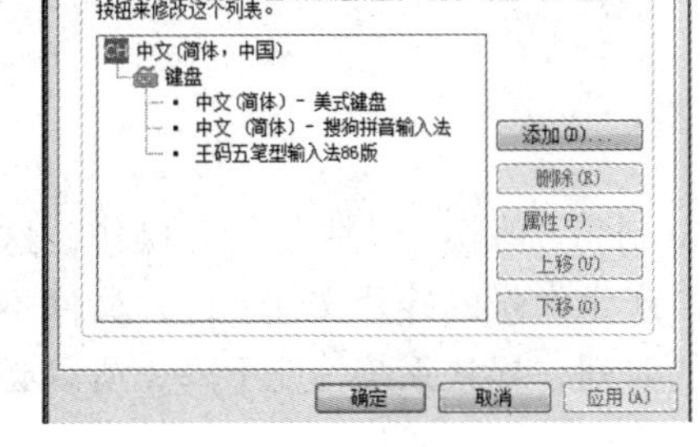

图 2－53 “文本服务和输入语言”对话框

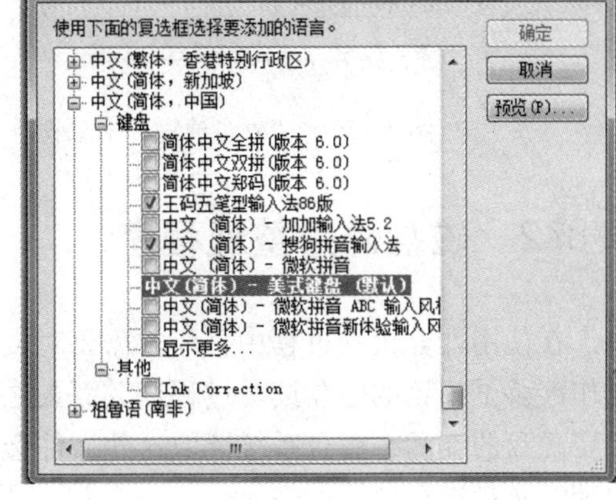

图 2－54 “添加输入语言”对话框

2.8 Windows 7 的系统维护工具

Windows 7 提供了很多实用的系统维护程序，如磁盘清理程序、磁盘碎片整理程序、系统还原程序等。本节主要讲解磁盘清理程序和磁盘碎片整理程序的使用方法。

2.8.1 磁盘清理程序

1. 磁盘清理程序的启动

磁盘清理程序的启动方法主要有以下两种。

(1) 执行“开始”→“所有程序”→“附件”→“系统工具”→“磁盘清理”命令，在出现的“驱动器选择”对话框中选择指定磁盘分区后，单击“确定”按钮。

(2) 在一个磁盘分区上右击，在弹出的快捷菜单中选择“属性”命令，在出现的磁盘属性对话框中单击“磁盘清理”按钮。

2. 磁盘清理程序的使用

启动磁盘清理程序后，在“磁盘清理”对话框中，选择要删除的项目，如图 2－55 所示。单击“确定”按钮后，系统会提示是否删除文件，如图 2－56 所示，单击“删除文件”按钮，即可对所选的磁盘进行清理。

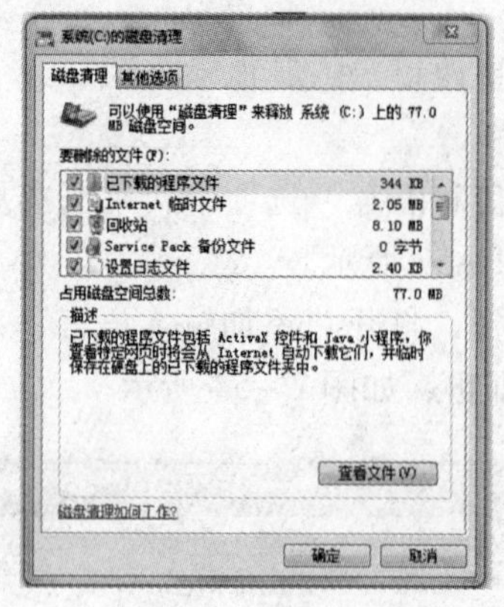

图 2－55　“磁盘清理”对话框

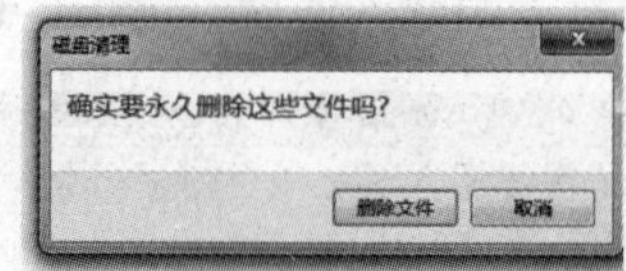

图 2－56　提示是否删除文件

2.8.2　磁盘碎片整理程序

在使用计算机的过程中，经常需要对文件进行“复制”“剪切”“粘贴”等操作，这些操作涉及了频繁的磁盘读写过程，久而久之磁盘中就会产生大量的碎片文件。碎片文件不但浪费磁盘的空间，而且系统读取这些文件会花费更多的时间，导致系统性能下降，所以必须定期对磁盘进行碎片整理。

Windows 操作系统自带的磁盘碎片整理程序可以将碎片文件和文件夹的不同部分移动到磁盘卷上的同一位置，使得文件和文件夹占用单独而连续的磁盘空间，从而让系统更有效地访问文件和文件夹，提高运行效率。

1. 磁盘碎片整理程序的启动

磁盘碎片整理程序的启动方法主要有以下两种。

（1）执行“开始”→“所有程序”→“附件”→“系统工具”→“磁盘碎片整理”命令。

（2）在“控制面板”窗口中，单击“系统和安全”选项，在“管理工具”栏中选择“对硬盘进行碎片整理”命令。

2. 磁盘碎片整理程序的使用

“磁盘碎片整理程序”窗口如图 2－57 所示。单击“配置计划”按钮，打开“磁盘碎片整理程序 修改计划”对话框，在对话框中可以设置磁盘碎片整理的频率、日期、时间和磁盘等信息，如图 2－58 所示。在“磁盘碎片整理程序”窗口的“当前状态”栏中，显示了各个磁盘分区的碎片整理的情况。选择磁盘分区后，单击“分析磁盘”按钮，可以先对该磁盘分区进行碎片分析，然后单击“磁盘碎片整理”按钮，对该磁盘分区进行碎片整理。

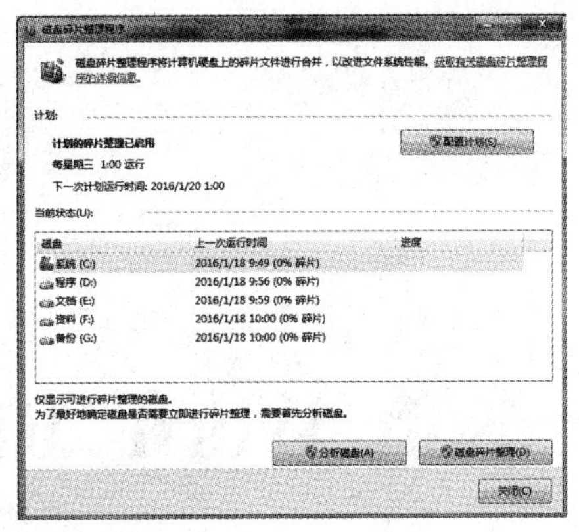

图 2－57　“磁盘碎片整理程序”窗口

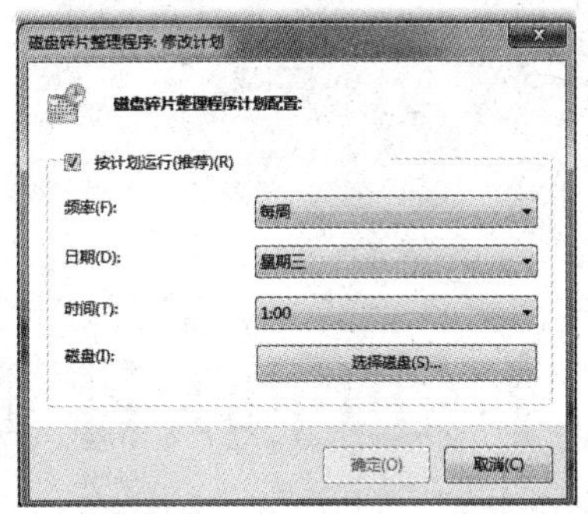

图 2－58　“修改计划”窗口

本章小结

在使用计算机进行办公操作之前，首先要能熟悉、灵活使用操作系统，目前主流的操作系统为 Windows 7 操作系统，由于其界面更友好、功能更强大、系统更稳定等特点，因而受到了广大用户的青睐。本章主要介绍了 Windows 7 操作系统的桌面定制、文件管理、资源管理器及控制面板的使用等基本操作。通过本章的学习，读者应熟悉 Windows 7 操作系统桌面设置；掌握文件或文件夹的建立；掌握文件或文件夹的重命名、删除、移动、复制的方法；掌握 Windows 7 控制面板的使用方法；掌握常用的 Windows 7 自带附件的使用方法。

第 3 章

文字处理软件 Microsoft Word 2010

3.1 认识 Microsoft Office 2010

3.1.1 Microsoft Office 2010 常用软件简介及新增功能

在使用 Microsoft Office 2010（以下简称 Office 2010）前，首先要对其中的组件功能有所了解。认识和了解其用途后，才能更好地将软件的功能应用到实际工作中。同时，作为 Office 软件的新版本，相对于以前的版本，Office 2010 针对不同的操作需求提供了很多的新增功能，方便了办公应用，操作起来更得心应手。

1. Office 2010 常用软件简介

1）Word 2010

Word 2010 是 Office 2010 系列软件中的重要组成部件，其功能强大，是目前全世界用户最多、使用范围最广的文字处理软件。主要功能包括文档的排版、表格的制作与处理、图形的制作与处理、页面设置和打印文档等，被广泛用于各种办公和日常事务处理中。

2）Excel 2010

Excel 2010 是 Office 2010 系列软件中专门用于电子表格处理的软件，Excel 2010 的功能也很强大，可以制作表格、计算和管理数据、分析与预测数据，并且能制作多种样式的图表，以及实现网络共享。

3）PowerPoint 2010

PowerPoint 2010 是 Office 2010 系列软件的一个组件，主要用于制作动态幻灯片。在幻灯片中可以插入各种对象，如文本、图片、视频、音频等，再通过动画功能将多个对象连接。幻灯片具有动态效果，能更直观地将幻灯片中的对象形象生动地展示出来。

2. Office 2010 新增功能

1）实时预览

在 Office 2010 中，当用户在选择实现某项功能之前，可以先进行预览。比如在选择字号或者字体时，当光标移动到某种字号上时，工作区中的字体就会瞬时改变，用户可以方便地看到所选择的效果。

2）保护视图

当打开从不安全位置获得的文件时，Office 2010 会自动进入保护视图，保护视图相当于沙箱，防止来自 Internet 和其他可能不安全位置的文件中可能包含的病毒、蠕虫和其他种类的恶意软件对计算机构成危害。在“受保护的视图”中，只能读取文件并检查其内容，不可进行编辑等操作，从而降低可能发生风险的概率。

3）“导航”窗格

Office 2010 为用户提供了“导航”窗格，可用于浏览文档标题、文档页面和搜索文档内容，如图 3－1 所示。“导航”窗格中包括搜索文本框和 3 个选项卡，需要搜索长文档中的内容时，在搜索文本框中输入需要搜索的内容，系统会自动执行搜索操作。需要查看长文档标题或浏览长文档的具体内容时，在“导航”窗格中单击相应标签或标题即可。

图 3－1　“导航”窗格

4）新的 SmartArt 模板

SmartArt 是 Office 2007 引入的一个非常实用的功能，可以轻松制作精美的业务流程图，而 Office 2010 在现有类别下增加了大量新模板，还新添了数个新的类别以供用户使用，如图 3－2 所示。

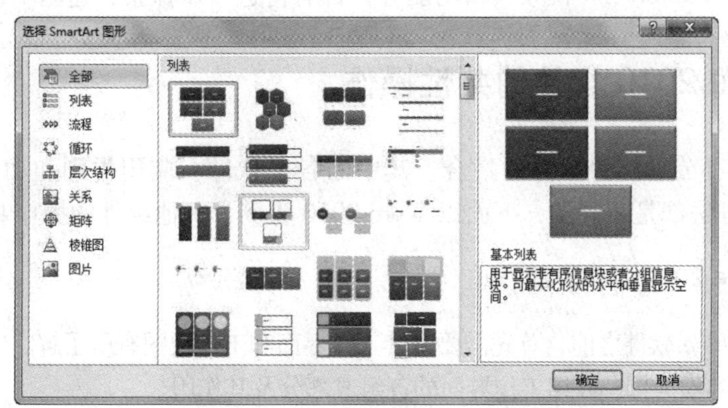

图 3－2　SmartArt 模板

5）屏幕截图功能

使用 Office 2010 提供的截图功能可以将当前的计算机屏幕画面插入到当前文档中。截图时可以截取全屏画面，也可以根据需要自定义截取范围。截取画面后，所截取的屏幕画面将自动插入到当前文档中。

6）作者许可（Author Permissions）

在线协作是 Office 2010 的重点努力方向，也符合当今办公趋势。图 3－3 中，Office 2010 里审阅标签下的保护文档现在变成了限制编辑（Restrict Editing），旁边还增加了阻止作者（Block Authors）。

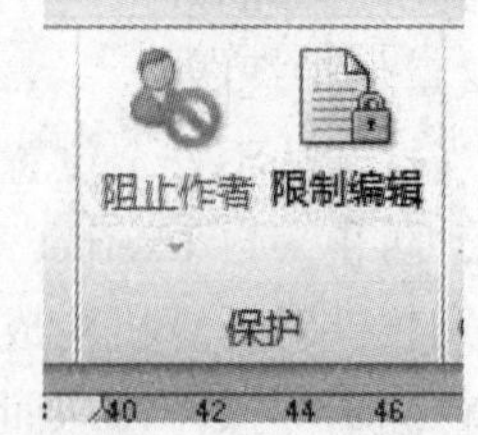

图 3－3　作者许可

7）打印选项

打印部分在以前的 Word 版本中只有寥寥 3 个选项，在 Word 2010 中几乎成了一个控制面板，基本可以完成所有打印操作，如图 3－4 所示。

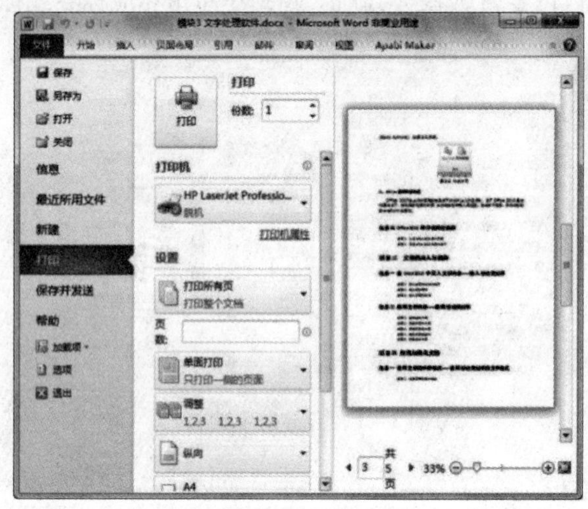

图 3－4　打印选项

此外，Word 2010、Excel 2010、PowerPoint 2010 还各自有许多新的功能，如 Excel 迷你图、Excel 切片器、PowerPoint 视频编辑功能等，都有待进一步探索，这里不再详细讲述。

3.1.2　Office 2010 组件的共性操作

Office 是具有办公功能的软件的集合，其中的各个软件在应用类别和功能上有所不同，但其中很多操作方法都是相同的，下面以 Word 2010 为例，其他组件的操作基本相同。

1. 认识 Office 2010 工作界面

在学习使用 Office 软件之前，首先需要对其工作界面和工作视图有所了解。以如图 3－5 所示的 Word 2010 工作界面为例，介绍工作界面的各组成部分及其作用。

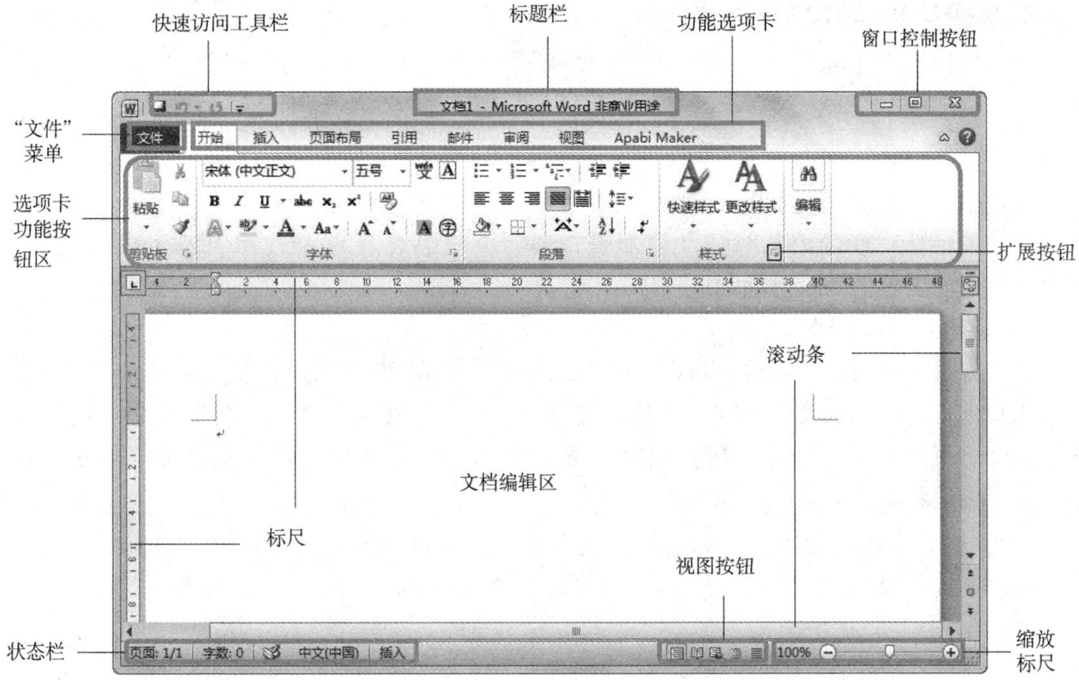

图 3-5 Word 2010 工作界面

（1）快速访问工具栏。位于窗口上方左侧，用于放置一些常用工具，默认包括“保存”“撤销”“恢复”3 个工具按钮。用户可以根据需要进行添加。

（2）“文件”菜单及功能选项卡。包含“文件”菜单和其他功能选项卡，用于切换“文件”菜单和其他功能区，单击“文件”或其他功能选项卡的标签名称就可以完成切换。

（3）标题栏。用于显示当前文档的名称。

（4）选项卡功能按钮区。用于放置编辑文档时所需的功能按钮，系统将按钮按功能划分为若干个组，这些组称为工具组。在某些工具组右下角有扩展按钮，单击该按钮可以打开相应的对话框，打开的对话框包含了该工具组的相关设置选项。

（5）窗口控制按钮。包括“最小化”“最大化/还原”“关闭”3 个按钮，用于对文档窗口的大小和关闭进行控制。

（6）标尺。分为水平标尺和垂直标尺，用于显示或定位文本的位置。

（7）滚动条。分为水平滚动条和垂直滚动条，拖动滚动条可以查看文档中未显示的内容。

（8）文档编辑区。用于显示或编辑文档内容的工作区域，编辑区内不停闪烁的光标称为插入点，新输入或插入的文本内容定位在此处。

（9）状态栏。用于显示当前文档的页数、字数、拼写和语法状态、使用语言、输入状态等信息。

（10）视图按钮。用于切换文档的视图方式，单击相应按钮，即可切换到相应视图。

（11）缩放标尺。用于对编辑区的显示比例和缩放尺寸进行调整，用鼠标拖动缩放滑块后，标尺左侧会显示缩放的具体数值。

2. 掌握 Office 2010 的基本操作

1）启动 Office 组件

方法一：执行“开始”菜单下“Microsoft Office”子菜单下的相应命令，启动相关组件。

方法二：双击桌面上 Office 组件的快捷方式图标，启动相应程序。

方法三：从“我的电脑”或“资源管理器”窗口中双击 Word/Excel/PowerPoint 文件，在打开该文件内容的同时启动相应程序。

2）新建 Office 文档

通过方法一和方法二启动 Office 组件后，此处以 Word 2010 为例，就新建了一个空白文档。用户也可以在现有文档基础上另外新建空白文档，方法是选择“文件”菜单下的“新建”命令，然后单击右侧的“可用模板”列表中的“空白文档”图标，单击“创建”按钮，即可创建新的空白文档，如图 3－6 所示。

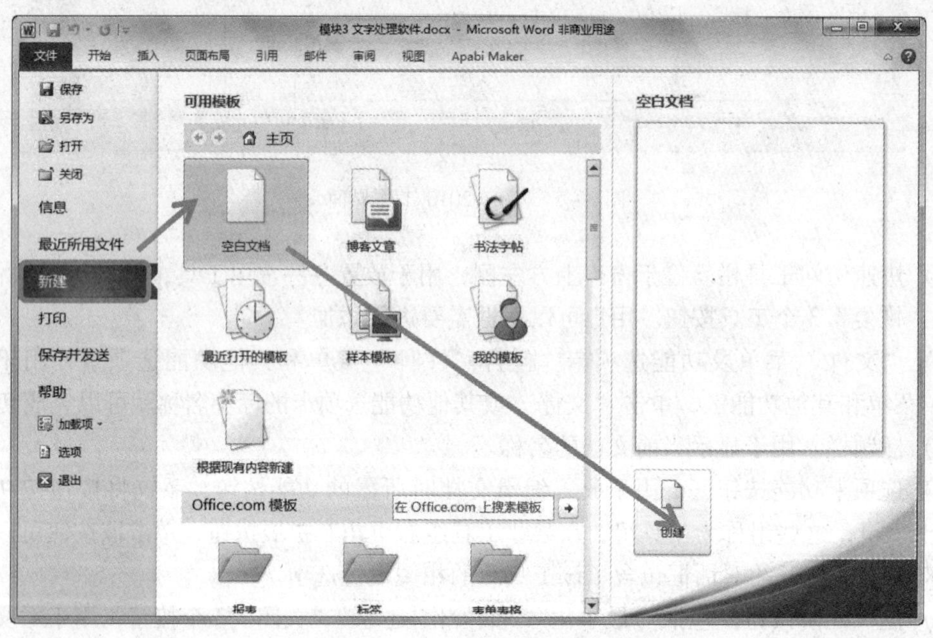

图 3－6　新建 Word 2010 文档

知识链接

在编辑文档的过程中，按下“Ctrl＋N”组合键，可快速创建空白文档。如果重复按该组合键，可按“文档 1”“文档 2”……的命名方式新建空白文档。

3.2　文档的录入与编辑——自荐书

Word 2010 作为文字处理软件，也是普及性较高且易掌握的一款软件，不仅可以进行文字输入、编辑、排版和打印，还可以制作出各种图文并茂的办公文档和商业文档。使用 Word 2010 自带的各种模板，还能快速创建和编辑各种专业文档。

3.2.1 录入文档内容——输入自荐书

1. 录入文字的方法与技巧

新建 Word 文档，输入自荐书内容，如图 3-7 所示。

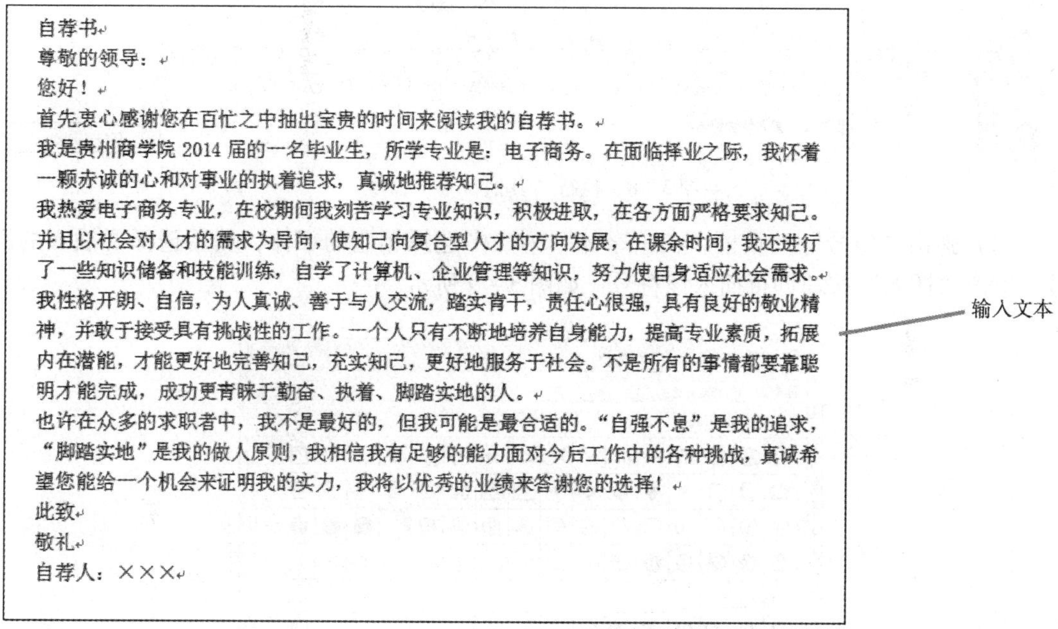

自荐书↵
尊敬的领导：↵
您好！↵
首先衷心感谢您在百忙之中抽出宝贵的时间来阅读我的自荐书。↵
我是贵州商学院 2014 届的一名毕业生，所学专业是：电子商务。在面临择业之际，我怀着一颗赤诚的心和对事业的执着追求，真诚地推荐知己。↵
我热爱电子商务专业，在校期间我刻苦学习专业知识，积极进取，在各方面严格要求知己。并且以社会对人才的需求为导向，使知己向复合型人才的方向发展，在课余时间，我还进行了一些知识储备和技能训练，自学了计算机、企业管理等知识，努力使自身适应社会需求。↵
我性格开朗、自信，为人真诚、善于与人交流，踏实肯干，责任心很强，具有良好的敬业精神，并敢于接受具有挑战性的工作。一个人只有不断地培养自身能力，提高专业素质，拓展内在潜能，才能更好地完善知己，充实知己，更好地服务于社会。不是所有的事情都要靠聪明才能完成，成功更青睐于勤奋、执着、脚踏实地的人。↵
也许在众多的求职者中，我不是最好的，但我可能是最合适的。"自强不息"是我的追求，"脚踏实地"是我的做人原则，我相信我有足够的能力面对今后工作中的各种挑战，真诚希望您能给一个机会来证明我的实力，我将以优秀的业绩来答谢您的选择！↵
此致↵
敬礼↵
自荐人：×××↵

输入文本

图 3-7 输入自荐书内容

在录入文本时，还需要注意以下几点。

（1）在 Word 中，可以通过按"Shift + Ctrl"组合键切换各种已经安装好的输入法；如果是从英文输入法切换到默认的中文输入法，则需按"Ctrl + Space"组合键。

（2）录入文本时，在同一段文本之间不需要手动分行；当输入内容长度超过一行时，Word 会自动换行。

（3）当录入完一段文字后，按 Enter 键，文档会自动产生一个段落标记符表示换行。

（4）如果需要强制换行，并且需要该行的内容与上一行的内容保持一个段落属性，可以按"Shift + Enter"组合键来完成。

（5）当文本出现错误或有多余的文字时，可以使用删除功能。按键盘上的 Backspace 键可以删除插入点左侧的文字；按 Delete 键可以删除插入点右侧的文字。

知识链接

在文档空白区域的任意位置处双击，可以启动 Word 的"即点即输"功能，此时插入点定位在该位置，此后输入的文本或插入的图标、表格或其他对象将出现在新的插入点处。

2. 录入特殊符号

利用键盘可以轻松地输入常用的标点符号、字母、数字，如果需要插入键盘外的其他符号，则需要通过“插入符号”功能来完成。录入方法如下：

(1) 单击“插入”选项卡中“符号”工具组内的“符号”按钮，在弹出的下拉列表中选择“其他符号”命令，如图3-8所示。

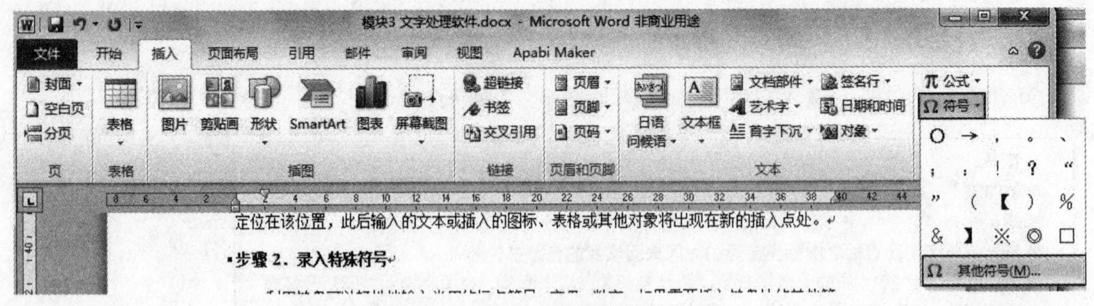

图3-8 执行“其他符号”命令

(2) 弹出“符号”对话框，在“字体”列表中选择相应的字体，然后选择要插入的符号。单击“插入”按钮即可插入该符号，如图3-9所示。

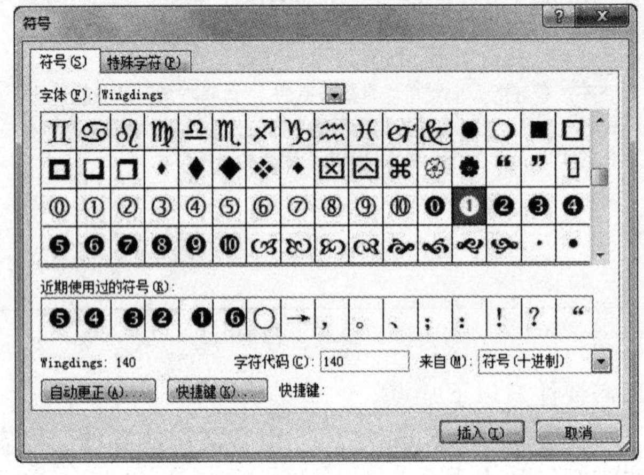

图3-9 “符号”对话框

知识链接

一些特殊汉字，如“二〇一五年三月”内的“〇”，以及“氹”“澴”等生僻字，“±”“1/4”“α”“≥”等特殊符号，这些特殊的文本有些用键盘输入法是输入不了的，必须使用“插入”功能来解决这一问题。

3. 插入日期和时间

在制作合同、信函、通知类的办公文档时，通常需要在文档的末尾输入当前的日期与时间。在Word中可以快速插入日期与时间，不用全部手动输入。在本任务中，最后就需要制定完成自荐书的时间，具体操作方法如下。

(1) 将插入点定位到文档最后，单击“插入”选项卡中“文本”工具组内的“日期和时间”按钮，如图3-10所示。

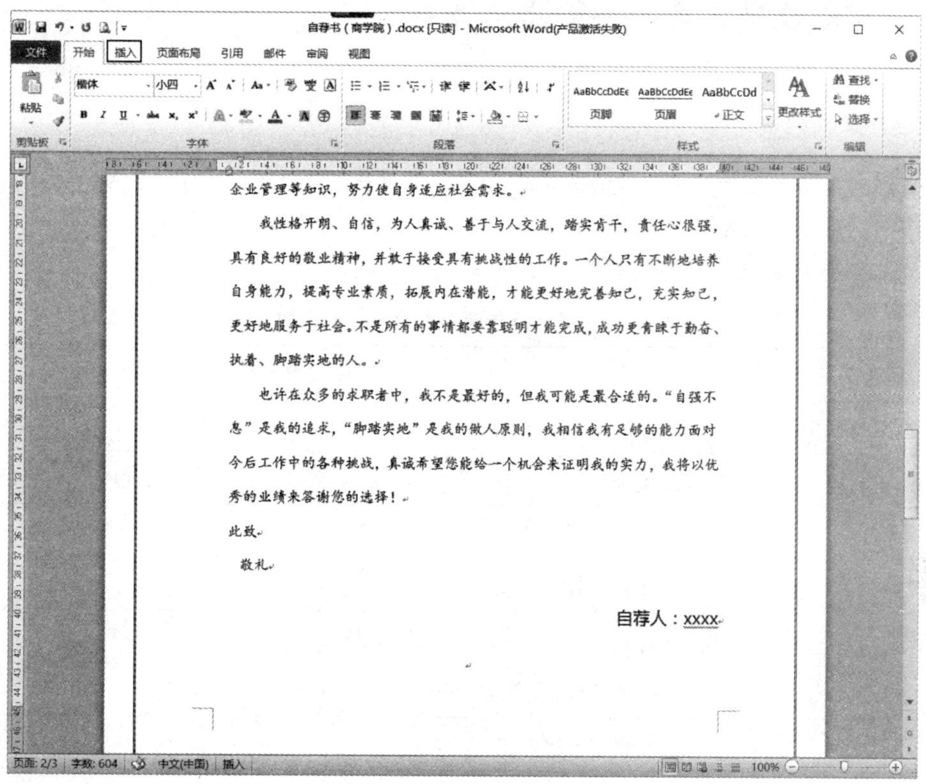

图3－10 执行“插入”→“日期和时间”命令

（2）弹出“日期和时间”对话框，在“可用格式”列表中选择日期格式，单击“确定”按钮，按选择的格式插入了日期，如图3－11所示。

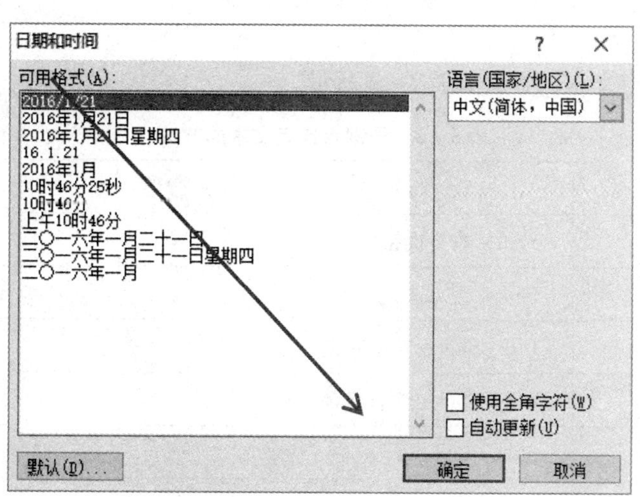

图3－11 “日期和时间”对话框

至此，自荐书内容录入完毕，具体内容见本教材配套实验教材第三章的实验一。

3.2.2 编辑文档内容——编辑自荐书

1. 选择文档内容

对文档内容进行编辑之前，都需要先选中编辑内容，也就是要指明对哪些内容进行编辑。文档中被选中的文本以蓝色背景显示。

（1）用鼠标选定文本的各种操作方法如表 3－1 所示。

表 3－1 用鼠标选定文本的各种操作方法

所选文本	鼠标的操作
任何数量的文字	从左或右拖过这些文字
一个单词	双击该单词
一个图形	单击该图形
一行文字	在左侧选择区单击
多行文字	在左侧选择区向上或向下拖动鼠标
一个句子	按住 Ctrl 键，然后在该句的任何位置单击
一个段落	在左侧选择区双击
多个段落	在左侧选择区向上或向下拖动鼠标
一大块文字	在开始处单击，滚动到所选内容结束的位置，按住 Shift 键并单击
整篇文档	在左侧选择区三击鼠标左键
垂直文字块	按住 Alt 键然后拖动鼠标

（2）用键盘选定文本，方法如表 3－2 所示。

表 3－2 用键盘选定文本的方法

所选文本	组合键
右侧一个字符	Shift＋右方向键
左侧一个字符	Shift＋左方向键
单词结尾	Ctrl＋Shift＋右方向键
单词开始	Ctrl＋Shift＋左方向键
行尾	Shift＋End
行首	Shift＋Home
下一行	Shift＋下方向键

续表

所选文本	组合键
上一行	Shift + 上方向键
段尾	Ctrl + Shift + 下方向键
段首	Ctrl + Shift + 左方向键
下一屏	Shift + PgDn
上一屏	Shift + PgUp
整篇文档	Ctrl + A
文档中具体位置	F8，然后按下方向键确定位置；Esc 键可取消选定模式
纵向文本块	Ctrl + Shift + F8，然后按下方向键确定位置；Esc 键可取消选定模式

2. 移动和复制内容

（1）选定所要复制的内容，如图 3－12 所示。

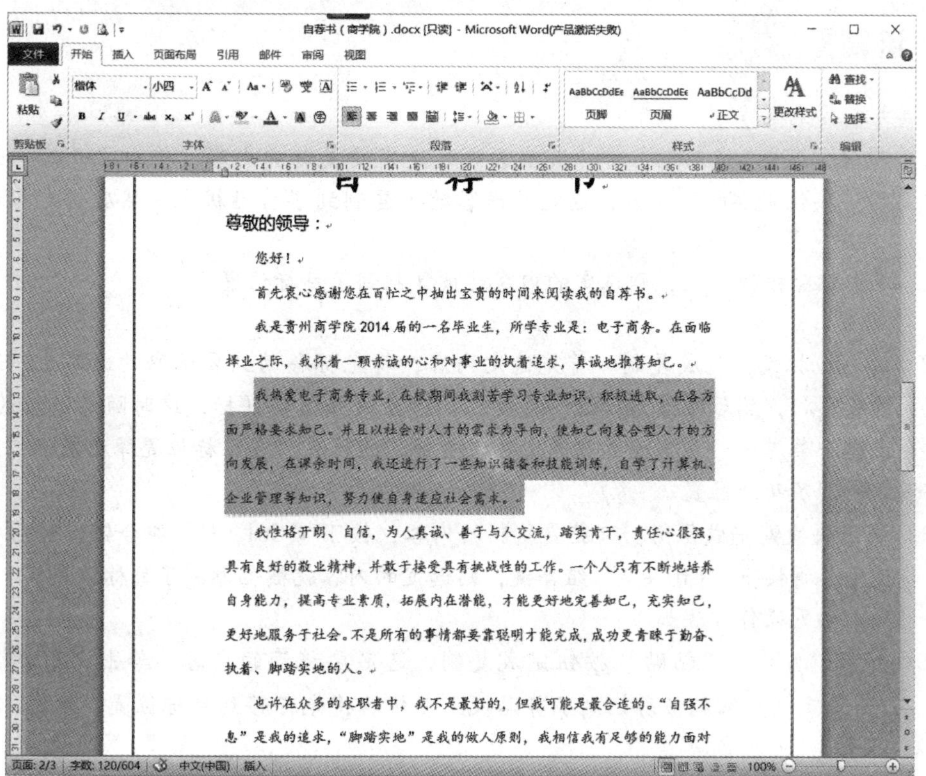

图 3－12　选定内容

（2）在选定内容上右击，在弹出的快捷菜单中选择“复制”命令，如图 3－13 所示。

（3）将光标定位到正文最后右击，选择快捷菜单中“粘贴”命令中的[icon]，即可将复制的文本按原格式粘贴到正文最后。

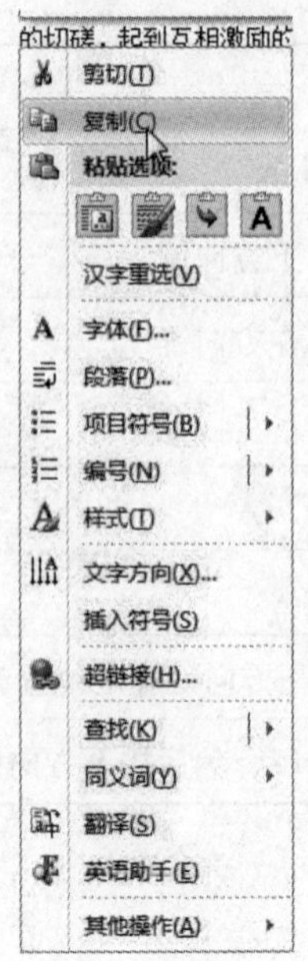

图 3－13　执行“复制”命令

知识链接

复制文本常见操作方法如下：

(1) 利用“复制”“粘贴”命令完成复制。选定要复制的内容，单击“开始”选项卡中的“复制”按钮 复制，这时，选定的内容就被复制到了剪贴板上。然后将光标移到目标位置，单击粘贴按钮 粘贴，则选定的内容就被复制到了目标位置。

(2) 通过拖拉鼠标完成复制。首先选定内容，将光标移动到要选取的文字上，这时光标会变成箭头形状，然后按住 Ctrl 键，再按住鼠标左键并拖动鼠标，这时随着鼠标的移动，文档中会出现一条虚线，表明被选取的文字将要移到的位置，在目标位置释放鼠标，则选取的文字便复制到了新的位置。

(3) 利用快捷键完成复制。选定要复制的内容，按下“Ctrl + C”组合键，然后将光标移到目标位置，再按下“Ctrl + V”组合键，则选定的内容就被粘贴到了目标位置。

移动文本常见操作方法如下：

(1) 利用“剪切”“粘贴”按钮完成复制，选定要移动的内容，单击“剪切”按钮 剪切，这时选定的内容就被剪切到了剪贴板上。然后将光标移到目标位置，单击“粘贴”按钮 粘贴，则选定的内容就被粘贴到了目标位置。

(2) 通过拖动鼠标完成移动。首先选定内容，将光标移动到要选取的文字上，这时光标会变成箭头形状，按住鼠标左键并拖动鼠标，这时随着鼠标的移动，文档中会出现一条虚线，表明被选取的文字将要移到的位置，在目标位置释放鼠标，则选取的文字便移动到了新的位置。

(3) 利用快捷键完成移动。选定要移动的内容，按下“Ctrl + X”组合键，然后将光标移到目标位置，再按下“Ctrl + V”组合键，则选定的内容就被移动到了目标位置。

3. 查找和替换内容

(1) 将光标定位在文档中，单击“开始”选项卡中“编辑”工具组内的“替换”按钮，弹出“查找和替换”对话框并自动切换到“替换”选项卡，如图 3 - 14 所示。

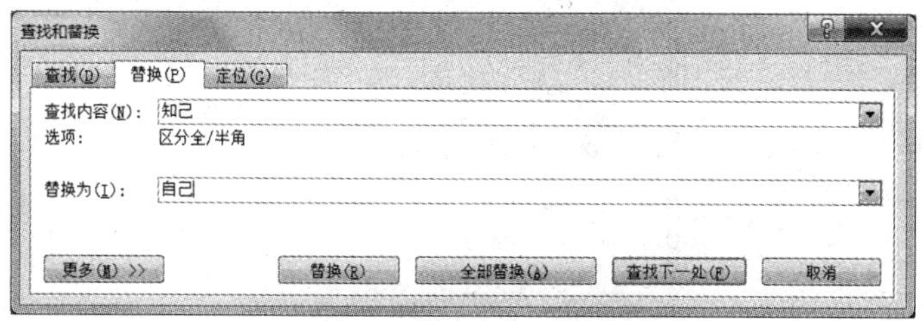

图 3 - 14 “查找和替换”对话框

(2) 在“查找内容”下拉列表中输入需要查找的内容“知己”，在“替换为”下拉列表中输入替换后的文本“自己”。单击“全部替换”按钮，将自动弹出一个提示对话框，提示 Word 已完成对文本的替换，单击“确定”按钮，关闭提示对话框。

知识链接

在 Word 2010 中，除可利用“查找和替换”对话框在文档中查找特定内容外，还可以利用“导航”窗格中的搜索功能进行搜索，这是 Office 2010 的新增功能。使用“Ctrl + F”组合键可打开“导航”窗格，而不是“查找和替换”对话框。

4. 删除文档内容

对文档中不需要的文本对象，应该将其删除，删除文本通常按以下方法操作。

(1) 按下 BackSpace 键可以删除插入点之前的文本。

(2) 按下 Delete 键可以删除插入点之后的文本。

(3) 选中要删除的大段或多段文本，按键盘上的 BackSpace 或 Delete 键删除选中的文本。

(4) 选择文本，单击“开始”选项卡，在“剪贴板”工具组中单击“剪切”按钮可删除文本。

(5) 选中文本后，直接输入替换的内容。

5. 撤销和恢复操作

当用户在进行文档录入、编辑或者其他处理时，Word 会将用户所做的操作记录下来，如果用户出现错误的操作，则可以通过“撤销”功能将错误的操作取消。如果在撤销操作时出现错误，则可以利用“恢复”功能恢复到撤销之前的内容。

(1) 撤销。单击“撤销”按钮右侧的下三角按钮，在弹出的下拉列表中选择要进行的撤销步骤的名称即可，如图 3 - 15 所示。

(2) 恢复。单击快速访问工具栏中的“恢复”按钮，即可恢复到撤销之前的内容。

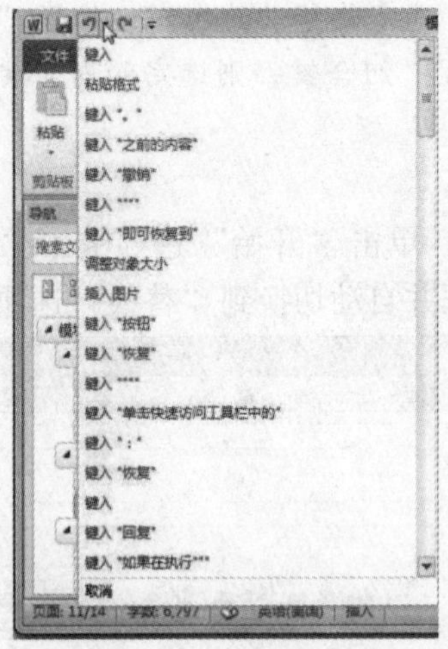

图 3－15　撤销操作

3.3　规范与美化文档

3.3.1　设置文档的字符格式——设置自荐书的文字格式

1. 设置字符的基本格式

在“开始”选项卡中的“字体”工具组内，提供了文字的基本格式设置按钮，可以单击这些相应的按钮对文字进行格式化设置。

选中标题“自荐书”，单击相应的字符格式按钮设置格式，如图 3－16 所示。

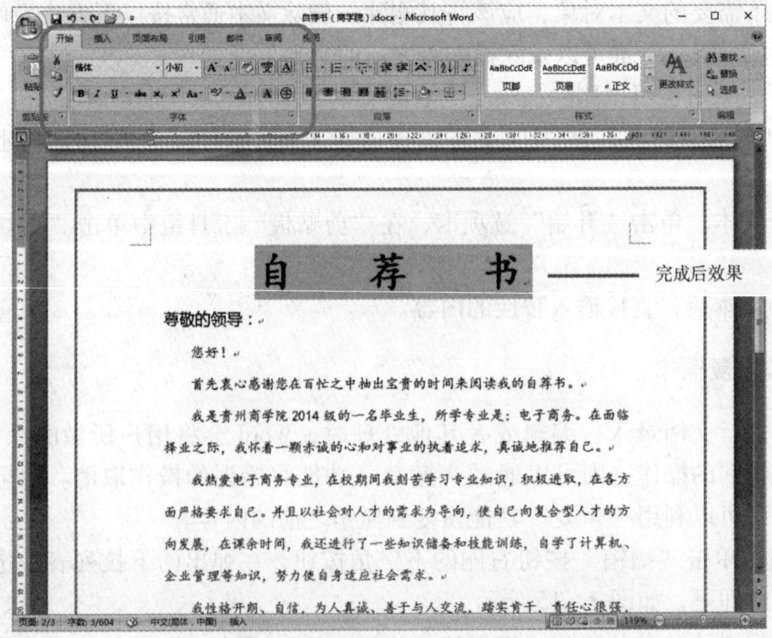

图 3－16　设置文字的基本格式

知识链接

在“字体”工具组中，含有多种基本格式设置按钮，其作用及含义如表3-3所示。

表3-3 “字体”工具组中各按钮功能作用

命令按钮	功能作用
华文楷体	字体列表，用于设置文本字体，如黑体、楷体、隶书等
三号	字号按钮，设置字符大小，如五号、三号等
A A	增大、减小字号按钮，可快速增大或减小字号
Aa	更改大小写按钮，单击可对文档中的英文进行大小写之间的互换
	清除格式按钮，单击可将文本格式还原到Word默认状态
wén 文	拼音指南按钮，单击可给文字注音，且可编辑文字注音的格式
A	字符边框，可以给字符添加线条边框
B	加粗按钮，将字符的线型加粗
I	倾斜按钮，将字符进行倾斜
U	下划线按钮，可为字符添加单下划线、双下划线、波浪线等下划线
abc	删除线按钮，可以给选中的字符添加删除线效果
x_2 x^2	下标和上标按钮，单击可将字符设置为下标和上标
A	文本效果按钮，可以将选择的文本设置为带艺术效果的文本
ab	突出显示效果按钮，可将文本字符以突出的底纹显示出来
A	字符颜色按钮，给字符设置各种颜色
A	字符底纹按钮，给字符添加底纹效果
字	带圈字符，单击可给选中字符添加带圈效果

另外，还可以通过“字体”对话框对文字效果进行设置，方法是单击“字体”工具组

右下角的扩展按钮，在弹出的“字体”对话框中进行设置，如图 3－17 所示。

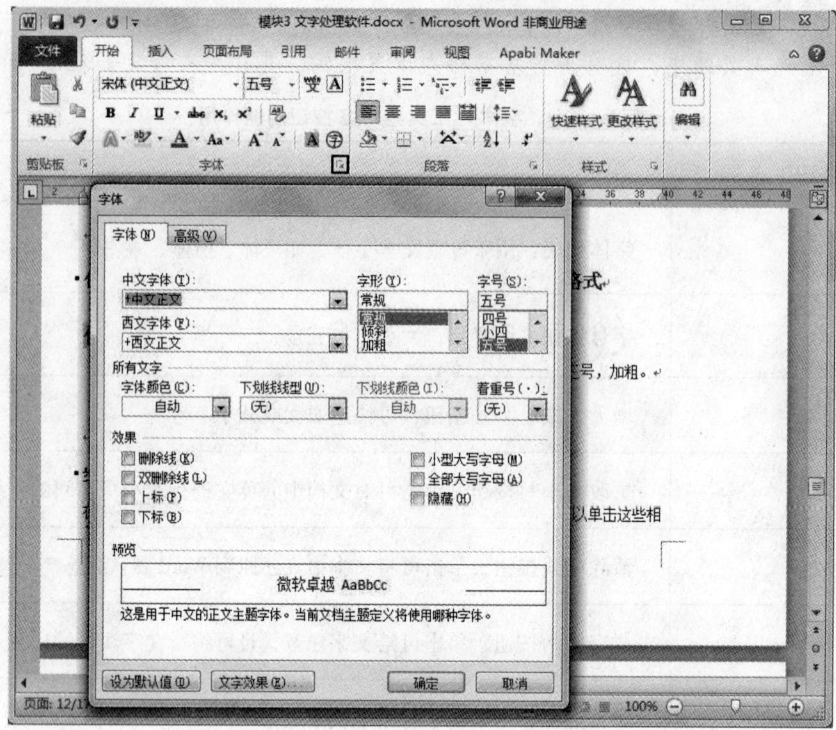

图 3－17　通过“字体”对话框设置文字效果

2. 设置文字的字符间距

选中标题文字，通过扩展按钮打开“字体”对话框，设置字符间距为 12 磅，如图 3－18 所示。

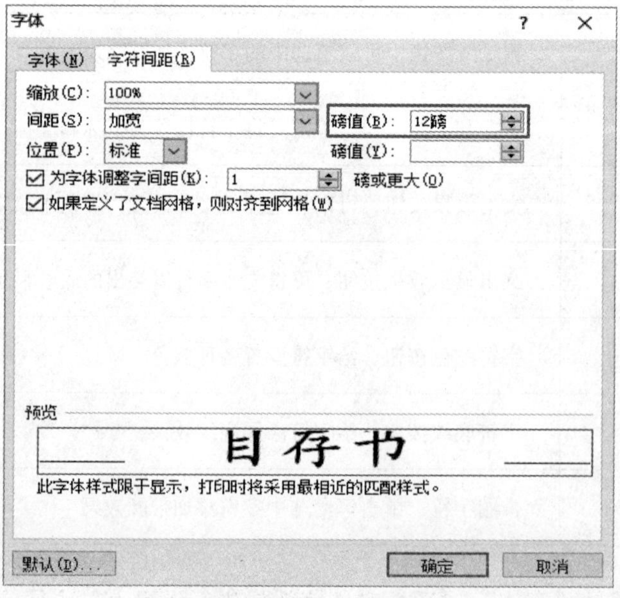

图 3－18　设置字符间距

知识链接

文字的字符间距指的是文档中字与字之间的距离。如果在“间距”列表中选择“紧缩”，则可以通过设置磅值将字间距调整为紧密；如果在“紧缩”列表中选择其他比例，那么可以将字符放大或缩小；如果选中“位置”列表中的“提升”或“降低”，再设置磅值，则可以设置文字在同一行文中上升或下降的位置。

3.3.2 设置文档的段落格式——设置自荐书的段落格式

1. 设置段落对齐方式

（1）选中标题文字，在“开始”选项卡中的“段落”工具组内，有5种对齐方式，分别是“左对齐”“居中对齐”“右对齐”“两端对齐”和“分散对齐”，这里选择“居中对齐”，如图3-19所示。

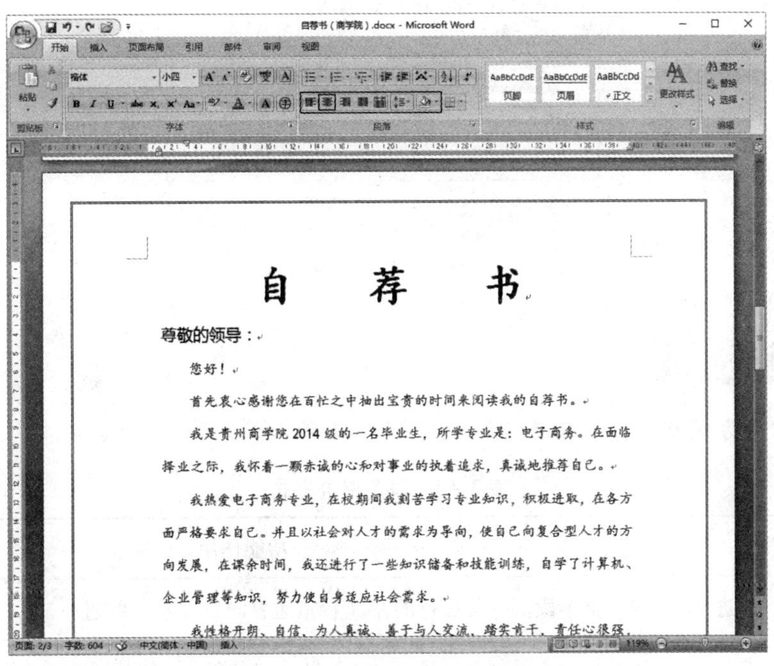

图3-19 设置标题居中对齐

（2）由于默认情况下，Word采用的是两端对齐，因此不用再对正文进行设置。

（3）选定落款文字，单击“右对齐”按钮即可。

知识链接

段落格式是以“段”为单位的。因此，要设置某一个段落的格式时，可以直接将光标定位在该段落，执行相关命令即可。要同时设置多个段落的格式，就需要先选中这些段落，再进行格式设置。

2. 设置段落缩进方式

选中全部正文文档，单击“段落”工具组右下角的扩展按钮，弹出“段落”对话框，选择“特殊格式”列表中的“首行缩进”选项，磅值处选择“2 字符”，单击“确定”按钮即可，如图 3－20 所示。

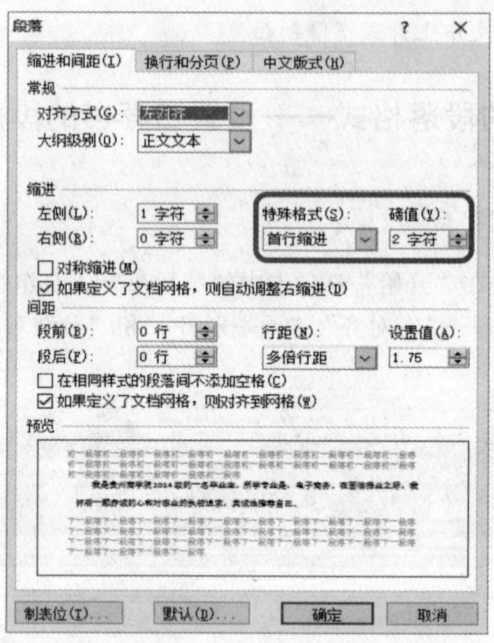

图 3－20　设置正文首行缩进

知识链接 

段落的缩进方式有 4 种，其功能作用如表 3－4 所示。

表 3－4　段落缩进方式

缩进方式	功能作用
左（右）缩进	整个段落中所有行的左（右）边界向右（左）缩进
首行缩进	从一个段落首行第一个字符开始向右缩进，使其区别于前面的段落
悬挂缩进	将整个段落中除了首行外的所有行左边界向右缩进

3. 设置段间距与行间距

（1）段间距。是指文档中段落之间的距离，设置方法是选中正文段落后右击，在弹出的快捷菜单中选择“段落”命令打开“段落”对话框，设置“段前”和“段后”为“0.5 行”，如图 3－21 所示。

（2）行间距。是指段落中行与行之间的距离，设置方法是选中正文段落后右击，在弹

出的快捷菜单中选择“段落”命令打开“段落”对话框，将“行距”设置为“多倍行距”，设置值为“1.75”，如图3－21所示。

图3－21　设置段间距和行间距

4. 设置项目符号与编号

（1）项目符号。如图3－22，选中“实验目的”中的几条目的要求，单击“段落”工具组中“项目符号”按钮右侧的下三角按钮，打开项目符号库，单击所需要的项目符号即可。

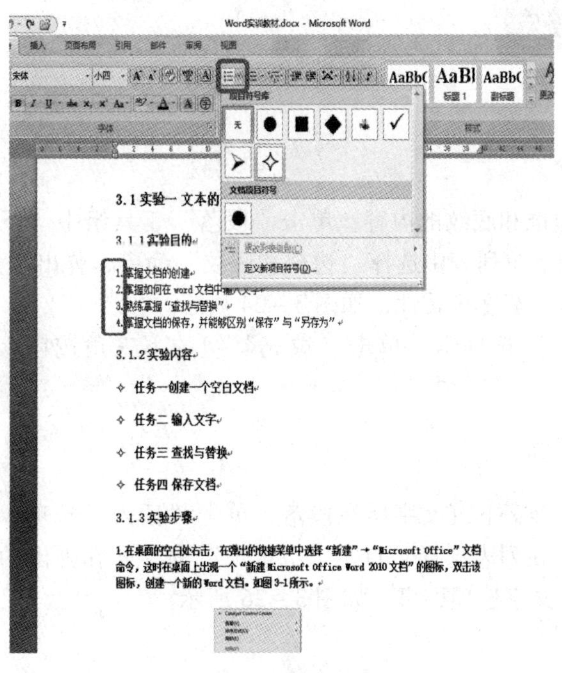

图3－22　设置项目符号

知识链接

如果打开的项目符号列表中没有需要的符号类型，可以在项目符号列表的下方选择“定义新项目符号”命令，在弹出的“定义新项目符号”对话框中重新选择图片或符号作为新的项目符号。

（2）编号。选中要添加编号的内容，单击“段落”工具组中“编号”按钮右侧的下三角按钮，打开编号库，选择需要的编号即可，如图 3－23 所示。

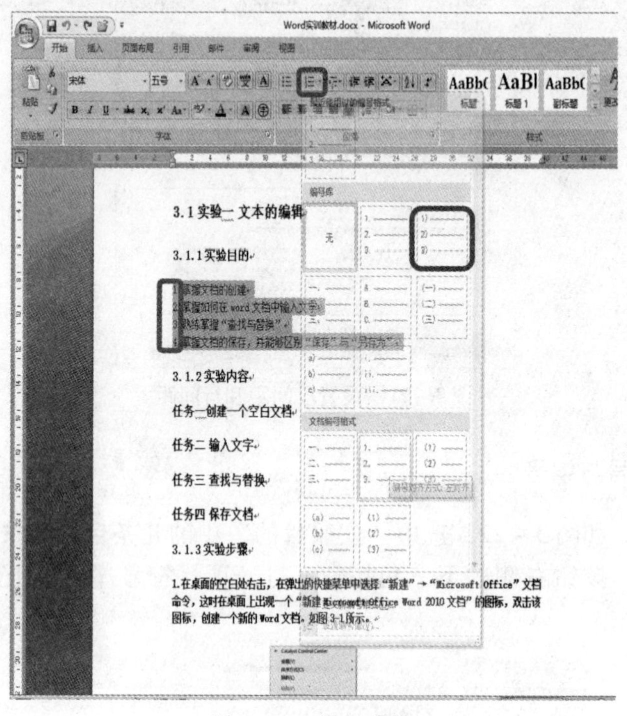

图 3－23　设置编号

5. 添加边框和底纹

（1）选中要添加边框和底纹的内容，单击“段落”工具组中“下框线”按钮右侧的下三角按钮，在弹出的下拉列表中选择“边框和底纹”命令，弹出“边框和底纹”对话框。设置边框的样式、颜色、宽度等属性，如图 3－24 所示。

（2）切换到“底纹”选项卡，单击“填充”组的下三角按钮，选择底纹颜色，如图 3－25 所示。

6. 设置段落首字下沉

选择文档中要设置首字下沉文字所在段落，单击“插入”选项卡中“文本”工具组中的“首字下沉”按钮，在列表选择“首字下沉选项”命令，在弹出的“首字下沉”对话框中设置首字下沉的相关文字选项即可，如图 3－26 所示。

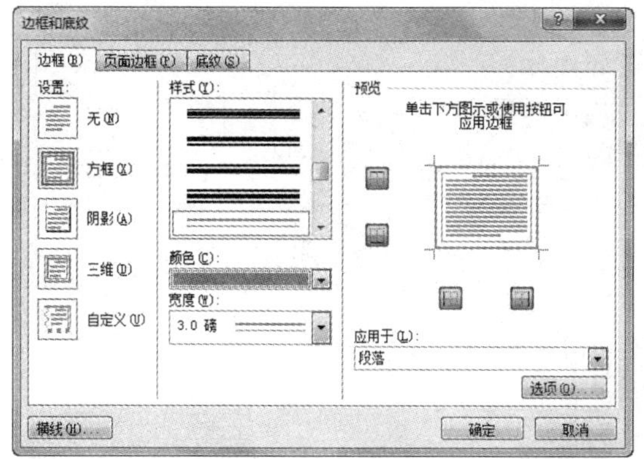

图 3－24 设置边框

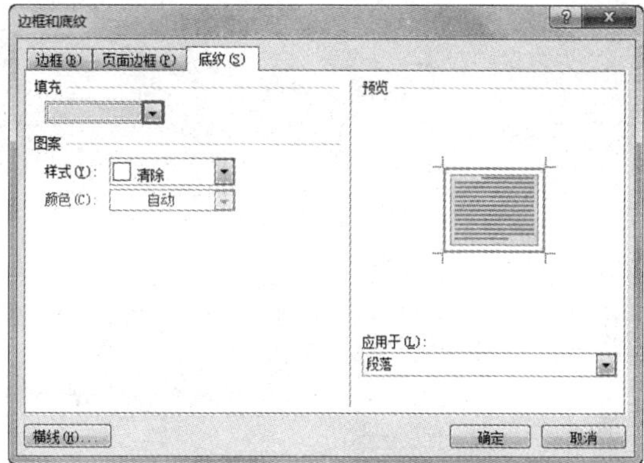

图 3－25 设置底纹

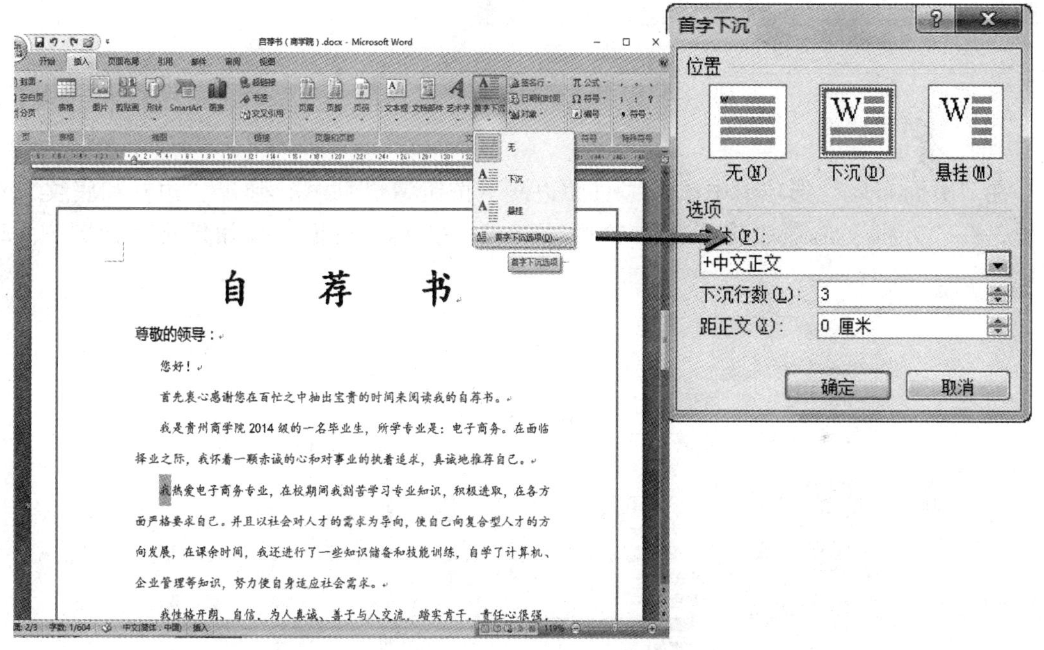

图 3－26 设置首字下沉

3.3.3 设置文档的页面格式——设置自荐书的页面格式

单击“页面布局”选项卡中“页面设置”工具组内的“分栏”按钮，在下拉列表中选择“更多分栏”命令，打开“分栏”对话框。选择要分栏的栏数，并选中“分隔线”复选框，单击“确定”按钮即可，如图 3－27 所示。

知识链接

在设置分栏排版格式时，可以直接选择栏数，也可以在“栏数”框中自定义分栏数。在“宽度”和“间距”框中可以更改默认栏的宽度和间距。如果要删除分栏效果，则选择分栏段后，打开“分栏”对话框，再单击“一栏”即可。

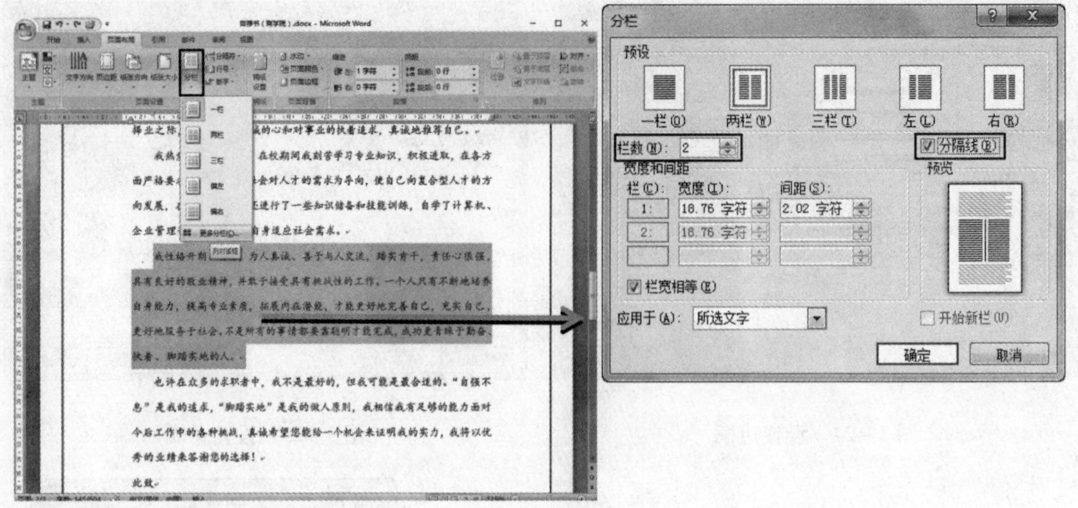

图 3－27　设置分栏

2. 添加页面边框

在“页面布局”选项卡中单击“页面边框”按钮 页面边框，弹出“边框和底纹”对话框，在“方框”选项中选择需要的边框样式，单击“确定”按钮即可，如图 3－28 所示。

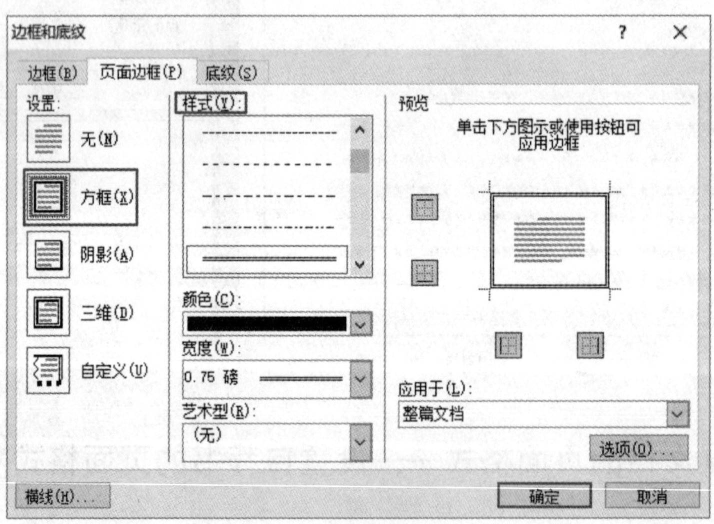

图 3－28　设置页面边框

3. 添加页面背景

单击“页面布局”选项卡中“页面背景”工具组内的“页面颜色”按钮，在弹出的下拉列表中选择“填充效果”命令，弹出“填充效果”对话框。切换到“图片”选项卡，单击“选择图片”按钮打开“选择图片”对话框，选择要插入的图片，单击“插入”按钮，如图 3－29 所示。

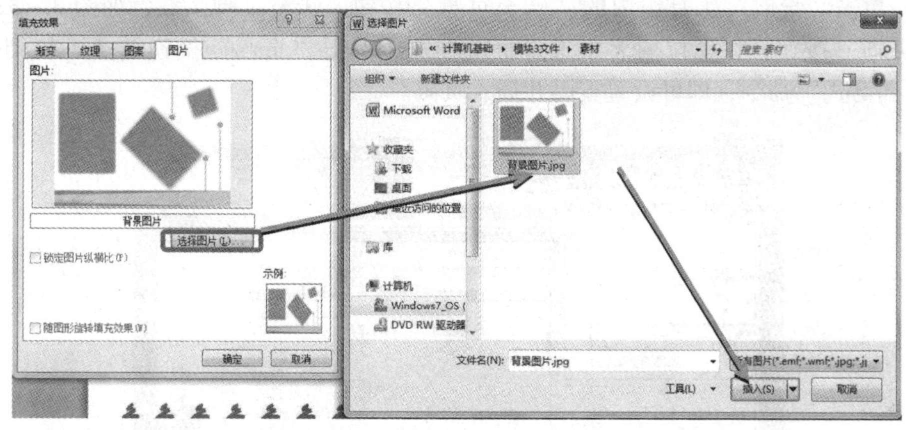

图 3－29　选择背景图案

4. 添加文档水印

单击“页面背景”工具组内的“水印”按钮，在弹出的快捷菜单中选择“自定义水印”命令，弹出“水印”对话框。设置水印文字的相关选项，重新设置文字、字体、字号、颜色等。单击“确定”按钮，完成设置后关闭对话框，如图 3－30 所示。

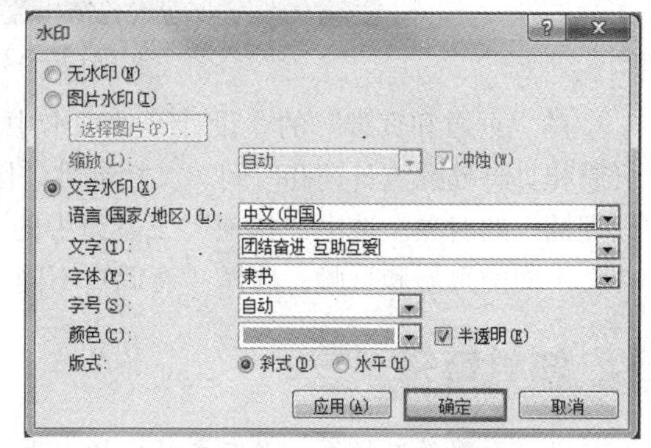

图 3－30　设置水印文字

5. 添加页眉和页脚

（1）单击“插入”选项卡中“页眉和页脚”工具组内的“页眉”按钮，在下拉列表中选择页眉样式（这里选择“空白（三栏）”），如图3－31所示。然后在页眉中输入相关内容即可（这里输入文档“贵州商学院学生自荐书”）。

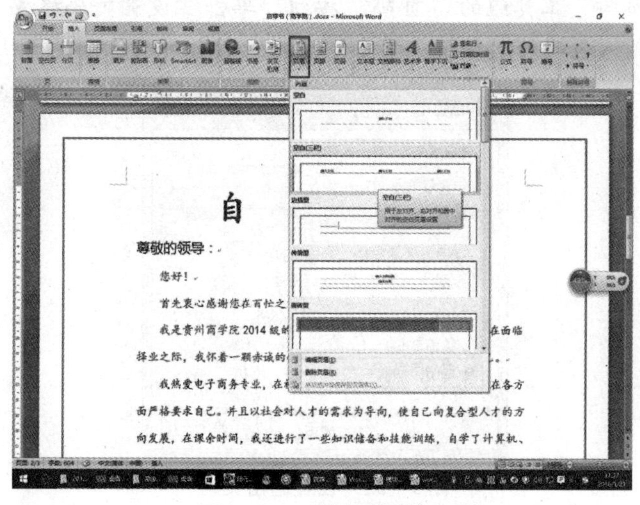

图 3－31　选择页眉样式

（2）单击“导航”工具组内的“转至页脚”按钮，转至页脚区域，如图 3－32 所示。单击“页脚”按钮，在下拉列表中选择页脚样式，单击“页码”按钮选择下拉列表中的“设置页码格式”命令，即可设置页码并插入页码。

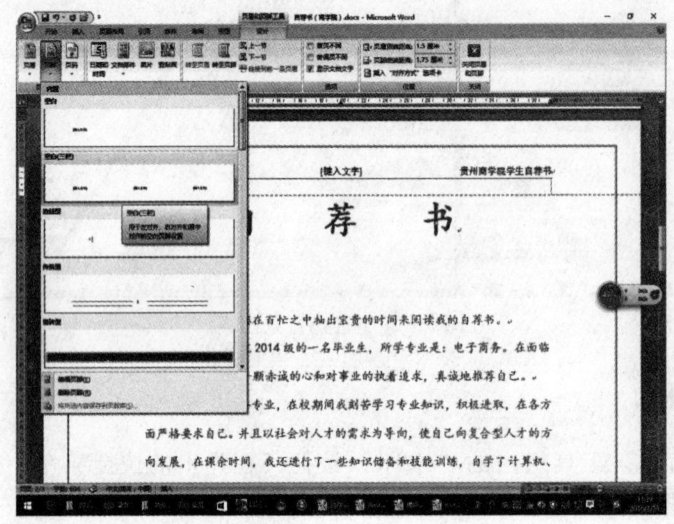

图 3－32　设置页脚

在“页眉和页脚”的“设计”选项卡中，单击“插入”工具组内的相关按钮，可以在页眉和页脚处插入日期和时间、文档部件、图片等对象，并能像处理普通文档中的内容一样处理插入的对象。选中“选项”工具组中的“首页不同”复选框，可以根据输入提示创建首页不同的页眉和页脚；选择“奇偶页不同”复选框，可以创建奇偶页不同的页眉和页脚。

知识链接

设置页码的起始页：当在文档中插入页码时，默认都是从“1”开始，但是一些稿件的起始内容可能紧接其他文档，所以其起始页码并不是“1”，当遇到这种情况时，就需要更改编号起始值，操作方法如下。

单击“页眉和页脚”工具组的“页码”按钮，单击“设置页码格式”命令，弹出“页码格式”对话框，输入页码的起始值，单击“确定”按钮即可，如图 3－33 所示。

图 3－33　设置起始页码

3.3.4 设置文档页面格式——设置打印格式

1. 设置纸张大小

要对文档进行打印，首先要确定打印纸张的大小，常用的纸张大小有 A3、A4、B5、16 开、32 开等。如果需要默认的纸张大小可以直接在纸张大小的列表中选择，若默认列表中没有需要的纸张大小，则需要自定义纸张的大小。具体操作方法是单击“页面布局”选项卡中“页面设置”工具组内的“纸张大小”按钮，单击下拉列表中的“其他页面大小”命令，在弹出的“页面设置”对话框中自定义纸张的宽度和高度，如图 3 - 34 所示。

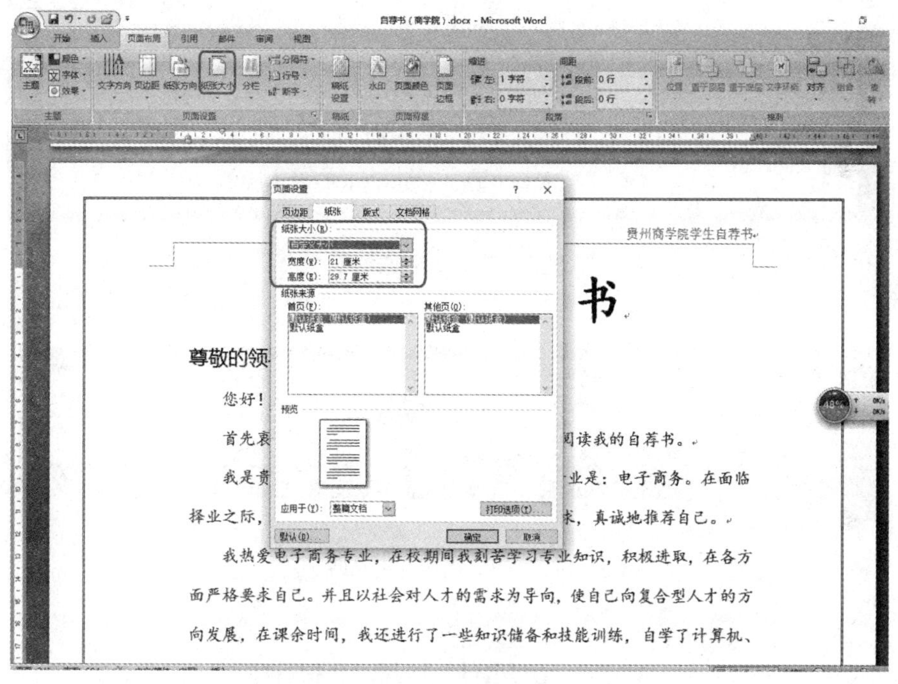

图 3 - 34 设置纸张大小

2. 设置页边距

页边距是文本区到页边界的距离，设置方法是单击“页面设置”工具组右下角的扩展按钮，弹出“页面设置”对话框。将如图 3 - 35 所示的上、下、左、右的页边距均设置为“2.00 厘米”，单击“确定”按钮完成操作。

3. 设置纸张方向

在 Word 中，纸张有两个使用方向，一个是纵向一个是横向，默认为纵向使用。设置方法是单击“页面设置”工具组中的“纸张方向”按钮，选择下拉列表中的某一方向命令按钮即可，如图 3 - 36 所示。也可在如图 3 - 35 所示的“页面设置”对话框中选择纸张方向。

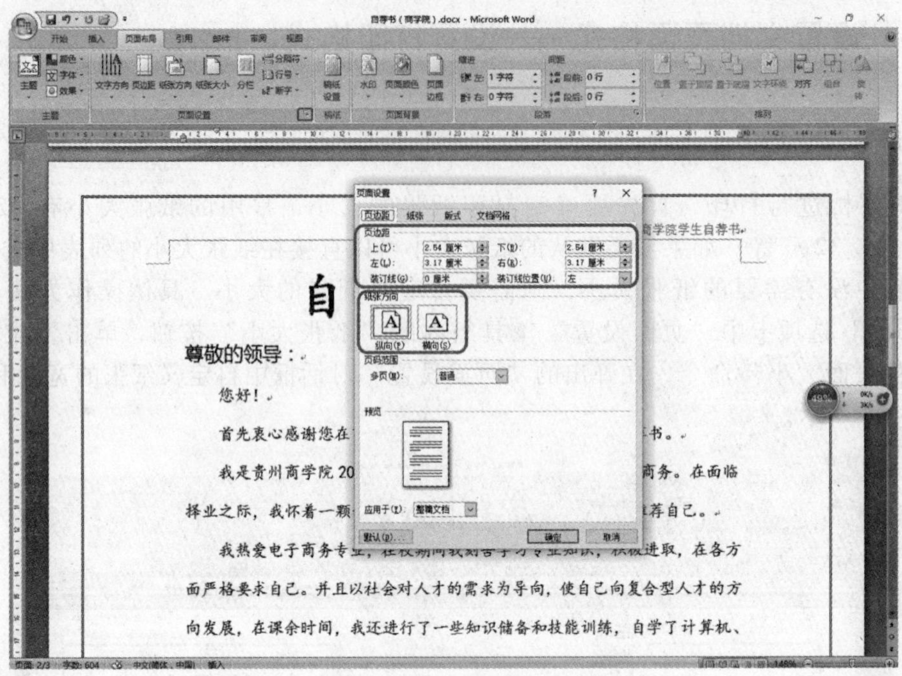

图 3－35　设置页边距

图 3－36　设置纸张方向

3.4　文档中表格的使用

3.4.1　在文档中创建表格——创建个人简历表

下面将介绍创建如图 3－37 所示的个人建立表的操作方法。

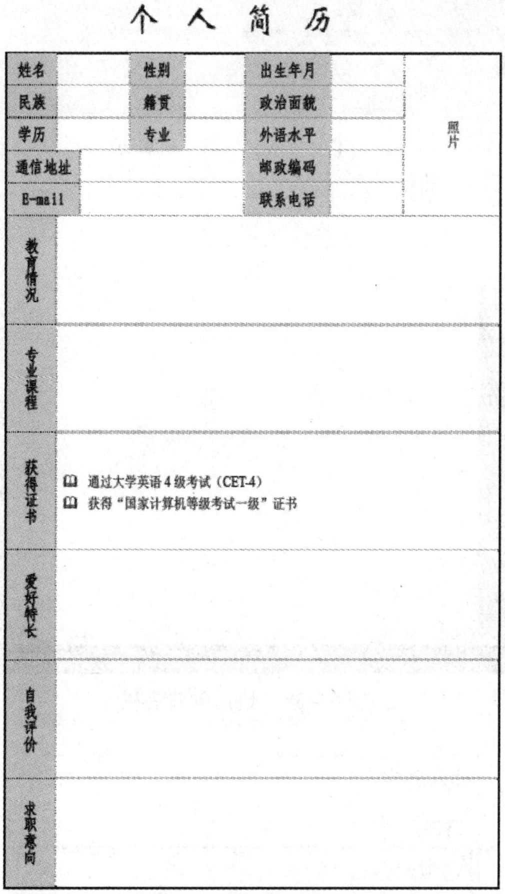

个 人 简 历

姓名		性别		出生年月		照片
民族		籍贯		政治面貌		
学历		专业		外语水平		
通信地址				邮政编码		
E-mail				联系电话		
教育情况						
专业课程						
获得证书	通过大学英语4级考试（CET-4） 获得“国家计算机等级考试一级”证书					
爱好特长						
自我评价						
求职意向						

图3－37　个人简历表

1. 自动创建表格

方法一：拖动行列数创建表格。如果创建的表格行列数较少且是规则的表格，可以在“插入”选项卡中“表格”按钮的下拉列表中的“预设方格”上移动光标，快速创建出规则的方格，如图3－38所示（这样可创建最大10列×8行的表格）。

方法二：通过对话框创建表格。单击“表格”工具组中的“表格”按钮，在下拉列表中选择“插入表格”命令，弹出“插入表格”对话框。设置表格行数和列数，这里根据需要选择7列、8行，如图3－39所示。单击“确定”按钮即可在文档中插入一个7列×8行的表格。

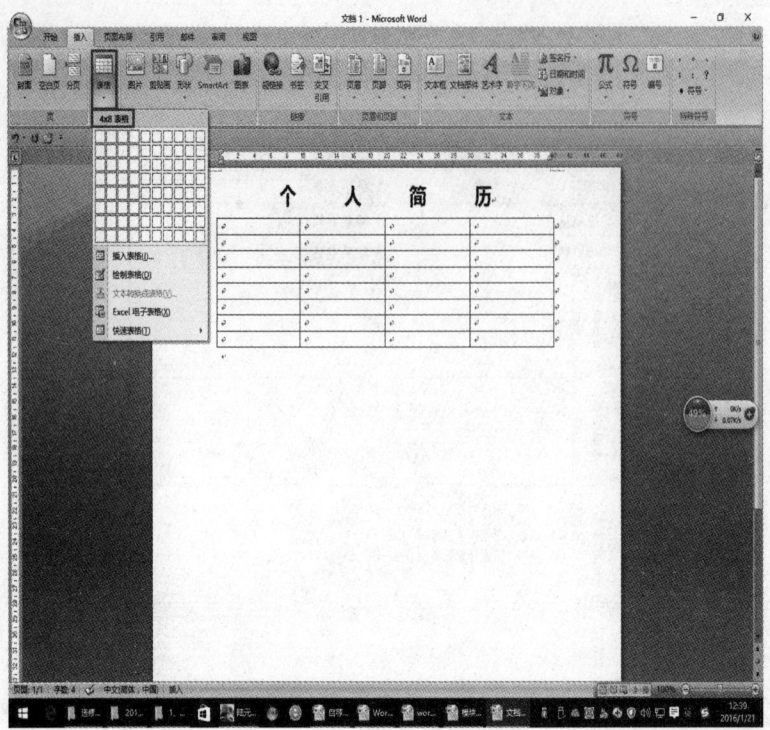

图 3－38　快速创建表格

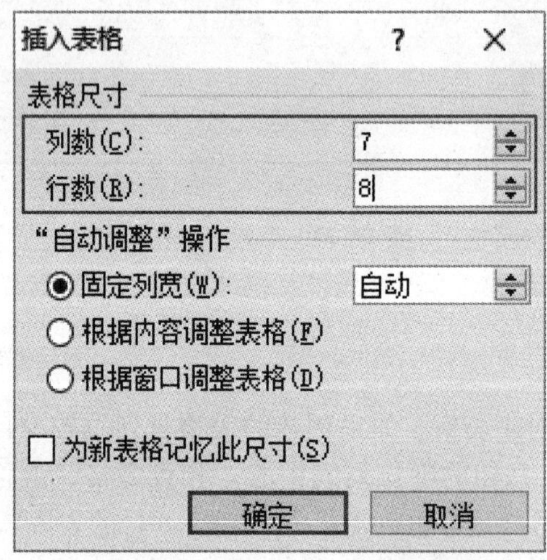

图 3－39　“插入表格”对话框

2. 绘制表格

如果制作中遇到不规则单元格，则需要手动绘制，具体方法是单击“表格”工具组中的“表格”按钮，选择下拉列表中的“绘制表格”命令，切换到绘制表格状态，拖动鼠标从上到下绘制表格的列线，如图 3－40 所示。

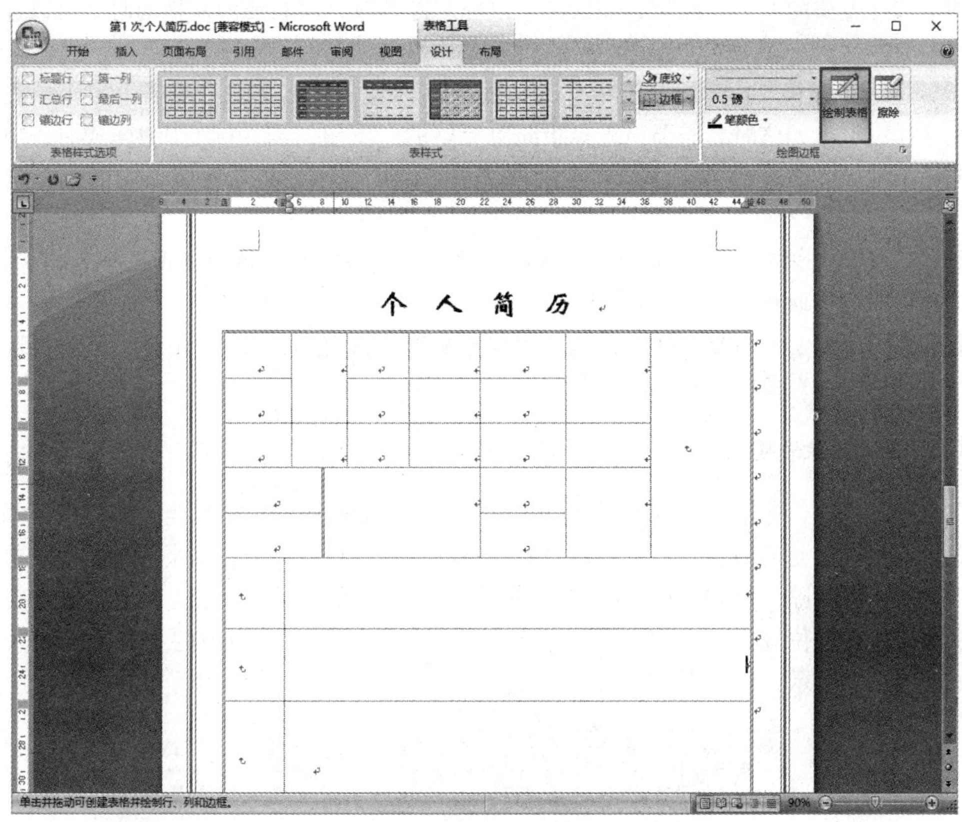

图 3－40　手动绘制表格

3.4.2　编辑表格——编辑个人简历表

1. 在表格中输入内容

根据图 3－37 在表格中输入内容。可以使用键盘上的方向键将插入点快速移动到其他单元格；按 Tab 键可以将插入点由左向右依次切换到下一个单元格；按"Shift＋Tab"组合键可以将插入点由右向左切换到前一个单元格。

在表格中编辑文字的操作和在表格之外编辑的操作一样，可以进行复制、移动、查找、替换、删除及格式设置等。

2. 选择表格对象

在学习表格的编辑操作之前，首先要学会表格对象的选择方法，如单元格的选择、列与行的选择，以及表格的选择等。

（1）选择表格中的行。将光标指向需要选择的行的最左端，当光标变成形状时单击光标即可选择表格的一行。此时，如果按下鼠标左键不放，向上或向下拖动时，可以连续选择表格中的多行。

（2）选择表格中的列。将光标指向需要选择的列的顶部，当光标变成⬇形状时单击光标，即可选择表格的一列。此时，如果按下鼠标左键不放，向右或向左拖动时，可以连续选择表格中的多列。

（3）选择单元格。由行线和列线交叉构成的格称为单元格，一个表格由多个单元格构成。在选择一个单元格时，需要将光标指向单元格的左下角，当光标变成↗样式时，单击光标选择相应的单元格。如果按住鼠标左键不放进行拖动，则可以选择表格中的多个连续单元格。

（4）选择整个表格。将光标指向表格范围时，在表格的左上角会出现选择表格标记⊞，单击该标记即可选取整个表格。

另外，同选取文本对象一样，在选择表格对象时，按住 Shift 或 Ctrl 键后再进行选择可以选择多个相邻的对象或不相邻的对象。

3. 添加和删除表格对象

在创建表格时，并不能将行和列，以及单元格一次创建到位，所以当表格中需要添加数据，而行、列或单元格不够时，就需要添加单元格，或行和列；当有多余的行、列或单元格时，则需要将其删除。例如，在表格“自我评价”下方添加两行。方法为将插入点定位到表格中插入新行的位置，单击“布局”选项卡中“行和列”工具组内的“在下方插入”按钮，如图 3－41 所示，每单击一次插入一行。

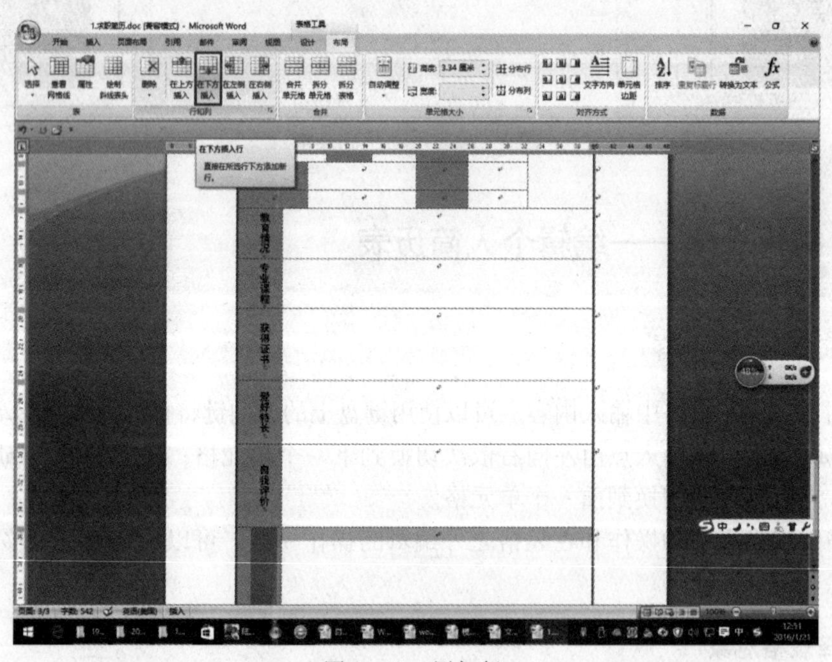

图 3－41　添加行

添加列与添加行的方法类似，只需要定位到要添加新列的列，单击“在左（右）侧插入”按钮即可。

删除表格对象与添加表格对象类似，选中要删除的对象，单击“行和列”工具组内的“删除”按钮，在下拉列表中选择相应命令即可。

4. 合并和拆分单元格

用鼠标拖选前三行最后一列的 3 个单元格右击，在弹出的快捷菜单中选择“合并单元格”命令，并适当调整单元格的高宽，如图 3－42 所示。

图 3－42　合并单元格

拆分单元格方法类似，首先选中要进行拆分的单元格，单击“合并”工具组中的“拆分单元格”按钮，然后在弹出的“拆分单元格”对话框中设置要拆分成几行几列即可。

5. 设置表格大小

此时表格布局已经初步完成，但是表格列的宽度和行的高度并不合适，需要调整表格整体大小、行高、列宽和单元格大小。

（1）调整表格整体大小。将光标指向表格右下角的缩放标记▫上，当光标变为↘时，按住鼠标左键并拖动，在拖动的过程中光标会变成十字形状，并且有一个虚框表示当前缩放的大小，当虚框达到符合需要的尺寸时松开鼠标左键即可，如图 3－43 所示。

（2）调整表格行高。将光标指向表格中要调整行高的行线上，光标变成÷时，按住鼠标左键不放，上下拖动鼠标即可调整表格的行高，如图 3－44 所示。

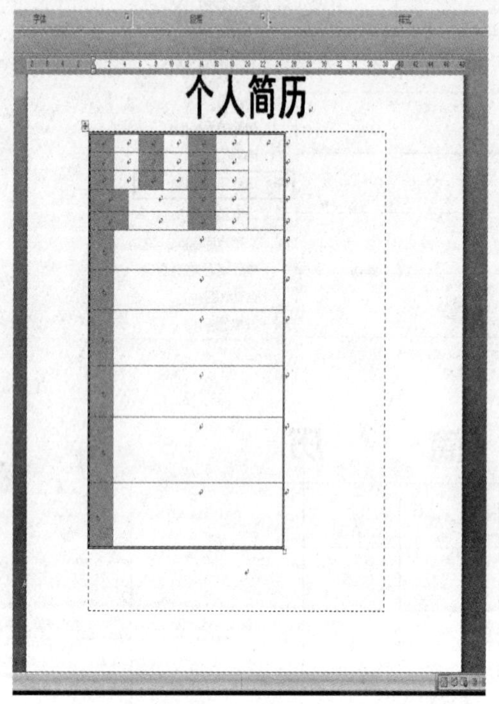

图 3－43　调整表格整体大小

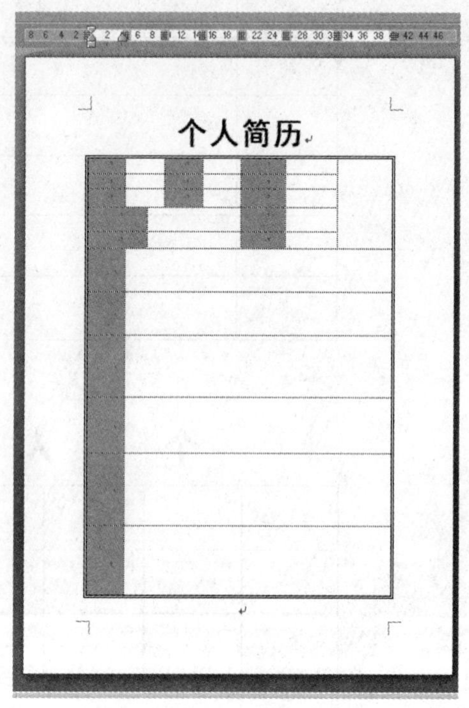

图 3－44　调整行高

（3）调整表格列宽。将光标指向表格要调整列宽的列线上，当光标变为⇹时，左右拖动鼠标即可调整表格的列宽。

（4）调整单元格大小。选中单元格后，将光标指向单元格列线上，当光标变为⇹时，按住鼠标左键不放，左右拖动鼠标即可调整单元格的大小。

知识链接

使用鼠标拖动调整能够大致设置表格的大小，如果要精确设置表格的行高、列宽及单元格的大小，可以使用指定表格大小的方法，具体操作方法是，选择表格或将插入点定位到表格中，单击“单元格大小”工具组右下角的扩展按钮（或选中表格后在表格上右击，在弹出的快捷菜单中选择“表格属性”命令），弹出“表格属性”对话框。在其中可以设置表格整体大小、行宽、列高，以及单元格大小，如图 3－45 所示。

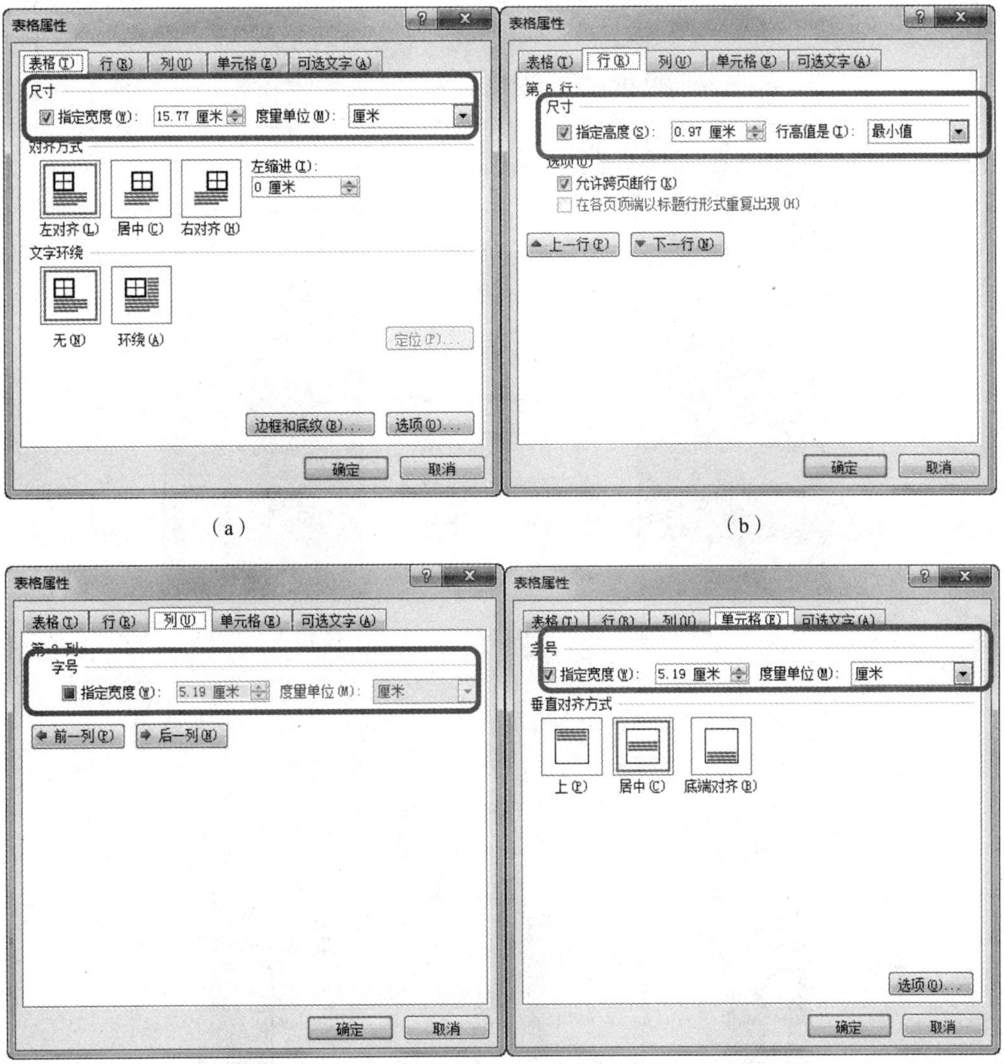

（a）　　　　　　　　　　（b）

（c）　　　　　　　　　　（d）

图 3－45　使用“表格属性”对话框设置表格大小

（a）调整表格整体大小；（b）调整表格行高；（c）调整表格列宽；（d）调整单元格大小

3.4.3　设置表格格式——美化个人简历表

1. 快速应用表格样式

Word 2010 提供了丰富的表格样式库，可以将样式库中的样式快速应用到表格中，如果样式库不能满足要求，还可以自定义表格样式。设置方法是选择要设置样式的表格，单击“设计”选项卡中“表格样式”工具组内的“其他”按钮，如图 3－46 所示。选择列表中要应用的表格样式即可，如图 3－47 所示。

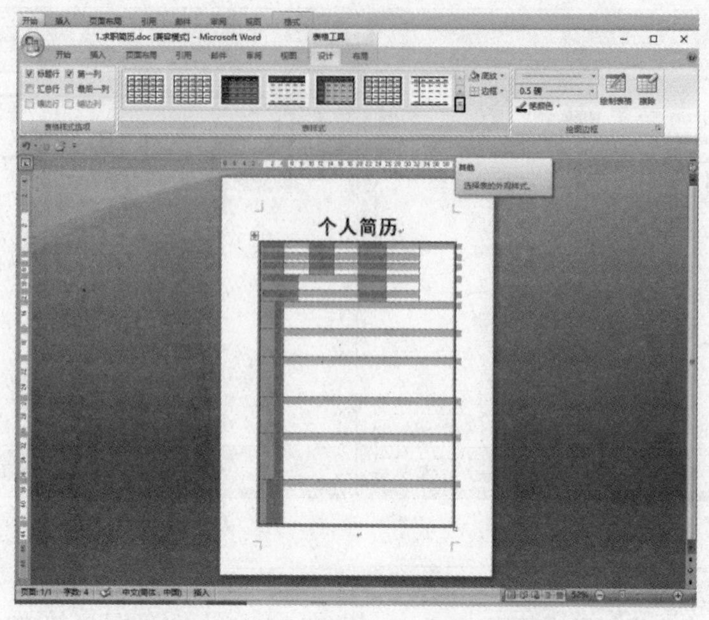

图 3－46　选中表格并单击“其他”按钮

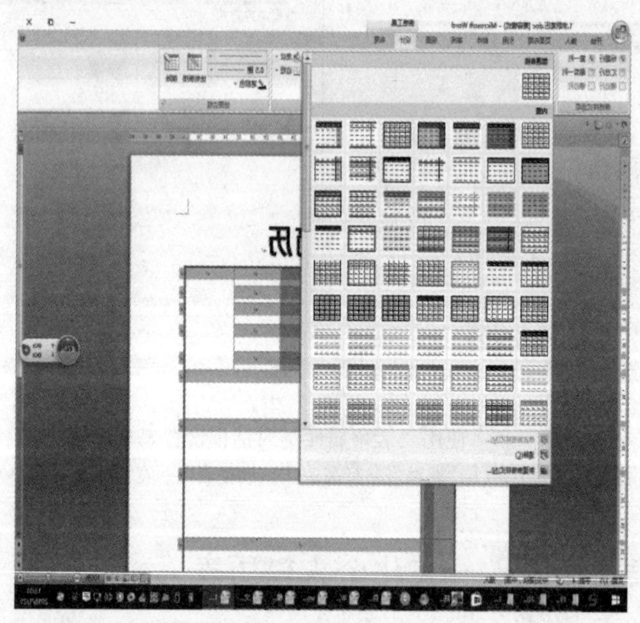

图 3－47　选择样式

如果在表格样式库中没有合适的样式，可以单击下拉列表中的“修改表格样式”命令，弹出“修改样式”对话框，调整该对话框中的参数可以制作出更多样式精美的表格。

2. 设置表格中的文字格式

选择表格中要设置文字格式的文字，利用“开始”选项卡中“字体”工具组中的功能按钮设置相关的文字格式，如图 3－48 所示。

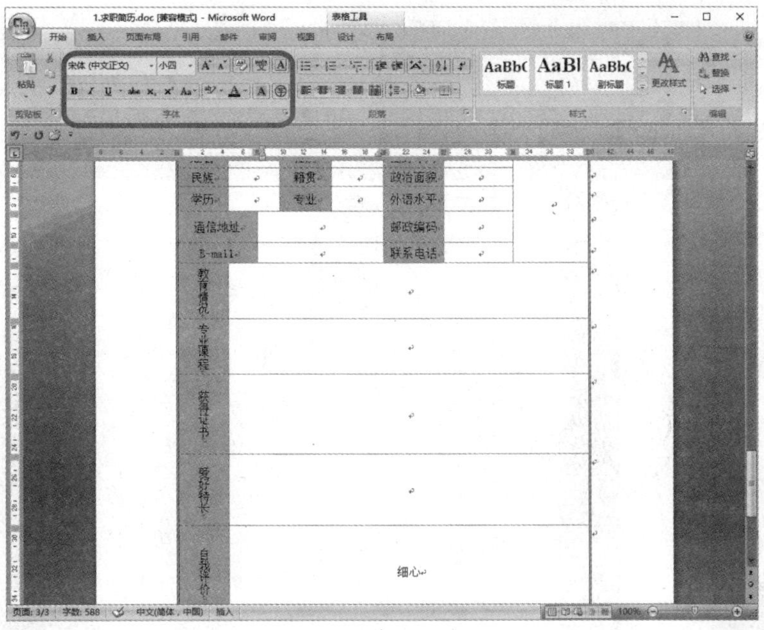

图 3－48　设置表格中的文字格式

3. 设置表格中文字的对齐方式

设置单元格对齐方式，用鼠标拖选全部单元格，然后右击，在弹出的快捷菜单中选择“单元格对齐方式”下的“中部居中”，如图 3－49 所示。

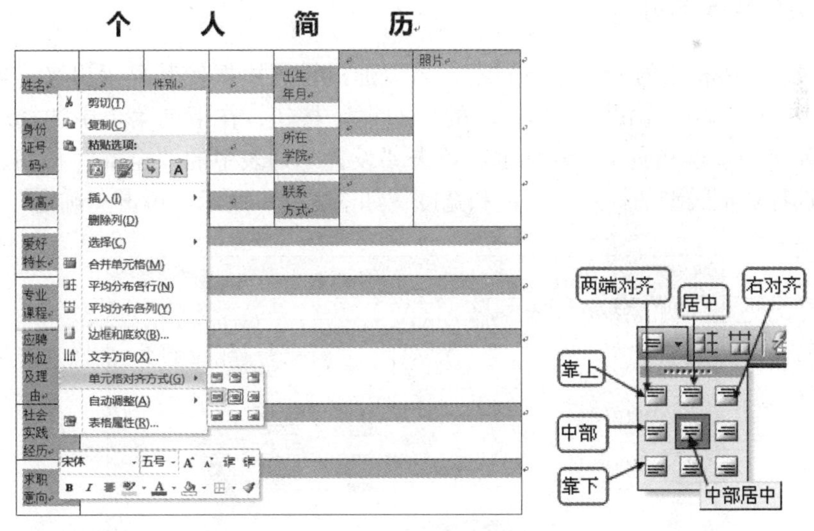

图 3－49　设置文字居中

4. 设置表格中的文字方向

选择横排文字的单元格，单击“设计”选项卡中“对齐方式”工具组内的“文字方向”按钮，可将单元格中的文字竖排显示，再次单击该按钮，可将竖排文字恢复横排显示，如图 3－50 所示。

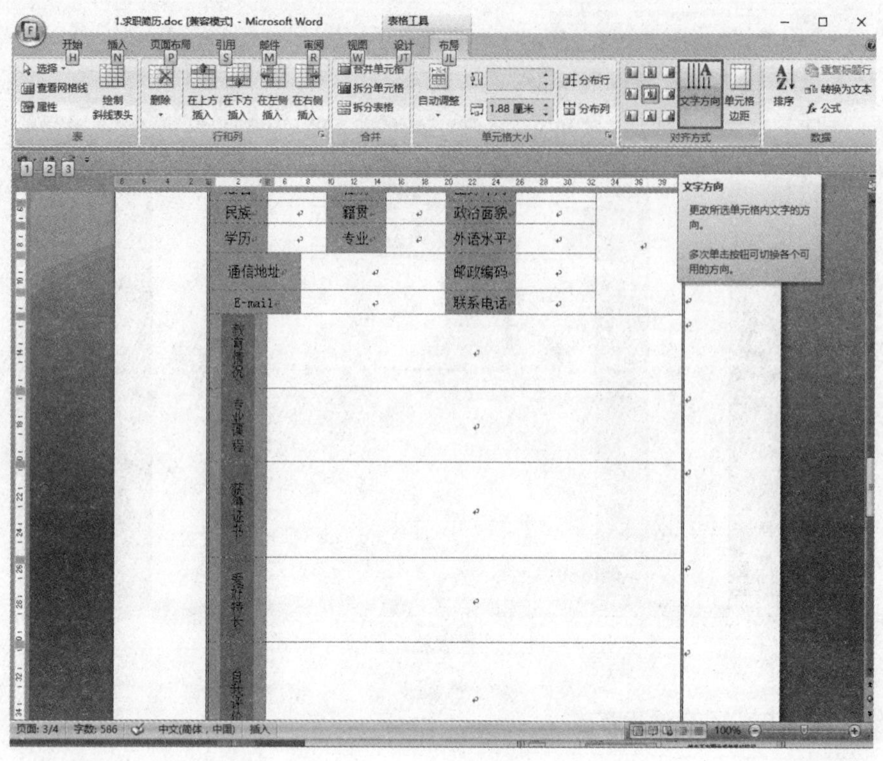

图 3 - 50　设置文字方向

5. 设置表格的边框和底纹

使用样式后，表格中的列线不再显示，可以通过设置边框使其显示出来。方法是选择“设计”选项卡中“表格样式”工具组内的“边框”按钮，在下列菜单中选择“边框和底纹”命令，弹出“边框和底纹”对话框，单击“设置”列表中的“全部”按钮，并在“样式”列表中选择边框线型的样式、颜色和宽度，如图 3 - 51 所示。单击“确定”按钮即可。

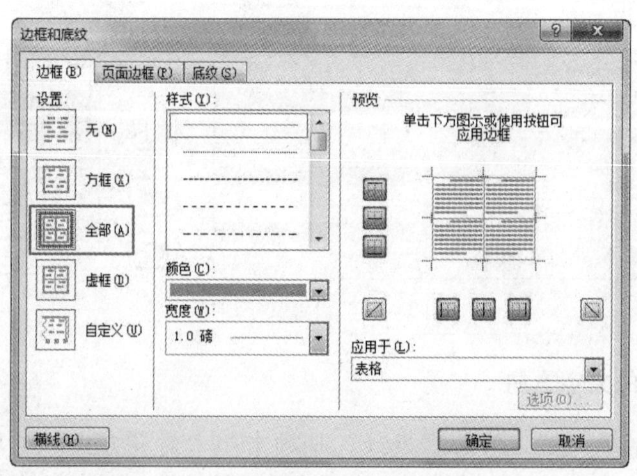

图 3 - 51　设置边框

默认情况下，Word 表格中的单元格是无底纹颜色的，用户可以给单元格添加底纹效果来凸显表格效果。

3.4.4　表格的计算与排序

1. 计算

表格中的单元格可以用“A1”“A2”“B1”“B2”等来表示，其中字母代表列，数字代表行。

图 3－52 的成绩表中，简单的求和计算可以使用“表格工具”的“布局”选项卡内“数据”工具组内的“*fx* 公式”按钮，弹出如图 3－53 所示的公式对话框。

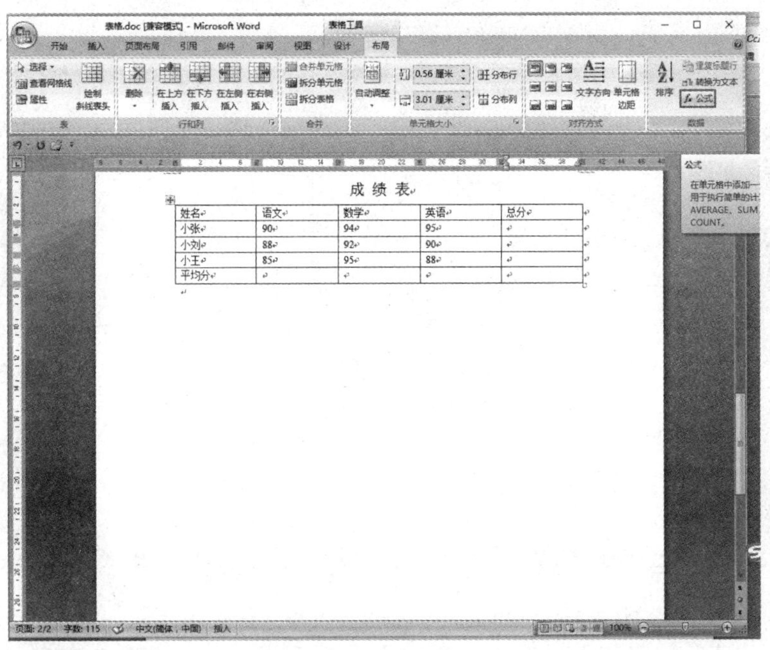

图 3－52　成绩表

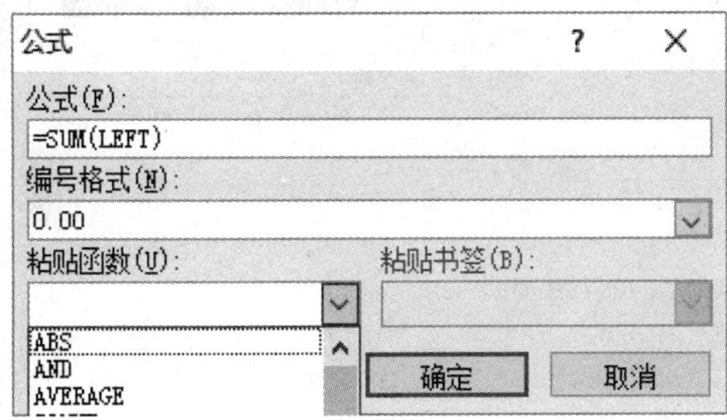

图 3－53　公式对话框

知识链接

公式“=SUM（LEFT)”或“=SUM（ABOVE)”是指对单元格左边的数据求和或对单元格上面的数据求和；公式“=AVERAGE（B2，C2)”是指对B2和C2单元格求平均值。

2. 排序

对表格中的数据进行排序，可以使用“数据”工具组内的“排序”按钮，弹出“排序”对话框，如图3－54所示。

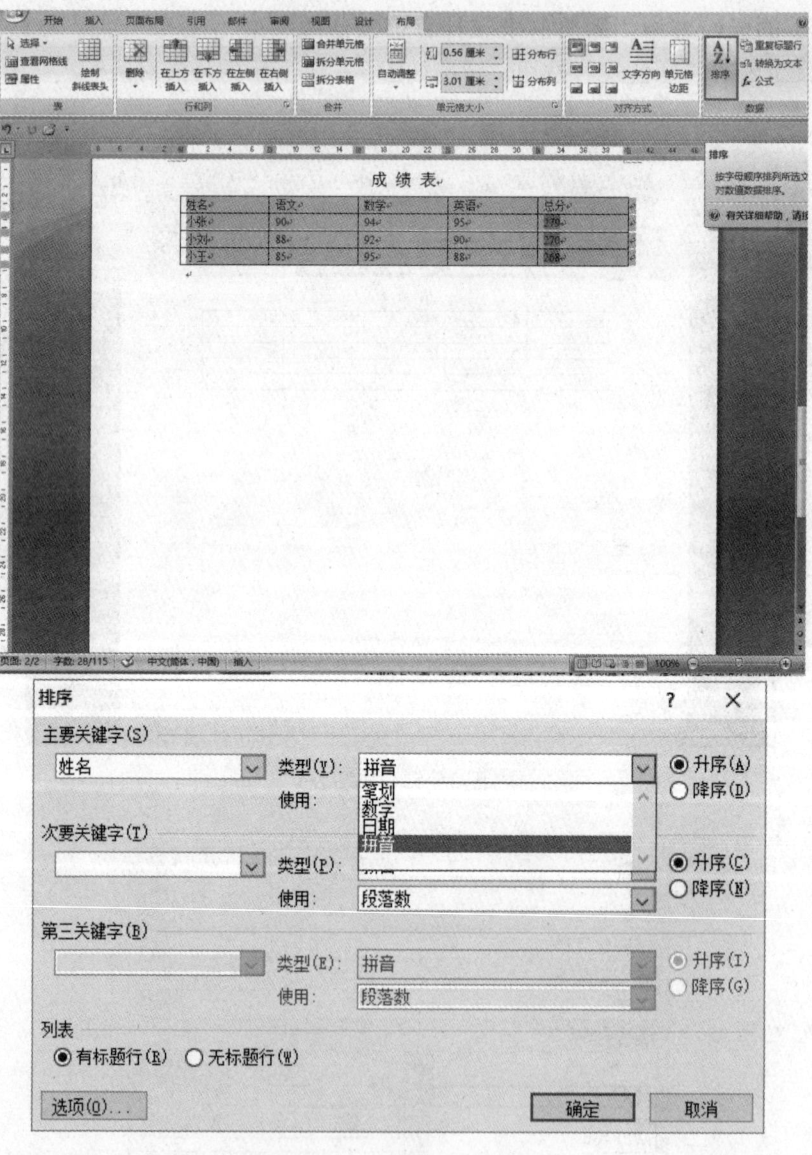

图3－54　“排序”对话框

排序对话框中共有3个关键字，如果排序的关键字不止一个，则在对话框中可以设置优先某一字段排序，如果该字段相同，则顺着优先顺序按其他字段排序。

3.5 创建图文并茂的办公文档

3.5.1 在文档中插入图片——在招生简章中插入产品图片

1. 插入剪贴画

剪贴画是微软公司为 Office 系列软件专门提供的内部图片，一部分是软件自带的，一部分则需要通过网络下载。剪贴画一般都是矢量图形，采用 WMF 格式，包括人物、科技、商业、动植物等类型，插入剪贴画的操作方式如下：

将光标定位到要插入图片的位置，单击“插入”选项卡中“插图”工具组中的“剪贴画”按钮，在弹出的“剪贴画”窗格中单击“搜索”按钮，在下面的列表中选择需要的图片即可，如图 3－55 所示。

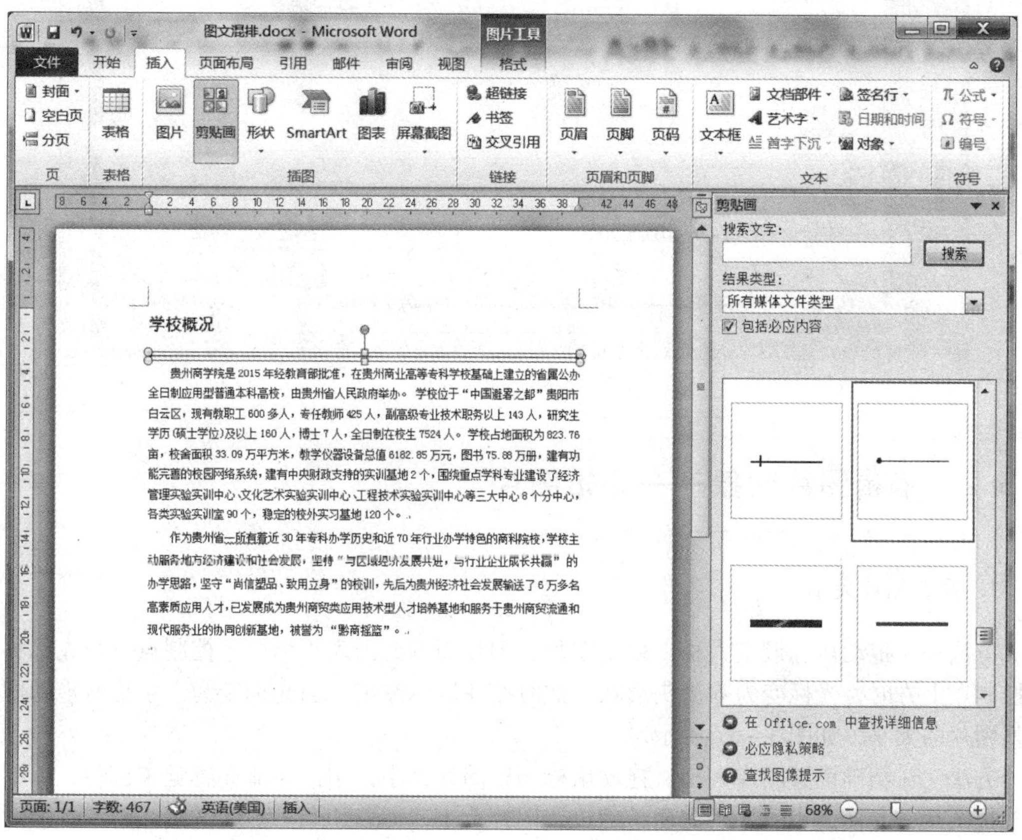

图 3－55 插入剪贴画

2. 插入电脑中的其他图片

在 Word 2010 中，外部图片一般来自于本机上的文件夹、从其他程序中创建的图片、从网上下载的图片或从外部设备导入的图片等。插入图片的方法是，单击“插图”工具组中的“图片”按钮，弹出“插入图片”对话框，选择要插入的图片，然后单击“插入”按钮即可，如图 3－56 所示。

图 3－56　插入图片

3.5.2　编辑图片对象——编辑图片

1. 设置图片大小

方法一：拖动鼠标调整大小。单击图片，图片周围会出现 4 个白色控制点，当光标移动到控制点上方时，光标变为双箭头形状，此时按住鼠标左键，当光标变为十字形时拖动即可调整图片的大小，如图 3－57 所示。

方法二：精确设置图片大小。拖动鼠标调整图片大小，用户只能凭感觉来调整，因此不易确定图片的具体大小，如果需要精确设置图片大小，可以使用下面的方法。

（1）通过“格式”选项卡中“大小”工具组中的功能按钮进行设置。单击要调整大小的图片，单击“大小”工具组中的高度和宽度的调整按钮，或直接输入高度和宽度的值进行调整，如图 3－58 所示。

图 3－57　手动调整图片大小

图 3－58　使用“大小”工具组中的功能按钮精确调整图片大小

（2）通过“布局”对话框进行设置。单击要调整大小的图片，单击“大小”工具组的扩展按钮，在弹出的“布局”对话框中设置图片的宽度和高度即可，如图 3－59 所示。

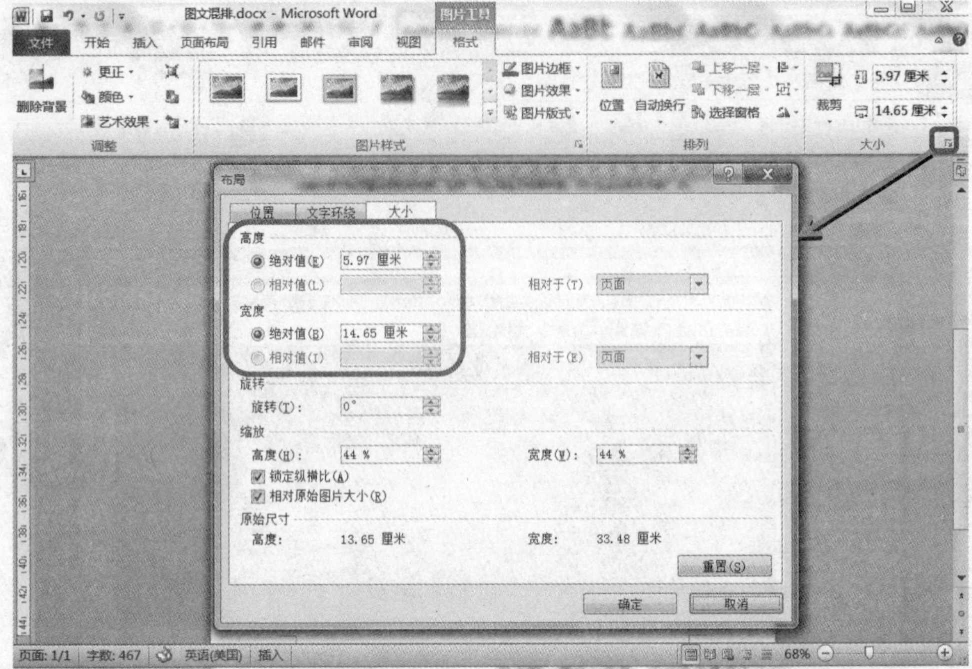

图 3－59　通过“布局”对话框设置图片大小

2. 裁剪图片

裁剪功能是 Word 2010 新增功能，利用此功能可以将插入到文档中的图片多余部分去掉。方法是单击“格式”选项卡中“大小”工具组中的“裁剪”按钮，选择下拉列表中的“裁剪”命令，进入裁剪状态，如图 3－60 所示。

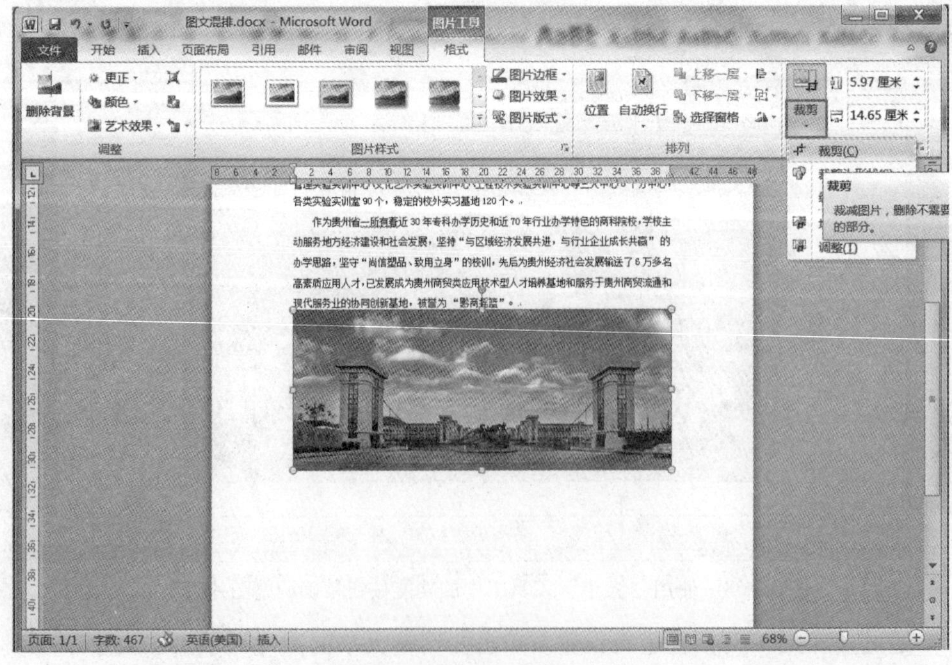

图 3－60　执行“裁剪”命令

将光标移到图片中的裁剪标记，按住鼠标左键拖动，显示裁剪区域。松开鼠标，在空白处单击，即可完成裁剪，如图 3－61 所示。

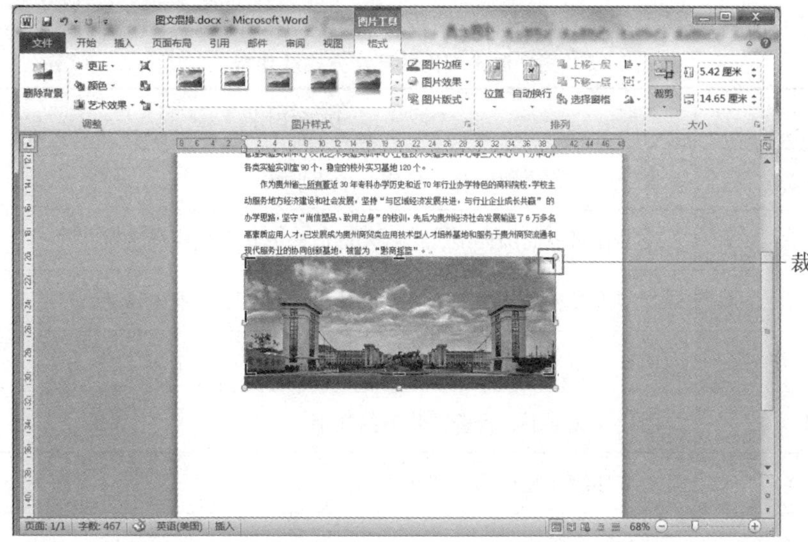

图 3－61　裁剪图片

3. 设置图片的排列效果

在文档中插入了图片后，就需要对文档中的图片进行合理放置，否则会影响文档的整体效果。图片的排列包括图片与文字的环绕方式、旋转效果及图片在文档中的位置。

（1）设置图片的环绕方式。默认情况下，插入的图片排列方式是“嵌入式”，按这种类型排列的图片相当于一个字符，对其进行的很多操作都受限制。只有将其设置为其他环绕方式，才能对图片进行随意设置。操作方法是，选中要设置的图片，单击“排列”工具组中的“自动换行”按钮，在下拉列表中选择环绕方式，如图 3－62 所示。

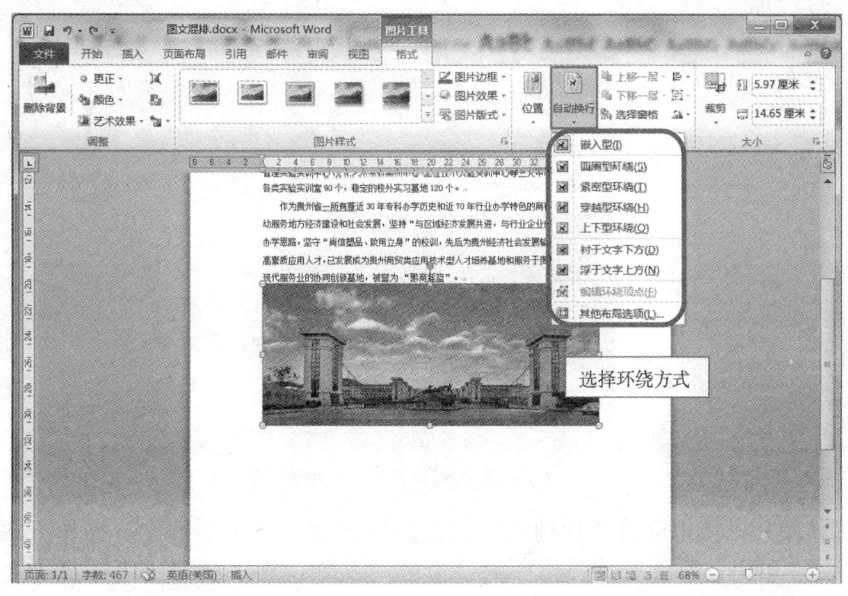

图 3－62　设置图片环绕方式

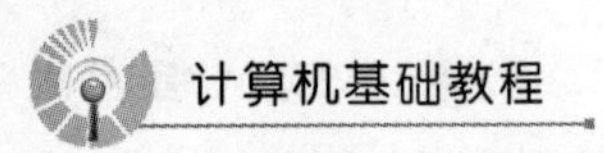

知识链接

图文混排常见的环绕方式及功能如表 3－5 所示。

表 3－5　图文混排常见的环绕方式及功能

环绕方式	功能作用
四周型环绕	文字在对象周围环绕，形成一个矩形区域
紧密型环绕	文字在对象周围环绕，以图片的边框形状形成环绕区域
嵌入型	文字围绕在图片的上下方，图片只能在文字范围内移动
衬于文字下方	图片作为文字的背景图形
衬于文字上方	图片在文字上，覆盖图片下的文字
上下型环绕	文字环绕在图片的上部和下部
穿越型环绕	适合空心图片

（2）设置图片在文档中的位置。用户在插入图片后，可以设置图片在文档中的位置，使用此功能可以使版面更整齐。操作方法是，选中要设置的图片，单击“排列”工具组中的“位置”按钮，在下拉列表中选择文字环绕方式，如“中间居中”。如图 3－63 所示。

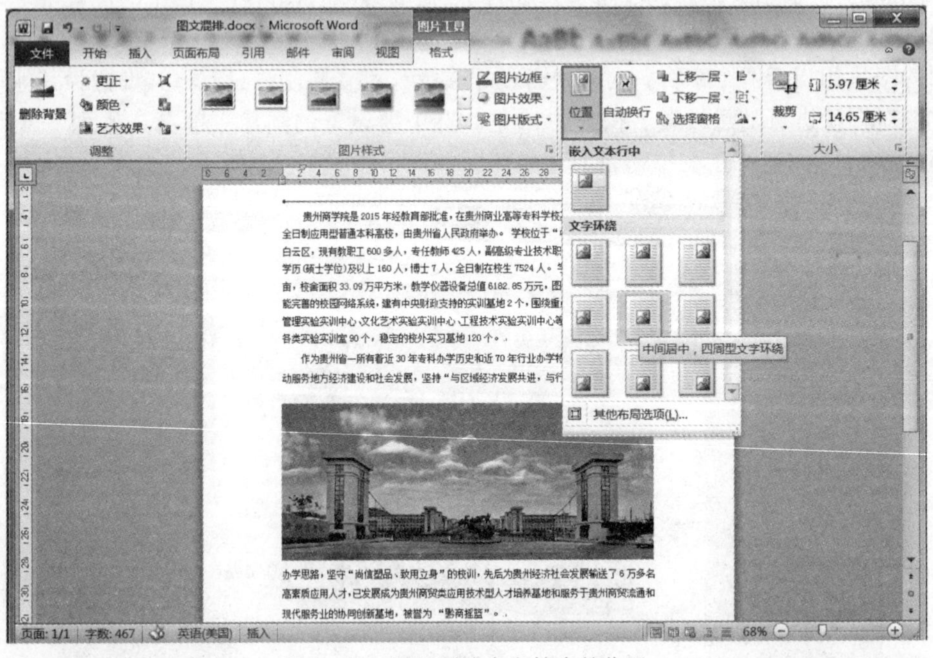

图 3－63　设置图片在文档中的位置

（3）旋转图片。使用旋转图片功能可以调整图片在文档中的方向。操作方法是，选中要设置的图片，单击“排列”工具组中的“旋转”按钮，在下拉列表中选择需要旋转的方向，如图 3－64 所示。

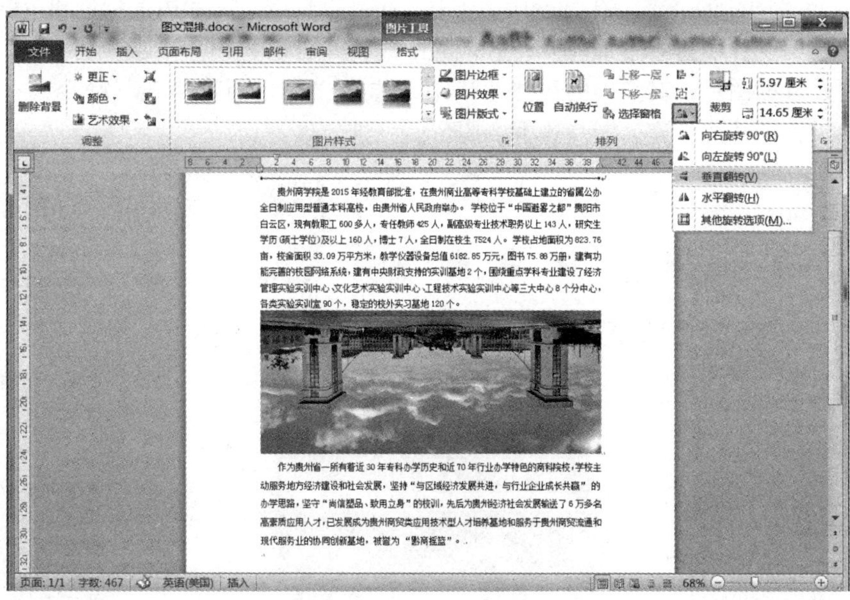

图 3－64　旋转图片

4. 设置图片样式

当插入图片对象后，还可以根据需要为图片设置外观样式，包括添加图片的边框、设置图片效果，以及设置图片版式等。

（1）使用预设的图片样式。在 Word 2010 的“图片样式”工具组中预设了一组十分精美的图片样式，可以快速更改图片的外观效果。操作方法是，选中要设置的图片，然后单击“图片样式”工具组样式框中的预设样式，如图 3－65 所示。

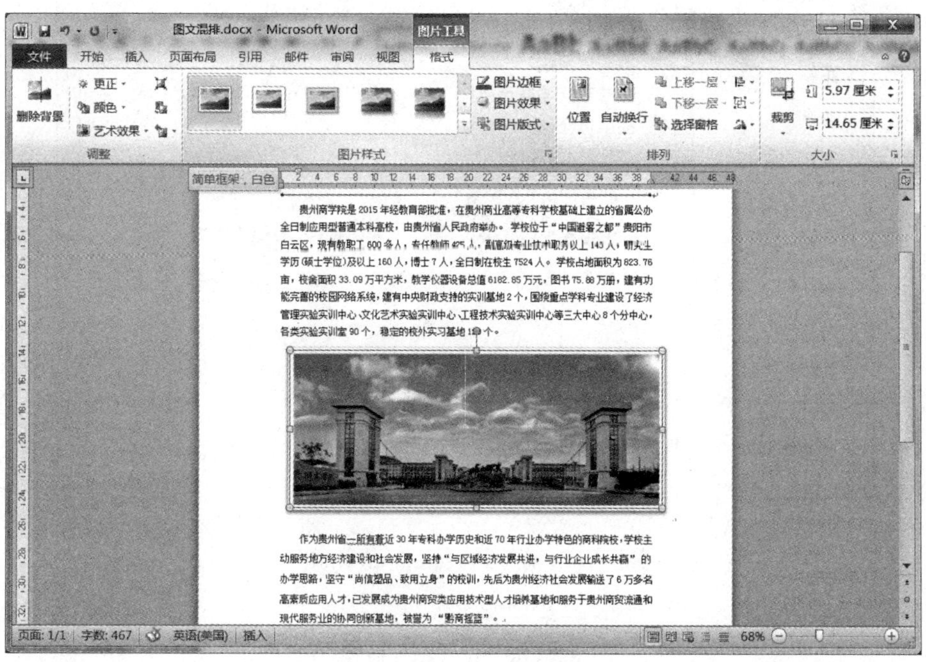

图 3－65　使用预设样式

（2）自定义图片的格式。在 Word 2010 中，还可以自定义图片边框颜色和边框样式、设置图片效果、将图片设置为带 SmartArt 效果的图片，并可以为图片添加说明文字。如图 3－66，右击要设置的图片，在弹出的快捷菜单中，选择“设置图片格式”命令，在弹出的对话框中可以设置图片的填充、图片边框、阴影、三维效果等。

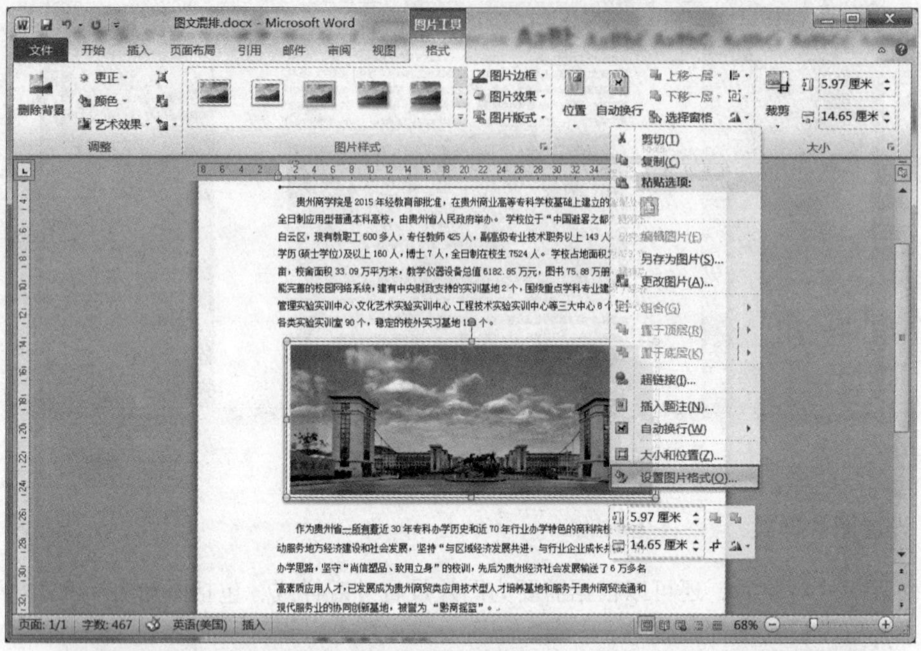

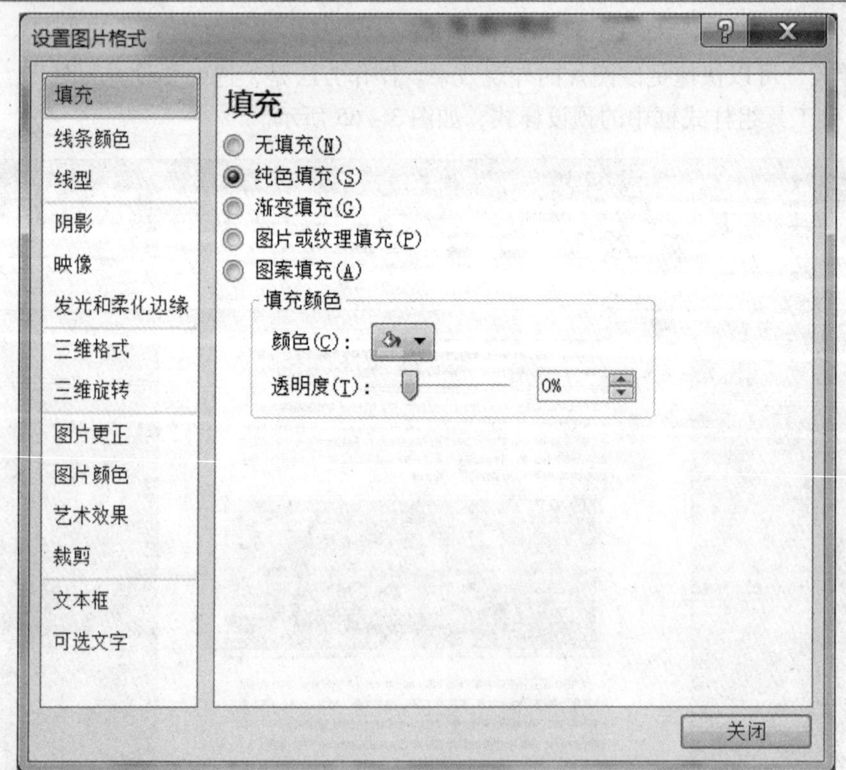

图 3－66　设置图片格式

3.5.3 在文档中插入形状——在招生简章中制作图标

1. 插入形状

在 Word 2010 文档中，用户可以根据需要插入现成的形状，如矩形、圆、箭头、线条、流程图符号、标注等。在招生简章中为突出强调，选择多角形，方法是单击“插入”选项卡中“插图”工具组中的“形状”按钮，在下拉列表中选择要绘制的图形，切换为绘制状态，如图 3－67 所示。

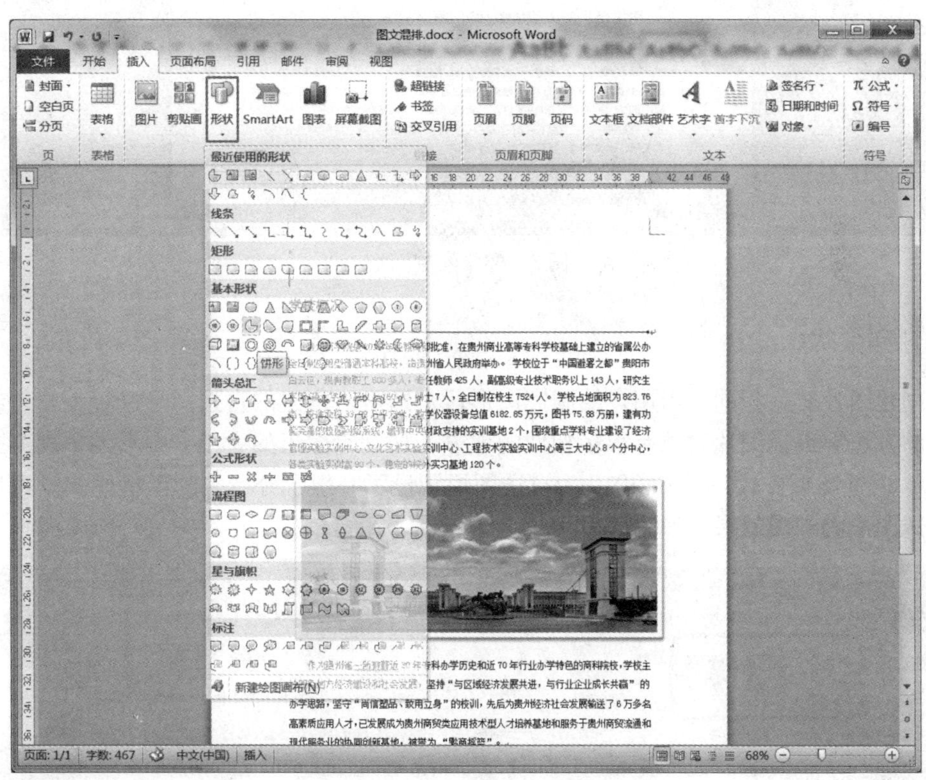

图 3－67　选择要绘制的图形

拖动鼠标在文档中绘制形状大小即可，如图 3－68 所示。

知识链接

在绘制图形时，按住 Shift 键拖动“椭圆”“矩形”，以及“直线”绘图工具，可以分别画出正圆形、正方形，以及水平或垂直的直线。按住 Ctrl 键时，则可以以光标为中心开始绘制图形。

使用上面介绍的方法，可以在文档中绘制具有固定外形的形状。如果在“形状”菜单中单击“线条”列表下的“自由曲线”按钮，光标会变为铅笔形状，拖动鼠标即可在文档中绘制自由形状；单击“任意多边形”按钮，可以绘制任意的封闭多边形形状；单击“曲线”按钮，可以绘制弧形曲线。

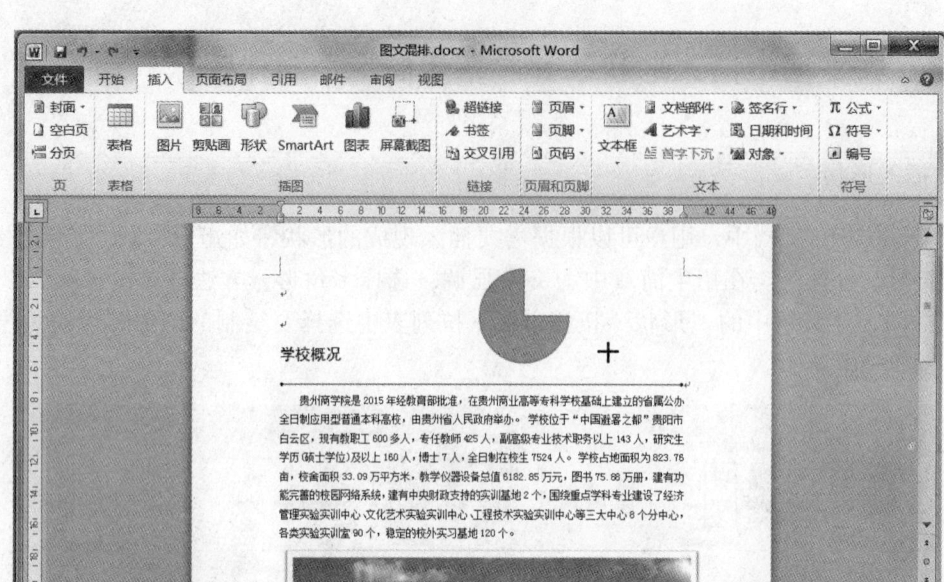

图 3－68　绘制图形

2. 编辑形状

与创建图片对象相同，当用户绘制完图形后，即可对创建的自选图形进行编辑。编辑自选图形的方法和编辑图片对象有很多相似的地方，如编辑图形的大小、图形的排列方式等。

（1）设置图形样式。Word 2010 为自选图形预设了一组十分精美的形状样式，可以快速更改自选图形的外观效果，如图 3－69 所示。

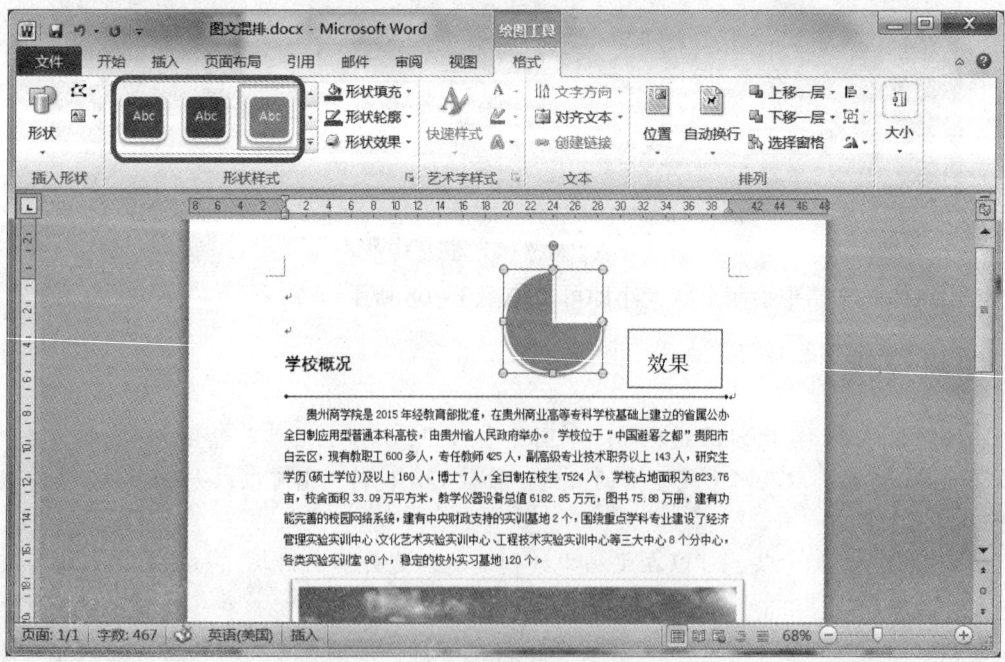

图 3－69　使用预设的形状样式

除此之外，用户可通过“形状填充”“形状轮廓”“形状效果”的设定，自定义形状样式。

（2）在图形中添加文字。大多数自选图形允许用户在其内部添加文字，方法是右击要设置的图形，在弹出的快捷菜单中选择“添加文字”命令，输入文字即可，如图3－70所示。

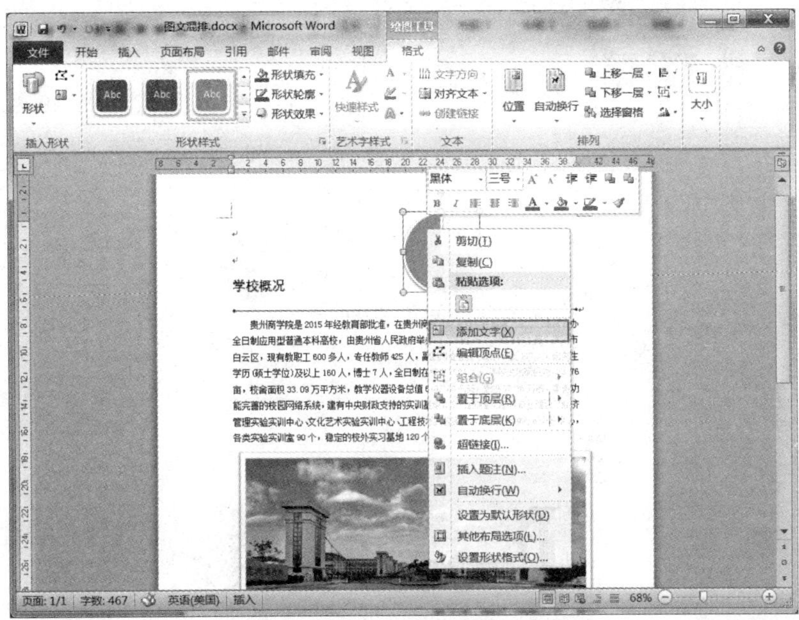

图3－70　执行“添加文字”命令

（3）对齐形状。在绘制了多个形状后，如果需要按照某种标准将形状对齐，则可以通过“对齐”的方式实现，方法是选中要对齐的图形，单击“排列”工具组中的“对齐”按钮，在下拉列表中选择对齐方式即可，如图3－71所示。

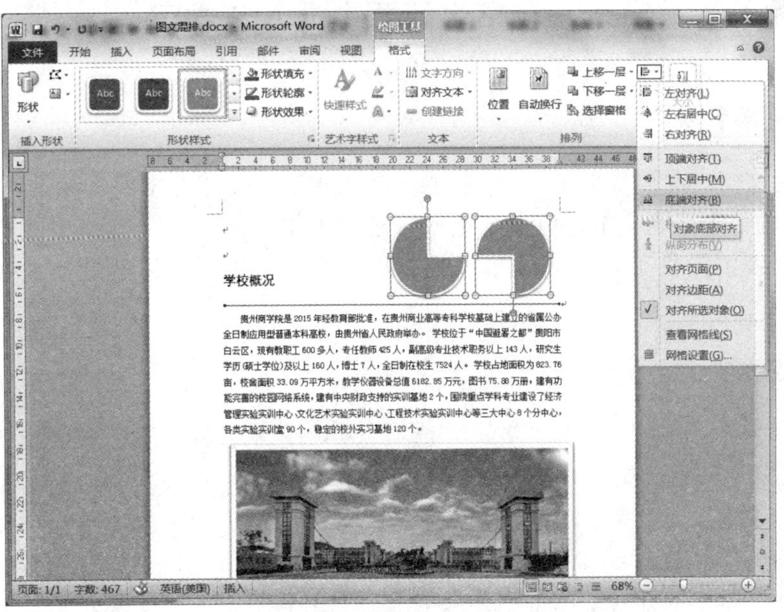

图3－71　选择对齐方式

（4）组合形状。使用组合功能可以将多张图片组合成一个对象，以便作为单个对象进行处理，操作方法是选中要进行组合的图形，单击“排列”工具组中的“组合”按钮，在下拉列表中选择“组合”命令即可，如图 3－72 所示。

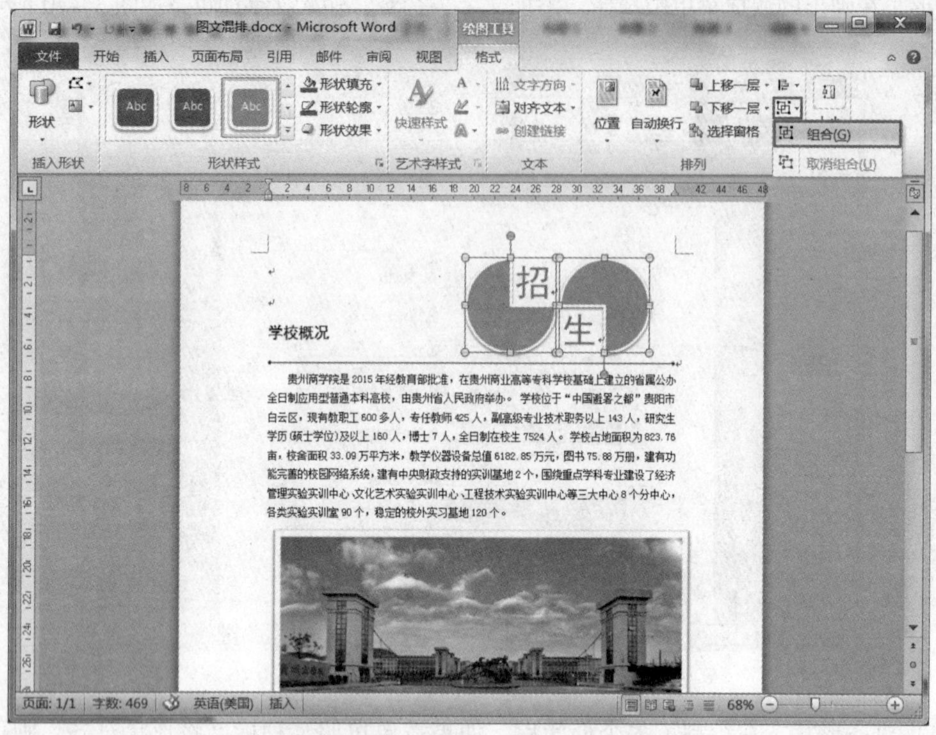

图 3－72　执行“组合”命令

3.5.4　插入艺术字——在招生简章中插入艺术字

1. 插入艺术字

为了美化文档，常常需要在文档中插入一些艺术字，创建艺术字实际上属于插入图片。在 Word 文档中选中标题文本，单击“插入”选项卡中“文本”工具组中的“艺术字”按钮，在下拉列表中提供了多种艺术字样式，从中选择一种样式，然后输入文字即可，如图 3－73所示。

2. 编辑艺术字

输入艺术字后，也可以利用“格式”选项卡中“艺术字样式”工具组中的功能按钮对艺术字进行编辑，以达到更美观的效果。

（1）设置文本填充效果。单击“艺术字样式”工具组中的“文本填充”按钮，设置艺术字的填充颜色、填充效果。

（2）设置文本轮廓样式。单击“艺术字样式”工具组中的“文本轮廓”按钮，设置艺术字的轮廓颜色、粗细、虚实等。

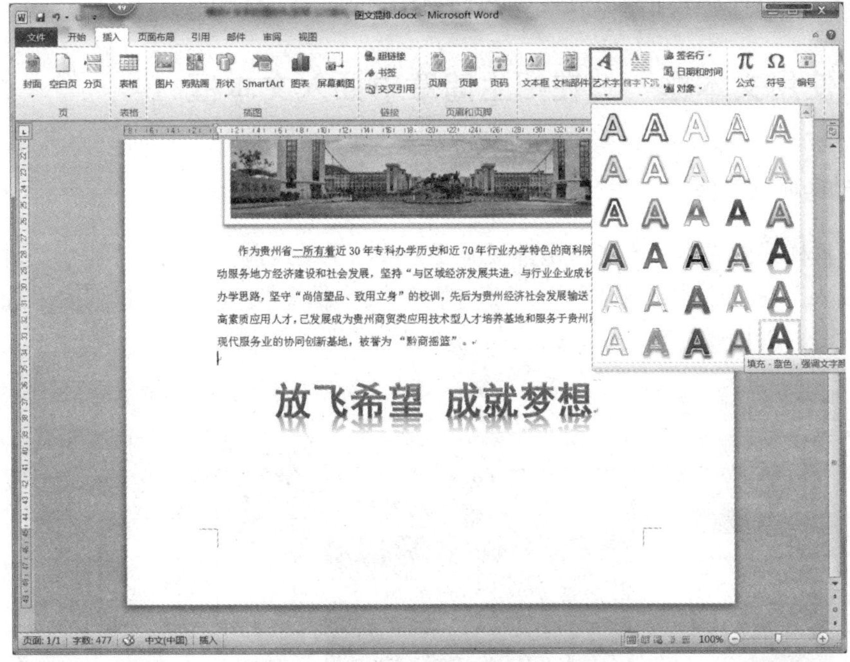

图 3-73　插入艺术字

（3）更改文本效果。单击“艺术字样式”工具组中的“文本效果”按钮，在下拉列表中选择要改变的样式，如图 3-74 所示。

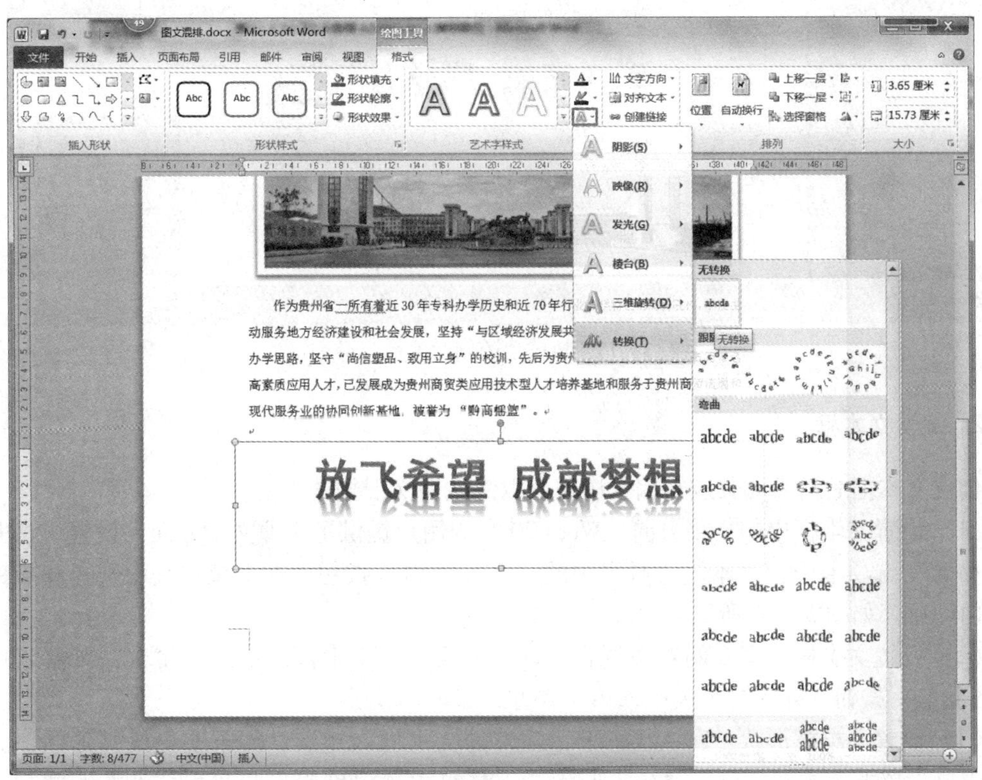

图 3-74　设置艺术字文本效果

其他如图片位置、文字环绕方式等设置与图片的设置方法相同。

3.5.5 使用文本框——在招生简章中插入文本框

1. 手动绘制文本框

如果内置样式的文本框不能满足排版需要，可以手动绘制空白的文本框，具体操作方法是单击“插入”选项卡中“文本”工具组中的“文本框”按钮，在下拉列表中选择“绘制文本框”命令，如图 3－75 所示，按住鼠标左键拖动即可绘制文本框。

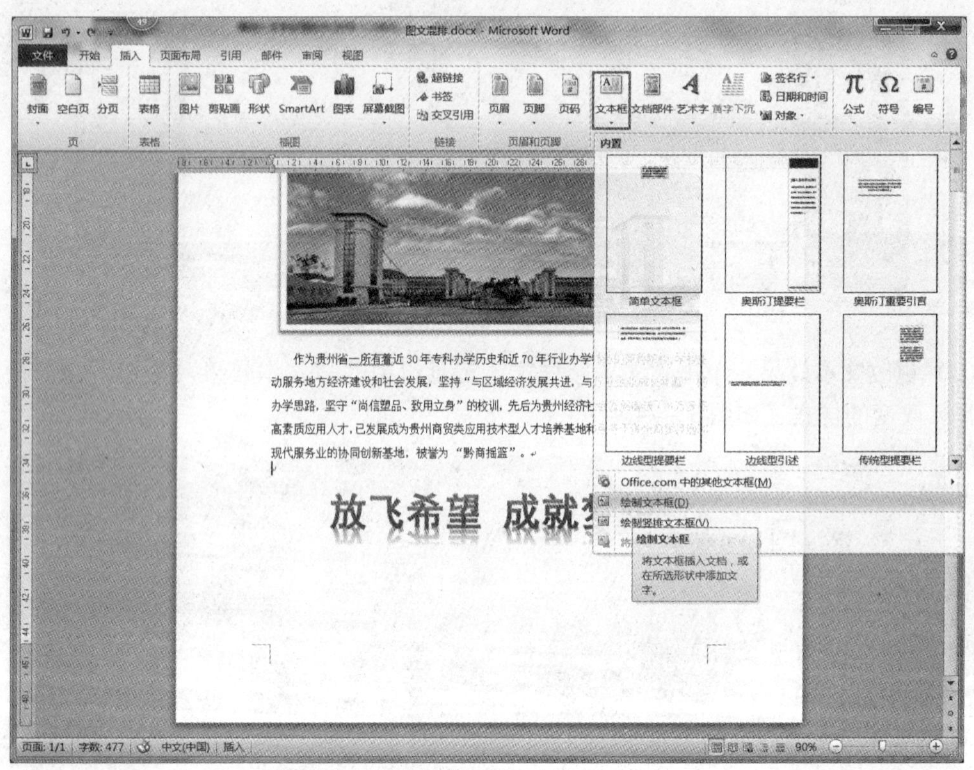

图 3－75　执行“绘制文本框”命令

2. 编辑文本框

创建文本框后需要对其进行编辑操作，以满足图文混排的需要。

（1）设置文本框中的文字方向。Word 2010 为用户提供了 5 种文字方向，设置方法是单击“格式”选项卡中“文本”工具组中的“文字方向”按钮，在下拉列表中选择相应的文字方向即可，如图 3－76 所示。

（2）设置文本框中文字的对齐方式。选中要设置的文本框，单击“文本”工具组中的“对齐文本”按钮，在下拉列表中选择对齐方式即可。

（3）设置文本框形状。默认状态下，插入的文本框为矩形，如果要更改其形状，只需要选中要设置的文本框，单击“插入形状”工具组中的“编辑形状”按钮，在下拉列表中选择要改变的形状即可，如图 3－77 所示。

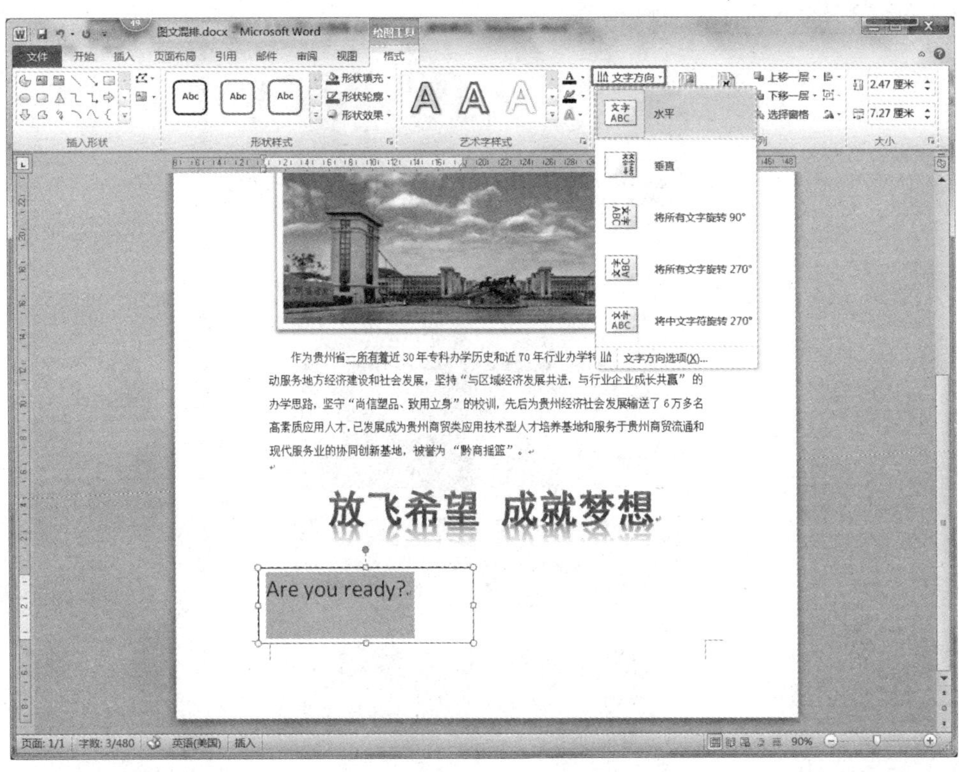

图 3－76　设置文本框内文字方向

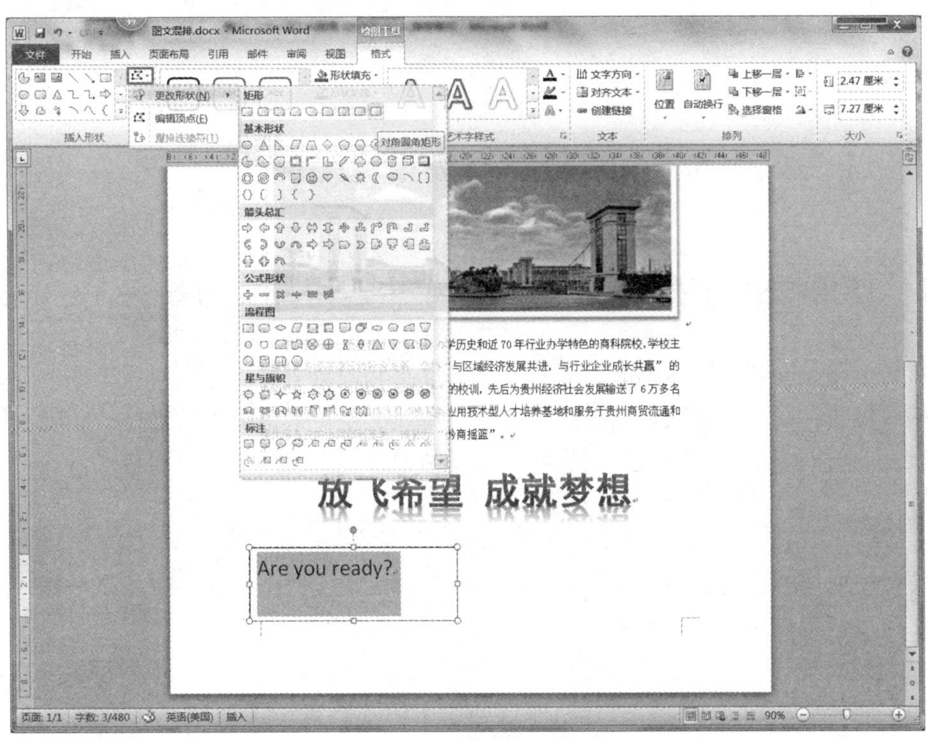

图 3－77　设置文本框形状

招生简章最终效果如图 3－78 所示。

图 3-78 招生简章最终效果

3.6 文档的高级设置与应用

3.6.1 使用样式与模板——在投标书中应用样式与模板

在排版一篇长文档或一本书时，需要对许多文字和段落进行相同的排版工作，如果是利用字体格式编排，则要花费较长的时间，并且很难使文档格式保持一致。样式功能可以帮助用户在较短的时间内编排文档；而模板功能可以帮助用户快速地建立页面格式。

1. 创建样式

在编辑长文档时，为了满足格式编排的需要，可以在文档中创建一个或多个样式。创建样式时，可以创建快速样式，也可以使用对话框创建样式。

（1）创建快速样式。在创建样式时，可以将设置了各种字符格式和段落格式的文本保存为新的快速样式，方法是单击“开始”选项卡中的“样式”工具组样式框右下角的“其他”按钮，选择“将所选内容保存为新快速样式”命令，如图 3-79 所示。在弹出的对话框中输入新样式的名称，单击“确定”按钮即可，如图 3-80 所示。

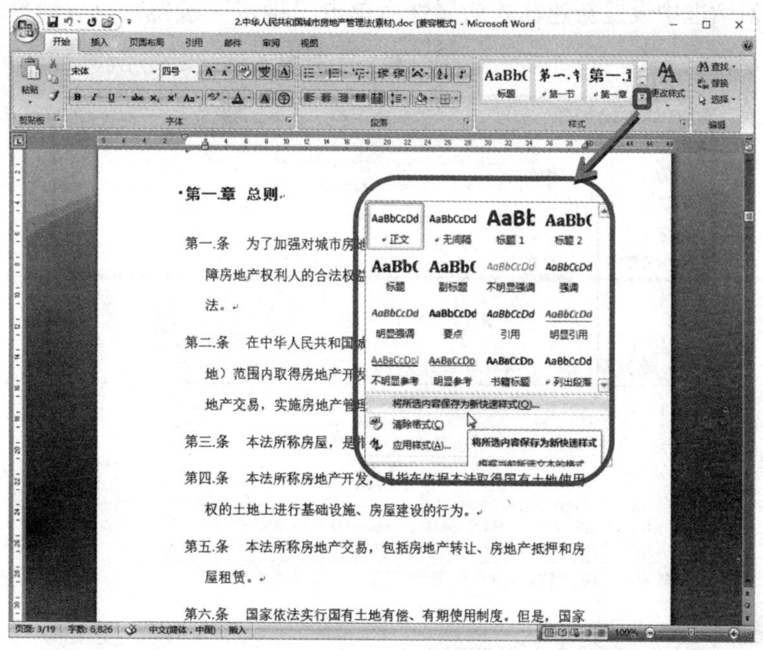

图 3－79 创建快速样式

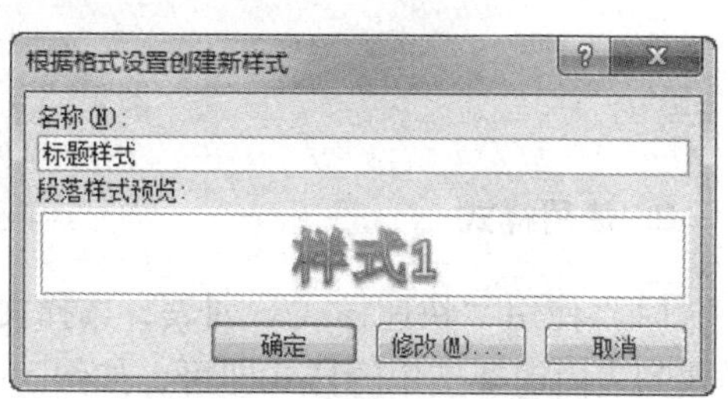

图 3－80 设置新样式名称

经过上述操作后，即可在“样式”框中查看新创建的样式。

（2）使用对话框创建样式。使用对话框创建样式可更换后续段落的样式、定义该样式的组合键、把新样式复制到文档的模板中。操作方法是单击“样式”工具组样式框右下角的扩展按钮，在弹出的“样式”面板中单击“新建样式”按钮，如图 3－81 所示。

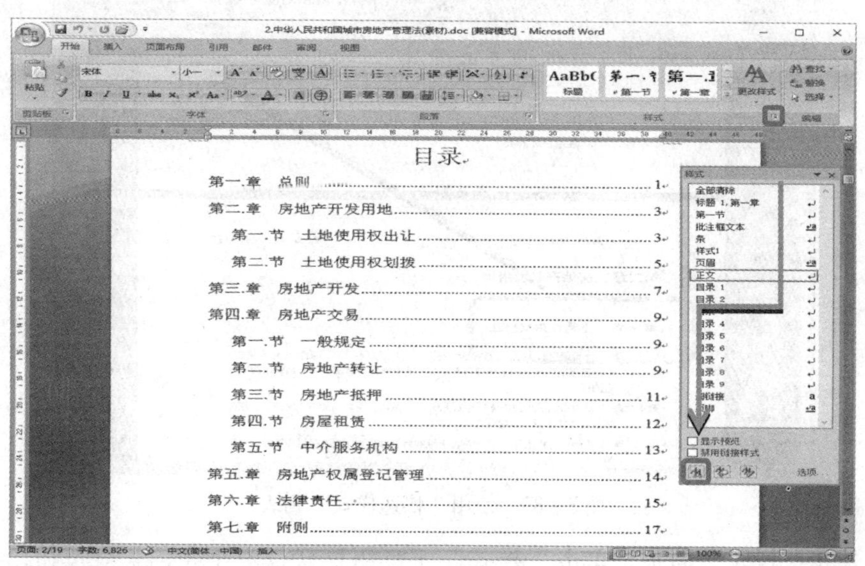

图 3－81 “新建样式”按钮

在弹出的对话框中设置新建样式的属性后单击“确定”按钮，完成新样式的创建，如图 3－82 所示。

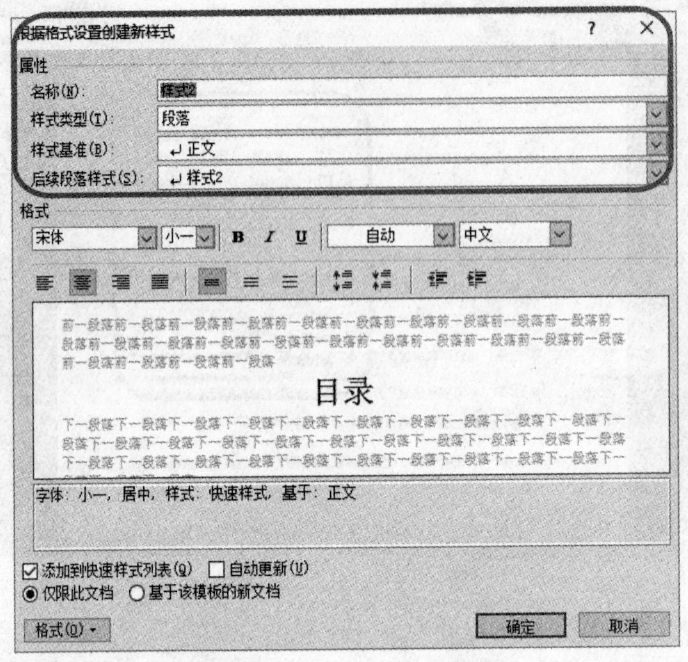

图 3－82　设置新建样式属性

2. 使用样式

（1）使用“快速样式”列表，选择文档中要应用样式的文本，单击“样式”工具组中样式列表内需要应用的样式即可，如图 3－83 所示。

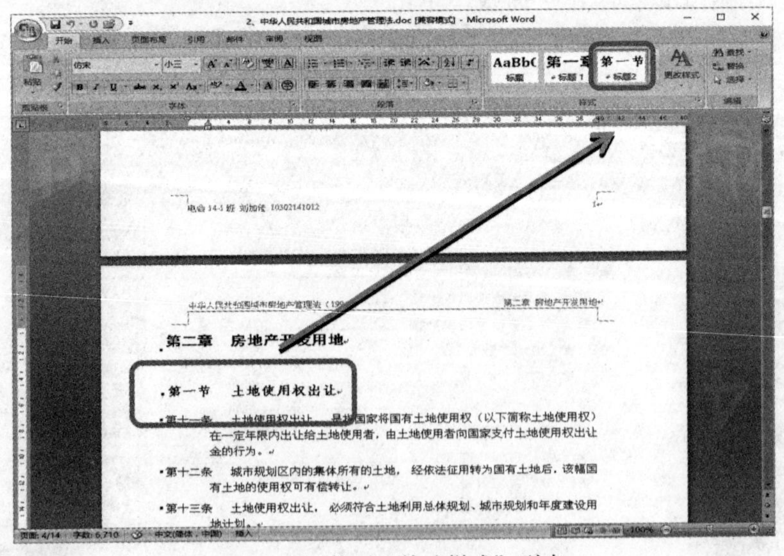

图 3－83　使用“快速样式”列表

（2）使用“样式”面板，单击“样式”工具组样式框右下角的扩展按钮，在弹出的“样式”面板中选择要应用的样式即可。

3. 删除样式

当不需要某个样式时，可以在“样式”工具组中样式列表内删除样式，文档中被删除的样式的段落都将变为正文样式。用户只能删除用户设置的样式，不能删除 Word 自带的样式。删除样式的具体方法为，在样式列表中右击要删除的样式名称，在弹出的快捷菜单中选择“从快速样式库中删除”命令即可，如图 3－84 所示。

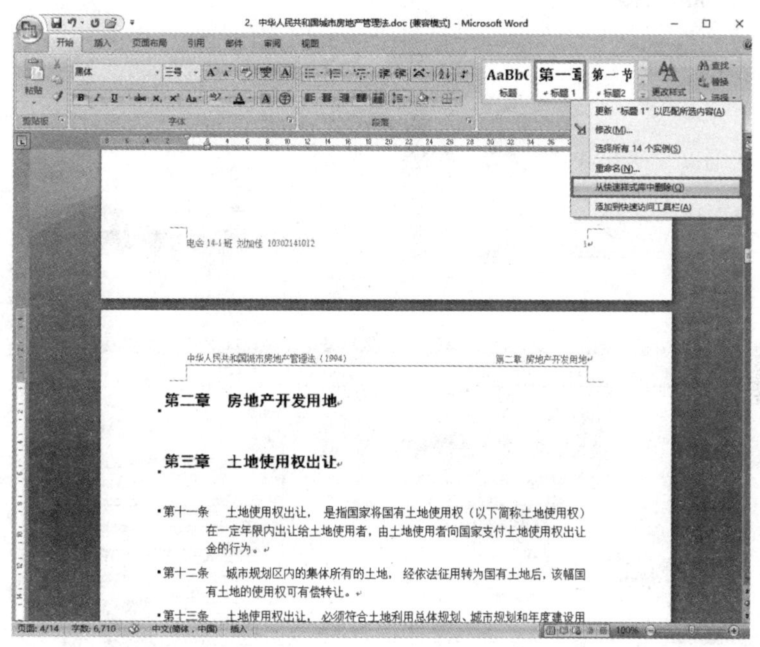

图 3－84　删除样式

4. 模板的应用

模板就是将各种类型的文档预先编排成一种“文档框架”，其中包含了一些固定的文字内容，以及所要使用的样式等。用户可以将创建的样式保存到模板中，从而使所有使用该模板创建的文档都可以应用该样式，这样既可以提高工作效率，又可以统一文档风格。

Word 2010 自带了多个预设的模板，如传真、简历、报告等，这些模板都具有特定的格式，创建后对文字稍加修改就可以作为自己的文档来使用。具体操作方法是打开“文件”菜单，单击“新建”命令，打开“新建”面板，如图 3－85 所示。单击“主页”列表中的“样本模板”，选择其中一种模板单击“创建”按钮，即可完成模板的创建，如图 3－86 所示。

5. 将现有文档保存为模板

创建模板最简单的方法就是将现有的文档作为模板来保存，该文档中的字符样式、段落样式、表格、图形、页面边框等元素都会同时保存在该模板中。将现有文档保存为模板的操作方法为，打开“文件”菜单，选择“另存为”命令，在弹出的另存为对话框中输入要保存的模板名称，并将“保存类型”设置为“Word 模板”类型，然后单击“保存”按钮即可，如图 3－87 所示。

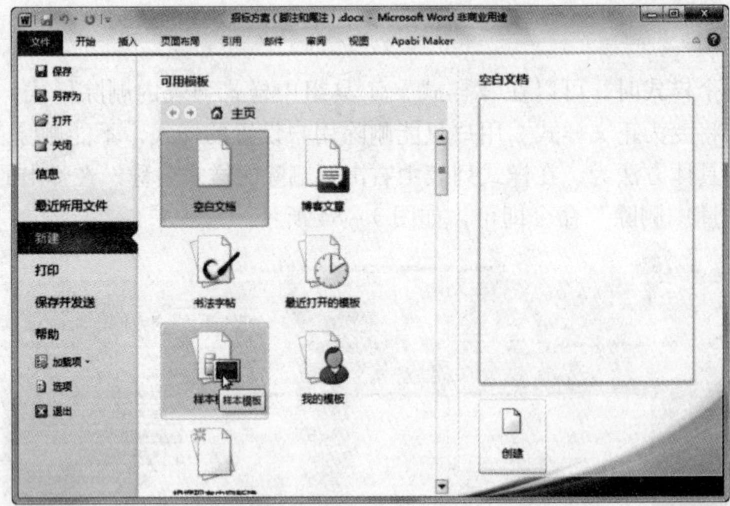

图 3－85　新建文档

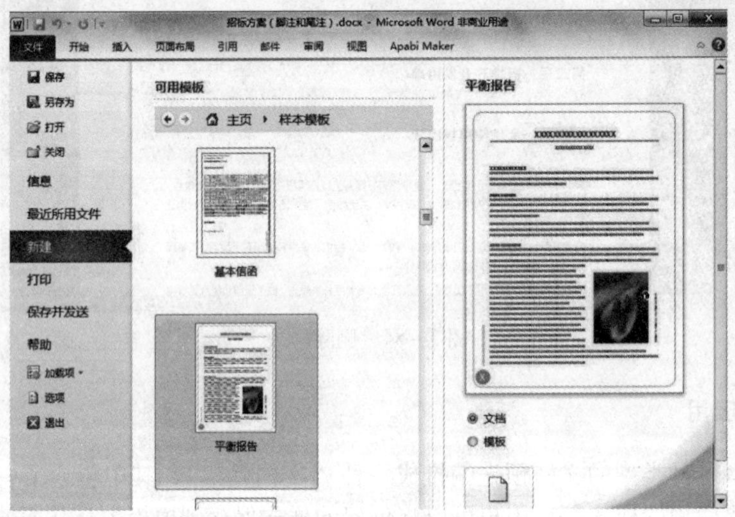

图 3－86　选择模板

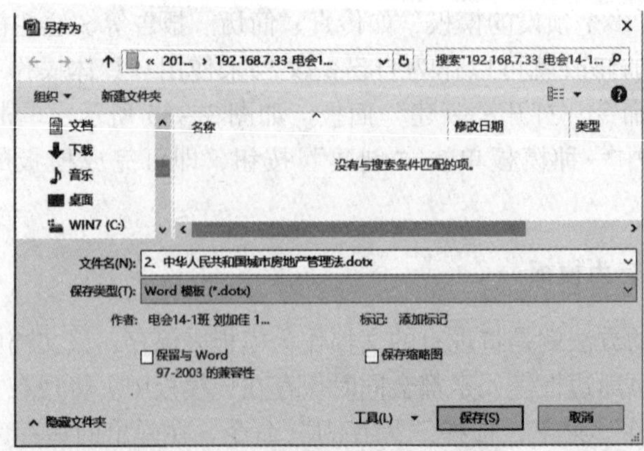

图 3－87　将现有文档保存为模板

3.6.2 使用脚注与尾注——在投标书中应用脚注与尾注

脚注和尾注是文档的一部分，用于对文档的补充说明，起注释作用。一般来说，脚注放在本页底部，用于解释本页的内容，尾注放在文档末尾，用于说明所引用的文献来源。

1. 插入脚注

脚注和尾注都由两部分组成，一部分是文档中的注释引用标记，另一部分是注释的具体内容。插入脚注的方法是，单击要插入脚注的位置定位插入点，然后单击“引用”选项卡中“脚注”工具组中内“插入脚注”按钮，如图 3－88 所示，在页面底端输入脚注文字即可。

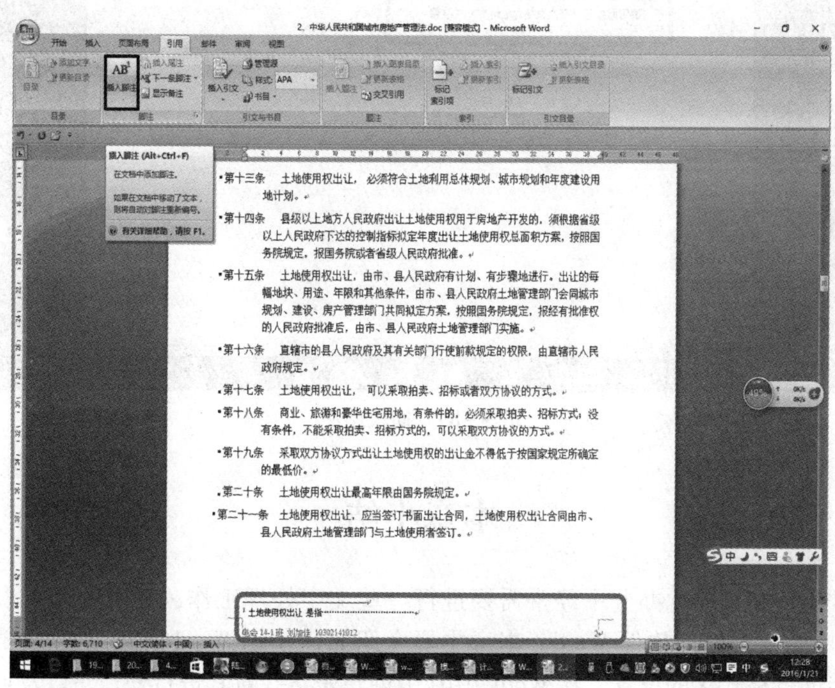

图 3－88　插入脚注

2. 插入尾注

方法和插入脚注基本类似，操作结果如图 3－89 所示。

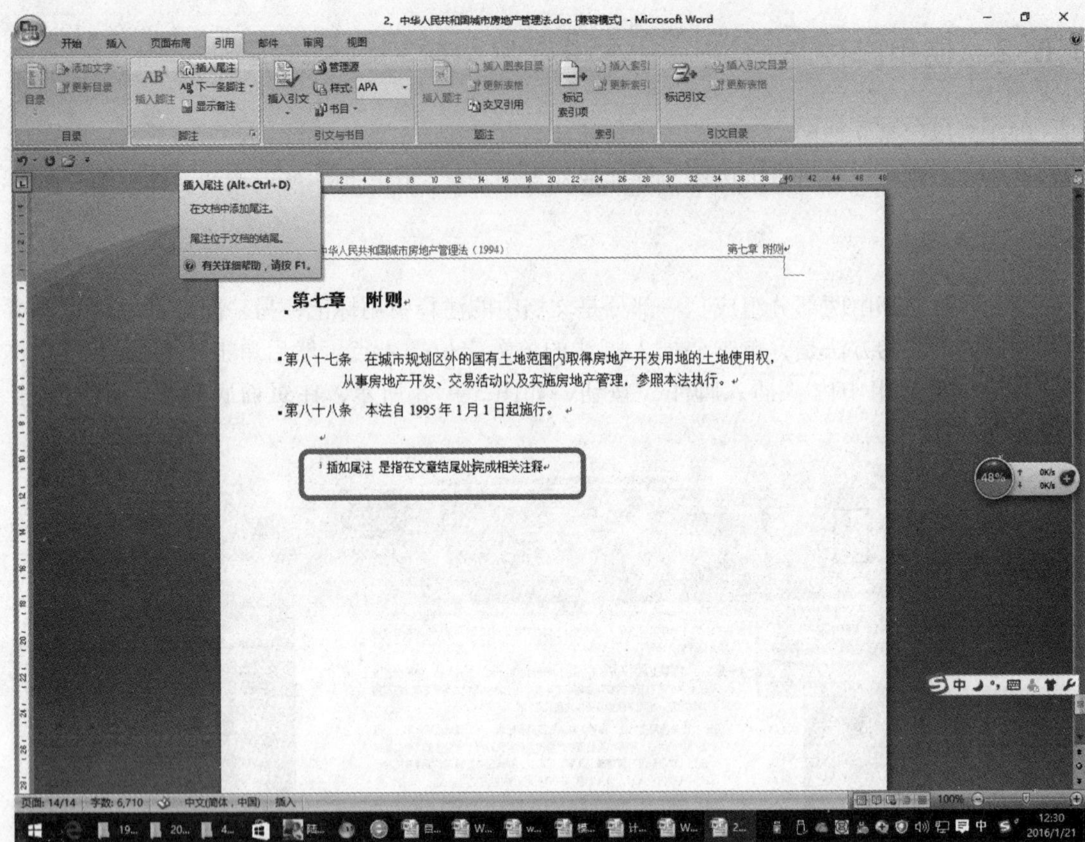

图 3-89 插入尾注

本章小结

在日常生活和自动化办公中经常需要进行一些文字处理工作，其中用得较多的软件是 Office 组件中的文字处理软件 Word。本章主要介绍如何使用 Word 2010 创建文档、编辑文档、对文档进行格式化的设置、在 Word 2010 中创建表格并对其进行处理，以及如何进行图文混排和文档的预览打印等操作。通过本章的学习，读者应对 Word 2010 的基本操作有一定的了解。

第 4 章 表格处理软件 Microsoft Excel 2010

4.1 Excel 2010 概述

Excel 2010 不仅具有强大的数据组织、计算、分析和统计功能，还可以根据输入的数值和计算结果建立各种统计图表和图形，直观地显示数据之间的关系，同时还可以对数据进行排序、筛选和分类汇总等数据库操作。

Excel 2010 界面友好、操作简单、功能丰富，该软件既适用于个人事务处理，也可用于办公事务处理，如数据分析、财务、审计和统计等。

4.1.1 Excel 的基本功能

1. 方便的表格制作

Excel 可以快捷地建立工作簿和工作表，输入和编辑工作表中的数据，以及对工作表进行多种格式化设置。

2. 强大的计算能力

Excel 提供简单易学的公式输入方式和丰富的函数，利用自定义的公式，以及 Excel 预设的各类公式和函数可以进行各种复杂的计算。

3. 丰富的图表表现

Excel 提供便捷的图表向导，可以通过图表向导轻松建立和编辑出多种类型，且与工作表对应的统计图表，同时可以通过图表修饰功能来美化图表。

4. 快速的数据库操作

Excel 把数据表与数据操作融为一体，利用 Excel 提供的“数据”选项卡及其各种功能按钮就可以轻松地对工作表中的数据进行排序、筛选、数据合并和分类汇总等操作。

5. 数据共享

Excel 提供数据共享功能，该功能通过建立超链接实现多个用户共享同一个工作簿文件的功能。

4.1.2 Excel 的基本概念

1. 工作簿

一个 Excel 文件就是一个工作簿（Excel 2007～2010 文件扩展名为 xlsx，Excel 2003 文件扩展名为 xls），而一个工作簿中可以包含多张工作表（表格）。就像一个记事本可以包含若干页。打开 Excel 应用程序后，会自动创建一个名为“工作簿 1”或“Book1”的工作簿，一个新的工作簿启动后默认有 3 个工作表，分别为 Sheet1、Sheet2、Sheet3，用户可以根据需要动态调整默认包含工作表的数量，而一个工作簿最多可以包含 255 个工作表。

工作表是由若干行和列组成的二维表格。工作表的个数可以动态增加或减少，工作表名称可以自由修改。在工作区中单击任意工作表标签，该工作表则处于选中状态，称为当前工作表。当工作表处于选中状态后，可以对工作表中的数据进行编辑和修改。如果工作表标签太多，导致在工作表标签行中无法看到后面的工作表，则可以通过标签滚动按钮来滚动显示被隐藏的工作表标签。

2. 工作表与单元格

工作表由单元格、行号、列标、工作表标签等组成。在工作表中行号与列标交叉处的区域称为单元格，单元格可以保存数值、文本和时间日期等数据。Excel 工作表共有 1 048 576 行，16 384 列。每一个单元格地址由“列标” + “行号”组成。列标在前，行号在后，例如第 3 行、第 4 列的单元格地址为“D3”，如图 4－1 所示。行号由数字 1～1 048 576 组成；列号由 A～Z、AA～AZ、…、XFD 构成。

每个工作表都有一个标签，工作表的标签是工作表的名字。单击工作表标签，该工作表则成为当前工作表。如果一个工作表在计算时需要引入其他工作表中的数据，则需要在引用单元格地址前加“工作表名”和“!”符号，形式为“<工作表名>! <单元格地址>”。

3. 当前单元格

单击一个单元格，该单元格则被选定成为当前（活动）单元格，此时单元格的框线变为黑粗线，单元格黑粗线称为单元格指针，如图 4－1，D3 单元格处于选定状态，为当前单元格。将单元格指针移动到其他单元格上，被选中的单元格就成为当前单元格。同时，当前单元格的地址显示在名称框中，当前单元格的内容就显示在当前单元格中和数据编辑区中。

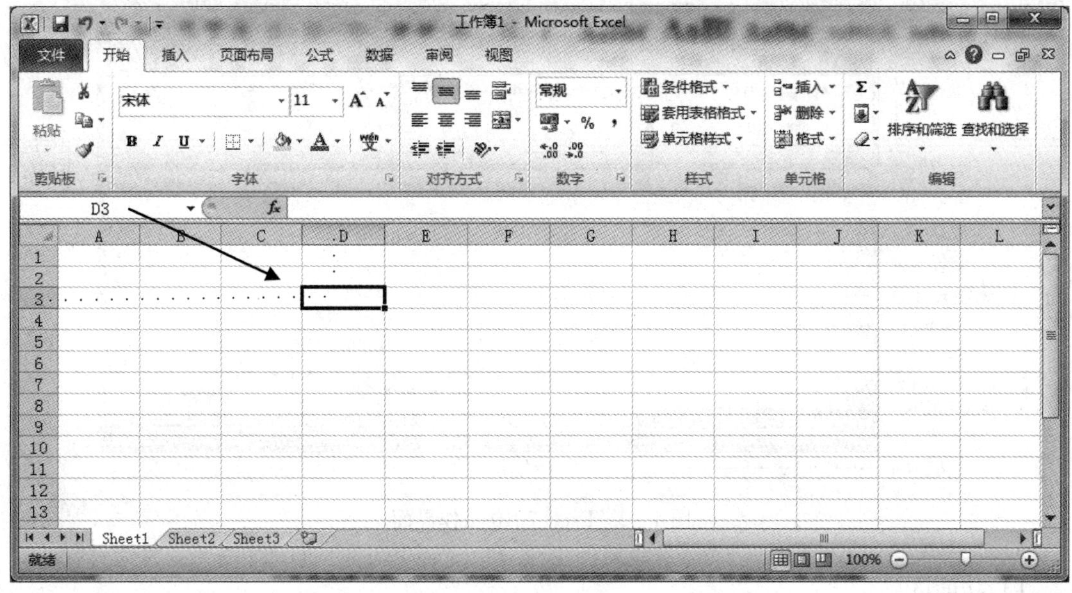

图 4-1　工作表单元格

4. 启动 Excel 2010

启动 Excel 2010 应用程序可以通过下列方法。

(1) 执行“开始”→“所有程序”→“Microsoft office”→“Microsoft Excel 2010”命令，打开 Excel 2010 应用程序并出现 Excel 2010 窗口。

(2) 双击桌面上 Excel 2010 快捷方式图标。

5. 退出 Excel 2010

退出 Excel 2010 应用程序的方法比较多，可以使用下列其中任意一种方法。

(1) 单击功能区右上角的“关闭”按钮。

(2) 单击“文件”菜单，选择“退出”命令。

(3) 单击功能区左端按钮，选择“关闭”命令。

(4) 双击标题栏左侧的控制图标。

(5) 使用“ALT + F4”组合键。

6. Excel 2010 工作界面

Excel 2010 应用程序启动后即打开了应用程序工作窗口，其工作界面如图 4-2 所示。Excel 2010 应用程序工作窗口由窗口上部带有功能选项卡的功能区和下部的工作表区域构成。功能区包含所操作工作簿的标题、功能选项卡及相关功能按钮；工作表区域包括名称框、工作表区、数据编辑区、工作表标签等。功能选项卡中包含了操作数据表所需的功能按钮，根据按钮功能的不同，各个功能选项卡内又划分出不同的工具组。

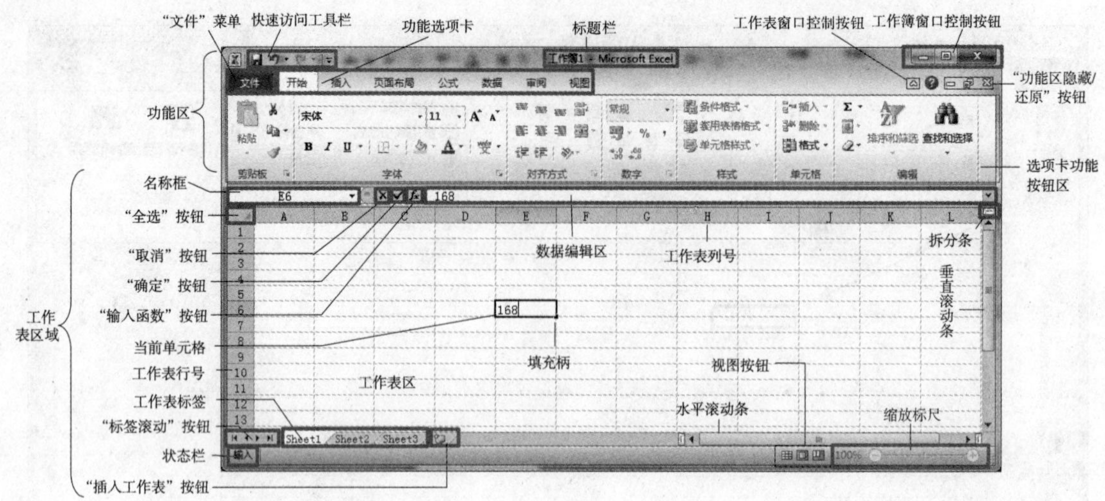

图4-2 Excel 2010 工作界面

1）功能区

工作簿标题位于功能区最顶部，图标包含窗口的还原、移动、改变大小、最大（小）化和关闭窗口命令，右侧的快捷访问工具栏有“保存”“撤销操作”“恢复操作”和“自定义快速访问工具”等按钮；功能区最右侧包含工作簿的窗口控制按钮、工作表窗口控制按钮和“功能区隐藏/还原”等按钮。移动功能区标题可以改变窗口的位置，双击功能区标题可以放大或还原 Excel 2010 应用程序窗口。

功能区中包含了“文件”菜单及多个功能选项卡，各选项卡内又包含若干功能按钮并按其功能划分为若干工具组，功能选项卡主要有“开始”“插入”“页面布局”“公式”“数据”“审阅”“视图”等。使用这些选项卡可以完成对数据表的所有操作。

2）工作表区域

工作表区域位于功能区的下方，包含名称框、数据编辑区、工作表区、滚动条和状态栏等。

数据编辑区用来编辑和输入当前单元格的数据或公式，其左侧区域为名称框，用于显示当前单元格（选中区域）的地址或名称。在数据编辑区和名称框之间有 3 个命令按钮，分别为“取消”按钮、“确定”按钮、“输入函数”按钮。如果在输入数据或公式的过程中，单击“取消”按钮，则所输入的数据或公式将被撤销；单击“确定”按钮，则确认所输入数据或公式无误；单击“输入函数”按钮，则对输入公式进行编辑。

工作表区包含有当前工作簿中工作表标签、单元格数据等相关信息。可以在工作表区中对工作表进行重命名、新建、删除等操作。

状态栏位于 Excel 2010 应用程序窗口的最下方，主要用于显示当前窗口正在执行的操作，以及工作状态等信息。例如，当在单元格中输入数据或公式时，状态显示为“输入”状态，当输入完成并确认后，状态显示为“就绪”状态。在状态栏右则为视图按钮和缩放标尺，可以更改页面视图和分页浏览，以及对工作表区进行缩放显示等相关操作。

4.2 Excel电子表格基础

4.2.1 工作簿基本操作

1. 建立工作簿

打开Excel 2010后系统会自动新建一个名为“工作簿1”的空白工作簿，用户可以在保存工作簿时对工作簿重新命名；也可以选择“文件”菜单下的“新建”命令，在“可用模板”下，双击“空白工作簿”。

2. 打开工作簿

如果需要查看已经建立好的工作簿，执行“文件”→“打开”命令，或者按“Ctrl + O”组合键，在弹出的“打开”对话框中选择相应的工作簿文件。

3. 保存工作簿

在Excel工作簿中录入数据后，需要及时保存信息。可以通过选择“文件”菜单下的“保存”或“另存为”命令，或者按“Ctrl + S”组合键快速保存工作簿。如果工作簿是新建立的尚未保存，则在执行保存工作时，会弹出“另存为”对话框。可以通过“保存”或“另存为”对话框来指定文件存放位置或更改文件名。

4. 关闭工作簿

当工作簿数据处理完成后，应将工作簿关闭以防意外情况造成数据损失。执行“文件”→“关闭”命令，或者单击功能区右上角的“关闭”按钮。

5. 保护工作簿

为了防止工作簿中的数据被更改，可以对工作簿进行保护，其基本操作如下：

(1) 单击“审阅”选项卡中“更改”工具组中的“保护工作簿”按钮，打开“保护结构和窗口”对话框，如图4-3所示。

(2) 选中“结构”和“窗口”复选框，并在“密码”框中输入保护密码，单击“确定”按钮，打开“确认密码”对话框。

(3) 在“确认密码”对话框中重新输入刚才输入的密码，单击“确定”按钮，完成对工作簿的保护操作。

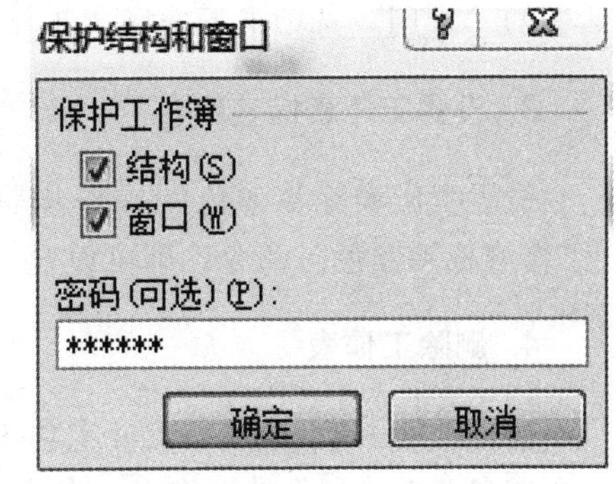

图4-3 “保护结构和窗口”对话框

如果工作簿被保护，则“保护工作簿”按钮将呈选中状态，并且在功能区中文档控制按钮也将自动消失。在保护模式下，对工作簿内容的添加、删除、修改、移动、复制、隐藏或重命名等操作将被禁止，同时也不可以对工作簿执行最小化、最大化/还原与关闭等操作。

如果要取消对工作簿的保护，则单击“审阅”选项卡中“更改”工具组的“保护工作簿”按钮，打开“撤销工作簿保护”对话框，在“密码”框中输入正确的密码，单击“确定”按钮即可。

4.2.2 工作表的基本操作

在 Excel 文件中，新建立的空白工作簿默认有 3 个工作表，这 3 个工作表分别为 Sheet1、Sheet2 和 Sheet3，默认打开的是 Sheet1 工作表。

1. 选定工作表

在对工作表进行操作前，需要提前选定。选定一个工作表，即单击要被选定的工作表标签，被选定的工作表标签则变成白色，该工作表称为当前活动工作表。若要选定多个工作表，则单击第一个工作表标签，按住 Shift 键后再单击最后一个工作表标签，就可以选定连续的多个工作表。若选定不相邻的工作表，则单击第一个工作表标签后按住 Ctrl 键，依次单击需要选定的工作表标签即可。

知识链接

如果同时选定多个工作表，其中只有一个工作表是当前活动工作表，那么对当前活动工作表的操作会同时作用到其他工作表上。

2. 插入新工作表

如果工作簿中默认生成的 3 个工作表数量不够使用，则可以插入新工作表，按如下方法操作。

（1）单击工作表标签右侧“插入工作表”按钮或使用“Shift + F11”组合键。

（2）单击“开始”选项卡中“单元格”工具组的“插入”按钮，在其下拉列表中选择“插入工作表”命令。

（3）右击工作表标签，在弹出的快捷菜单中选择“插入”命令，在弹出的“插入”对话框的“常用”选项卡下选择“工作表”，单击“确定”即可。

3. 设置工作表标签颜色

设置工作表标签颜色的操作步骤为，右击选定的工作表，在弹出的快捷菜单中选择“工作表标签颜色”命令，即可设置工作表标签颜色。

4. 删除工作表

在日常使用中，如果 Excel 空白工作表太多，则可以删除多余的空白工作表。右击选定一个或多个需要删除的工作表，在弹出的快捷菜单中选择“删除”命令。

5. 重命名工作表

右击需要重命名的工作表标签，在弹出的快捷菜单中选择“重命名”命令，输入新的工作表名称。或双击需要重命名的工作表标签，输入新的工作表名称。例如，将学生成绩表的工作表标签“Sheet1”重命名为“学生成绩表”，如图4－4（a）、(b）所示。

	A	B	C	D	E	F	G
1				学生成绩表			
2	序号	学号	姓名	计算机	英语	高等数学	总成绩
3	1	s01	李明				
4	2	s02	张华				
5	3	s03	李雷				
6	4	s04	James				
7	5	s05	小明				
8	6	s06					
9	7	s07					
10	8	s08					
11							

Sheet1 / Sheet2 / Sheet3

(a)

	A	B	C	D	E	F	G
1				学生成绩表			
2	序号	学号	姓名	计算机	英语	高等数学	总成绩
3	1	s01	李明				
4	2	s02	张华				
5	3	s03	李雷				
6	4	s04	James				
7	5	s05	小明				
8	6	s06					
9	7	s07					
10	8	s08					
11							

学生成绩表 / Sheet2 / Sheet3

(b)

图4－4　重命名工作表

(a）原始学生成绩工作表；(b）重命名后的学生成绩工作表

6. 移动或复制工作表

1）利用鼠标在工作簿内移动或复制工作表

在工作簿内移动工作表主要用于改变工作表的先后顺序，而复制工作表主要用于备份工作表数据。

如果需要移动一个或多个工作表，首先要选定需要移动的一个或多个工作表，然后在工作表标签上按住鼠标左键向左或向右拖动，此时将会出现一个黑色的小三角，当黑色的小三角移动到需要移动的位置时，松开鼠标左键，即可完成工作表的移动。

复制工作表的操作与移动工作表的操作方法基本相同，只是在拖动工作表前需要按住Ctrl键，当黑色的小三角移动到指定位置上时，松开鼠标左键，再松开Ctrl键，即可完成工作表的复制工作。

2）利用对话框完成工作表在不同工作簿内的移动或复制操作

利用“移动或复制工作表”对话框，可以实现一个工作簿内工作表的移动或复制，也可以实现不同的工作簿之间工作表的移动或复制。如果需要在两个不同工作簿内移动或复制工作表，就必须在同一个 Excel 中打开两个工作簿，否则将不能移动或复制工作表至另一个工作簿中。具体操作步骤如下：

（1）在一个 Excel 中，分别打开源工作簿和目标工作簿，并使源工作簿成为当前工作簿。

（2）在当前工作簿中选定要复制或移动的一个或多个工作表标签。

（3）右击选定的工作表标签，在弹出的快捷菜单中选择“移动或复制工作表”命令，弹出“移动或复制工作表”对话框，如图 4－5 所示。

（4）在“工作簿”下拉列表中选择要复制或移动到的目标工作簿。

（5）在“下列选定工作表之前”列表中选择要插入的位置。

（6）如果移动工作表，则需将“建立副本”复选框取消；如果复制工作表，则需选中“建立副本”复选框。

（7）单击“确定”按钮即可完成工作表移动或复制到目标工作簿的操作。

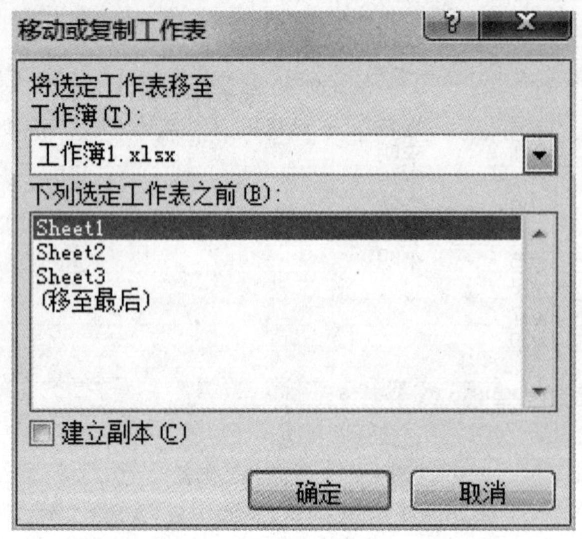

图 4－5 “移动或复制工作表”对话框

7. 隐藏工作表

工作簿中的工作表可以根据需要进行隐藏或显示。如果工作表需要进行隐藏，右击需要隐藏的工作表标签，在弹出的快捷菜单中选择“隐藏”命令即可。当执行“隐藏”命令后，工作表和工作表标签都将被隐藏。

如果隐藏的工作表需要被显示出来，右击某个工作表标签，在弹出的快捷菜单中选择“取消隐藏”命令，打开“取消隐藏”对话框，在对话框中选择相应工作表，单击“确定”按钮即可。

8. 保护工作表

为防止工作表被意外修改，需要对工作表进行保护。可以通过编辑权限对工作表进行锁定，工作表保护的基本操作步骤如下：

（1）选中要保护的工作表，单击“审阅”选项卡中“更改”工具组的“保护工作表”按钮，打开“保护工作表”对话框，如图4－6所示。

（2）在对话框中选中“保护工作表及锁定的单元格内容”复选框，并在“取消工作表保护时使用的密码”文本框中输入密码，在“允许此工作表的所有用户进行”列表中选中“选定锁定单元格”“选定未锁定的单元格”复选框，单击“确定”按钮，打开“确认密码”对话框。

（3）在“确认密码”对话框中，再次输入保护工作表的密码，单击“确定”按钮，完成对工作表的保护操作。

工作表被保护后，原来“保护工作表”按钮将变为“撤销工作表保护”按钮。若要对工作表单元格的数据进行修改或删除操作，则会给出相应的警告信息。

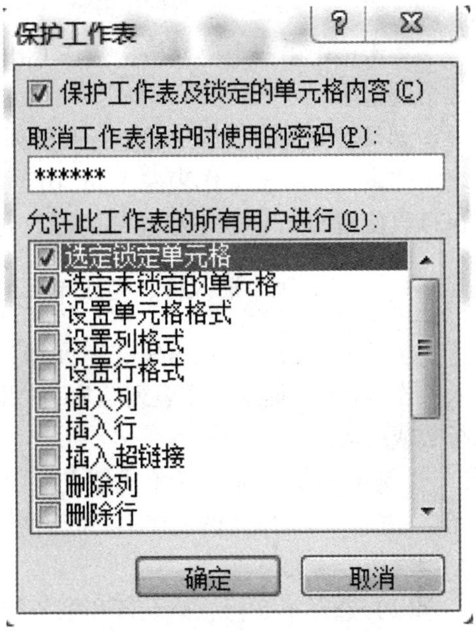

图4－6 “保护工作表”对话框

如果需要取消工作表的保护功能，单击“撤销工作表保护”按钮，打开“撤销工作表保护”对话框，在对话框中输入撤销保护密码，单击“确定”按钮。

4.2.3 单元格的基本操作

单元格是工作表的基本单元，工作表中的操作基本都是基于单元格的操作。

1. 选定单元格

选定单元格的方法主要有两种。

（1）移动光标至需选定的单元格上单击，该单元格即被选定为当前单元格。

（2）在单元格名称栏输入单元格地址，单元格指针可直接定位到该单元格，如“A10”。

2. 选定连续单元格区域

选定连续单元格区域的方法主要有3种。

（1）单击要选定单元格区域左上角的单元格，按住鼠标左键并拖动光标到所选区域的右下角单元格，然后放开鼠标左键即选中单元格区域。

（2）利用工作表的名称选择连续的单元格，在名称框输入单元格的起始地址和单元格右下角的结束地址，中间用英文符号“:”隔开，如“A4:D10”。

（3）单击要选定单元格区域左上角的单元格，按住Shift键的同时单击所选区域右下角的单元格即选中该区域。

如果要取消所选单元格区域，只需要在工作表中单击任一单元格即可。

3. 选定不连续单元格区域

单击选中第一个单元格，按住 Ctrl 键不放，依次选择其他的单元格，即可完成不连续单元格的选取。

如果需要选择工作中的整行或整列，则需要单击工作表的行号或列号。如果需要选中整个工作表，则单击工作表左上角（行号和列标处）的“全选”按钮即可选中整个工作表。也可以使用 Shift 键来选择连续的行或列，或使用 Ctrl 键选择不连接的行或列。

4. 在工作表中插入行、列或单元格

单击“开始”选项卡中“单元格”工具组的“插入”按钮，选择“插入单元格”“插入工作表行”“插入工作表列”则可以插入单元格或行、列，选择的行数和列数即为插入的行数或列数。

【例 4－1】 在“学生成绩表”中的第 5 行、第 6 行和第 7 行插入 3 行，之后在 F4 单元格处插入一个单元格，使 F4 单元格原有内容向下移动。

操作步骤如下。

（1）选择第 5 行、第 6 行和第 7 行，单击“开始”选项卡中“单元格”工具组的“插入”按钮，选择“行”，即可完成插入 3 行，如图 4－7 所示。

A5

	A	B	C	D	E	F	G	H
1				学生成绩表				
2	序号	学号	姓名	计算机	英语	高等数学	总成绩	
3	1	s01	李明	60	67	73		
4	2	s02	张华	70	81	84		
5								
6								
7								
8	3	s03	李雷	85	69	65		
9	4	s04	James	68	71	63		
10	5	s05	小明	73	69	71		
11	6	s06	李华	61	80	62		
12	7	s07	小杰	68	71	68		

学生成绩表 Sheet2 Sheet3

图 4－7　插入 3 行之后的工作表

（2）选定 F4 单元格，使其成为当前活动单元格，选择“开始”选项卡，单击“单元格”工具组的“插入”按钮，选择“插入单元格”，弹出如图 4－8 所示对话框，在对话框中选择“活动单元格下移”单选项，单击“确定”按钮，即可完成对 F4 单元格处的插入，如图 4－9 所示。

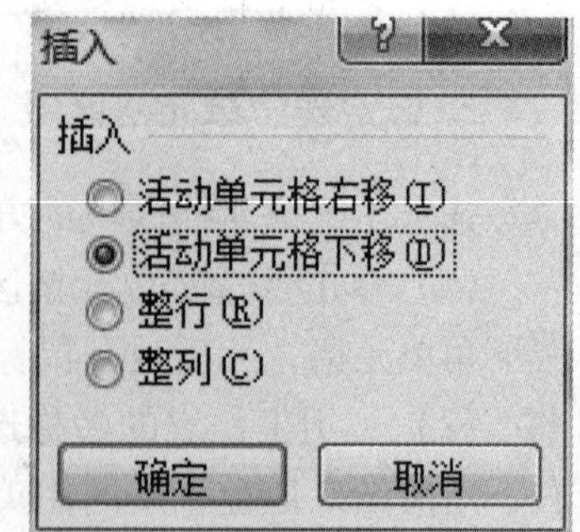

图 4－8　“插入”对话框

5. 删除行、列或单元格

选定要删除的行、列或单元格，单击“开始”选项卡中“单元格”工具组的“删除”按钮，即可完成对工作表中行、列或单元格的删除。执行“删除”命令后，单元格和单元格中的内容将同时被删除，被删除单元格位置将由周围单元格自动补充。如果仅需要删除单元格中的内容，则只需要按 Delete 键，即可删除单元格中的内容，而不会删除单元格。

	A	B	C	D	E	F	G
1				学生成绩表			
2	序号	学号	姓名	计算机	英语	高等数学	总成绩
3	1	s01	李明	60	67	73	
4	2	s02	张华	70	81		
5						84	
6							
7							
8	3	s03	李雷	85	69		
9	4	s04	James	68	71	65	
10	5	s05	小明	73	69	63	
11	6	s06	李华	61	80	71	
12	7	s07	小杰	68	71	62	
13	8	s08	王浩	72	73	68	
14						76	

学生成绩表　Sheet2　Sheet3

图 4－9　插入单元格后的工作表

6. 命名单元格

有时候为了使工作表结构更加清晰，可以对单元格进行命名。

【例 4－2】　为“学生成绩表”工作表的 A1 单元格命名为“标题”。

具体步骤如下。

（1）选定 A1 单元格为当前活动单元格。

（2）在单元格名称框中输入“标题”。

（3）按 Enter 键即可完成命名，如图 4－10 所示。

标题　fx

	A	B	C	D	E	F	G
1				学生成绩表			
2	序号	学号	姓名	计算机	英语	高等数学	总成绩
3	1	s01	李明	60	67	73	
4	2	s02	张华	70	81		
5						84	
6							
7							
8	3	s03	李雷	85	69		
9	4	s04	James	68	71	65	
10	5	s05	小明	73	69	63	
11	6	s06	李华	61	80	71	
12	7	s07	小杰	68	71	62	
13	8	s08	王浩	72	73	68	
14						76	

学生成绩表　Sheet2　Sheet3

图 4－10　命名单元格

7. 批注

批注是为单元格添加注释。当为单元格添加批注后，该单元格右上角将会出现一个红色的小三角符号，当把光标移到该单元格上时，会自动显示批注信息。

1）添加批注

右击选定要添加批注信息的单元格，在弹出的快捷菜单中选择“插入批注”命令，在弹出的批注框中填入批注信息。或单击“审阅”选项卡中“批注”工具组的“新建批注”按钮，在弹出的批注框中填入批注信息。单击工作表其他单元格自动退出批注添加区域。

2）编辑或删除批注

右击选定有批注的单元格，在弹出的快捷菜单中选择“编辑批注”或“删除批注”命令，即可完成对批注信息的删除或修改。

【例 4-3】 为“学生成绩表”工作表的 A2 单元格添加批注，批注内容为“该序号为学生报到序号”。

具体步骤如下：

（1）选定 A2 单元格为当前活动单元格。

（2）右击当前活动单元格，在弹出的快捷菜单中选择“插入批注”命令。

（3）在弹出的批注框中填入“该序号为学生报到序号”，如图 4-11 所示。

	A	B	C	D	E	F	G	H
1				学生成绩表				
2	序号	du: 该序号为学生报到序号		计算机	英语	高等数学	总成绩	
3	1			60	67	73		
4	2			70	81	84		
5	3			85	69			
6	4	s04	James	68	71	65		
7	5	s05	小明	73	69	63		
8	6	s06	李华	61	80	71		
9	7	s07	小杰	68	71	62		
10	8	s08	王浩	72	73	68		

学生成绩表 Sheet2 Sheet3

图 4-11 给单元格添加批注信息

4.2.4 输入和编辑工作表数据

Excel 在对单元格进行数据输入和修改时，必须先要选定输入或修改数据的单元格使其成为当前单元格。选定后的单元格可以在单元格中输入或修改数据，也可以在数据编辑区进行修改。

1. 输入数据

新建立的工作簿默认有 3 个工作表 Sheet1、Sheet2 和 Sheet3，且默认打开 Sheet1。

1）输入文本

文本数据可以由汉字、数字、字母、特殊符号、空格等构成。文本数据的优点是可以进行字符操作，如截取字符、删除字符和替换字符等。但是，不可以进行算术运算操作（除数字符串外）。

在当前单元格中输入文本后，按 Enter 键，或将单元格指针移到其他单元格，或单击单元编辑区中的按钮✔，都可以完成对单元格文本的输入。文本数据默认的对齐方式为单元格内靠左对齐。

在对单元格输入文本数据时，需要注意以下几点。

（1）如果单元格中输入的数据包含汉字、字母、数字等组合形式，则默认为文本数据。例如，“1 天”“1day”等都是文本数据格式。

（2）如果文件数据出现在公式中，则文本数据需要使用英文双引号引起来。例如，“IF(B2 > =60,"及格","不及格")”其中，及格和不及格都需要使用英文双引号括起，否则将

会产生错误。

（3）如果单元格中输入的是一些无须计算的数字串时，可以在数字串前添加一个英文的单引号“'”或将单元格数据格式改为文字格式，Excel 将会按文本数据进行处理。例如，输入职工号、身份证号、邮政编码、电话号码等。

（4）如果输入的文本长度超过了单元格宽度，若当前单元格右侧单元格为空时，超出单元格宽度部分将会延伸到右侧单元格；若当前单元格右侧单元格不为空时，超出单元格宽度部分会自动隐藏起来。

2）输入数值

数值数据一般由数字、+、-、小数点、¥、%、/、E、e 等符号组成。数值数据的主要优点是可以进行算术运算。数值数据默认的对齐方式是单元格内靠右对齐。输入数值数据时，默认形式为常规表示法，如输入 12、123.45 等。如果输入的数值数据长度超过了单元格宽度时，Excel 会自动将单元格内数值数据转化为科学表示法：<整数或实数>e±<整数>或<整数或实数>E±<整数>。如输入“31415926535898”，单元格会自动转化为“3.14159E+13”。

在对单元格输入数值数据时，需要注意以下几点。

（1）如果在对单元格进行数值输入时，单元格中的数值被“#######”替换，则说明单元格宽度不够，调整单元格宽度即可显示正常数值。

（2）如果在单元格内输入分数，则需要先输入零和空格，然后再输入分数。如输入“1/2”时，需要输入“0 1/2”才可以正确显示分数。

3）输入时间和日期

在单元格内输入 Excel 可识别的日期和时间数据时，单元格的格式会自动转换为相应的日期或时间格式，而不需要去设定该单元格的格式，输入时间和日期数据时对齐方式默认为单元格内右对齐。

当输入日期“2016 年 1 月 17 日”时，可以采取的输入形式为“2016/1/17”“2016-01-17”或“17-Jan-2016”；当输入时间“17 点 28 分”时，可以采取的输入形式为“17:28”或“5:28PM”；当输入为日期和时间组合形式，“2016 年 1 月 17 日 17 时 28 分”时，可以采用的输入形式为“2016/01/17 17:28”。注意，在日期和时间之间有一个空格分隔。

在单元格内输入日期时间时，需要注意以下几点。

（1）如果输入的时间或日期不能被识别，则 Excel 会自动将不能识别的时间或日期转化为文本，并在单元格中左对齐。

（2）如果单元格首次输入的是日期，则该单元格格式会自动格式化为日期格式；如果在该单元格内再输入数值数据，则会把数值数据转化为日期。如单元格首次输入“2016-01-17”，再输入“10”，则显示为“1900/1/10”（1900 年 1 月 10 日）。

4）输入逻辑值

逻辑值数据有两种分别为“TRUE”（真值）和“FALSE”（假值）。可以直接在单元格内输入逻辑值“TRUE”或“FALSE”，也可通过输入公式得到计算的结果为逻辑值。如，某个单元格内输入“=1>2”，结果为“FALSE”。

5）检查数据的有效性

检查数据的有效性要求用户在单元格内输入数据时，必须要满足单元格预先设定的数据格式或数值范围。具体操作是使用“数据”选项卡中“数据工具”工具组中的功能按钮。

【例 4－4】 建立“学生成绩表”，设置 C3:E7 单元格只接受 0～100 的整数，并给出用户提示信息“学生成绩只可以输入 0～100 的整数”。

（1）建立“学生成绩表”，并输入数据。

（2）选中 C3:E7 单元格区域，单击“数据”选项卡中“数据工具”工具组的“数据有效性”按钮，在弹出的对话框中选择“设置”选项卡。

（3）在“有性效条件”中选允许“整数”，数据设置为“介于 0～100”，如图 4－12 所示。

（4）选择“输入信息”选项卡，将“选定单元格时提示输入信息”前的复选框选中，“标题”文本框中可以填入信息也可以不填，“输入信息”文本框中填入“学生成绩只可以输入 0～100 的整数”，单击“确定”按钮，如图 4－13 所示。

图 4－12 设置数据有效性

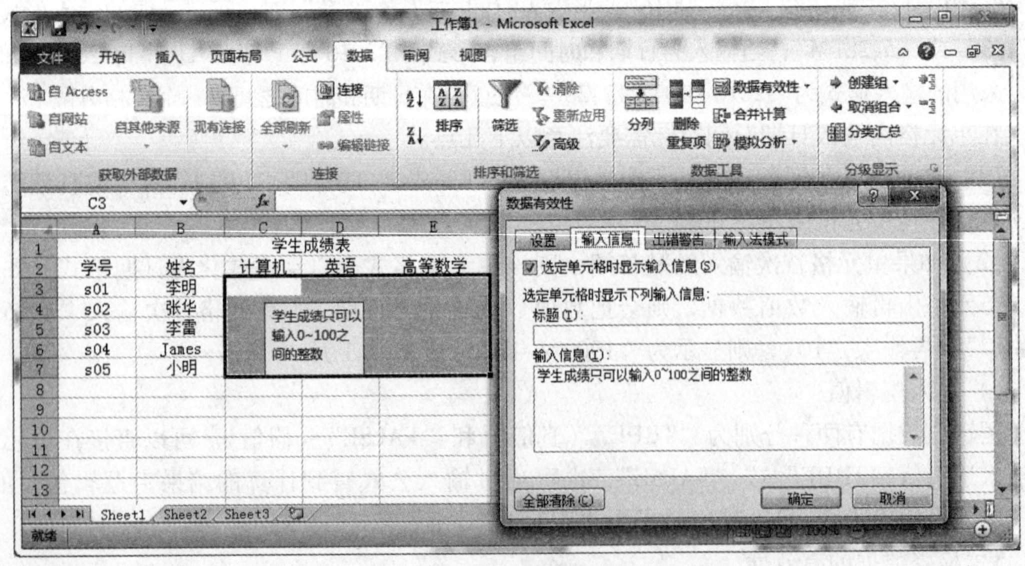

图 4－13 设置数据有效性的提示信息

2. 删除或修改单元格内容

1）删除单元格内容

（1）选中要删除内容的单元格，或按住 Ctrl 键拖动鼠标选取要删除内容的单元格区域。

（2）也可以选中要删除内容的整行或整列。

（3）按 Delete 键即可删除所选定单元格中的内容。

使用 Delete 键删除单元格内容时，只是将数据从单元格中删除，单元格的属性，以及单元格的格式不会被删除。如果想要删除单元格内容的同时也清除单元格的属性，则可以单击“开始”选项卡中“编辑”工具组的“清除”按钮，进行“全部清除”“清除格式”“清除内容”“清除批注”“清除超链接”等操作。

2）修改单元格内容

修改单元格内容的方法主要有两种。

（1）选中要修改内容的单元格，输入要修改的内容后按 Enter 键即可完成该单元格内容的修改。

（2）选中要修改内容的单元格，单击工作表正上方的数据编辑区，即可在此区中修改该单元格内容。

3. 移动或复制单元格内容

移动或复制单元格内容的操作基本相同，一般常用的为移动或复制单元格公式、格式、内容、批注等。

1）使用选项卡或快捷菜单移动或复制单元格内容

使用选项卡命令移动或复制单元格内容主要有两种方法。

（1）选定需要复制或移动内容的单元格区域，在“开始”选项卡内的“剪贴板”工具组中，单击“复制”或“剪切”按钮，或在选定的单元格区域中右击，在弹出的快捷菜单中选择“复制”或“剪切”命令。

（2）选定需要复制或移动内容的单元格区域，选定目标位置，单击“开始”选项卡中“剪贴板”工具组的“粘贴”按钮，或右击目标位置，在弹出的快捷菜单中选择“粘贴选项”下的相应按钮，如图 4－14 所示。

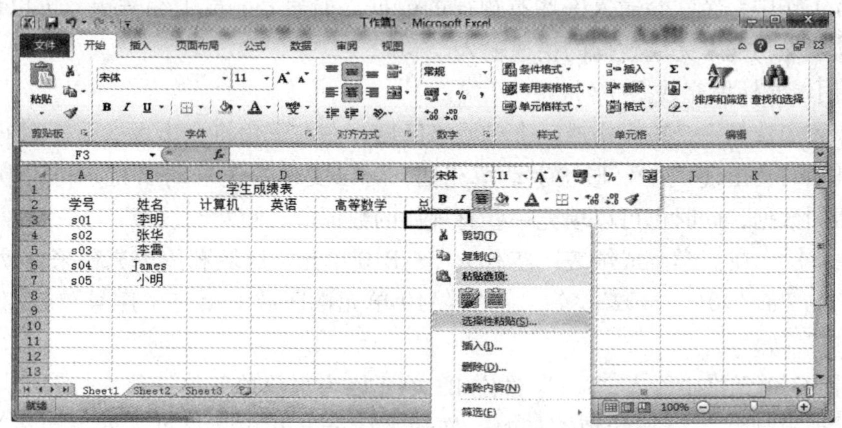

图 4－14　“粘贴选项”下的相应按钮

按 Esc 键或单击数据编辑区，可去除选定区的虚框线，选定区的虚框线去除后则不能进行“粘贴”操作。

2）使用鼠标拖动移动或复制单元格内容

选定需要移动或复制的单元格区域，将光标指向选定区域的边框上，当光标变为十字箭头✥时，按住鼠标左键拖到目标位置，可以移动单元格内容和格式等；在拖动鼠标的同时按住 Ctrl 键到目标位置，然后松开鼠标左键，再松开 Ctrl 键，可以将选定单元格的内容和格式等复制到目标位置。

3）复制单元格中特定内容

选定要复制的单元格区域，单击“开始”选项卡中“剪贴板”工具组的“复制”按钮。选择“剪贴板”工具组中的“粘贴”按钮，或右击粘贴区域弹出快捷菜单，都可以出现“选择性粘贴”命令。选择“选择性粘贴”命令，利用弹出的“选择性粘贴”对话框，可以复制单元格中特定内容，如图 4-15 所示。

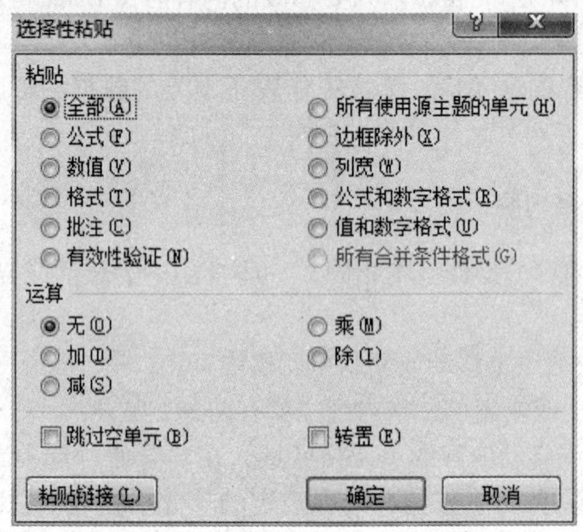

图 4-15　“选择性粘贴”对话框

4. 自动填充单元格数据序列

在日常工作中，经常会输入一些有规律的数据，如学号、员工编号等。可以使用 Excel 提供的自动填充功能来完成数据的快速输入。

1）利用填充柄填充数据序列

在工作表中选择一个单元格或一个单元格区域，在右下角将会出现一个控制柄，当把光标移至控制柄时会出现“+”形状手动填充柄，可以实现快速自动填充。利用填充柄可以实现填充相同数据，同时也可以填充一些有规律的数据。

【例 4-5】　在“学生成绩表”工作表 B3:B10 单元格区域利用填充柄来自动填充学生“学号”信息，如“s01”“s02”等。在 A3:A10 单元格区域上填充“序号”信息，如“1”“2”“3”“4”等。

（1）在 B3 单元格中输入“s01”选定 B3 单元格为当前单元格，将光标移到 B3 单元格控制柄上，当出现“+”形状填充柄时，拖动光标至 B10 单元格处，即可完成学号填充，如图 4-16（a）所示。

（2）在 A3 和 A4 单元格内分别输入数字“1”和“2”，选定 A3:A4 单元格区域，将光标移至单元格控制柄，拖动光标至 A10 单元格处，即可完成序号填充，如图 4－16（b）所示。

	A	B	C	D	E	F	G
1				学生成绩表			
2	序号	学号	姓名	计算机	英语	高等数学	总成绩
3		s01	李明				
4		s02	张华				
5		s03	李雷				
6		s04	James				
7		s05	小明				
8		s06					
9		s07					
10		s08					
11							

（a）

	A	B	C	D	E	F	G
1				学生成绩表			
2	序号	学号	姓名	计算机	英语	高等数学	总成绩
3	1	s01	李明				
4	2	s02	张华				
5	3	s03	李雷				
6	4	s04	James				
7	5	s05	小明				
8	6	s06					
9	7	s07					
10	8	s08					
11							

（b）

图 4－16　利用自动填充完成填充数据序列

（a）快速自动填充学生学号信息；（b）快速自动填充学生序号信息

2）利用对话框填充数据序列

利用对话框填充数据序列有以下两种方法。

（1）利用“开始”选项卡中“编辑”工具组的“填充”按钮填充数据序列时，可进行已定义序列的自动填充，包括数值、日期和文本等类型。在需填充数据序列的单元格区域开始处第一个单元格中输入序列的第一个数值（等比或等差数列）或文字（文本序列），然后选定这个单元格或单元格区域，再执行“填充”下拉列表中的“系列”命令对应的“序列”对话框。

（2）利用“自定义序列”对话框填充数据序列，可自己定义要填充的序列。单击“文件”菜单中的“选项”按钮，打开“Excel 选项”对话框，如图 4－17 所示，选择左侧的“高级”选项，在“常规”栏目下单击“编辑自定义列表”按钮打开“自定义序列”对话框，选择“自定义序列”标签所对应的选项卡，在右侧“输入序列”下输入用户自定义的数据序列，单击“添加”和“确定”按钮即可；或利用右下方的折叠按钮，选中工作表中已定义的数据序列，按“导入”按钮即可。

【例 4－6】　在“学生成绩表”中利用“序列”对话框按等差数列填入序号，步长值为“1”，终止值为“10”。利用“自定义序列”定义“计算机、英语、高等数学”，再利用“序列”对话框填入 D3:F3 单元格区域。

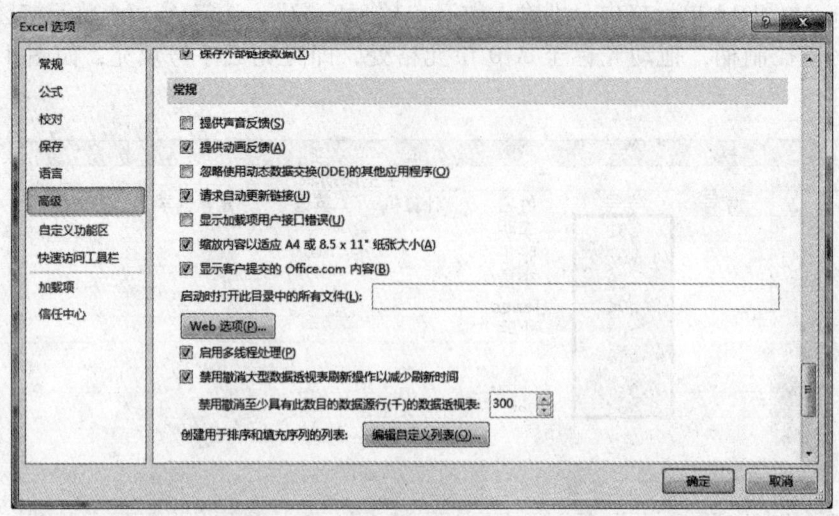

图 4－17 “Excel 选项”对话框

（1）在 A3 单元格填入“1”并选中 A3:A10 单元格区域，选择“开始”选项卡，单击“编辑”工具组中的“填充”按钮，在下拉列表中选择“系列”命令，打开“序列”对话框，如图 4－18 所示。

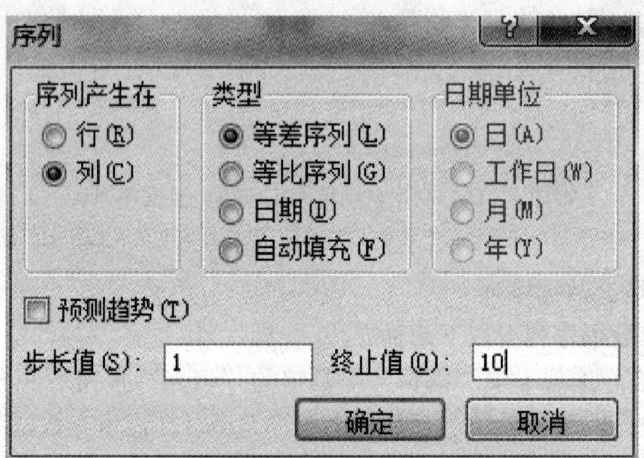

图 4－18 “序列”对话框

（2）选择序列产生在“列”，类型为“等差序列”，步长值为“1”，终止值为“10”，单击“确定”按钮，完成序列填充，如图 4－19 所示。

	A	B	C	D	E	F	G
1				学生成绩表			
2	序号	学号	姓名	计算机	英语	高等数学	总成绩
3	1	s01	李明				
4	2	s02	张华				
5	3	s03	李雷				
6	4	s04	James				
7	5	s05	小明				
8	6	s06					
9	7	s07					
10	8	s08					

图 4－19 自动填充序号信息

（3）单击“文件”菜单中的“选项”按钮，打开“Excel 选项”对话框，如图 4－17 所示，选择“高级”选项，在“常规”栏目下单击“编辑自定义列表”按钮打开对话框，选取对话框中的“自定义序列”标签，在“输入序列”下输入“计算机、英语、高等数学”，单击“添加”按钮，如图 4－20 所示。

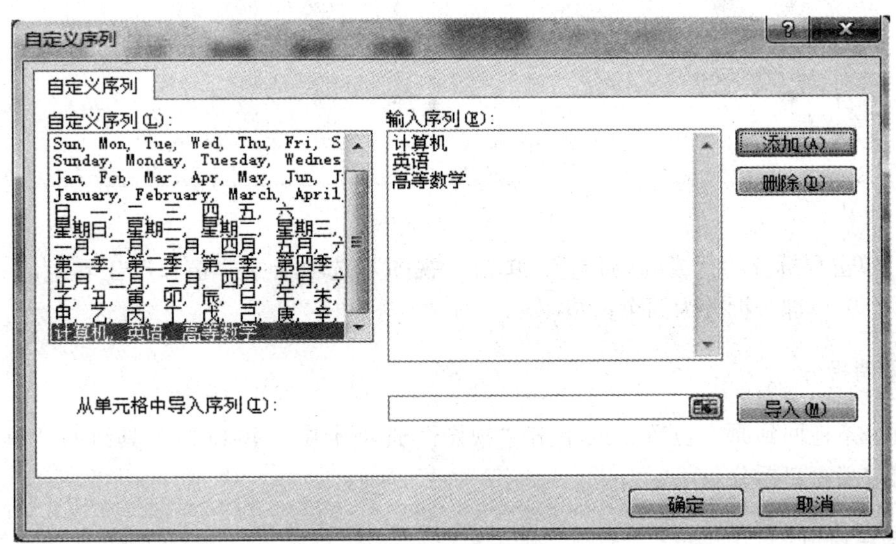

图 4－20 “自定义序列”标签

（4）在 D2 单元格内输入“计算机”，选定 D2:F2 单元格区域，可以利用填充柄完成自动填充或利用“序列”对话框，类型选择“自动填充”完成填充，如图 4－21 所示。

	A	B	C	D	E	F	G
1				学生成绩表			
2	序号	学号	姓名	计算机	英语	高等数学	总成绩
3	1	s01	李明				
4	2	s02	张华				
5	3	s03	李雷				
6	4	s04	James				
7	5	s05	小明				
8	6	s06					
9	7	s07					
10	8	s08					

图 4－21 自动填充自定义序列

4.2.5 拆分和冻结工作表窗口

1. 拆分窗口

一个工作表窗口可以拆分为两个窗口或 4 个窗口，如图 4－22 所示。分隔条将窗格拆分为 4 个窗格。窗口拆分后，可同时浏览一个较大工作表的不同部分。拆分窗口的具体操作如下：

（1）将光标指向水平（或垂直）滚动条上的拆分条，当光标变成双箭头“÷”（或“+||+”）时，沿箭头方向拖动鼠标到适当的位置，松开鼠标即可。拖动分隔条，可以调整分

隔后窗格的大小。

	A	B	C	D	E	F
1				学生成绩表		
2	序号	学号	姓名	计算机	英语	高等数学
3	1	s01	李明			
4	2	s02	张华			
5	3	s03	李雷			
6	4	s04	James			
6	4	s04	James			
7	5	s05	小明			
8	6	s06				
9	7	s07				
10	8	s08				

学生成绩表 Sheet2 Sheet3

图 4－22　拆分窗口

（2）单击要拆分的行或列的位置，单击“视图”选项卡中“窗口”工具组的“拆分”按钮，一个窗口即被拆分为两个窗格。

2. 取消拆分

将拆分条拖回到原点位置，或单击“视图”选项卡中“窗口”工具组的“拆分”按钮，即可取消窗口拆分。

3. 冻结窗口

如果工作表内容较多，在向下或向右滚动浏览查看数据时，则无法查看工作表的标题行。这时可采用冻结行或列的方式来固定工作表的标题行或列。

冻结工作表第一行的方法为，选定第二行，单击“视图”选项卡中“窗口”工具组的“冻结窗口”按钮，选择下拉列表中的“冻结拆分窗口”命令。

冻结工作表前两行的方法为，选定第三行，单击“视图”选项卡中“窗口”工具组内的“冻结窗口”按钮，选择下拉列表中的“冻结拆分窗口”命令。

冻结工作表第一列的方法为，选定第二列，单击“视图”选项卡中“窗口”工具组内的“冻结窗口”按钮，选择下拉列表中的“冻结拆分窗口”命令。

利用“视图”选项卡中“窗口”工具组的“冻结窗口”下拉列表内的其他命令还可以冻结工作表的首行或首列，如图 4－23 所示为冻结前两行的工作表。

	A	B	C	D	E	F	G	H
1				学生成绩表				
2	序号	学号	姓名	计算机	英语	高等数学		
3	1	s01	李明	60	67	73		
4	2	s02	张华	70	81	84		
5	3	s03	李雷	85	69	65		
6	4	s04	James	68	71	63		
7	5	s05	小明	73	69	71		
8	6	s06	李华	61	80	62		
9	7	s07	小杰	68	71	68		
10	8	s08	王浩	72	73	76		
11								
12								

学生成绩表 Sheet2 Sheet3

图 4－23　冻结前两行后的工作表

4. 取消冻结

单击“视图”→“窗口”→“取消冻结”按钮可取消冻结。

4.3 格式化工作表

为了使建立的工作表更加直观和美观，有时候需要对工作表进行格式化操作。在 Excel 中可以利用“开始”选项卡中的功能按钮完成对工作表中的字体、字号、对齐方式和数据格式化的设置，同时也可以完成工作表格式化的设置。

4.3.1 设置单元格格式

工作表由若干行和列组成的单元格构成。对工作表的美化工作主要是针对单元格格式的设置。设置单元格格式可以使用“开始”选项卡中的格式设置功能按钮，也可以使用“单元格格式”对话框来设置单元格格式。

对某个单元格设置单元格格式，只需要右击该单元格，在弹出的快捷菜单中选择“设置单元格格式”命令，弹出“设置单元格格式”对话框，如图 4 - 24 所示。也可以单击“开始”选项卡中“单元格”工具组内的“格式”按钮，在下拉列表中选择“设置单元格格式”命令。

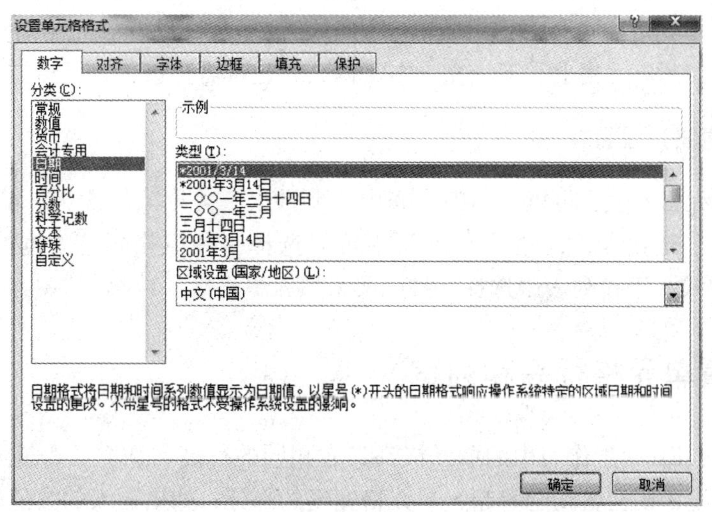

图 4 - 24　“设置单元格格式”对话框

“设置单元格格式”对话框中有 6 个选项卡，分别为“数字”“对齐”“字体”“边框”“填充”“保护”，利用这些选项卡可以设置单元格的字体、边框、填充颜色（底纹）等。

1. 数字格式设置

利用“设置单元格格式”对话框中的“数字”选项卡，可以改变单元格保存数据的类型。Excel 提供的数字格式分类包括常规、数值、货币、会计专用、日期、时间、百分比、分数、科学记数、文本、特殊与自定义。用户可以通过设置这些类型来改变单元格内数据的类型，也可以使用自定义类型来设置单元格内数据的类型，如“0”表示以整数形式显示，“0.00”表示小数点后保留两位小数，“#，##0”表示每千位用逗号隔开。默认情况下，Excel数字格式使用的是“常规”格式。

2. 对齐方式设置

利用“设置单元格格式”对话框中的“对齐”选项卡，可以改变单元内容的对齐方式。文本的对齐方式有水平对齐和垂直对齐两种。在“对齐”选项卡中“水平对齐”下拉列表又包括“常规”“靠左（缩进）”“居中”“靠右（缩进）”“填充”“两端对齐”“跨列居中”与“分散对齐（缩进）”8种；“垂直对齐”包括“靠上”“居中”“靠下”“两端对齐”与“分散对齐”5种。

利用文本控制可以进行单元格合并、缩小字体填充和单元格内容自动换行等操作。若选中“合并单元格”则可以将多个单元格合并为一个单元格。

3. 字体格式设置

利用“设置单元格格式”对话框中的“字体”选项卡，可以设置单元格字体类型、大小、下划线、特殊效果、颜色等。

4. 边框设置

Excel工作表默认情况下单元格边框都为灰色的线条，这种边框在输出打印时无法看到。可以通过“设置单元格格式”对话框中的“边框”选项卡，设置单元格边框的线型、颜色等。同样也可以控制单元格上、下、左、右、内、外是否需要边框，灵活控制边框的添加。

5. 底纹（填充）设置

通过填充单元格颜色，可以突出工作表中重要数据、美化工作表。对单元格进行填充，需要使用“填充”选项卡，在“背景色”中可以选择一种填充颜色。也可以在“图案颜色”或“图案样式”下拉列表中选择一种图案来填充单元格。

4.3.2 设置单元格行高和列宽

默认情况下，Excel工作表中的单元格都具有相同的行高和列宽。若输入的文本长度超过了单元格的宽度，则会自动隐藏超过单元格宽度的部分；如果输入的数值超过了单元格宽度，则单元格内的内容将变为“####”。这样会让用户误认为所输入数据不正确，可以通过调整单元格的宽度正确显示被隐藏的数据。

调整行高或列宽，可以将光标移到需要调整行高或列宽的单元格行号或列标的分隔线上，当光标变为一个双向箭头时，拖动分隔线即可调整单元格的行高或列宽，这是一种粗略调整单元格行高和列宽的方法。如果需要精确调整单元格行高或列宽，可以单击“开始”选项卡中“单元格”工具组内的“格式”按钮，选择“行高”或“列宽”命令，打开“行高”或“列宽”对话框，在该对话框中输入所需的行高或列宽数值，单击“确定”按钮即可。也可以使用“格式”选项卡中的“自动调整行高（列宽）”按钮，则单元格会根据内容的长度来自动调整单元格的行高或列宽。

4.3.3 使用条件格式

利用 Excel 提供的条件格式功能，可以帮助用户从大量数据中快速找到所需内容。

【例 4 -7】 对学生成绩表中的数据设置条件格式，将学生各科成绩小于 70 的标为红色。

具体操作步骤如下。

（1）选定学生各科成绩所在区域 D3:F10。

（2）单击“开始”选项卡中“样式”工具组内的“条件格式”按钮，在下拉列表中选择“突出显示单元格规则”命令，单击“小于”命令，打开“小于”对话框，如图 4 -25 所示。

图 4 -25 “条件格式”对话框

（3）在“小于”对话框中，输入“70”，“设置为”下拉列表中选择“红色文本”，结果如图 4 -26 所示。

	A	B	C	D	E	F	G
1				学生成绩表			
2	序号	学号	姓名	计算机	英语	高等数学	总成绩
3	1	s01	李明	60	67	73	200
4	2	s02	张华	70	81	84	235
5	3	s03	李雷	85	69	65	219
6	4	s04	James	68	71	63	202
7	5	s05	小明	73	69	71	213
8	6	s06	李华	61	80	62	203
9	7	s07	小杰	68	71	68	207
10	8	s08	王浩	72	73	76	221
11							

学生成绩表 / Sheet2 / Sheet3

图 4 -26 设置条件格式后的工作表

4.3.4 套用表格格式

Excel 应用程序内置了一系列的表格格式（样式），可以使用预先提供的表格样式快速美化工作表。

套用表格格式的方法为：单击“开始”选项卡中“样式”工具组内的“套用表格格式”按钮，并在其下拉列表中选择所需要的样式，如图 4 -27 所示。

【例 4 -8】 对例 4 -7 所设置的学生成绩表 A2:G10 单元格区域，设置成“表样式中等深浅 10”的表格样式。

具体操作步骤如下。

（1）选定工作表区域 A2:G10；

（2）单击“开始”选项卡中“样式”工具组内的“套用格式样式”按钮，在其下拉菜单中选择“表样式中等深浅 10”，修改后的工作表如图 4－28 所示。

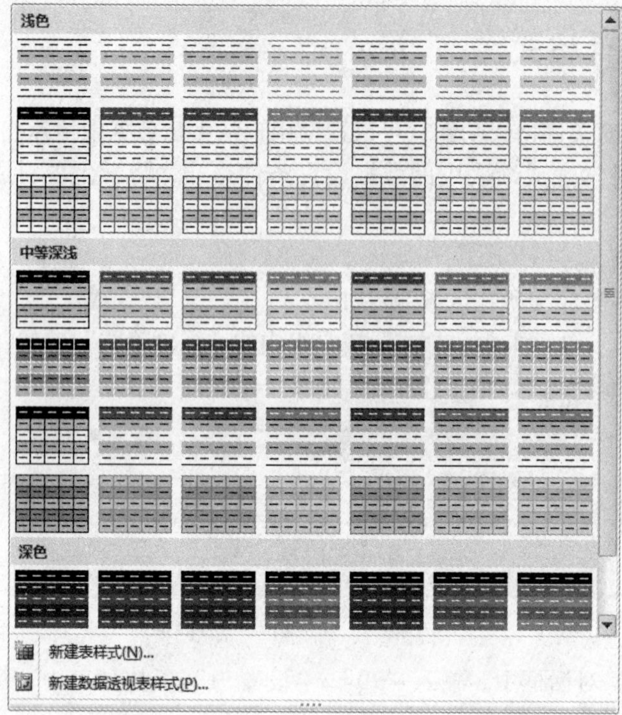

图 4－27　“套用表格样式”下拉列表

	A	B	C	D	E	F	G
1				学生成绩表			
2	序号	学号	姓名	计算机	英语	高等数学	总成绩
3	1	s01	李明	60	67	73	200
4	2	s02	张华	70	81	84	235
5	3	s03	李雷	85	69	65	219
6	4	s04	James	68	71	63	202
7	5	s05	小明	73	69	71	213
8	6	s06	李华	61	80	62	203
9	7	s07	小杰	68	71	68	207
10	8	s08	王浩	72	73	76	221
11							

学生成绩表　Sheet2　Sheet3

图 4－28　设置自动套用表格样式后的工作表

4.4　Excel 公式和函数

4.4.1　自动计算

自动计算是利用 Excel 默认的计算功能来实现基本的求和、平均值、计数等运算，自动计算的优点是便于统计。

首先确定需要显示结果的空白单元格位置，单击该单元格，具体操作如图 4－29 所示。

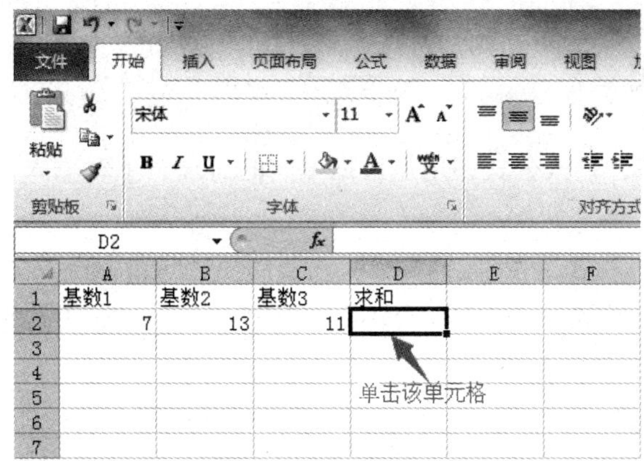

图 4－29　选取单元格

接着在“公式”选项卡中“编辑”工具组内单击“自动求和”按钮，如图 4－30 所示，这时便会自动选中该单元格前面的单元格来进行自动求和运算，此时按 Enter 键就可在该单元格显示自动求和的结果。

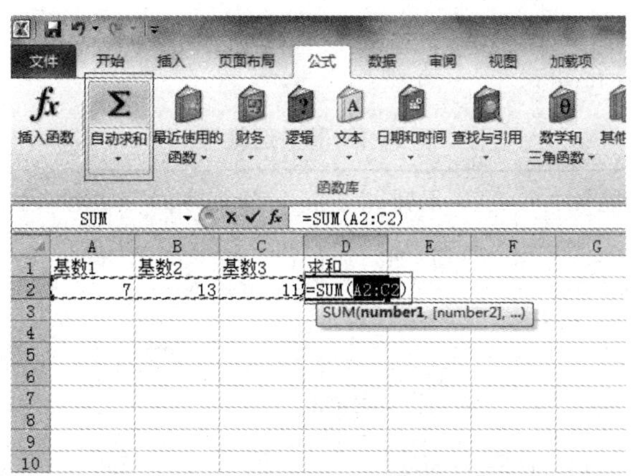

图 4－30　自动求和

通过单击“自动求和”按钮的下三角按钮，可以选择自动计算的不同函数，如图4－31 所示。

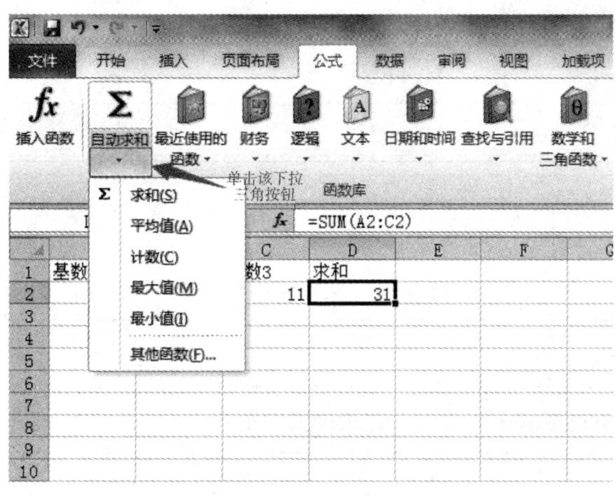

图 4－31　其他函数的输入

4.4.2 输入公式

与自动计算相对应，输入公式即用户根据不同的需求，手动输入计算公式完成计算。

1. 认识公式

公式由等号（=）和表达式组成。表达式主要包含了运算符、常量、单元格地址、函数和括号。如“=2*（B2+C2）+sum（above）”。

2. 运算符

运算符分为4种不同类型，分别为算术运算符、比较运算符、文本连接运算符和引用运算符。算术运算符可以完成基本的算术运算（如加法、减法或乘除法）、合并数字以及生成数值结果；比较运算符可以比较两个值的大小，结果为逻辑值TRUE或FALSE；文本连接运算符使用与号（&）连接一个或多个文本字符串，以生成一段文本；引用运算符可以对单元格区域进行合并计算。

Excel中的算术运算符如表4-1所列。

表4-1 算数运算符

运算符	功能	示例	运算符	功能	示例
+	加法	10+20	/	除法	12/4
-	减法或作为负号	20-10	^	乘方	10^2
*	乘法	35*2	%	百分号	20%

Excel中的比较运算符如表4-2所列。

表4-2 比较运算符

运算符	功能	示例	运算符	功能	示例
=	等于	A1=B2	<=	小于等于	A1<=B2
<	小于	A1<B2	>=	大于等于	A1>=B2
>	大于	A1>B2	<>	不等于	A1<>B2

Excel中的文本连接运算符如表4-3所列。

表4-3 文本连接运算符

运算符	功能	示例
&	将两个文本值连接起来组成一个连续的文本值	“贵州”&“商学院”

Excel中的引用运算符如表4-4所列。

表 4-4　引用运算符

运算符	功能	示例
:	区域运算符，引用指定两个单元格之间的所有单元格	“A1:A4” 表示引用 A1～A4 共 4 个单元格
,	联合运算符，引用所指定的多个单元格	“SUM（A1，A5）” 表示对 A1 和 A5 两个单元格求和
（空格）	交叉运算符，引用同时属于两个引用的区域	“A1:D5 C2:D8” 表示引用 A1～D5 和 C2～D8 这两个区域的公共区域 C2:D5

3. 单元格地址引用

1）相对引用

基于包含公式的单元格与被引用单元格之间的相对位置，如果公式所在的单元格位置改变，引用也随之改变。默认情况下，Excel 使用的是相对引用。相对引用的格式为列号加行号，如“A1”“B4”等。采用相对引用，公式被复制或填充时，引用的单元格会随公式的位置变化而相对变化，如果公式只是移动，引用的单元格是不会变化的。

2）绝对引用

与相对应用对应，表示引用的单元格地址在工作表中是固定不变的，结果与包含公式的单元格地址无关。在相对引用的单元格的列标和行号前加上冻结符号“$”，表示冻结单元格地址，便可以成为绝对引用。采用绝对引用，复制公式后单元格地址和结果都不会发生变化。

3）混合引用

具有相对列和绝对行或绝对列和相对行的特征，可以在公式被复制或填充时只对行进行绝对引用，也可以只对列进行绝对引用，产生混合效果。

4. 输入公式

输入公式的操作步骤和在单元格中输入数据类似，需要注意的是公式的输入要以“=”开始，之后输入相应的计算公式，如图 4-32 所示。

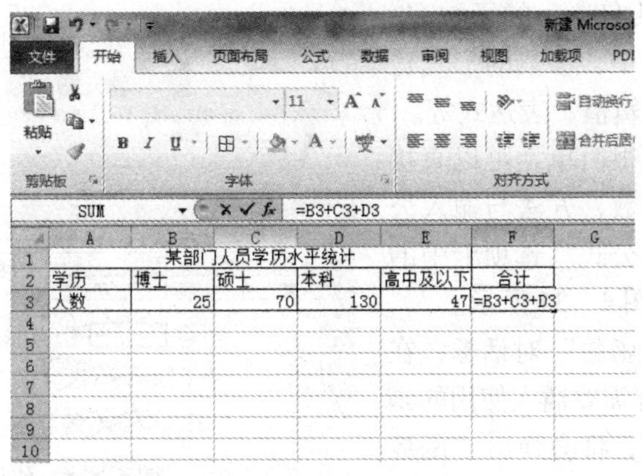

图 4-32　公式的输入

公式输入完成后，按 Enter 键结束，即可在单元格内显示计算结果。

4.4.3 复制公式

按距离被复制的单元格远近区分，复制公式一般有以下两种方式。

（1）如需要将公式复制到相邻单元格中，则将光标放置在具有公式的单元格上，直至出现符号“+”，拖动“+”，则经过的单元格就会被赋予同样的公式。

（2）如果是非相邻的单元格，右击具有公式的单元格，选择“复制”命令（或者直接在键盘上按下“Ctrl + C”组合键；如图 4 - 33 为按下“Ctrl + C”组合键后的效果）。

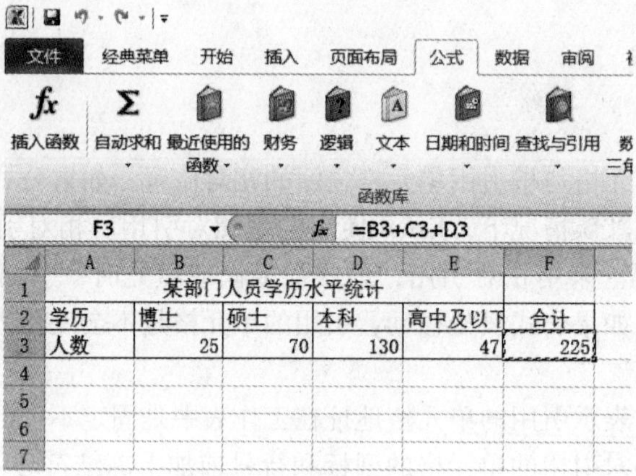

图 4 - 33　复制公式

然后在需要的单元格上右击，选择“粘贴”命令（或者直接按下“Ctrl + V”组合键）。

4.4.4 使用函数的基本方法

Excel 中的函数即预先定义的公式，用户可以在工作表中直接引用，以进行各种运算。使用函数能够在很大程度上简化公式，同时可以实现一般公式无法完成的计算。函数的一般结构为：

函数名（参数 1，参数 2，……）

每个函数都有且只有唯一的函数名，其参数可以有一个或多个，参数的形式也可以是数字、文字、逻辑值、表达式等。

函数的使用方法也很简单，可以直接在单元格中手动输入函数，方法与输入公式类似；也可以单击“公式”选项卡中的“插入函数”按钮，如图 4 - 34 所示。

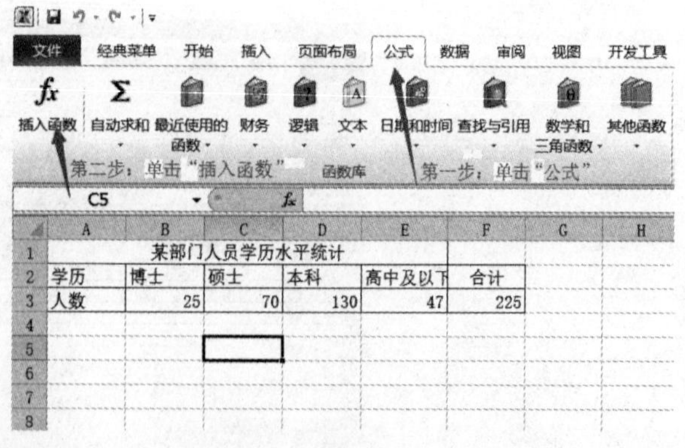

图 4 - 34　使用函数

接着将弹出“插入函数”对话框，在“选择函数”列表中选择需要插入使用的函数，单击“确定”按钮，将会弹出“函数参数”对话框，按照提示设置好各项参数

之后，再单击“确定”按钮即可完成对函数的引用。操作及相应说明如图 4－35 所示。

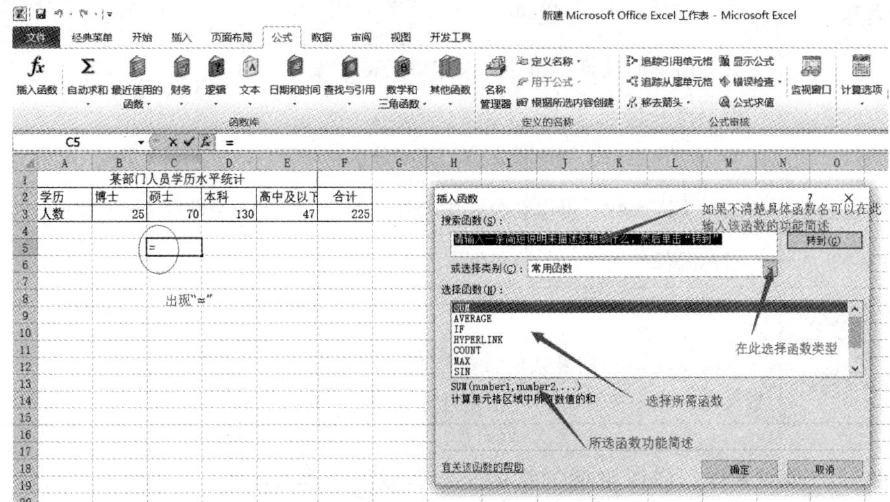

图 4－35 插入函数

4.4.5 Excel 中常用函数的应用

Excel 为用户提供了 13 种类型的函数，分别是数据库函数、时间与日期函数、工程函数、财务函数、信息函数、逻辑函数、查询和引用函数、数学和三角函数、统计函数、文本函数、兼容性函数、多维数据集函数以及用户自定义函数。各类函数功能基本定义如表 4－5 所列。

表 4－5 常用函数功能定义表

类别名称	说明	示例
数据库函数	用于分析数据清单中的数值是否符合某特定条件	DCOUNT，DGET，DMIN，DSUM
日期与时间函数	主要用于为用户分析和处理日期值与时间值	DATA，EDATE，DAY
工程函数	进行工程分析，如对不同度量的系统进行数值转换	DELTA，ERF，ERFC
财务函数	可以完成一般的财务计算，如确定贷款的支付额	ACCRINT，DDB
信息函数	使用信息函数能够确定存储在单元格中的数据类型	CELL，INFO
逻辑函数	进行逻辑真假值判断，或者进行复合检验	AND，FALSE，IF
查询和引用函数	为用户在表格中查找特定数值或者某一单元格的引用	ADDRESS，CHOOSE

续表

类别名称	说明	示例
数学和三角函数	处理简单的计算，如计算选定单元格区域中的数值之和	COS，SIN，SUM，TAN
统计函数	对用户选定的区域内数据进行统计分析	BETA. INV，COUNT
文本函数	通过文本函数，可以在公式中处理文本串	BAHTTEXT，CLEAN，CODE
兼容性函数	目的是保持与 Excel 早期版本的兼容性	BETADIST，CHIDIST
多维数据集函数		CUBEMEMBER
用户自定义函数	当需要使用特别复杂的计算，而工作表函数又无法满足需要时，可创建自定义函数	

函数的种类多种多样，应该掌握的常用函数有以下几类。

1）SUM（求和函数）

功能：返回某一单元格区域中所有数字之和。

格式：Sum（number1，number2，…）

例如：Sum（A1：B2），Sum（A1：B2，A4：B5）。

知识链接

利用“开始”选项卡中“编辑”工具组内的“自动求和”按钮 Σ ▾，可以很方便地实现求和操作。

2）AVERAGE（求平均值函数）

功能：返回参数平均值。

格式：AVERAGE（number1，number2，…）

3）MAX（求最大值函数）

功能：返回给定参数表中的最大值。

格式：MAX（number1，number2，…）

4）MIN（求最小值函数）

功能：返回给定参数表中的最小值。

格式；MIN（number1，number2，…）

5）COUNT（数值数据求个数函数）

功能：返回参数个数。利用函数 COUNT 可以计算数组或单元格区域中数字项的个数。

格式：COUNT（value1，value2，…）

6）COUNTIF（求满足特定条件的单元格数目函数）

功能：计算给定区域内满足特定条件的单元格的数目。

格式；COUNTIF（range，criteria）

7）IF（条件函数）

功能：执行真假值判断，根据逻辑测试的真假值返回不同的结果。可以使用函数 IF 对数值和公式进行条件检测。

格式：IF（logical_ test，value_ if_ true，value_ if_ false）

知识链接

IF（表达式 a，b，c）的计算机结果可理解为“若表达式 a 为真，则结果为 b，否则结果为 c”。

例如，判断 E2 单元格的分数的等级。

方法为：选择 E2 单元格，在编辑栏中输入函数“=IF（E2>=80,"优异"，（IF（E2>=70,"良好"，（IF（E2>=60,"一般","不及格"）））））”，然后按 Enter 键，即可得到该单元格分数的等级。

4.5 在 Excel 中创建图表

4.5.1 图表的基本概念

Excel 中的图表是指将选中的工作表区域内的所有数据通过图形的方式表示出来。例如，将某次统计的结果通过饼图的方式显示出来，如图 4-36 所示。使用图表可以帮助用户更加直观的识别和分析数据，同时也使得枯燥的统计数据形象化。

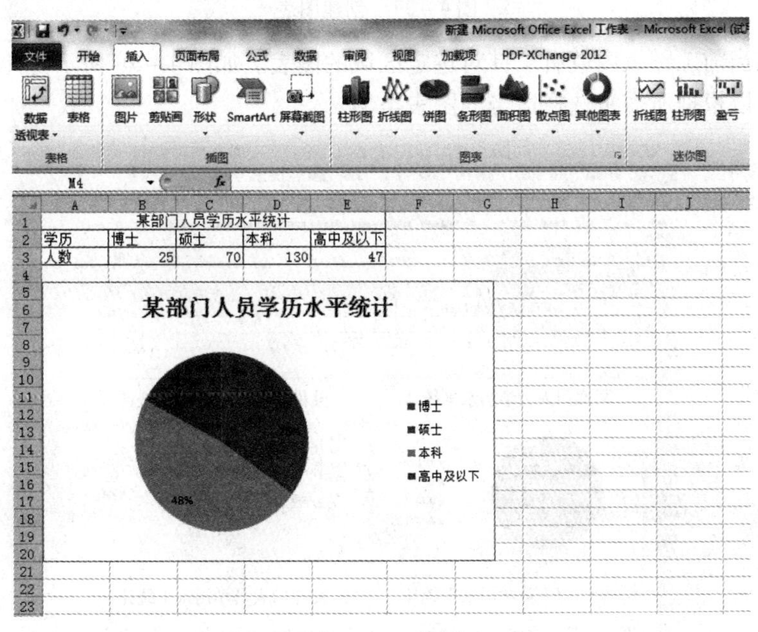

图 4-36 饼图

当图表建立后，其中的数据点来自于选定的工作表区域内的数值，通过柱形、条形、散点、面积等方式表示数据。为对某些重要信息进行强调，可以灵活的增加和更改图表项，如数据标签、趋势线、文字、标题、颜色等。同时图表能够在 Excel 表格中灵活地移动位置和调整大小。

4.5.2 创建图表

Excel 图表的目的就是生动、形象地反映数据，因此，在创建图表之前，必须要有和图表相对应的数据。选定工作表区域，选择“插入”选项卡，在“图表”工具组中选择要插入的图表类型（如柱形图、散点图、折线图等），如图 4－37 所示为其操作步骤。

文件 经典菜单 开始 插入 页面布局 公式 数据 审阅 视图 开发工具

数据透视表 表格 图片 剪贴画 形状 SmartArt 屏幕截图 柱形图 折线图 饼图 条形图 面积图 散点图 其他图表

表格 插图 图表

第二步：单击“插入”

A1 某部门人员学历水平统计

	A	B	C	D	E	F
1	某部门人员学历水平统计					
2	学历	博士	硕士	本科	高中及以下	合计
3	人数	25	70	130	47	225

第三步：选择“图表”中所需类型

第一步：选中所需表格

图 4－37 创建图表

这样，在当前工作表内就有了针对选定区域的图表。如图 4－38 所示为几种不同类型的图表，用户可以根据所需来选择适当的图表类型。

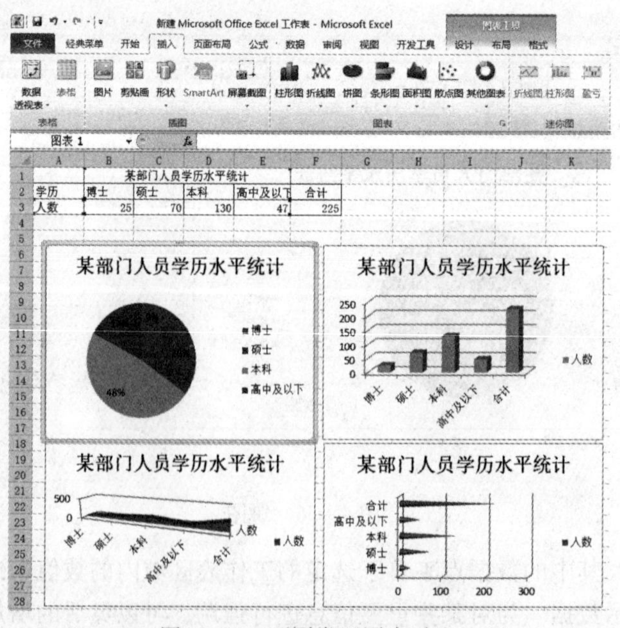

图 4－38 不同类型图表对比

4.5.3 修饰和编辑图表

1. 修饰图表

图表建立完成后，可以对图表的各个细节进行修饰，以实现图表的更优表现。修饰图表主要由两种方式实现。

如图4－39所示，选中要修饰的图表，单击“图表工具”选项卡中的“设计”“布局”和“格式”3个选项卡内的功能按钮，即可完成对图表的修饰。

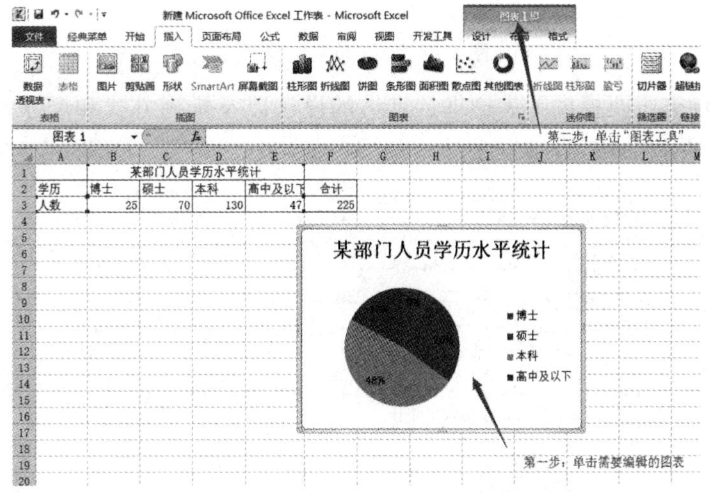

图4－39 选取图表

如图4－40所示，“设计”选项卡主要提供图表的类型、数据展示、布局、样式及位置信息的编辑功能。

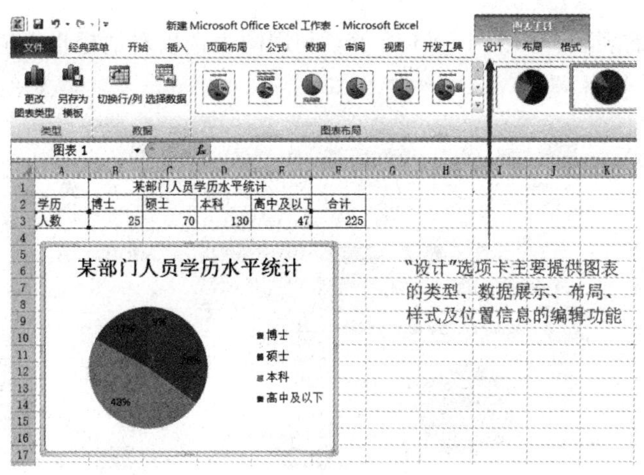

图4－40 “设计”选项卡

如图4－41所示为“布局”选项卡的主要功能，涉及图片和形状及文本框的插入、图表标签的修改等方面的编辑功能。

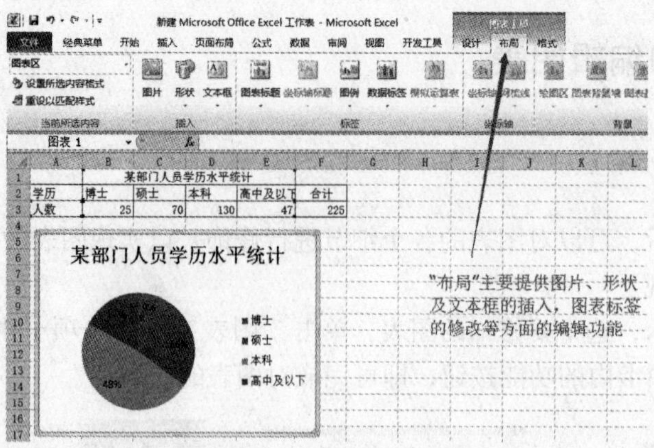

图 4－41　“布局”选项卡

“格式”选项卡主要提供图表边框、字体的设计以及排列方式和尺寸大小调整的功能，具体如图 4－42 所示。

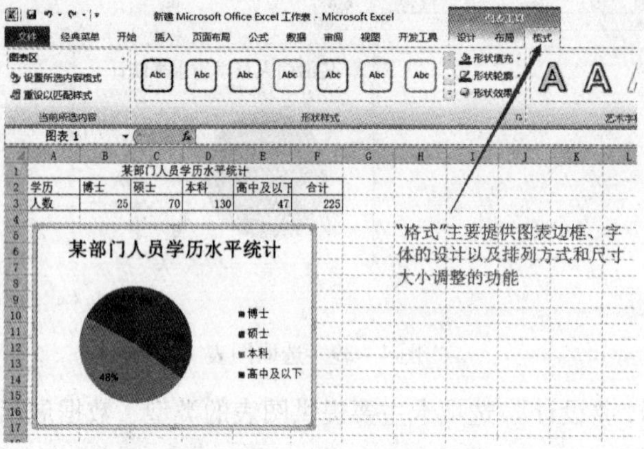

图 4－42　“格式”选项卡

右击需要修饰的表项，如图 4－43 所示。利用图表选项对话框也能够对图表进行设置和修饰。

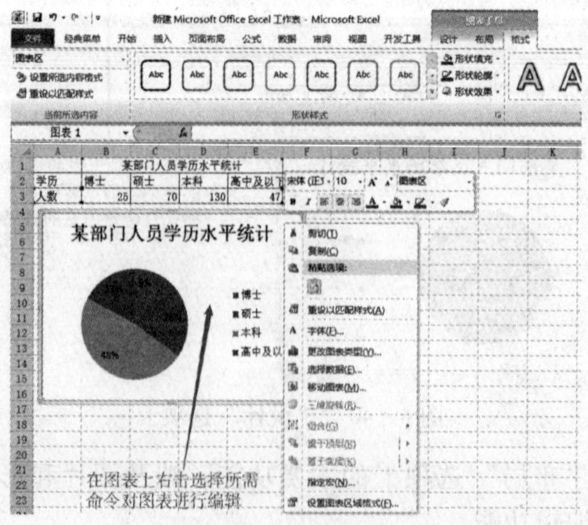

图 4－43　使用鼠标右键进行图表设置和修饰

2. 编辑图表

在完成图表的创建后，用户还可以进行一系列的编辑操作，如添加新的图表数据区域、调整图表大小、更改图表的布局等。下面列举常用的几种图表编辑方式。

1）更改图表类型

选中要编辑的图表，在“图表工具”选项卡中选择“设计”选项卡，在“类型”工具组中单击“更改图表类型”按钮，弹出“更改图表类型”对话框。选择合适的图表类型，再单击“确定”按钮，即完成了对图表类型的更改。具体操作如图 4－44 所示。

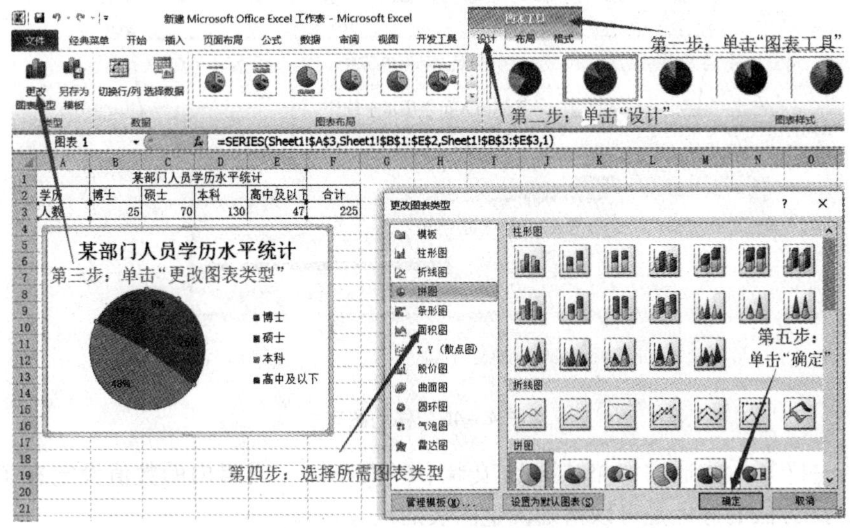

图 4－44　选择图表类型

2）更改图表数据区域

如图 4－45 所示，当用户需要添加或者删除图表中的数据时，单击“图表工具”→“设计”选项卡中“数据”工具组内的“选择数据”按钮，弹出“选择数据源”对话框，就可以方便地添加或删除图表数据了。

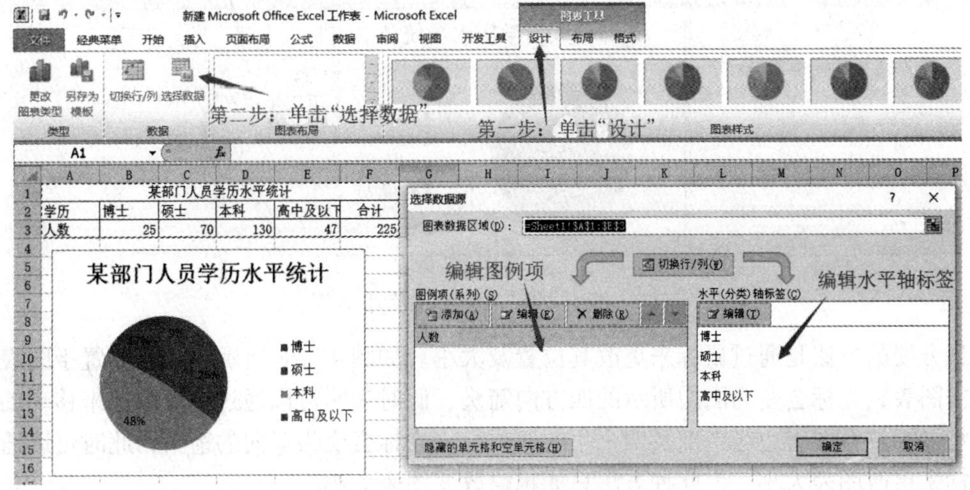

图 4－45　更改数据区域

3）调整图表大小及位置

在 Excel 中，对图表大小和位置的调整一般有两种方式，一种是使用功能按钮进行修改；另一种是使用鼠标进行修改。下面将分别进行简单介绍。

如图 4-46 所示为如何通过功能按钮进行调整图表大小及位置的具体操作。首先选择“设计”选项卡，然后单击“位置”工具组中的“移动图表”按钮，通过弹出的“移动图表”对话框来实现图表位置的调整。

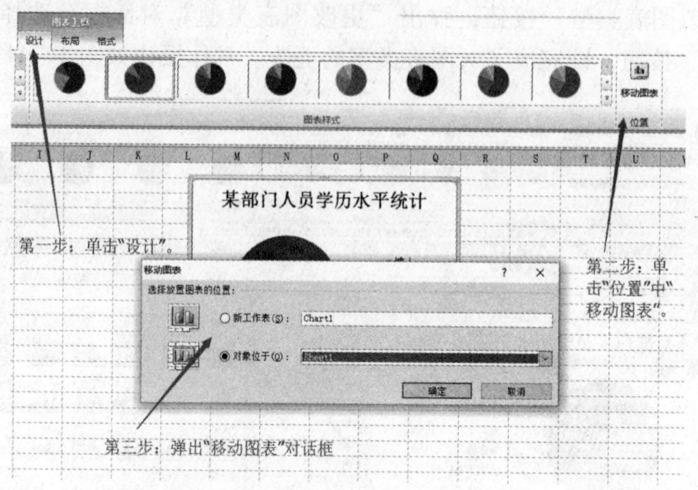

图 4-46　移动图表

如图 4-47 所示为通过“格式”选项卡中“大小”工具组内的数值设定来实现图表大小的调整，此方法的好处是可以精确调整图表的尺寸。

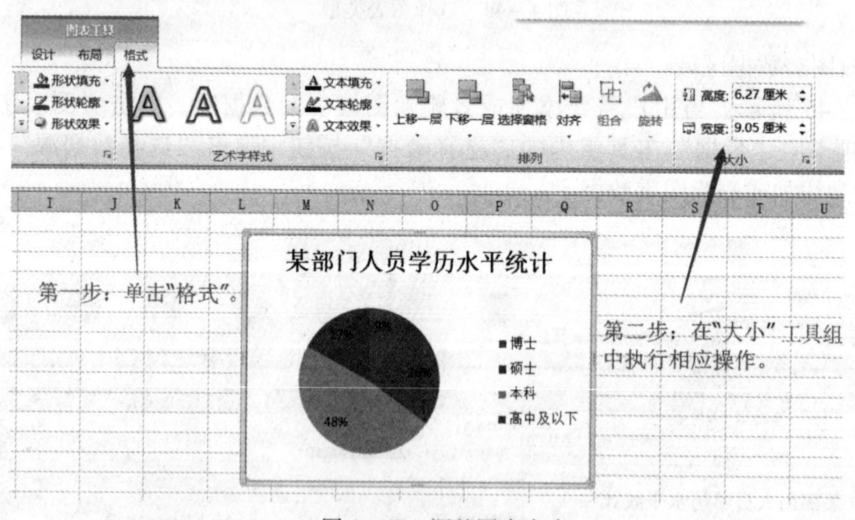

图 4-47　调整图表大小

最方便的方法是通过鼠标来更改其位置及大小。如图 4-48 所示，将光标置于图表空白处单击图表，光标会变为图中所示的四方向箭头，此时表明可以通过拖动鼠标来移动图表位置。将光标放在图表边缘中部及四个角的部位时，光标会变为双向的箭头，此时可以通过拖动鼠标来更改图表大小，但此种方法只能粗略改变图表大小。

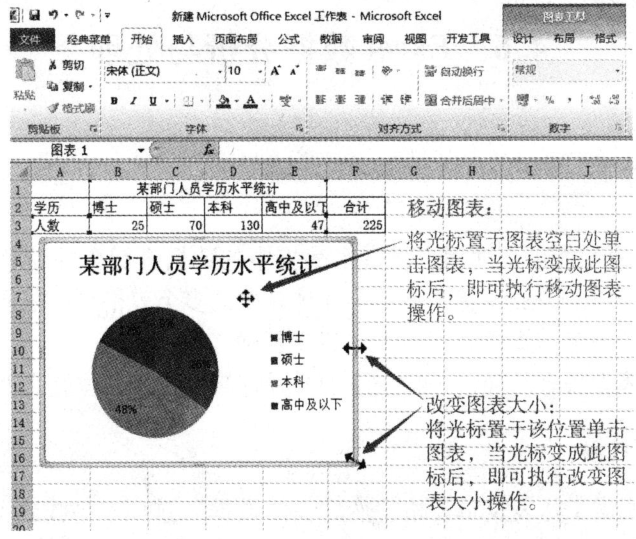

图 4-48 使用鼠标进行编辑

4.5.4 打印图表

当只需要打印图表而非整个工作表时，选中图表，然后选择“文件”菜单中的“打印”命令，在“设置”列表中设置打印参数，最后单击“打印”按钮，即可完成对所选图表的打印。

如图 4-49 所示可以通过“打印机”选项列表来选择合适的打印机；在“设置”列表中调整打印页码及纸张和边距等参数，在打印页面的右侧有该图表的打印预览，当各项参数设置好后，单击“打印”按钮即可完成打印。

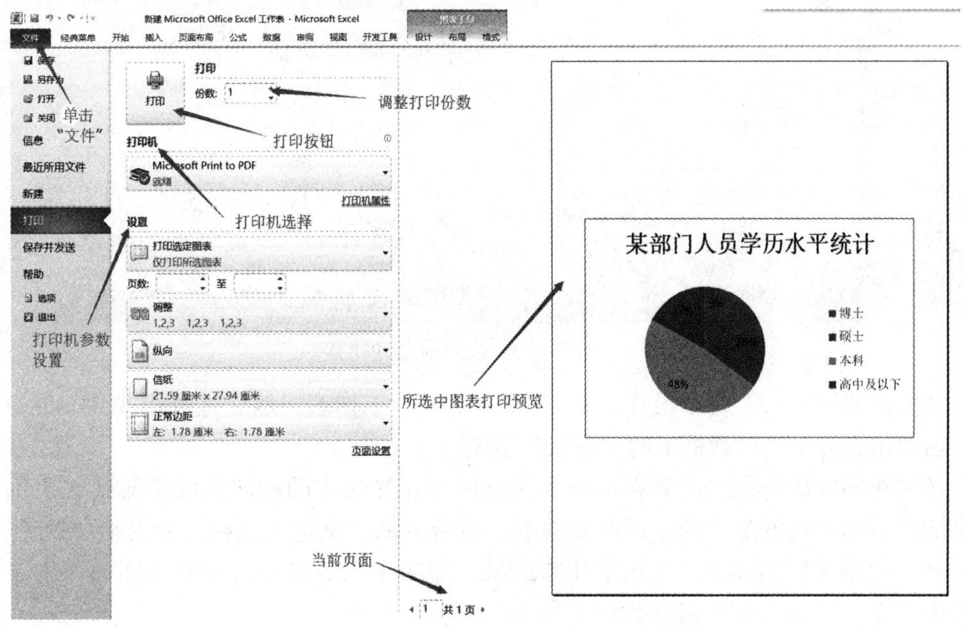

图 4-49 打印图表

4.6 Excel 数据分析与处理

4.6.1 合并计算

Excel 的合并计算功能可帮助用户将多个表格中的数据进行合并汇总，最后将汇总后的数据生成一个新的表格。需要注意的是，合并计算中的多个表格可以是同一个工作表中的不同表格，也可以是同一工作簿中的不同工作表或表格。

合并计算的具体方法有两种，一是按类别合并计算，二是按位置合并计算。

1. 按类别合并计算

首先需要选中所需工作表及单元格，然后在“数据”选项卡中找到“合并计算”按钮，单击后弹出“合并计算”对话框，如图 4-50 所示。

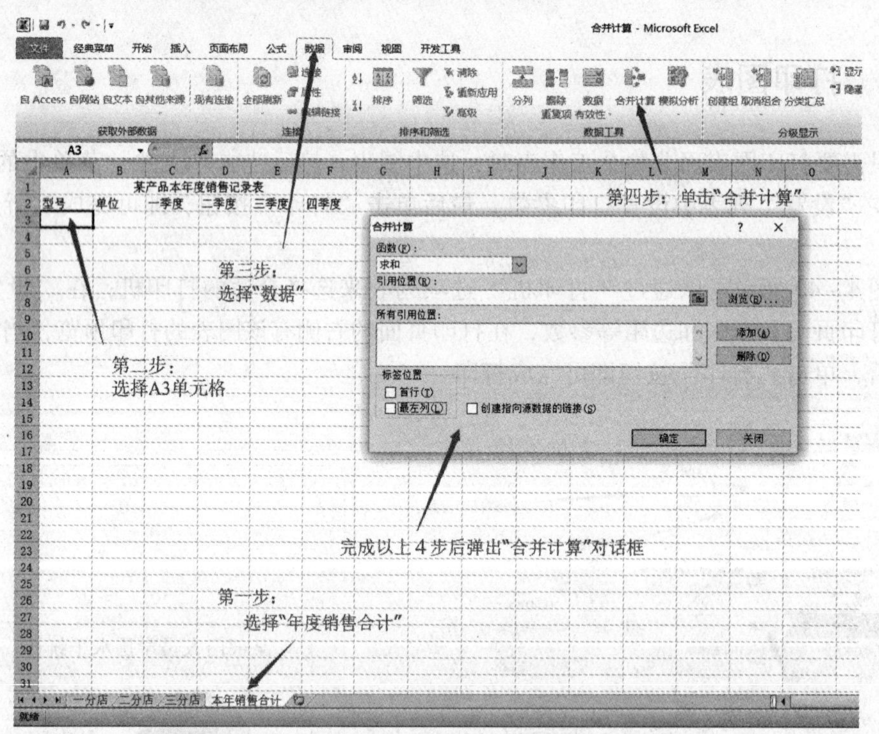

图 4-50　按类别合并计算

此时按照图 4-51 所示操作，单击“一分店”工作表，然后选择图表中 A3:F6 区域，选中后单击合并计算对话框中的“添加”按钮。

按照相同的操作将“二分店”和“三分店”工作表中的相同区域添加到“引用位置”，添加完毕后勾选左下角“最左列”复选框，最后单击“确定”按钮，如图 4-52 所示。

单击“确定”按钮后，显示了计算结果，如图 4-53 所示，需要说明的一点是，计算结果中“单位”这一列是没有数据的。

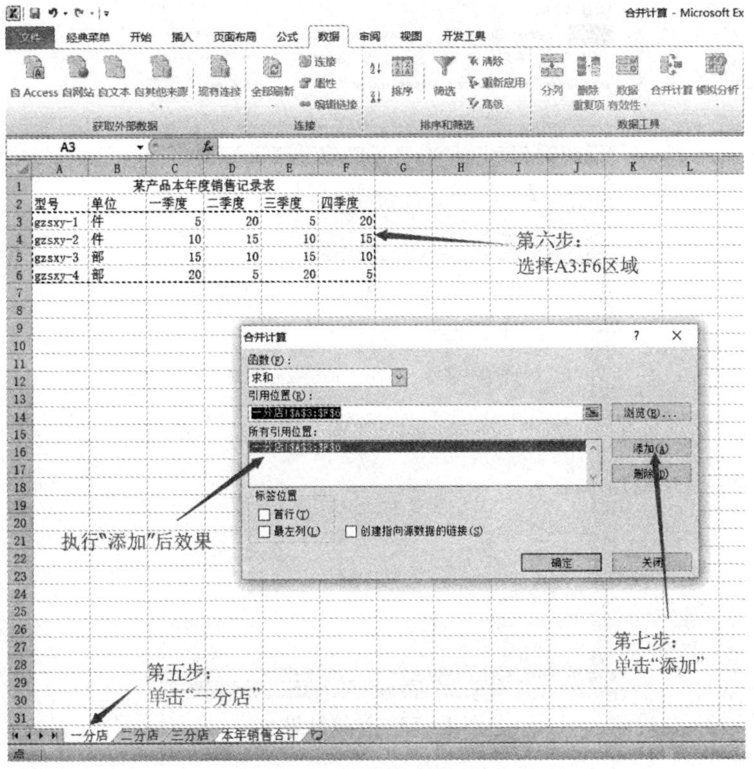

图 4－51　添加计算所需区域

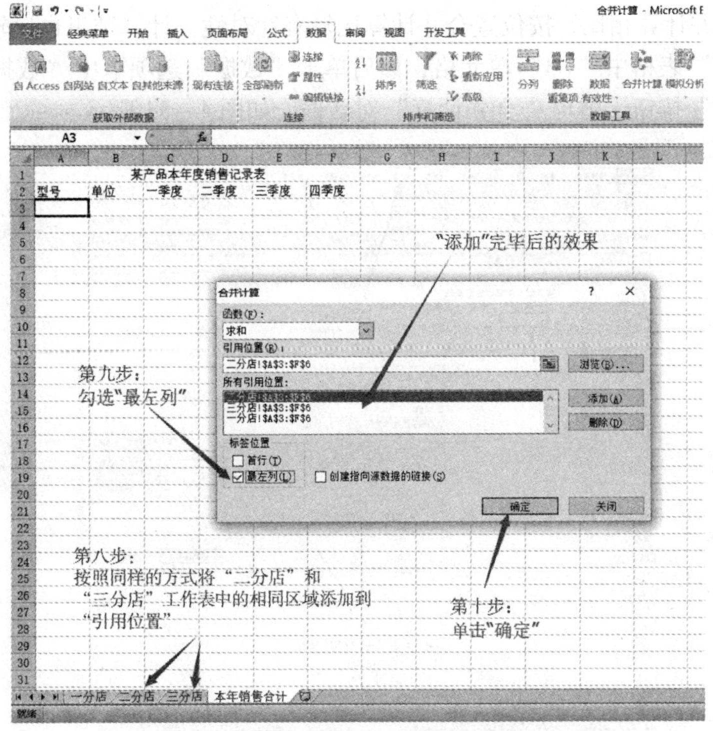

图 4－52　添加完毕后的效果

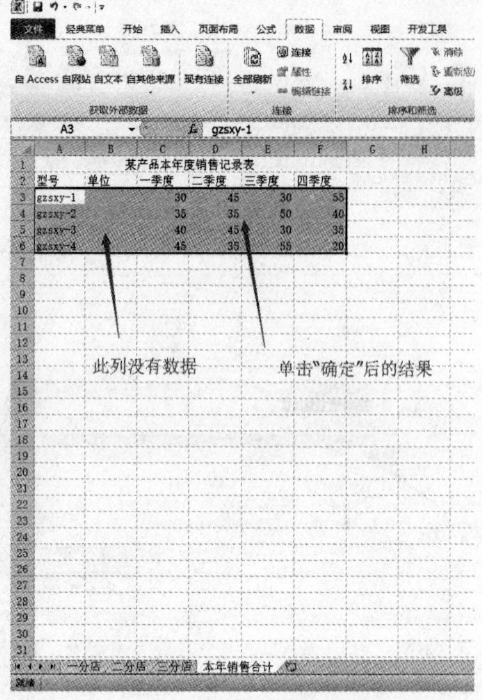

图 4－53　计算结果

2. 按位置合并计算

同按类别合并计算相比，按位置合并计算比较有针对性，计算结果也比较人性化。首先单击“本年销售”表格中“C3”单元格，然后单击“数据”选项卡中“数据工具”工具组内的“合并计算”按钮，弹出“合并计算”对话框，如图 4－54 所示。

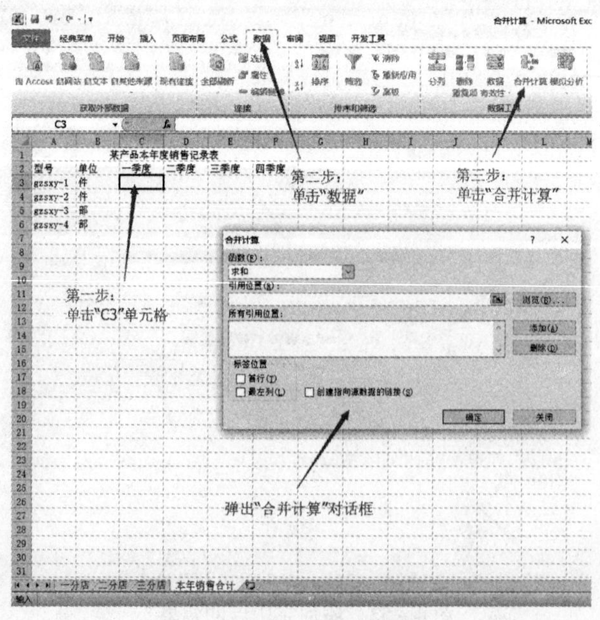

图 4－54　按位置合并计算

单击“一分店”工作表，然后选中计算所需数据的区域，选中之后将其添加到“引用位置”，如图4-55所示。

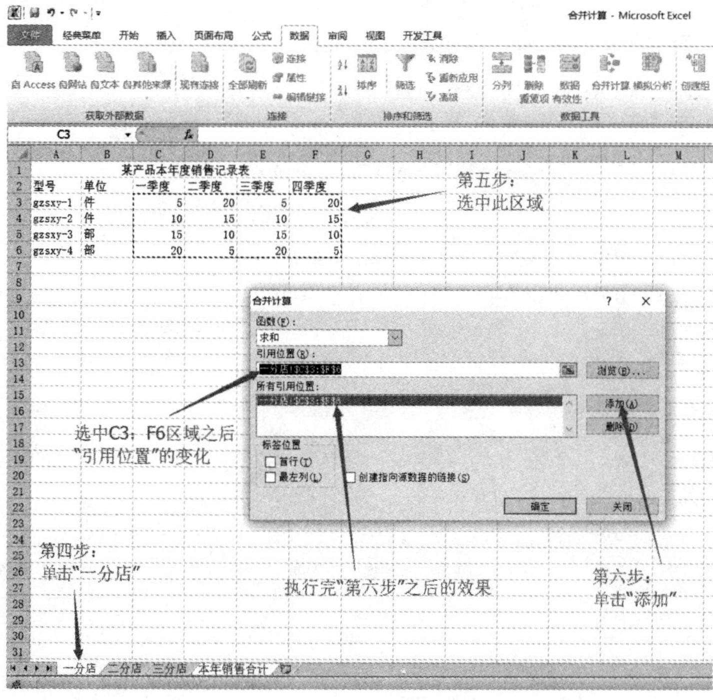

图4-55　添加所需计算区域

按照同样的方法将“二分店”和“三分店”工作表中的相同区域添加到“引用位置”，最后单击“确定”按钮，具体操作如图4-56所示。

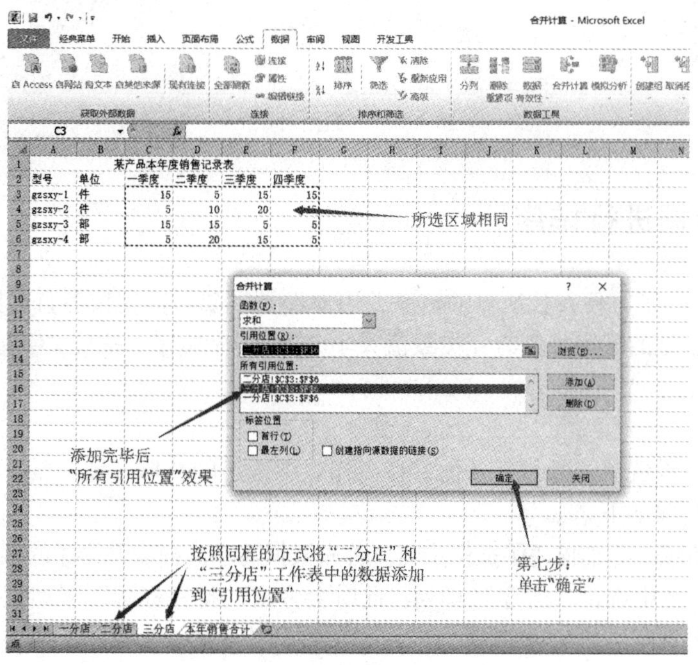

图4-56　执行完毕后的效果

如图 4 – 57 所示，分别展示了本年度合计一分店、二分店、三分店销售记录的计算结果，通过对比可以发现按位置合并与按类别合并的区别。

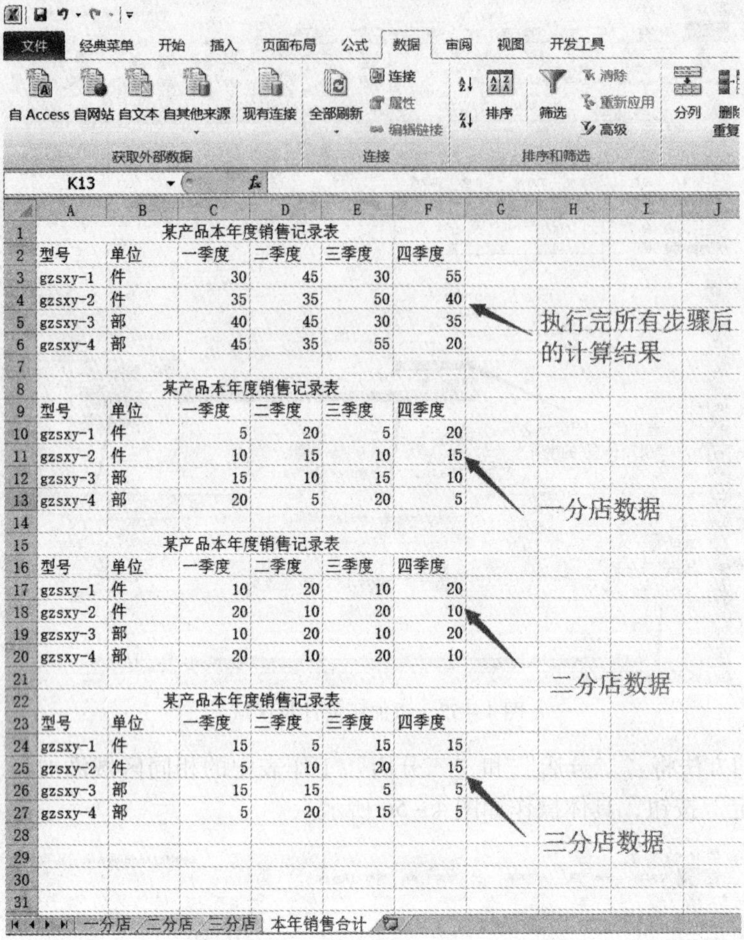

	A	B	C	D	E	F
1	某产品本年度销售记录表					
2	型号	单位	一季度	二季度	三季度	四季度
3	gzsxy-1	件	30	45	30	55
4	gzsxy-2	件	35	35	50	40
5	gzsxy-3	部	40	45	30	35
6	gzsxy-4	部	45	35	55	20
7						
8	某产品本年度销售记录表					
9	型号	单位	一季度	二季度	三季度	四季度
10	gzsxy-1	件	5	20	5	20
11	gzsxy-2	件	10	15	10	15
12	gzsxy-3	部	15	10	15	10
13	gzsxy-4	部	20	5	20	5
14						
15	某产品本年度销售记录表					
16	型号	单位	一季度	二季度	三季度	四季度
17	gzsxy-1	件	10	20	10	20
18	gzsxy-2	件	20	10	20	10
19	gzsxy-3	部	10	20	10	20
20	gzsxy-4	部	20	10	20	10
21						
22	某产品本年度销售记录表					
23	型号	单位	一季度	二季度	三季度	四季度
24	gzsxy-1	件	15	5	15	15
25	gzsxy-2	件	5	10	20	15
26	gzsxy-3	部	15	15	5	5
27	gzsxy-4	部	5	20	15	5

图 4 – 57　数据对照

4.6.2　对数据进行排序

在 Excel 中，为了方便查找所需的信息，用户经常需要对数据按各自规则进行排序，如图 4 – 58 所示。常见的排序规则有：按数值大小升序/降序排序、按英文字母先后顺序排序。

1. 简单排序

简单排序即只设置单一的排序条件，将工作表中选定的数据区域按照设定规则进行重新排序，具体操作步骤如下。

如图 4 – 59 所示，详细描述了操作步骤。首先根据需求选择需要排序的区域，然后选择升序或者降序排列，图中选择“升序”排列；此时会弹出“排序提醒”对话框，其中有两个单选项，选择“扩展选定区域”，该排序方式可以使整行的数据一起排序；如果选择“以当前选定区域排序”则只将所选区域排序，会导致数据混乱；接着单击“排序”按钮。

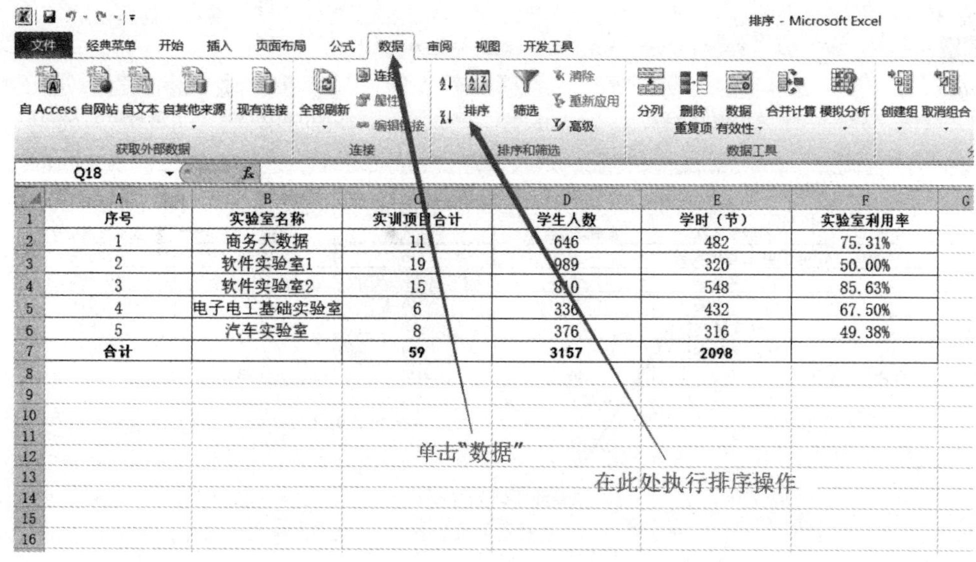

图 4－58 “排序”按钮

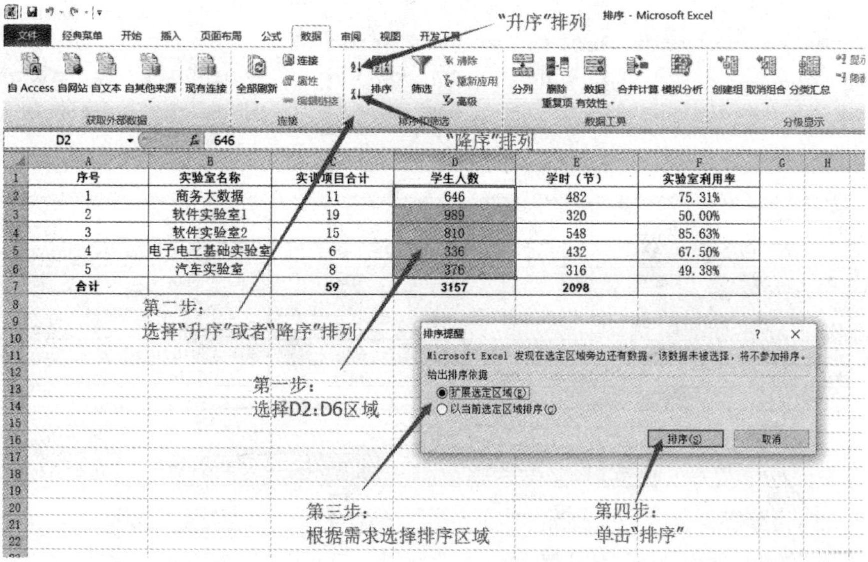

图 4－59 简单排序的排序提醒

排序以后表中数据会以“升序”的模式进行排列，如图 4－60 所示。

2. 复杂排序

复杂排序也称为多关键字排序，即对数据按照多个关键字和多个条件进行排序。单击“数据”选项卡中“排序和筛选”工具组内的“排序”按钮，弹出“排序”对话框；然后在“主要关键字”和“次要关键字”选项下拉列表中选择“排序依据”和“次序”，以实现对数据的复杂排序。其中各个关键字对应的排序规则优先级从上到下递减。如图 4－61 所示，首先选择所需区域，图中选定 A1:F6 区域，然后单击“排序”按钮，此时会弹出“排序”对话框。

	A	B	C	D	E	F
1	序号	实验室名称	实训项目合计	学生人数	学时（节）	实验室利用率
2	4	电子电工基础实验室	6	336	432	67.50%
3	5	汽车实验室	8	376	316	49.38%
4	1	商务大数据	11	646	482	75.31%
5	3	软件实验室2	15	810	548	85.63%
6	2	软件实验室1	19	989	320	50.00%
7	合计		59	3157	2098	

"学生人数"按照"升序"排序后的结果

注意此区域的变化

图 4－60　简单排序后的结果

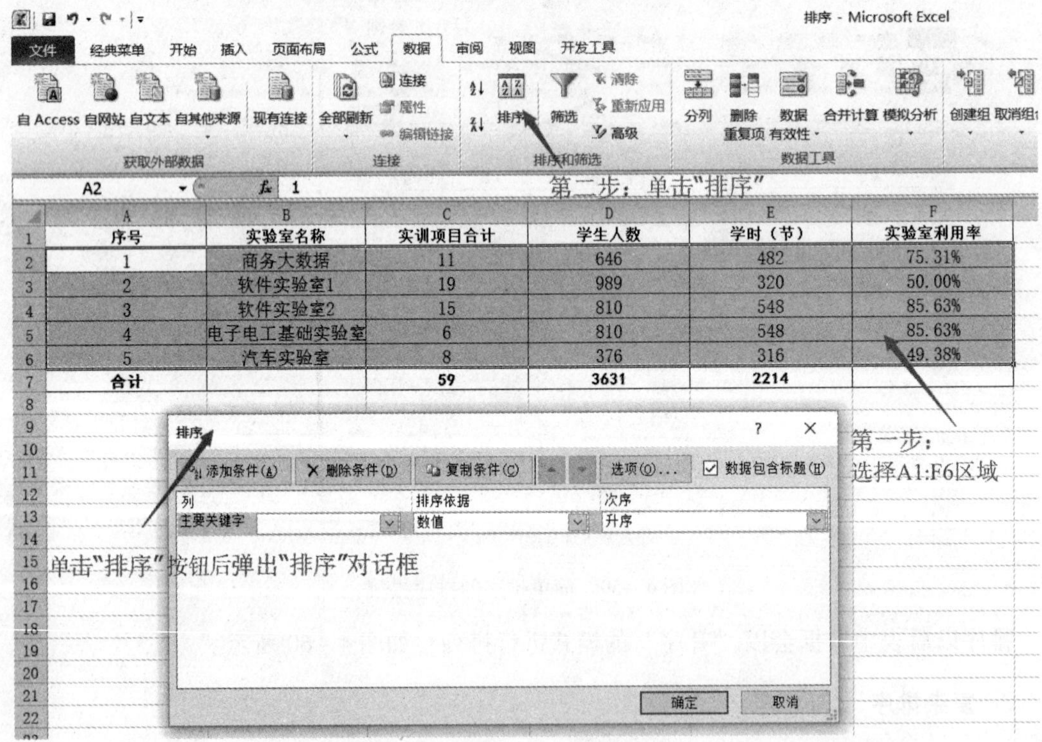

	A	B	C	D	E	F
1	序号	实验室名称	实训项目合计	学生人数	学时（节）	实验室利用率
2	1	商务大数据	11	646	482	75.31%
3	2	软件实验室1	19	989	320	50.00%
4	3	软件实验室2	15	810	548	85.63%
5	4	电子电工基础实验室	6	810	548	85.63%
6	5	汽车实验室	8	376	316	49.38%
7	合计		59	3631	2214	

图 4－61　复杂排序

单击对话框中“主要关键字”选项的下三角按钮，打开下拉列表，根据实际情况进行选择，本例中选择“实验室利用率”，如图 4－62 所示。

在“排序依据”的下拉列表中选择“数值”，如图 4－63 所示。

在“次序”的下拉列表中选择“降序”，如图 4－64 所示。

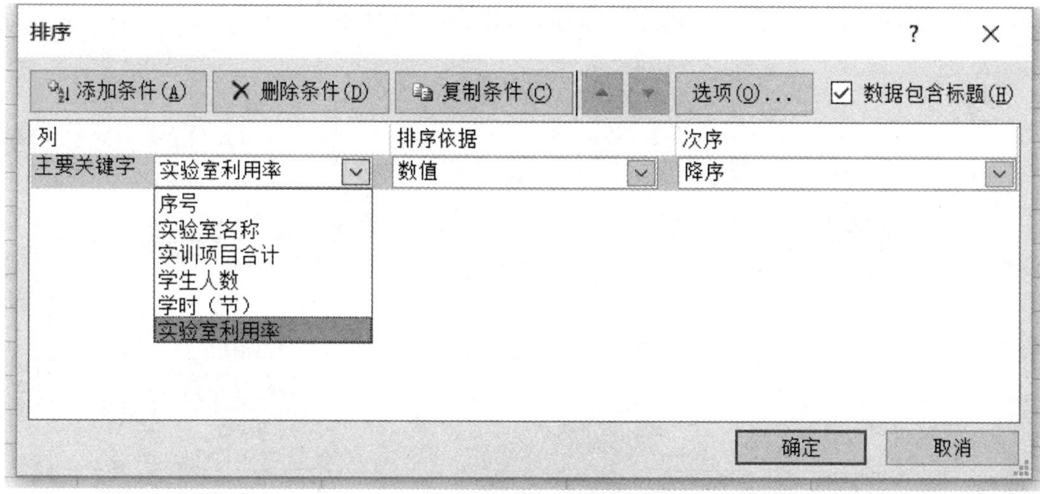

排序
?
添加条件(A)
删除条件(D)
复制条件(C)
选项(O)...
数据包含标题(H)
列
排序依据
次序
主要关键字
实验室利用率
数值
降序
序号
实验室名称
实训项目合计
学生人数
学时（节）
实验室利用率
确定
取消

图 4－62　列选项

排序
?
添加条件(A)
删除条件(D)
复制条件(C)
选项(O)...
数据包含标题(H)
列
排序依据
次序
主要关键字
实验室利用率
数值
降序
数值
单元格颜色
字体颜色
单元格图标
确定
取消

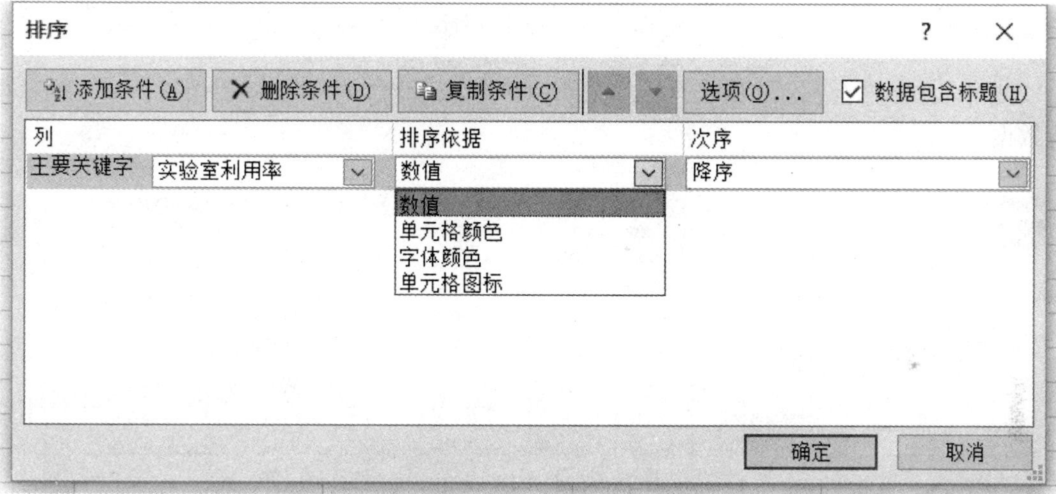

图 4－63　排序依据

排序
?
添加条件(A)
删除条件(D)
复制条件(C)
选项(O)...
数据包含标题(H)
列
排序依据
次序
主要关键字
实验室利用率
数值
降序
升序
降序
自定义序列...
确定
取消

图 4－64　次序的选取

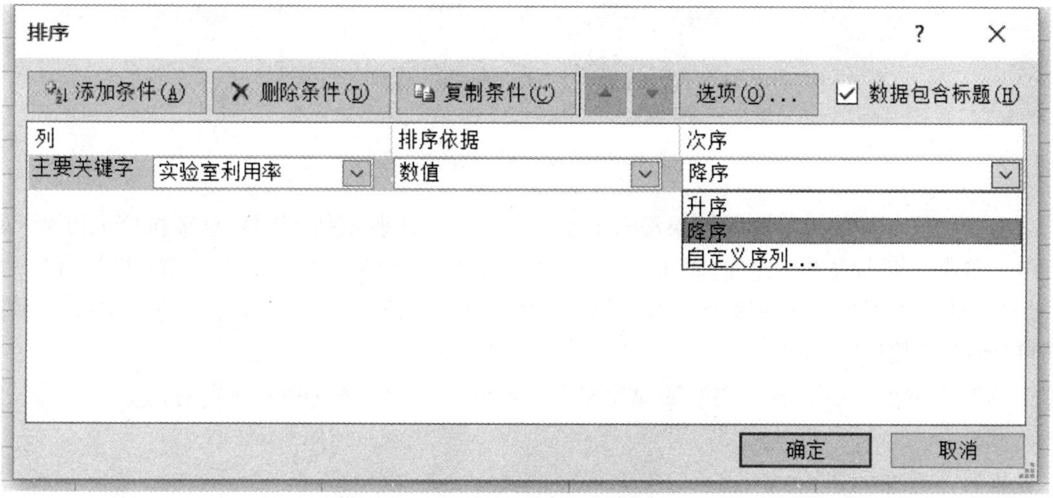

选择好所需条件以后单击“确定”按钮，如图 4 – 65 所示。

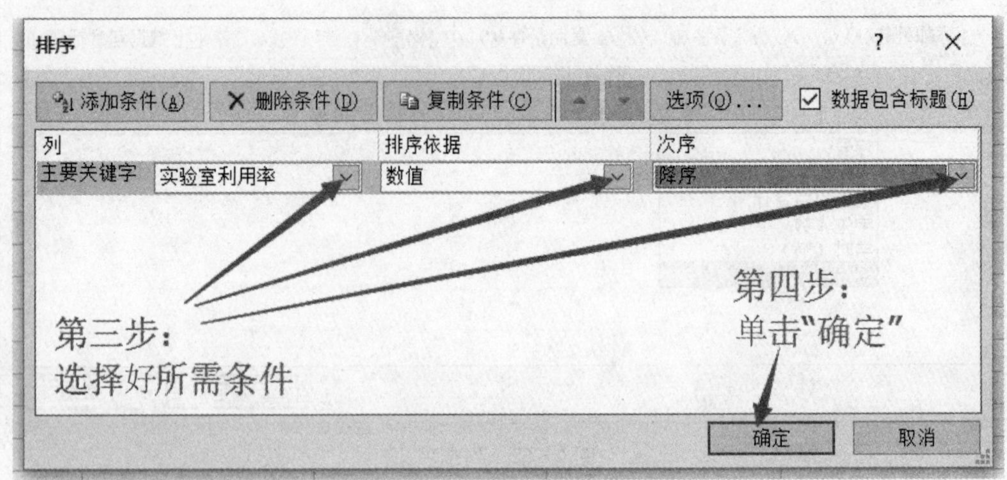

图 4 – 65　排序参数设定

此时表中数据会发生相应变化，如图 4 – 66 所示，请注意序号为“3”和“4”的这两行数据。

排序 - Microsoft Excel

	A	B	C	D	E	F
1	序号	实验室名称	实训项目合计	学生人数	学时（节）	实验室利用率
2	3	软件实验室2	15	810	548	85.63%
3	4	电子电工基础实验室	6	810	548	85.63%
4	1	商务大数据	11	646	482	75.31%
5	2	软件实验室1	19	989	320	50.00%
6	5	汽车实验室	8	376	316	49.38%
7	合计		59	3631	2214	

注意此区域变化　单击“确定”后的效果

图 4 – 66　复杂排序后的效果

上面的操作同简单排序的结果没有差别，只是操作步骤有所不同。复杂排序如图 4 – 67 所示，单击“添加条件”按钮添加了“次要关键字”选项，同“主要关键字”一样，在“次要关键字”下拉列表中选择所需条件，然后单击“确定”按钮，本例中分别选择“实训项目合计”“数值”“升序”。

单击“确定”后，表中数据变为如图 4 – 68 所示，请与图 4 – 66 进行对比。

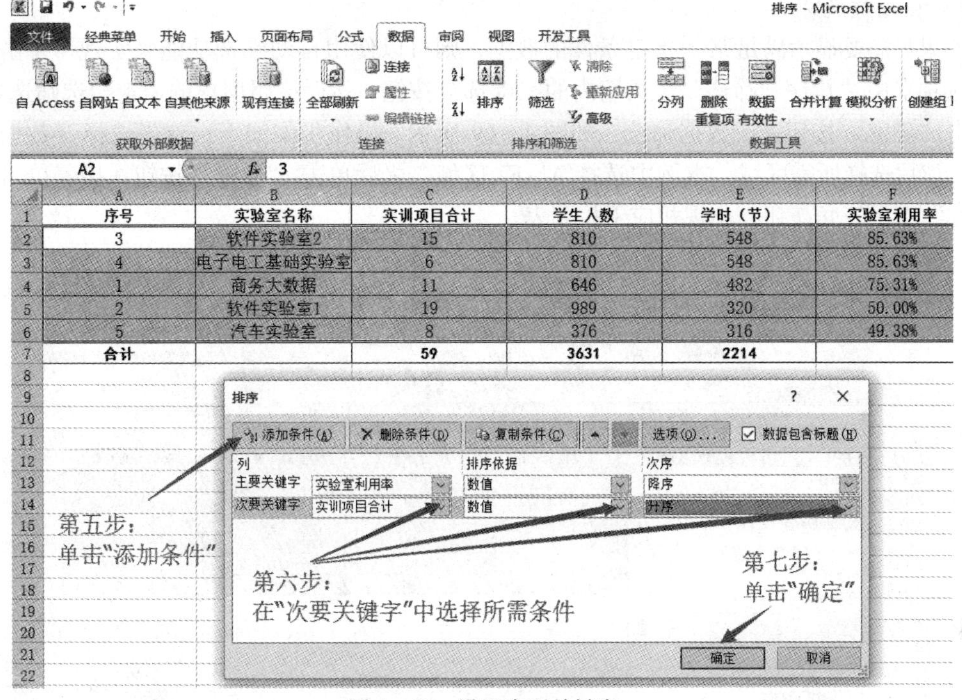

图 4－67　设置次要关键字

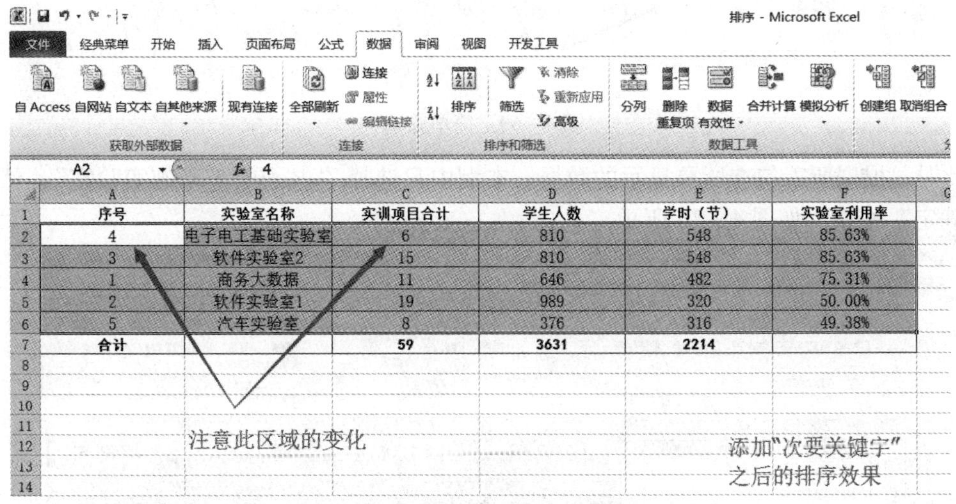

图 4－68　添加“次要关键字”之后的排序效果

4.6.3　数据筛选

当 Excel 表格中数据量较大时，用户有时需要隐藏一部分不必要的数据。Excel 的数据筛选功能就可以在当前工作表中按照用户设定的规则，选择性地显示满足条件的数据，并隐藏不满足条件的数据。Excel 中的筛选功能主要有自动筛选、自定义筛选及高级筛选 3 种方式。

1. 简单筛选

自动筛选和自定义筛选都属于简单筛选方式。

1）自动筛选

如果只需要显示满足某一指定条件的数据，则可以使用自动筛选功能来实现。单击“数据”选项卡中“排序和筛选”工具组内的“筛选”按钮，然后按照用户的需求勾选筛选条件，再单击“确定”按钮完成数据筛选。如图4－69所示，操作步骤如下，首先选择“数据”选项卡，然后选择所需区域，本例中选择A1:F7区域，之后单击“筛选”按钮，接着单击“实验名称”旁下三角按钮，出现相应下拉列表。

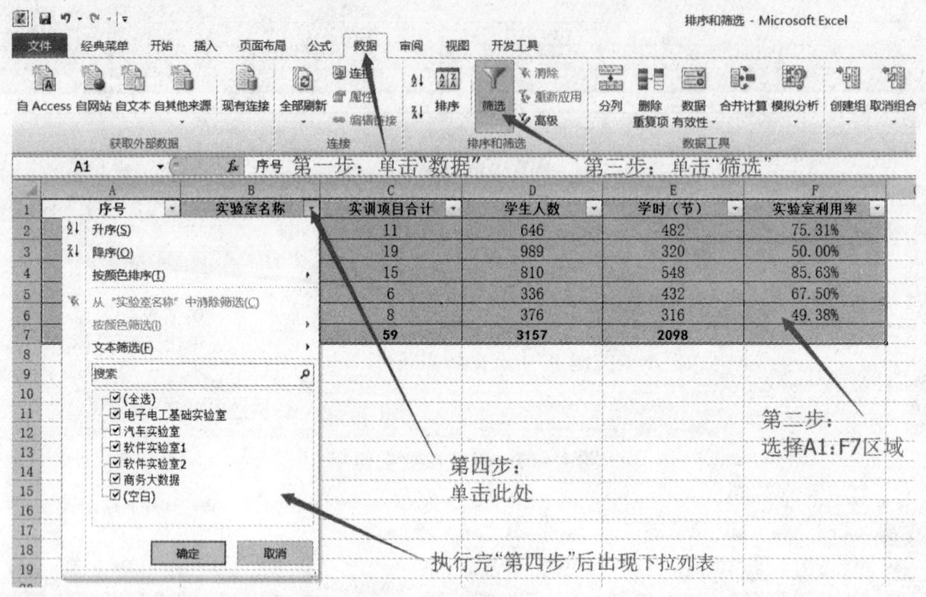

图4－69　简单筛选

此时，根据所需勾选所要显示的数据，本例中只选择“电子电工基础实验室”，然后单击“确定”按钮，如图4－70所示。

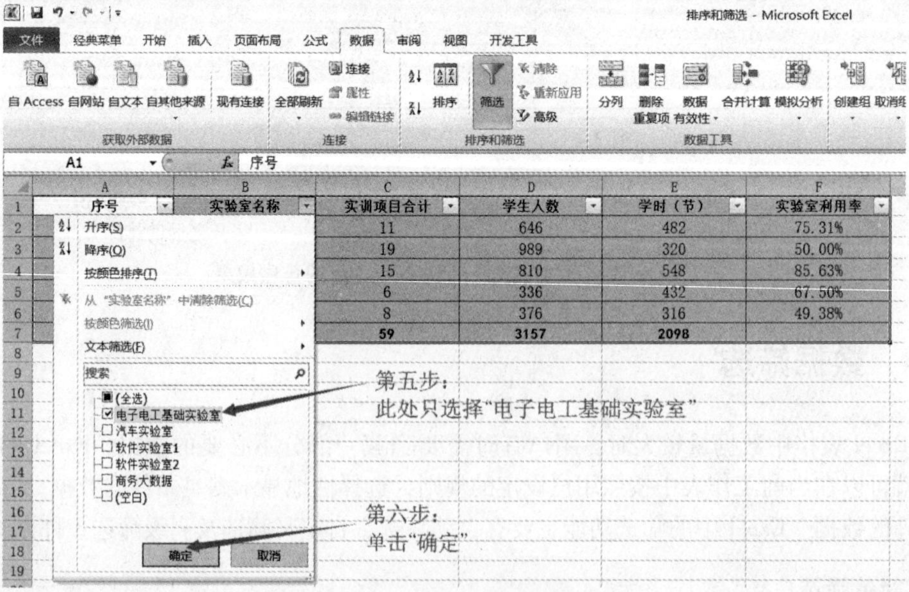

图4－70　选择数据

筛选结果如图 4-71 所示。

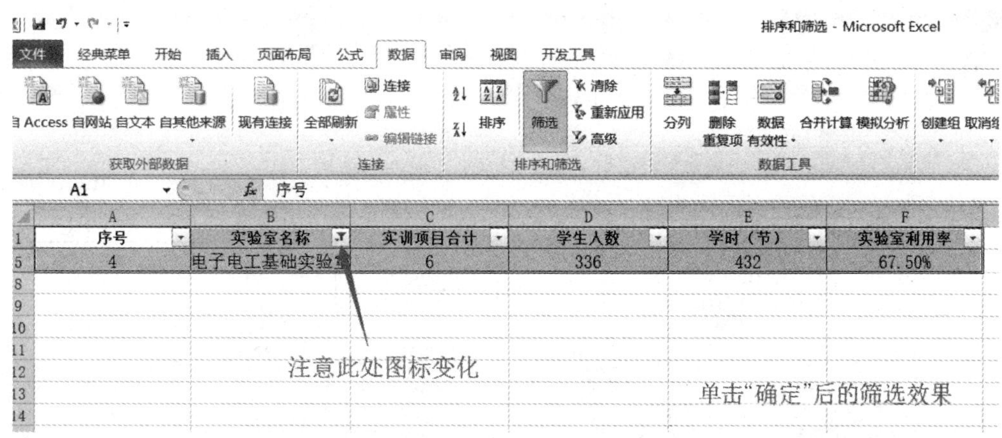

图 4-71 筛选结果

2）自定义筛选

当用户需要设置多个筛选条件时，通过“自定义筛选”对话框进行设置，从而对数据进行更加精确的选择。常见的自定义筛选方式有数字筛选（大于、小于或等于）、文本筛选（包含、开头是）等。如图 4-72 所示为如何打开自定义筛选的步骤，按照“第五步 a”和“第六步 a”操作即可打开“自定义自动筛选方式”对话框。

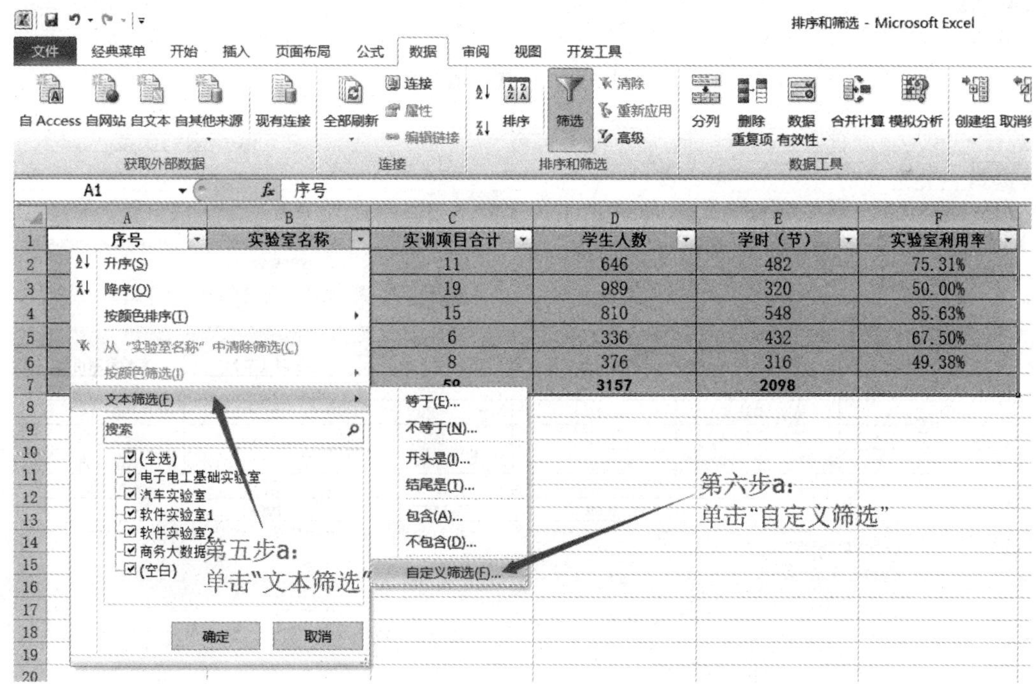

图 4-72 自定义筛选

打开对话框以后，如图 4-73 所示，需要强调的是“与”和“或”的选择，“与”表示多个条件需要同时满足，而“或”表示仅需满足诸多条件中的一项即可。

本例中选择“或”，如图 4-74 所示，最后单击“确定”按钮。

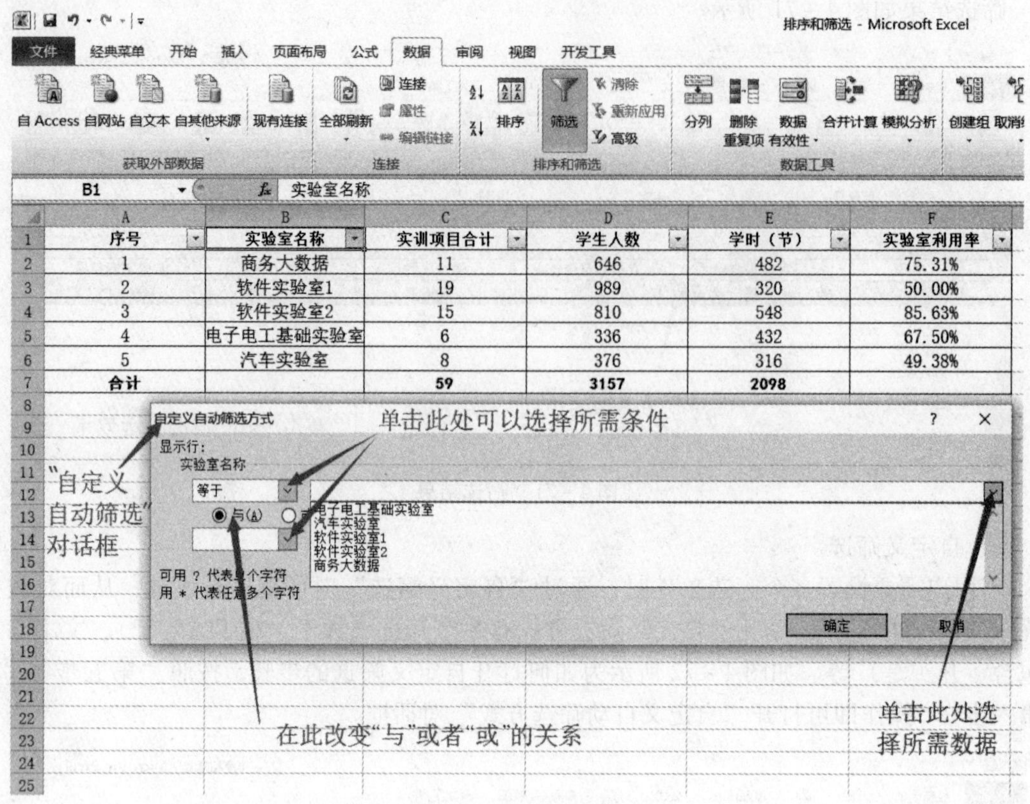

图 4 – 73　设置筛选参数

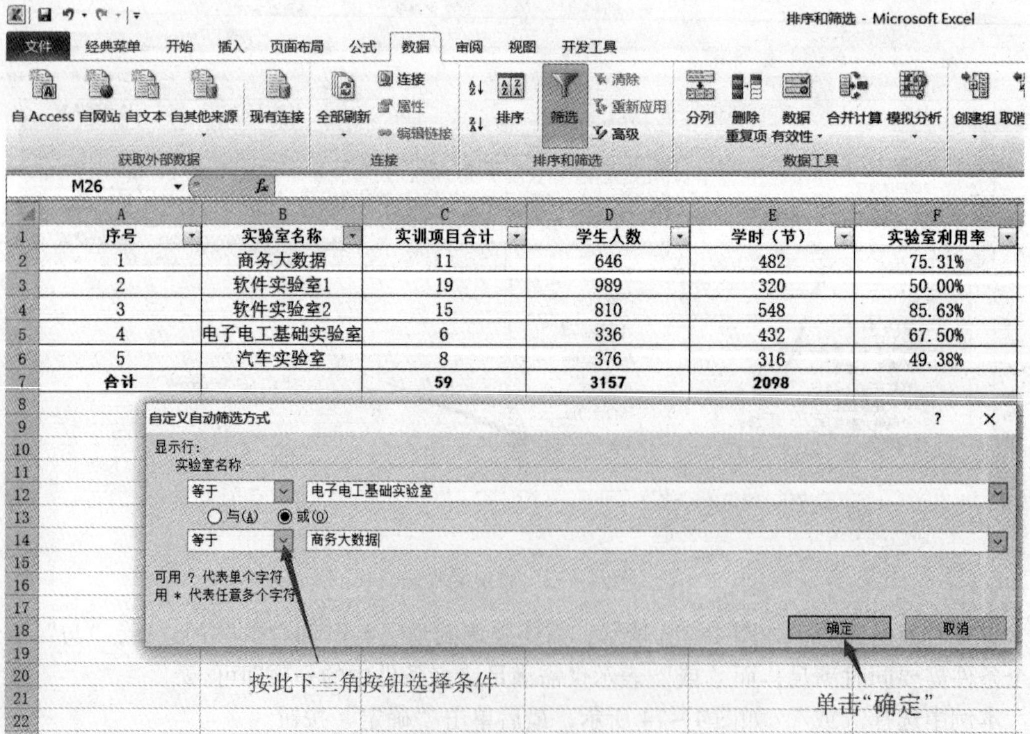

图 4 – 74　筛选关系的选择

如图 4 – 75 所示结果即为自定义筛选后的效果。

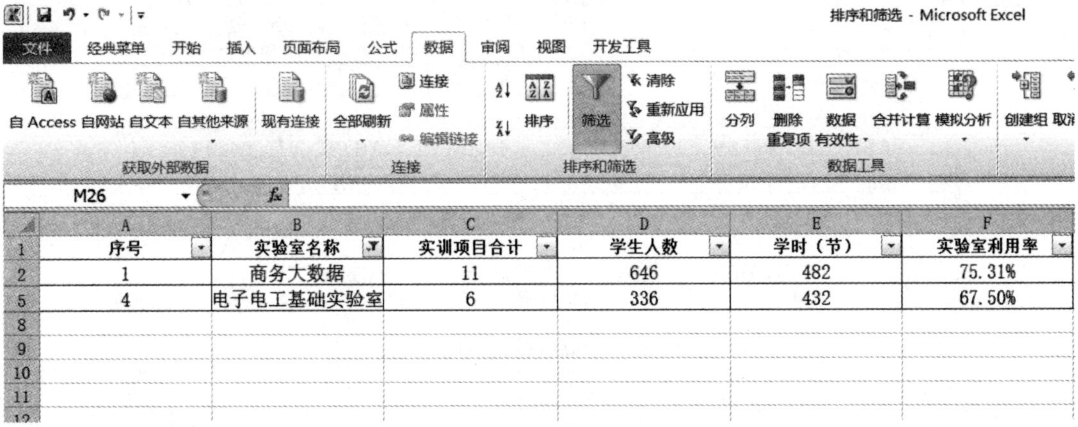

	A	B	C	D	E	F
1	序号	实验室名称	实训项目合计	学生人数	学时（节）	实验室利用率
2	1	商务大数据	11	646	482	75.31%
5	4	电子电工基础实验室	6	336	432	67.50%

图 4 – 75　自定义筛选后的结果

2. 高级筛选

高级筛选能够执行比较复杂的筛选条件，选定工作表中的一块空白区域作为条件区域，用来存放数据筛选条件。具体步骤如图 4 – 76 所示，首先选择“数据”选项卡，然后选定工作表中一块空白区域输入所需条件，再单击“排序和筛选”工具组中的“高级”按钮，弹出“高级”对话框，设置相关参数；本例中“列表区域”为选定所需区域，选定 C1 : F6 区域；“条件区域”选择 B12 : E13 区域；所有操作执行完毕以后单击“确定”按钮。

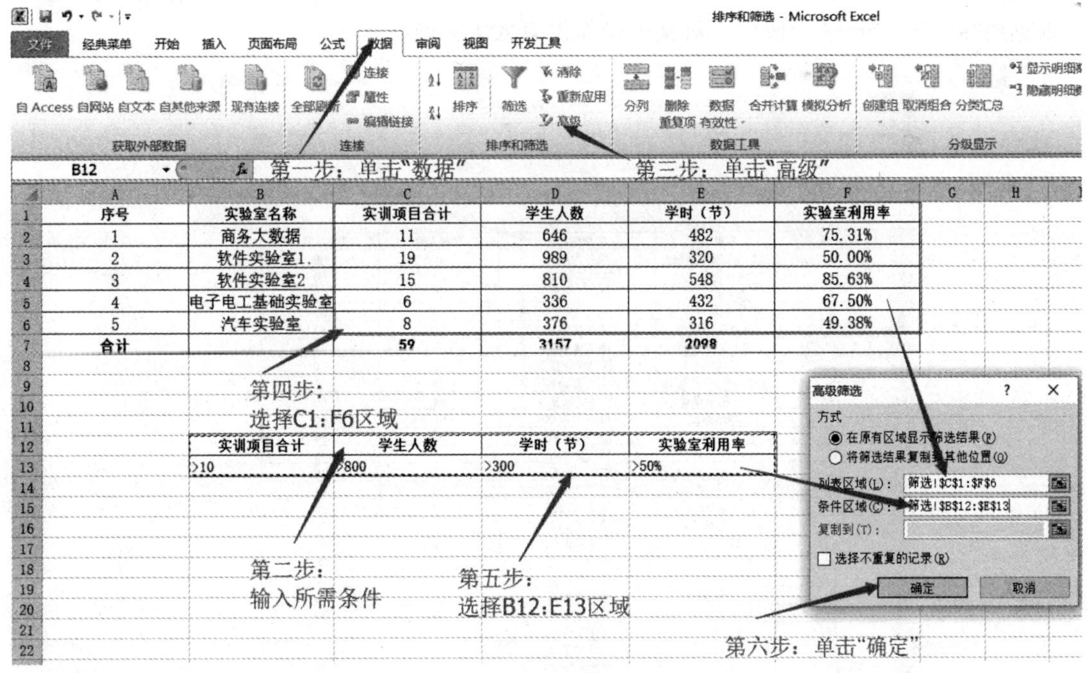

图 4 – 76　高级筛选

如图 4 – 77 所示为“高级筛选”执行完毕之后的结果。

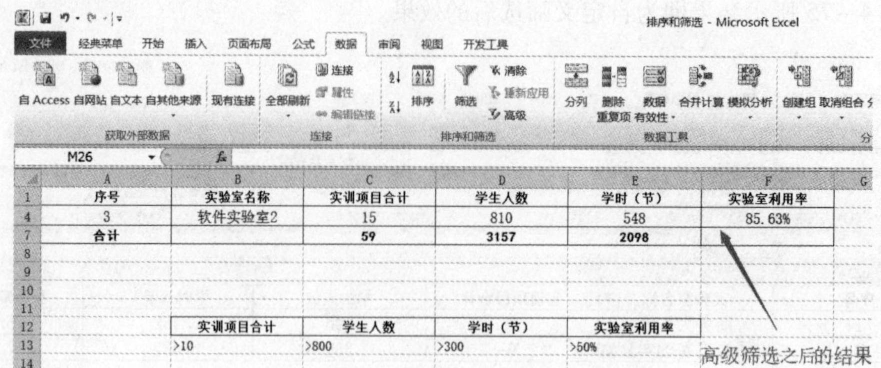

	序号	实验室名称	实训项目合计	学生人数	学时（节）	实验室利用率
1	序号	实验室名称	实训项目合计	学生人数	学时（节）	实验室利用率
4	3	软件实验室2	15	810	548	85.63%
7	合计		59	3157	2098	
12		实训项目合计	学生人数	学时（节）	实验室利用率	
13		>10	>800	>300	>50%	

图 4－77　高级筛选后的结果

4.6.4　分类汇总和分级显示

分类汇总是 Excel 对数据表单中的数据进行管理的重要功能，分类汇总的基础是数据排序，即对按照一定规则排序的数据再快速汇总。分类汇总的相关命令都在“数据”选项卡中的“分级显示”工具组内。

1. 分类汇总

分类汇总功能是 Excel 操作中非常实用的一项，其具体步骤如下：首先选中所需分类汇总列的任一单元格，单击“降序”按钮，排列后的结果如图 4－78 所示，当然，此处也可以根据所需单击“升序”按钮，对整个操作没有太大影响。

第二步：单击“降序”

第一步：单击“实验室名称”

序号	实训项目	实验室名称	学生人数	学时（节）
1	Linux操作系统	商务大数据	46	90
2	C语言程序设计	软件实验室1	53	60
3	高级OFFICE	软件实验室2	43	60
4	电子元器件识别	电子电工基础实验室	55	30
5	汽车电子系统	汽车实验室	56	60
6	电子商务运营	商务大数据	55	46
7	C#	软件实验室2	51	60
8	超外差收音机组装	电子电工基础实验室	46	30
9	C++程序设计	软件实验室1	44	60
10	网站建设	商务大数据	51	60
11	JAVA	软件实验室2	52	60
12	Android系统	商务大数据	54	90
13	PROTEL	软件实验室1	57	46
14	单片机实训	电子电工基础实验室	58	64
15	农村电商培训1	商务大数据	47	20
16	电子产品综合实训	电子电工基础实验室	49	60
17	数据结构	软件实验室2	51	60
18	青年就业培训	商务大数据	52	20
19	物联网认知实训	软件实验室1	42	30
20	电子商务培训	商务大数据	46	60
21	汽车整车认知实训	汽车实验室	49	30
22	数据库技术	软件实验室2	48	60
23	汽车美容	汽车实验室	56	36
24	RFID实训	软件实验室1	51	60
25	汽车保养	汽车实验室	54	64
26	动态网页设计	软件实验室2	47	60

图 4－78　排序

接着选择整个区域，然后单击“分类汇总”按钮，弹出“分类汇总”对话框，根据所需选择相应参数后单击“确定”按钮；此部分操作及参数设定如4－79所示。

	序号	实训项目	实验室名称	学生人数	学时（节）
2	1	Linux操作系统	商务大数据	46	90
3	6	电子商务运营	商务大数据	55	46
4	10	网站建设	商务大数据	51	60
5	12	Android系统	商务大数据	54	90
6	15	农村电商培训1	商务大数据	47	20
7	18	青年就业培训	商务大数据	52	20
8	20	电子商务培训	商务大数据	46	60
9	3	高级OFFICE	软件实验室2	43	60
10	7	C#	软件实验室2	51	60
11	11	JAVA	软件实验室2	52	60
12	17	数据结构	软件实验室2	51	60
13	22	数据库技术	软件实验室2	48	60
14	26	动态网页设计	软件实验室2	47	60
15	2	C语言程序设计	软件实验室1	53	60
16	9	C++程序设计	软件实验室1	44	60
17	13	PROTEL	软件实验室1	57	46
18	19	物联网认知实训	软件实验室1	42	30
19	24	RFID实训	软件实验室1	51	60
20	5	汽车电子系统	汽车实验室	56	60
21	21	汽车整车认知实训	汽车实验室	49	30
22	23	汽车美容	汽车实验室	56	36
23	25	汽车保养	汽车实验室	54	64
24	4	电子元器件识别	电子电工基础实验室	55	30
25	8	超外差收音机组装	电子电工基础实验室	46	30
26	14	单片机实训	电子电工基础实验室	58	64
27	16	电子产品综合实训	电子电工基础实验室	49	60

第四步：单击“分类汇总”

第五步：按照需求选择相应参数

第六步：单击“确定”

第三步：选择该区域

执行“第二步”之后的结果

图4－79 设置相应参数

分类汇总的结果如图4－80所示。

	序号	实训项目	实验室名称	学生人数	学时（节）
2	1	Linux操作系统	商务大数据	46	90
3	6	电子商务运营	商务大数据	55	46
4	10	网站建设	商务大数据	51	60
5	12	Android系统	商务大数据	54	90
6	15	农村电商培训1	商务大数据	47	20
7	18	青年就业培训	商务大数据	52	20
8	20	电子商务培训	商务大数据	46	60
9			**商务大数据 汇总**	351	336
10	3	高级OFFICE	软件实验室2	43	60
11	7	C#	软件实验室2	51	60
12	11	JAVA	软件实验室2	52	60
13	17	数据结构	软件实验室2	51	60
14	22	数据库技术	软件实验室2	48	60
15	26	动态网页设计	软件实验室2	47	60
16			**软件实验室2 汇总**	292	360
17	2	C语言程序设计	软件实验室1	53	60
18	9	C++程序设计	软件实验室1	44	60
19	13	PROTEL	软件实验室1	57	46
20	19	物联网认知实训	软件实验室1	42	30
21	24	RFID实训	软件实验室1	51	60
22			**软件实验室1 汇总**	247	256
23	5	汽车电子系统	汽车实验室	56	60
24	21	汽车整车认知实训	汽车实验室	49	30
25	23	汽车美容	汽车实验室	56	36
26	25	汽车保养	汽车实验室	54	64
27			**汽车实验室 汇总**	215	190
28	4	电子元器件识别	电子电工基础实验室	55	30
29	8	超外差收音机组装	电子电工基础实验室	46	30

图4－80 分类汇总后的结果

2. 分级显示

分级显示的操作非常简单，此功能可以根据用户需求显示不同级别的内容，如图 4－81 所示，此种显示为 3 级显示。

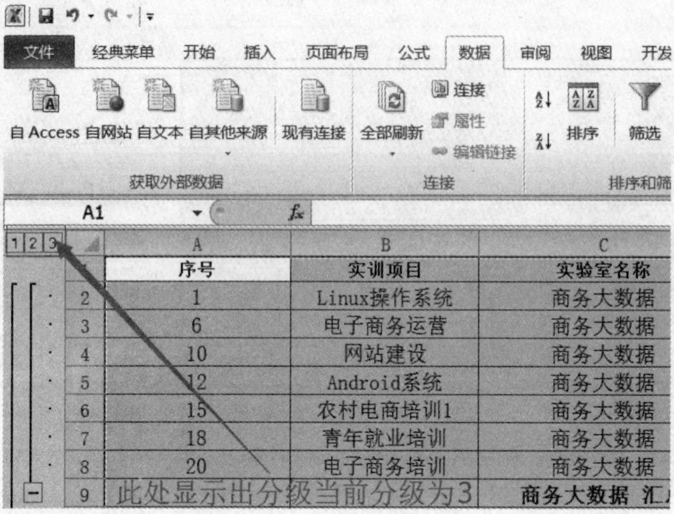

图 4－81　3 级分级显示

如图 4－82 所示，当前显示为 2 级。

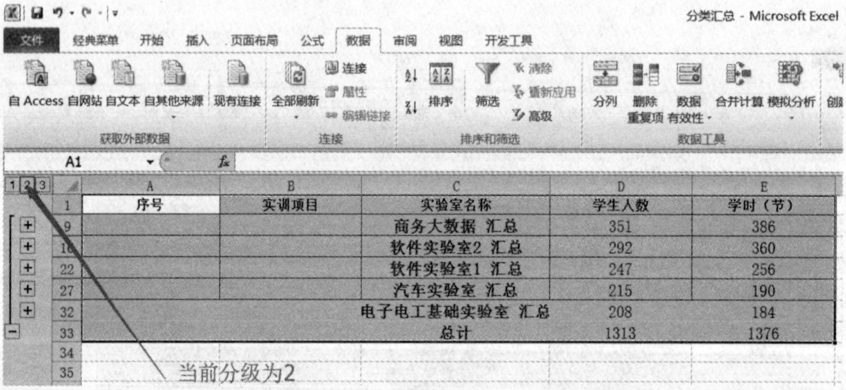

图 4－82　2 级分级显示

如图 4－83 所示，当前显示为 1 级。

同样，也可以使用“显示明细数据”和“隐藏明细数据”这两个按钮来实现分级显示，如图 4－84 所示。

3. 删除分类汇总

分类汇总完毕以后，想恢复原来的表格结构，则需要删除分类汇总，此项操作也非常简单，只需要再次单击“分类汇总”按钮，在所弹出的对话框中单击“全部删除”按钮即可，如图 4－85 所示。

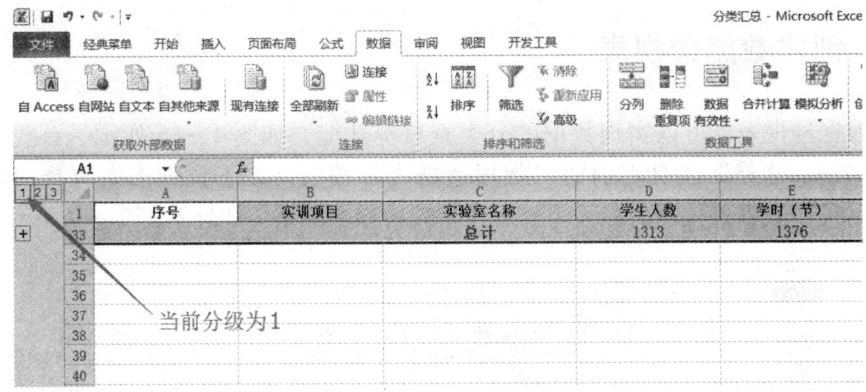

图 4－83　1 级分级显示

	序号	实训项目	实验室名称	学生人数	学时（节）
9			商务大数据 汇总	351	386
16			软件实验室2 汇总	292	360
22			软件实验室1 汇总	247	256
27			汽车实验室 汇总	215	190
28	4	电子元器件识别	电子电工基础实验室	55	30
29	8	超外差收音机组装	电子电工基础实验室	46	30
30	14	单片机实训	电子电工基础实验室	58	64
31	16	电子产品综合实训	电子电工基础实验室	49	60
32			电子电工基础实验室 汇总	208	184
33			总计	1313	1376

也可以通过这两个功能按钮来实现分级显示

图 4－84　分级显示选项卡

	序号	实训项目	实验室名称	学生人数	学时（节）
2	1	Linux操作系统	商务大数据	46	
3	6	电子商务运营	商务大数据	55	
4	10	网站建设	商务大数据	51	
5	12	Android系统	商务大数据	54	
6	15	农村电商培训1	商务大数据	47	
7	18	青年就业培训	商务大数据	52	
8	20	电子商务培训	商务大数据	46	
9			商务大数据 汇总	351	
10	3	高级OFFICE	软件实验室2	43	
11	7	C#	软件实验室2	51	
12	11	JAVA	软件实验室2	52	
13	17	数据结构	软件实验室2	51	
14	22	数据库技术	软件实验室2	48	
15	26	动态网页设计	软件实验室2	47	
16			软件实验室2 汇总	292	360
17	2	C语言程序设计	软件实验室1	53	60
18	9	C++程序设计	软件实验室1	44	60
19	13	PROTEL	软件实验室1	57	46
20	19	物联网认知实训	软件实验室1	42	30
21	24	RFID实训	软件实验室1	51	60
22			软件实验室1 汇总	247	256

分类汇总

分类字段(A)：实验室名称

汇总方式(U)：求和

选定汇总项(D)：序号　实训项目　实验室名称　☑学生人数　☑学时（节）

☑替换当前分类汇总(C)　☐每组数据分页(P)　☑汇总结果显示在数据下方(S)

全部删除(R)　确定　取消

第一步：单击“分类汇总”

第二步：单击“全部删除”

图 4－85　删除分类汇总

4.6.5 创建数据透视表

生成数据透视表也可以实现数据的分类查看等功能，如图 4－86 所示，首先单击“插入”选项卡中“表格”工具组内的“数据透视表”按钮，在下拉列表中选择“数据透视表”命令。关于数据透视图的相关内容放在实验教程中介绍，此处不再赘述。

第一步：单击“插入”
第二步：选择“数据透视表”

序号	实训项目	实验室名称	学生人数	学时（节）
1	Linux操作系统	商务大数据	46	90
6	电子商务运营	商务大数据	55	46
10	网站建设	商务大数据	51	60
12	Android系统	商务大数据	54	90
15	农村电商培训1	商务大数据	47	20
18	青年就业培训	商务大数据	52	20
20	电子商务培训	商务大数据	46	60
3	高级OFFICE	软件实验室2	43	60
7	C#	软件实验室2	51	60
11	JAVA	软件实验室2	52	60
17	数据结构	软件实验室2	51	60
22	数据库技术	软件实验室2	48	60
26	动态网页设计	软件实验室2	47	60
2	C语言程序设计	软件实验室1	53	60
9	C++程序设计	软件实验室1	44	60
13	PROTEL	软件实验室1	57	46

图 4－86　数据透视表

然后，在弹出的“创建数据透视表”对话框中选择需要创建透视表的数据，并且选定放置所创建透视表的位置，如图 4－87 所示，选择好区域以后单击“确定”按钮。

序号	实训项目	实验室名称	学生人数	学时（节）
1	Linux操作系统	商务大数据	46	90
6	电子商务运营	商务大数据	55	46
10	网站建设	商务大数据	51	60
12	Android系统	商务大数据		
15	农村电商培训1	商务大数据		
18	青年就业培训	商务大数据		
20	电子商务培训	商务大数据		
3	高级OFFICE	软件实验室2		
7	C#	软件实验室2		
11	JAVA	软件实验室2		
17	数据结构	软件实验室2		
22	数据库技术	软件实验室2		
26	动态网页设计	软件实验室2		
2	C语言程序设计	软件实验室1		
9	C++程序设计	软件实验室1		
13	PROTEL	软件实验室1		
19	物联网认知实训	软件实验室1	42	30
24	RFID实训	软件实验室1	51	60
5	汽车电子系统	汽车实验室	56	60
21	汽车整车认知实训	汽车实验室	49	30
23	汽车美容	汽车实验室	56	36
25	汽车保养	汽车实验室	54	64
4	电子元器件识别	电子电工基础实验室	55	30
8	超外差收音机组装	电子电工基础实验室	46	30
14	单片机实训	电子电工基础实验室	58	64
16	电子产品综合实训	电子电工基础实验室	49	60

创建数据透视表
请选择要分析的数据
选择一个表或区域(S)
表/区域(T)：分类汇总!$A$1:$E$27
使用外部数据源(U)
连接名称：
选择放置数据透视表的位置
新工作表(N)
现有工作表(E)
位置(L)：分类汇总!$H$2
确定　取消

第三步：选择好放置位置
第四步：单击“确定”

图 4－87　选择相应区域

如图 4－88 所示为所创建的数据透视表，可以根据用户所需，调整相应的显示字段，同时通过“显示”工具组内的功能按钮可以对透视表执行用户所需相关操作。

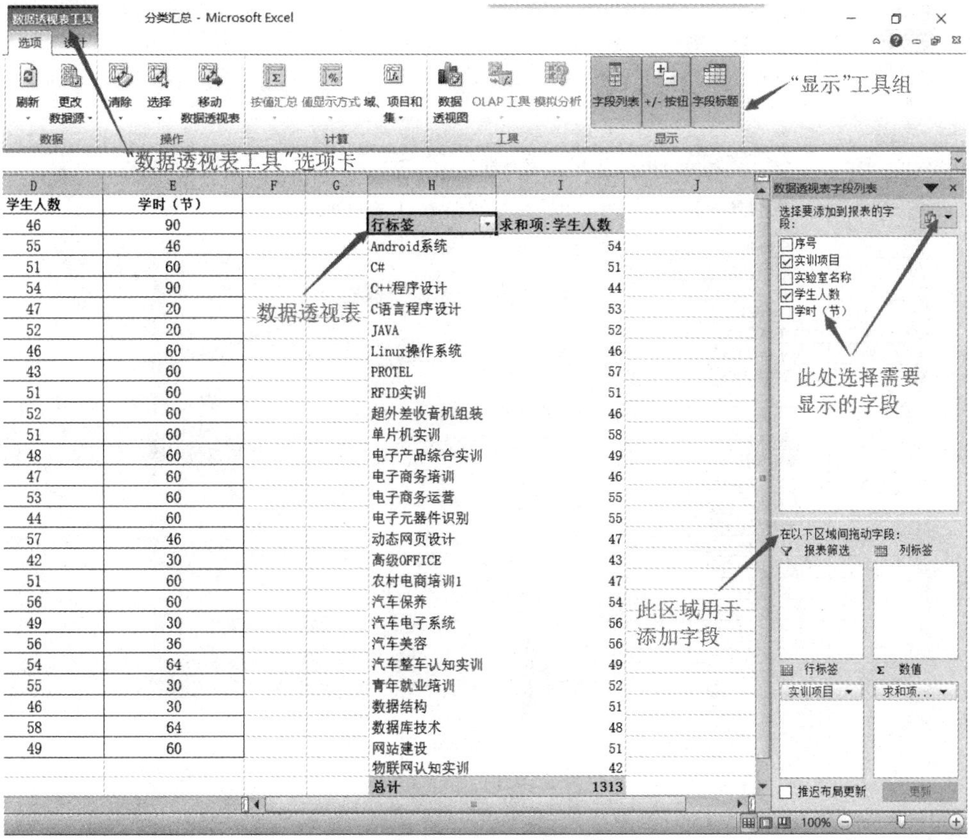

图 4－88　生成数据透视表

4.7　Excel 工作表的打印和超链接

4.7.1　页面布局

Excel 2010 在以前版本的基础上，增加了“页面布局”视图模式，用户能够在分页预览整个工作表区域的同时对工作表内容进行操作，如编辑数据、页脚/页眉等。对于需要打印的工作表，使用“页面布局”视图模式十分方便。

单击“视图”选项卡中“工作簿视图”工具组内的“页面布局”按钮，即可进入“页面布局”视图模式。分别单击“普通”“分页预览”按钮则可在这 3 种视图模式之间进行快速切换。

4.7.2　页面设置

“页面设置”工具组位于页面布局选项卡中，主要提供页边距、纸张大小及方向、打印区域、分隔符的插入及背景和打印标题的设置等功能，具体如图 4－89 所示。执行完如图中所示的“第二步”后弹出“页面设置”对话框。

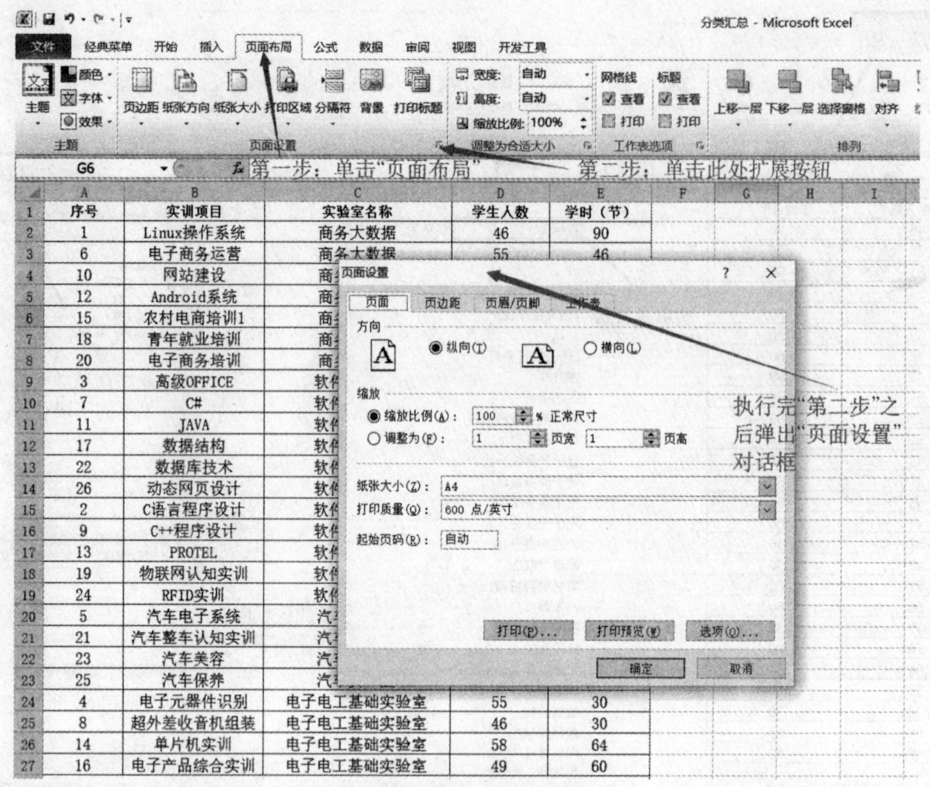

图 4－89　页面设置

如图 4－90 所示，展示了“页边距”“纸张方向”和“纸张大小”的下拉列表中其他可选命令，如果没有合适的命令，还可以通过“自定义”命令来设置。

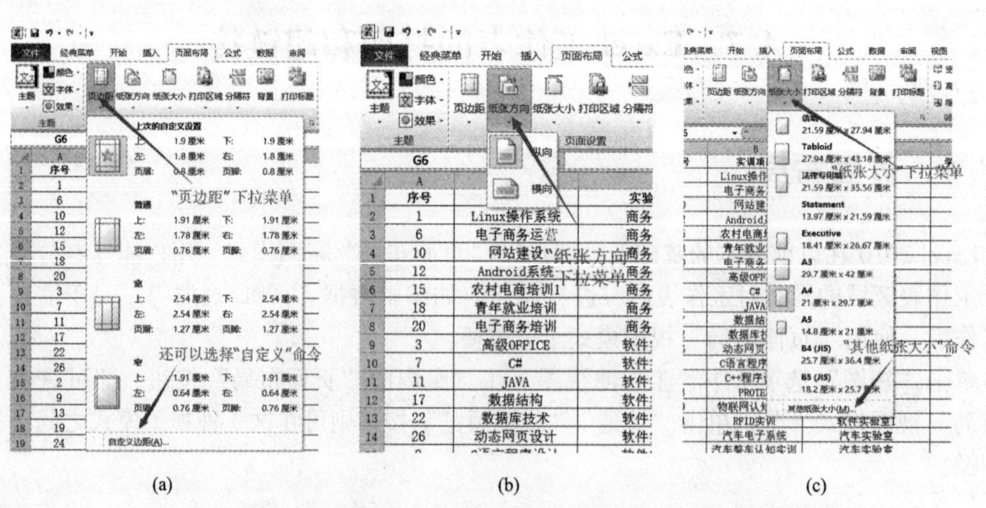

图 4－90　“页边距”“纸张方向”及“纸张大小”下拉列表

如图 4－91 所示为其他页面参数的设定，具体操作会在实验教程中展示，这里也不再赘述。

I20

	A	B	C	D	E	F	G	H
1	序号	实训项目	实验室名称	学生人数	学时（节）			
2	1	Linux操作系统	商务大数据	46	90			
3	6	电子商务运营	商务大数据	55	46			
4	10	网站建设	商务大数据	51	60			
5	12	Android系统	商务大数据	54	90			
6	15	农村电商培训1	商务大数据	47	20			
7	18	青年就业培训	商务大数据	52	20			
8	20	电子商务培训	商务大数据	46	60			
9	3	高级OFFICE	软件实验室2	43	60			
10	7	C#	软件实验室2	51	60			
11	11	JAVA	软件实验室2	52	60			
12	17	数据结构	软件实验室2	51	60			
13	22	数据库技术	软件实验室2	48	60			
14	26	动态网页设计	软件实验室2	47	60			
15	2	C语言程序设计	软件实验室1	53	60			
16	9	C++程序设计	软件实验室1	44	60			
17	13	PROTEL	软件实验室1	57	46			

也可以通过“页面设置”工具组设置其他参数

图 4-91　工具组其他参数设定功能按钮

下面对“页面设置”对话框进行说明，如图 4-92 所示，在“页面”选项卡中用户可以设置页面方向、缩放比例、纸张大小、打印质量及起始页码等参数，其中“缩放比例”在页面编辑中会经常遇到。

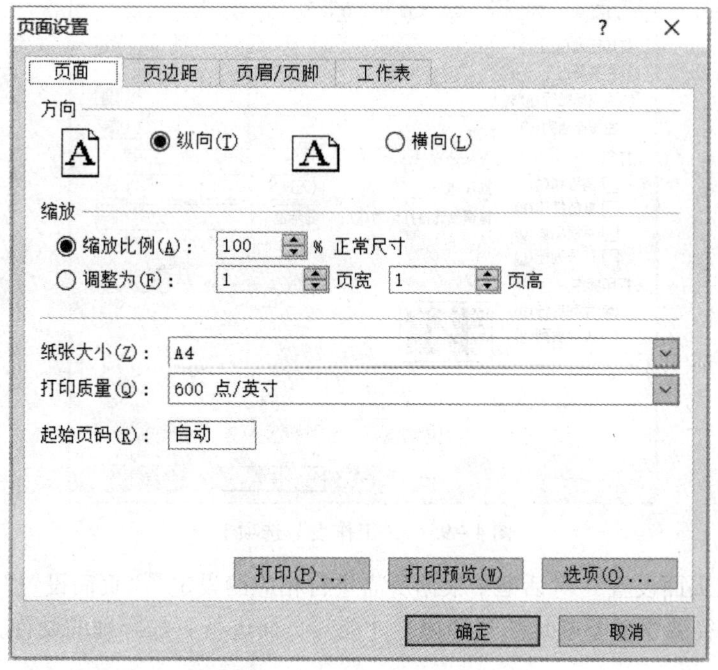

图 4-92　“页面设置”对话框

“页边距”选项卡中主要实现页面的“上”“下”“左”“右”4 个方向上页边距的距离设置，还涉及页眉及页脚的参数设置，以及水平和垂直两种居中方式的设定，如图 4-93 所示。

如图 4 -94 所示为“页眉/页脚”选项卡，用户可以根据所需进行相应的设定，还可以自定义页眉页脚。

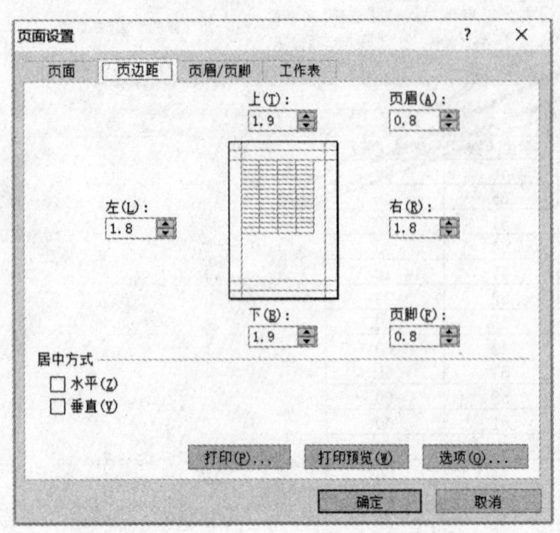

图 4 -93 “页边距”选项卡

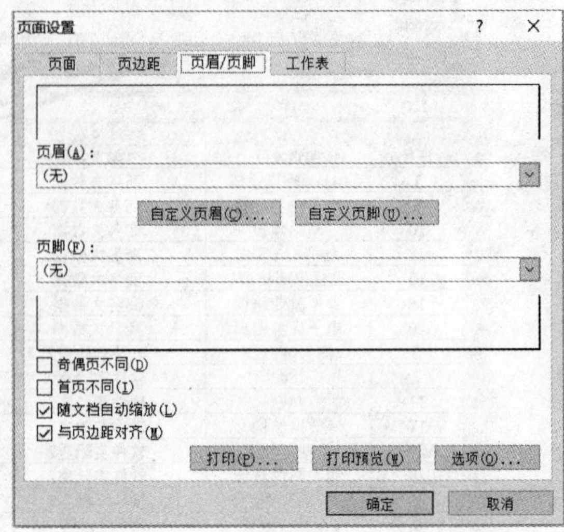

图 4 -94 “页眉/页脚”选项卡

“工作表”选项卡如图 4 -95 所示，主要涉及打印方面的各种参数的设置，需要强调的是诸如单色打印等特殊功能，就“单色打印”选项而言，其可以实现工作表的单色打印。

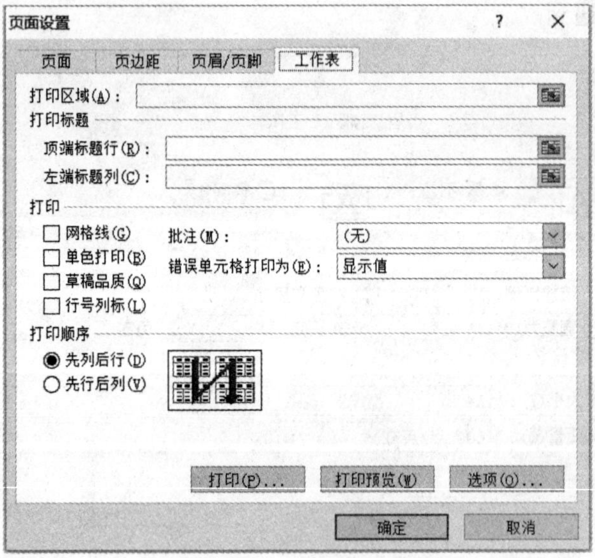

图 4 -95 “工作表”选项卡

用户可在“页面设置”对话框中根据所需进行相应的设定，“页面设置”工具组拥有很多实用的功能，需要平时不断地积累和摸索才能对页面进行更加合理的设置。

4.7.3 打印预览

Excel 的打印预览视图功能能够在页面中显示即将被打印的工作表。有 3 种方式可进入

打印预览视图，一是在菜单栏“文件”菜单中选择“打印”命令，即可打开打印的工作表的预览视图，如图 4－96 所示。

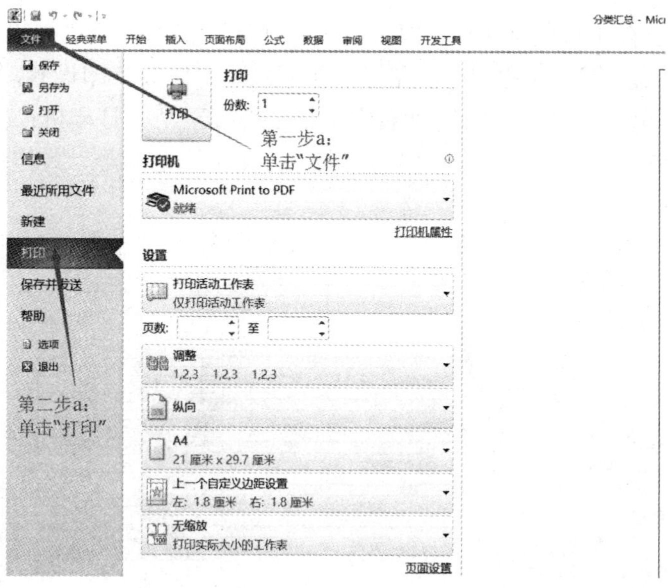

图 4－96　打印

二是在菜单栏“页面布局”选项卡中单击“页面设置”工具组的扩展按钮，弹出“页面设置”对话框，单击“打印预览”按钮，如图 4－97 所示。

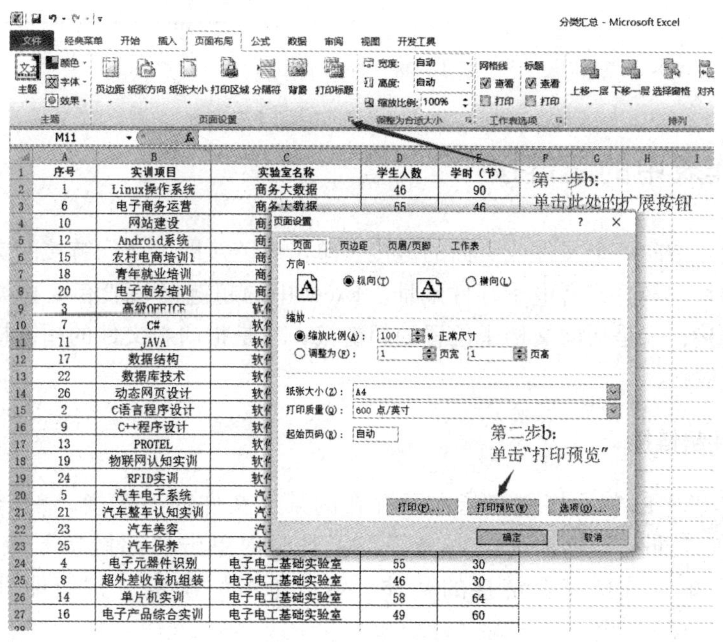

图 4－97　打印预览

三是按下“Ctrl＋P”组合键。

4.7.4　打印

当用户需要将当前工作表打印出来时，选择“文件”菜单中的“打印”命令，如图4-98所示。如果对预览效果不满意，可以在打印预览视图中修改打印设置。在“打印”列表中可设置需要打印的份数；“打印机”列表中可指定链接至某一打印机；“设置”列表中可以设置打印选项，如纸张类型、横向或纵向打印、打印页码范围等，具体操作介绍如图4-49所示。

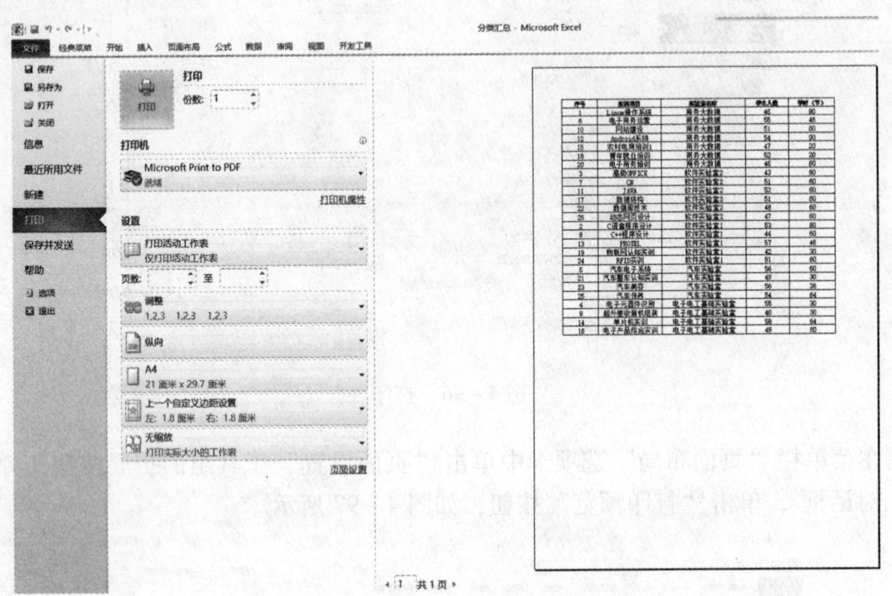

图4-98　打印工作表

4.7.5　工作表中的超链接

超链接一般是指向一个文件或页面的链接，单击超链接即可访问链接的文件。链接目标可以是文档、图片、网页或者电子邮件地址。Excel 中的超链接一般有4种类型，一是指向已有文件的超链接；二是指向文档中位置的超链接；三是指向新文件的超链接；四是指向电子邮件地址的超链接。

1. 已有文件超链接

可以为工作表中的单元格创建指向已存在的某一文件的超链接。单击需要建立超链接的单元格，在“插入”选项卡中“链接”工具组内单击“超链接”按钮，弹出“插入超链接”对话框，选择需要链接的文件，然后单击“确定”按钮即可，如图4-99所示。

创建完成后，如图4-100所示，单元格内的内容格式为带下划线且字体颜色为蓝色。

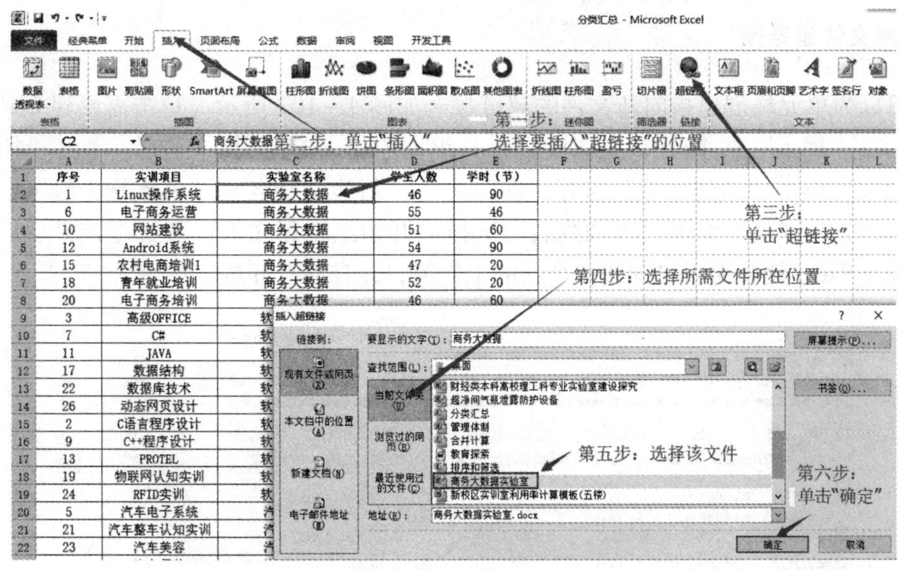

图 4 – 99　超链接

	A	B	C	D	E
1	序号	实训项目	实验室名称	学生人数	学时（节）
2	1	Linux操作系统	商务大数据	46	90
3	6	电子商务运营	商务大数据	55	46
4	10	网站建设	商务大数据	51	60
5	12	Android系统	商务大数据	54	90
6	15	农村电商培训1	商务大数据	47	20
7	18	青年就业培训	商务大数据	52	20
8	20	电子商务培训	商务大数据	46	60
9	3	高级OFFICE	软件实验室2	43	60
10	7	C#	软件实验室2	51	60

插入"超链接"后的效果

图 4 – 100　插入超链接

2. 本文档中的位置超链接

单击如图 4 – 101 中箭头所指按钮可以超链接到本文档中的某一位置。

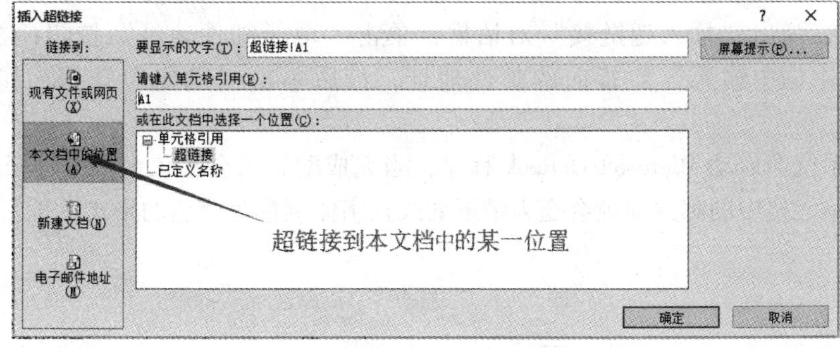

图 4 – 101　本文档中超链接

3. 新文件超链接

也可以为单元格创建指向新文件的超链接。如图 4 – 102 所示，单击需要建立超链接的单元格，在“插入”选项卡中“链接”工具组内单击“超链接”按钮，弹出“插入超链接”对话框，单击“新建文档”按钮；在弹出的“新建文档名称”文本框中输入需要新建的文档名称，在“何时编辑”选项列表内选择“开始编辑新文档”单选框，最后单击“确定”按钮，Excel 就会为用户创建一个新的工作簿，并自动打开该工作簿。

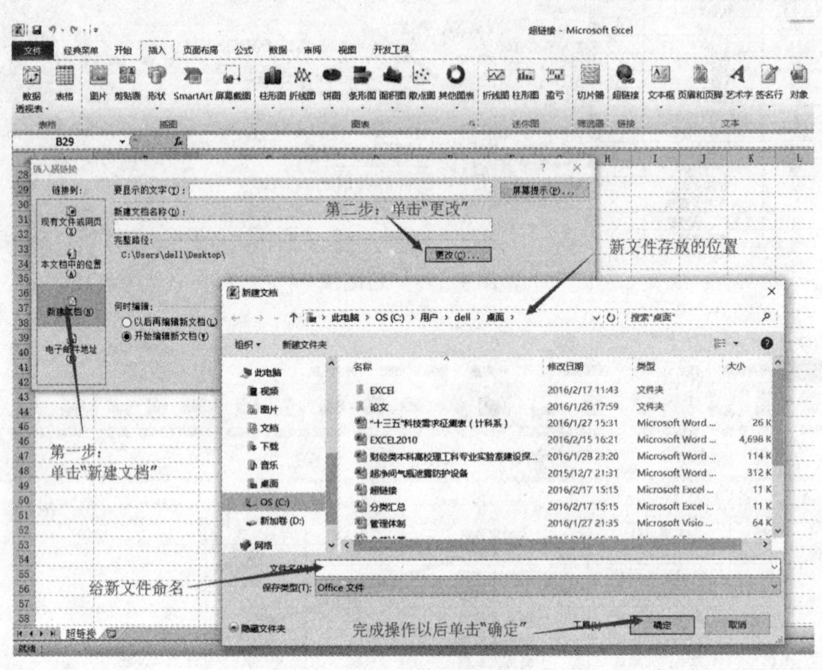

图 4 – 102　新文件超链接

如果在“何时编辑”处选择“稍后编辑新文档”，则 Excel 会完成创建超链接，但并不自动打开新建的工作簿，直到用户单击该超链接时才会打开。

4. 电子邮件超链接

单击需要建立超链接的单元格，在“插入”选项卡中“链接”工具组内单击“超链接”按钮，弹出“插入超链接”对话框，单击“电子邮件地址”按钮；在“电子邮件地址”文本框中输入需要指向的邮件地址，最后单击“确定”按钮，如图 4 – 103 所示。

完成后系统会启动 Microsoft Outlook 程序，当完成配置后会在该窗口中打开指定的电子邮箱，同时单元格中的邮件地址会变为带下划线且字体颜色为蓝色的格式。

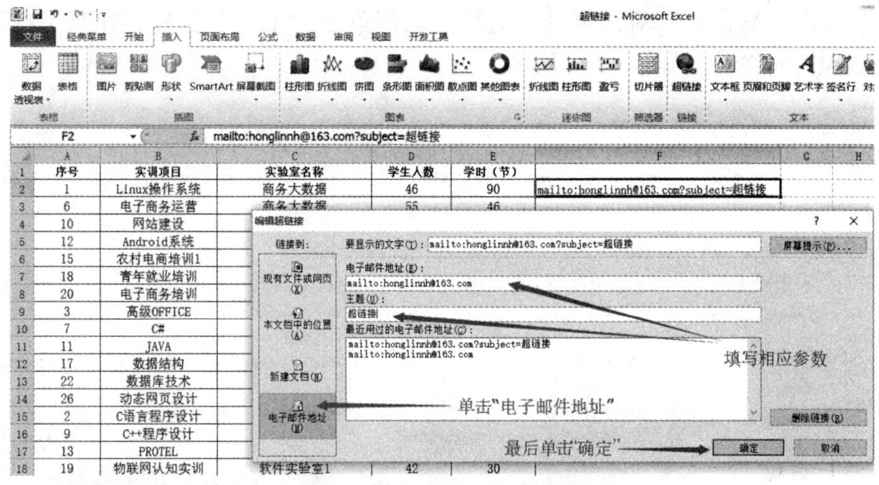

图 4 – 103　电子邮件超链接

4.8　Excel 数据保护

4.8.1　保护工作簿和工作表

之所以要保护工作簿和工作表，一方面是防止私密信息外泄，另一方面是方便用户使用。数据保护功能主要是为用户提供数据保护服务，因此在日常工作、学习及科研中起着重要的作用。

1. 设置密码保护文档

下面介绍一下如何设置密码来保护文档，首先选择“文件”菜单，然后选择“另存为”命令，如图 4 – 104 所示。

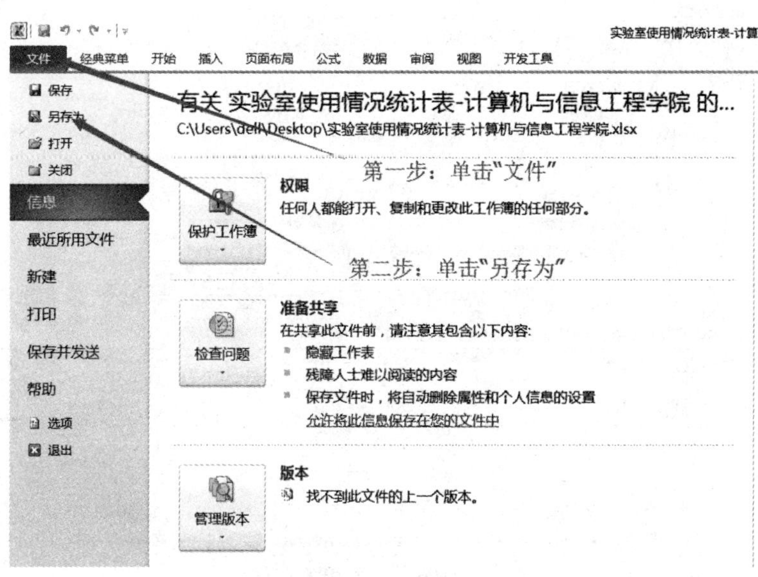

图 4 – 104　另存为

此时会弹出“另存为”对话框，在对话框底部单击“工具”按钮，在其下拉列表中选择“常规选项”命令，如图4－105所示。

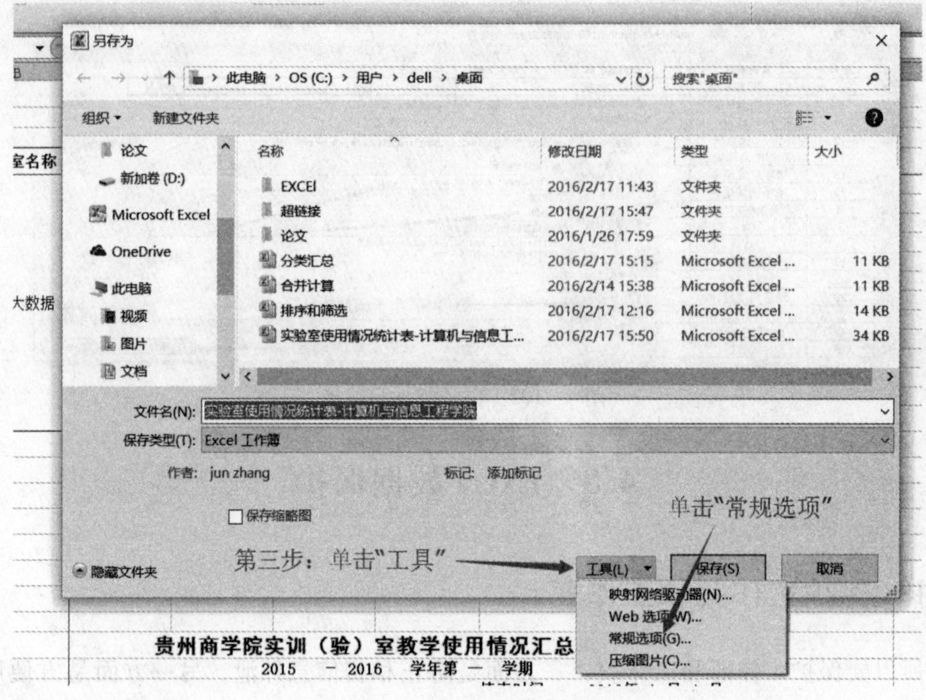

图4－105 常规选项

此时会弹出“常规”选项对话框，然后根据所需设置打开或修改权限密码，如图4－106所示。

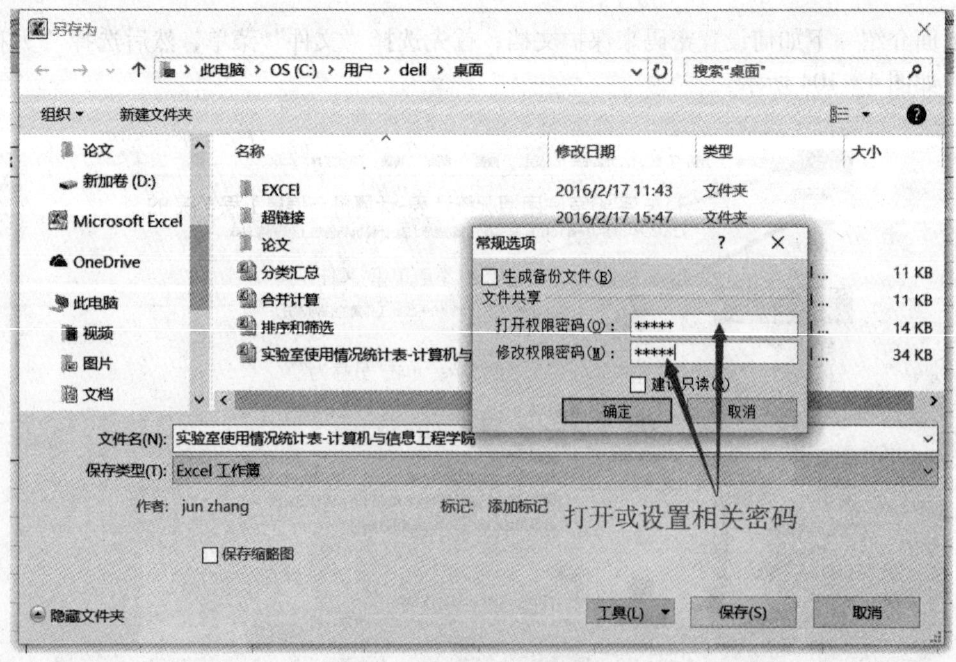

图4－106 设置相关密码

2. 保护工作簿

关于工作簿的保护主要介绍以下两种方式，这两种方式均可对工作簿提供保护功能。

第一种方式如图 4－107 所示，首先选择“文件”菜单中的“信息”命令，然后单击“保护工作簿”按钮，在弹出的下拉列表中根据所需进行选择，其中“用密码进行加密”命令可实现对工作簿的加密保护。

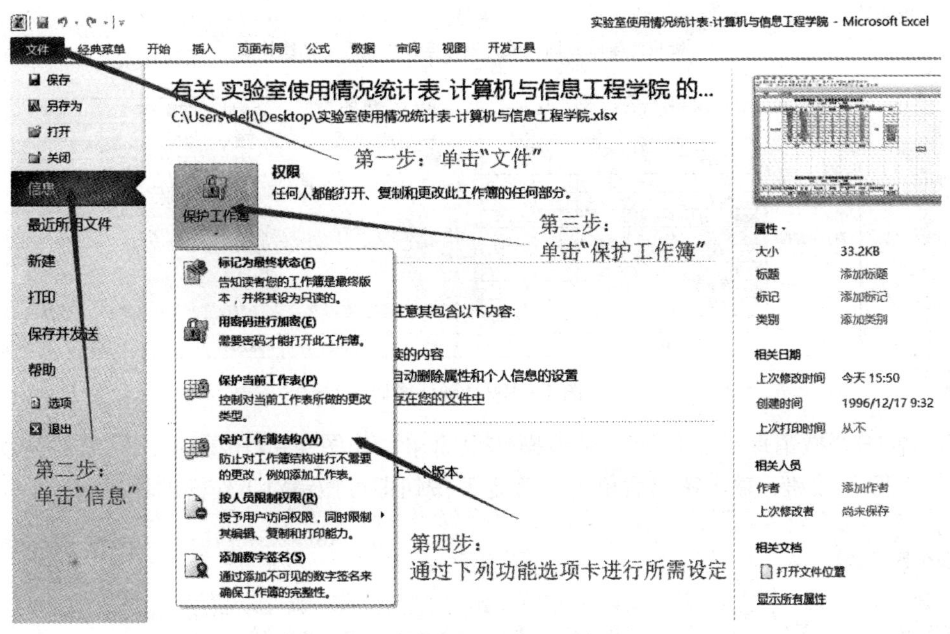

图 4－107　保护工作簿

另外一种方式是设置相关参数，单击“审阅”选项卡中“更改”工具组内的“保护工作簿”按钮，在弹出的“保护结构和窗口”对话框中设置相关参数，如图 4－108 所示，设置好密码后单击“确定”按钮。

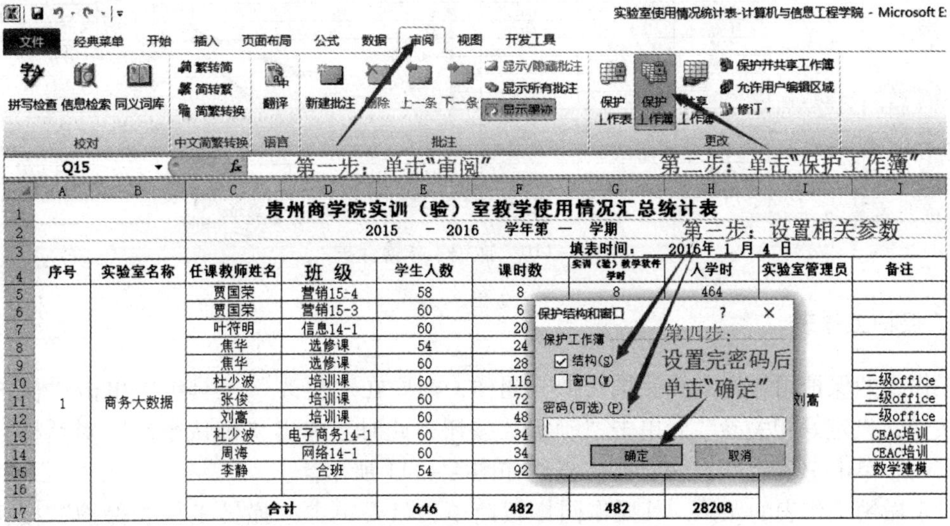

图 4－108　保护结构和窗口对话框

单击“确定”按钮以后系统会自动弹出“确认密码”对话框，用户需要再次输入密码，如图 4－109 所示。

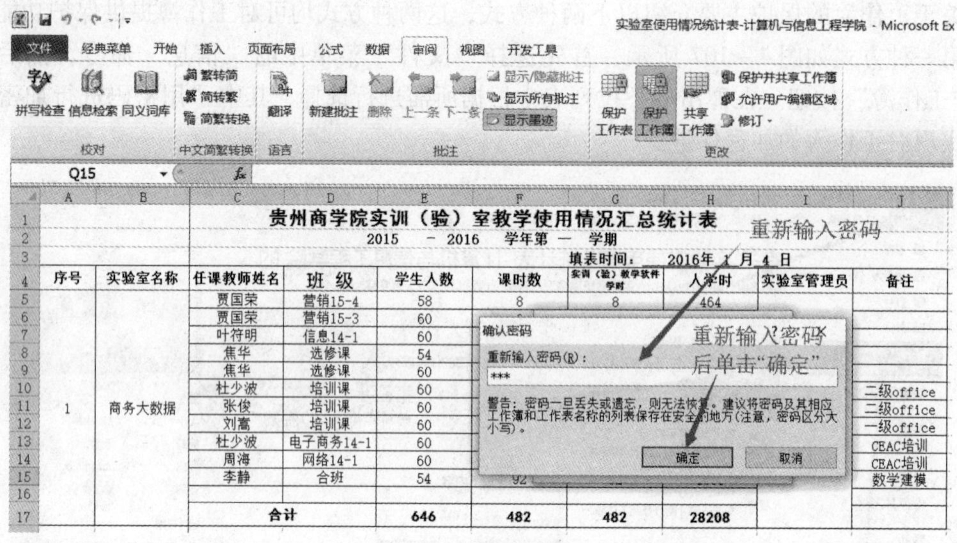

图 4－109　确认密码

有时候需要撤销保护工作簿，撤销操作很简单，如图 4－110 所示，只需要再次单击“保护工作簿”按钮，输入密码后单击“确定”按钮即可撤销对工作簿的保护。

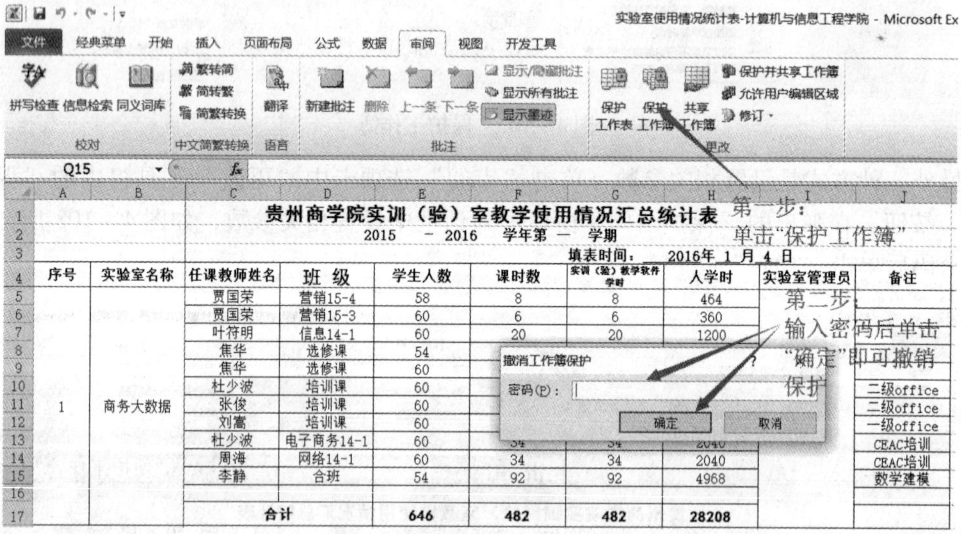

图 4－110　撤销工作簿保护

3. 保护工作表

工作表的保护同工作簿的保护类似，同样，需要在“更改”工具组中单击“保护工作表”按钮，设定好相关参数后单击“确定”按钮，此时会弹出“确认密码”对话框，重新输入密码后单击“确定”按钮，具体操作如图 4－111 所示。

对于撤销工作表的保护，其操作同样很简单，只要单击“撤销工作表保护”按钮，然后输入密码后单击“确定”按钮即可，具体操作如图 4－112 所示。

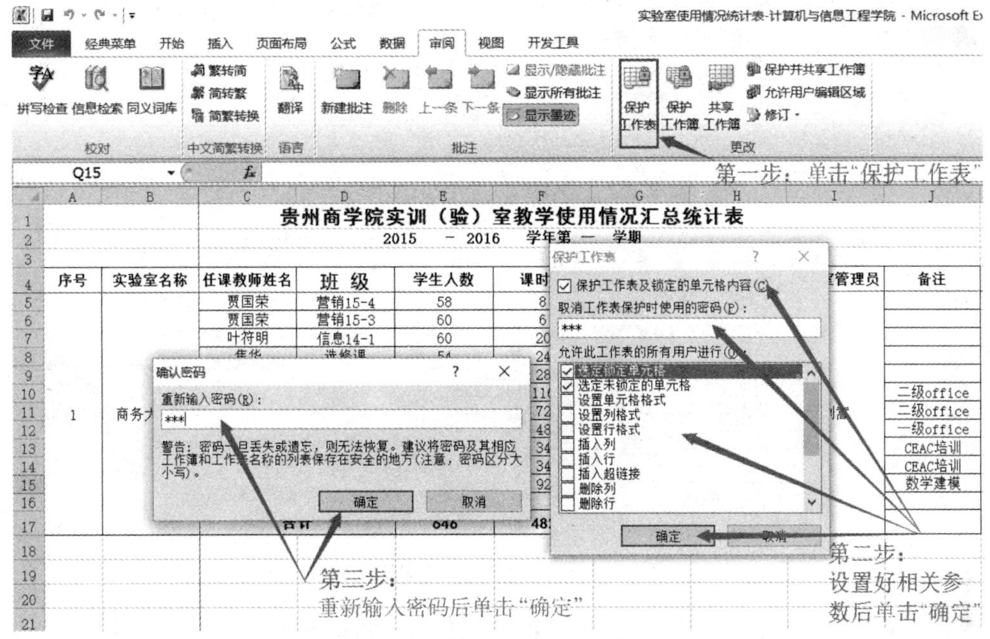

图 4－111　设置工作表保护密码

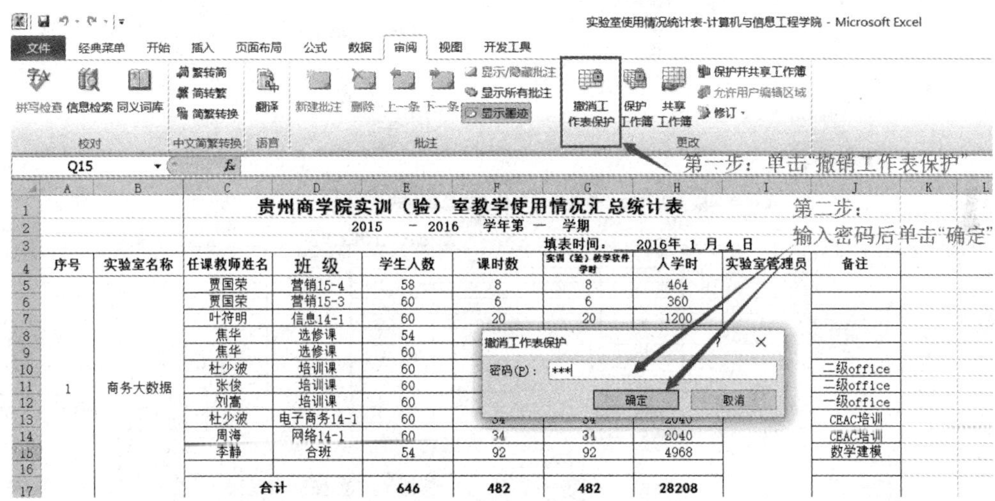

图 4－112　撤销工作表保护

4. 保护单元格

有时候需要使用工作表统计相关资料，为了节省时间，往往需要将该工作表分享给被统计者，但同时又担心被统计者把原有表格格式弄乱，因此需要对表格中部分单元格进行保护，而其他区域不进行保护。在这种情况下就需要执行保护单元格操作。如图 4－113 所示，首先在“审阅”选项卡中“更改”组内单击“允许用户编辑区域”按钮，此时会弹出“允许用户编辑区域”对话框，在对话框中单击“新建”按钮。

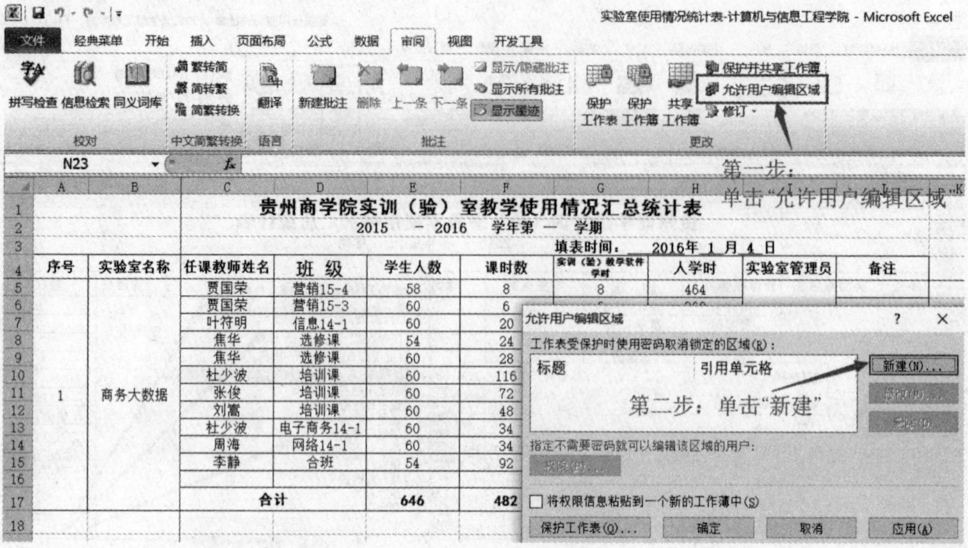

图 4－113　允许用户编辑区域

此时会弹出“新区域”对话框，然后根据如图 4－114 中所示的“第三步”单击该图标，将所需区域选中后输入相关密码，然后单击“确定”按钮，在新弹出的对话框中确认密码即可。

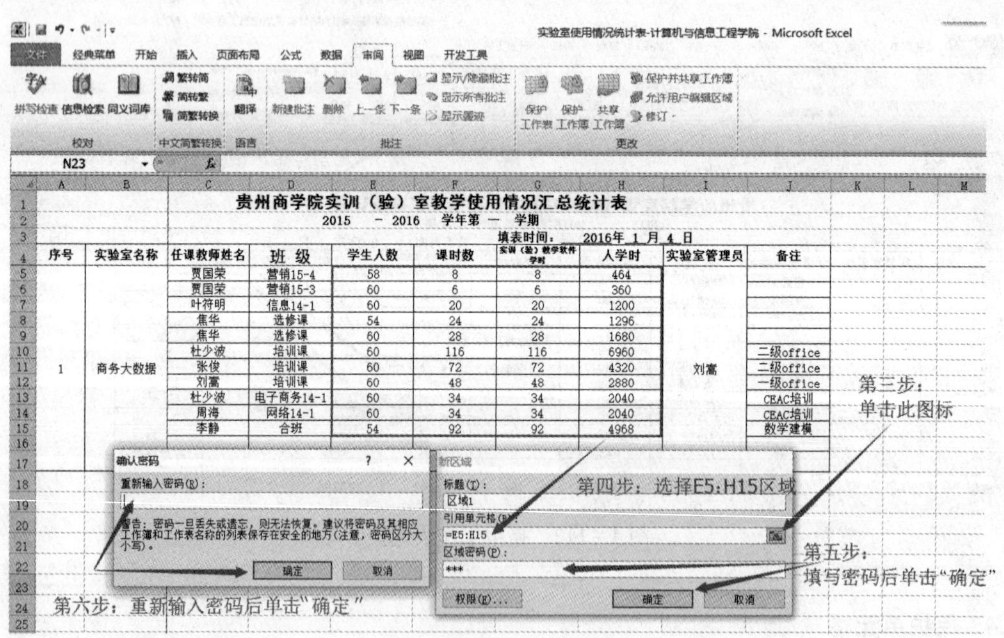

图 4－114　编辑区域密码

如图 4－115 所示，单击“保护工作表”按钮后弹出“保护工作表”对话框，如图 4－116 所示进行操作。

如图 4－116 所示，用户根据需求设定相关参数后单击“确定”按钮，重新输入密码后单击“确定”按钮，即可实现对单元格的保护。

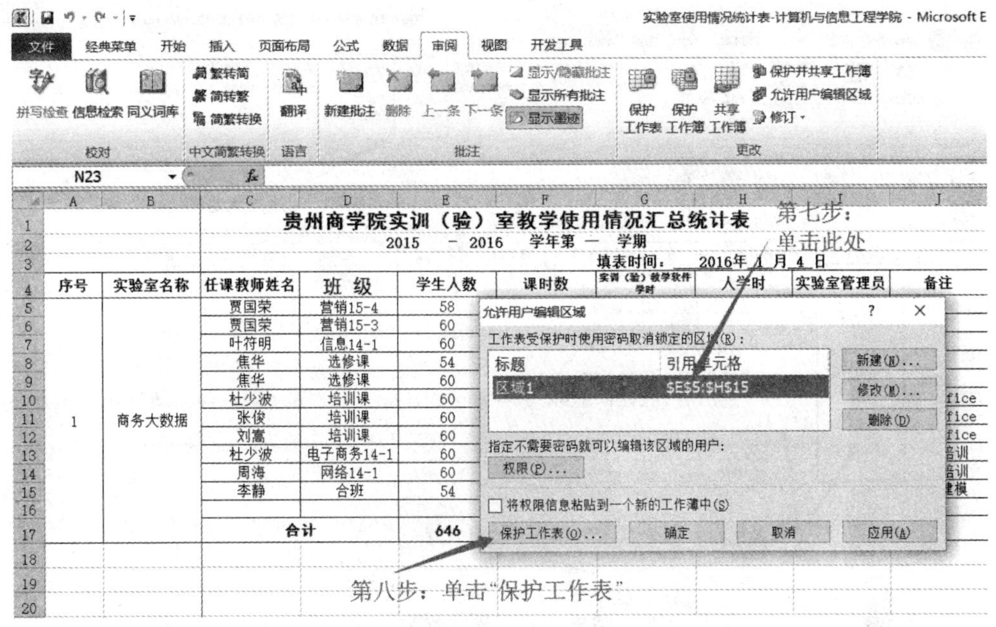

图 4－115　打开保护工作表对话框后的操作

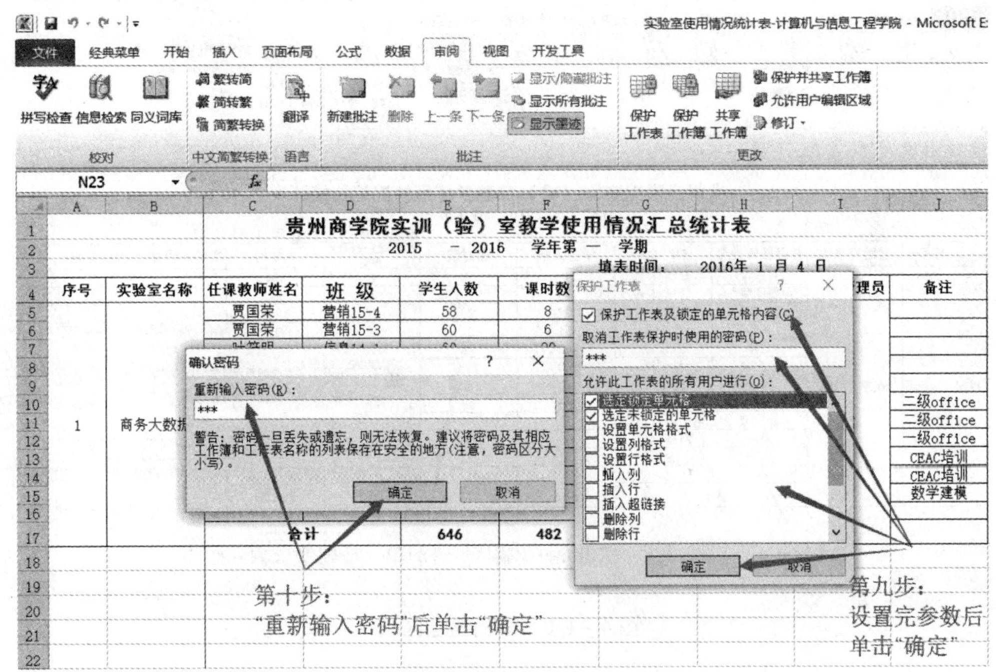

图 4－116　完成工作表保护

下面验证对“单元格保护”的效果，如图 4－117 所示，单击表格中“商务大数据”单元格，弹出“警告”，说明此单元格不允许修改。

当双击的单元格位于允许编辑区域外时，则弹出“取消锁定区域”对话框，输入密码后即可进行编辑，具体如图 4－118 所示。

图 4－117　警告提醒

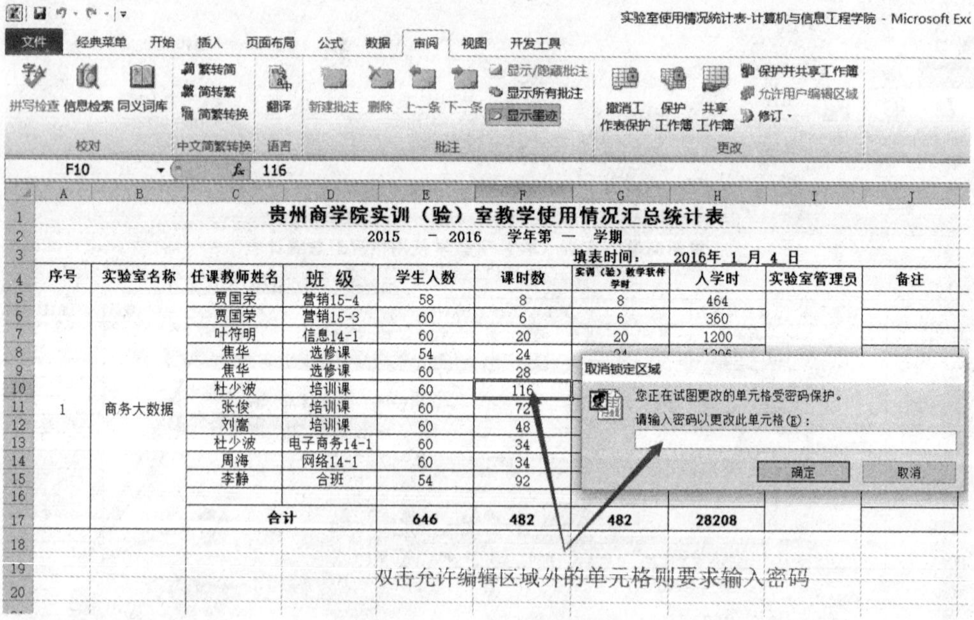

取消锁定区域

您正在试图更改的单元格受密码保护。

请输入密码以更改此单元格(E)：

双击允许编辑区域外的单元格则要求输入密码

图 4－118　取消锁定区域

关于如何撤销工作表保护，其操作参考图 4－112。

4.8.2　隐藏工作表

鉴于数据安全或者隐私的需要，有时需要对相关工作表采取隐藏措施，此功能在日常操作中也非常有实际意义。

1. 隐藏工作表

本例中一共有4个工作表，如图4－119所示，现在要求将“附件2”“示例”和“示例2”进行隐藏。

图4－119　所有工作表展示

首先右击所想要隐藏的工作表，在弹出的快捷菜单中选择“隐藏”命令，即可隐藏该工作表，按照同样的操作可以将另外两个工作表进行隐藏，如图4－120所示。

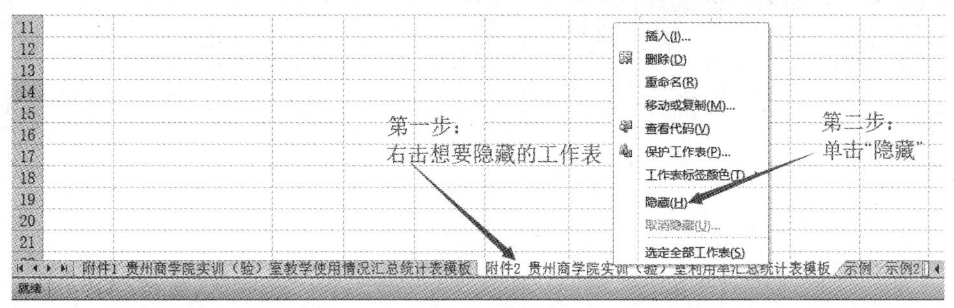

图4－120　隐藏工作表

2. 取消隐藏工作表

如果需要取消对工作表的隐藏，则需要在当前工作表标签上右击，在弹出的快捷菜单中选择“取消隐藏”命令，具体操作如图4－121所示。

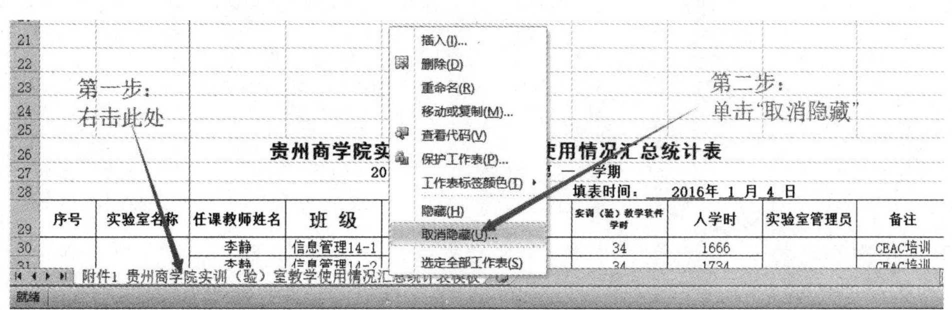

图4－121　取消隐藏

此时将弹出“取消隐藏”对话框，逐一选择所要取消隐藏的工作表，单击“确定”按钮即可，如图4－122所示。

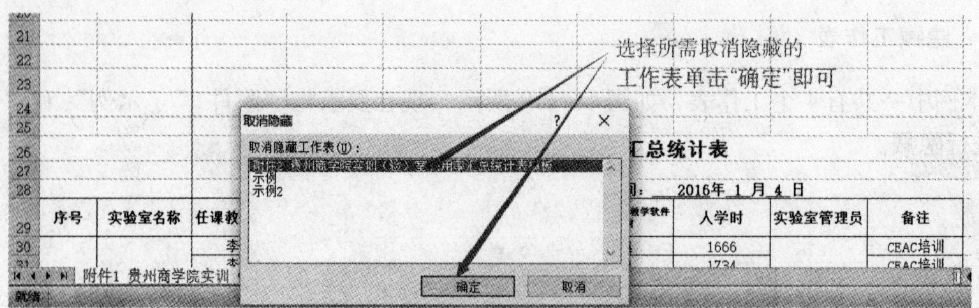

图 4－122　选取所需取消隐藏的工作表

本章小结

本章主要介绍 Excel 2010 在电子表格和图表方面的基本操作。包括 Excel 2010 概述、电子表格基本操作、表格的格式化操作、Excel 2010 公式与函数的基本应用、图表与图形的创建、数据的管理、工作表打印和超链接以及 Excel 数据保护等内容。通过本章的学习，读者应对 Excel 2010 在电子表格和图表方面的基本操作有了一定的了解。

第5章 演示文稿软件 Microsoft PowerPoint 2010

5.1 PowerPoint 2010 概述

Microsoft PowerPoint 2010，是美国微软公司推出的 Microsoft office 2010 系列办公软件的主要组件之一，是现在办公软件中必备的演示文稿程序。使用 Microsoft PowerPoint 2010，可以通过比以往更多的方式创建动态演示文稿并与观众共享。新增的音频和可视化功能可以帮助用户讲述一个简洁的电影故事，该演示文稿易于创建又极具观赏性。

在 PowerPoint 中，就像其他大部分演示文稿软件一样，文字、图像、影片和其他内容被安置在个别页或幻灯片上。演示文稿软件中的幻灯片类似于以前的幻灯机所使用的实体幻灯片。随着 PowerPoint 和其他演示文稿软件使用范围的日益扩大，幻灯机日渐淘汰。演示文稿软件中的幻灯片可以打印或（经常）投影于银幕并可随演示者的命令进行导览。介于幻灯片之间的切换可以指定多种方式的动画，使幻灯片的放映效果更好。

5.1.1 PowerPoint 2010 的启动和退出

1. 启动 PowerPoint 2010

执行“开始”→“所有程序”→“Microsoft office”→“Microsoft PowerPoint 2010”命令，如图 5-1 所示。

或者在计算机文件夹中双击任意 PowerPoint 文件，也可以打开 PowerPoint，进入工作界面。

2. 退出 PowerPoint 2010

执行“文件”→“退出”命令，如图 5-2 所示。或者单击窗口右上角的“关闭”按钮进行退出，如图 5-3 所示。

图 5－1　启动 PowerPoint 2010

图 5－2　退出 PowerPoint 2010

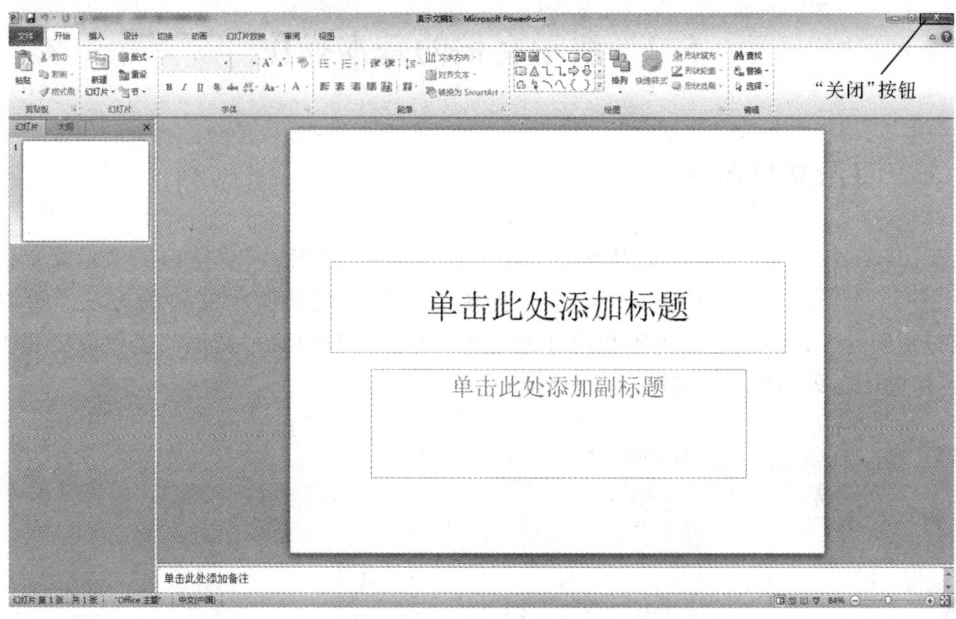

图 5－3 使用“关闭”按钮退出 PowerPoint 2010

5.1.2 PowerPoint 2010 的窗口

启动 PowerPoint 2010 后将进入其工作界面，熟悉其工作界面各组成部分是制作演示文稿的基础。PowerPoint 2010 工作界面由标题栏、快速访问工具栏、窗口控制按钮、“文件”菜单、功能选项卡、选项卡功能区按钮、“幻灯片/大纲”窗格、幻灯片编辑区、备注窗格、状态栏、视图按钮和缩放标尺等部分组成，如图 5－4 所示。

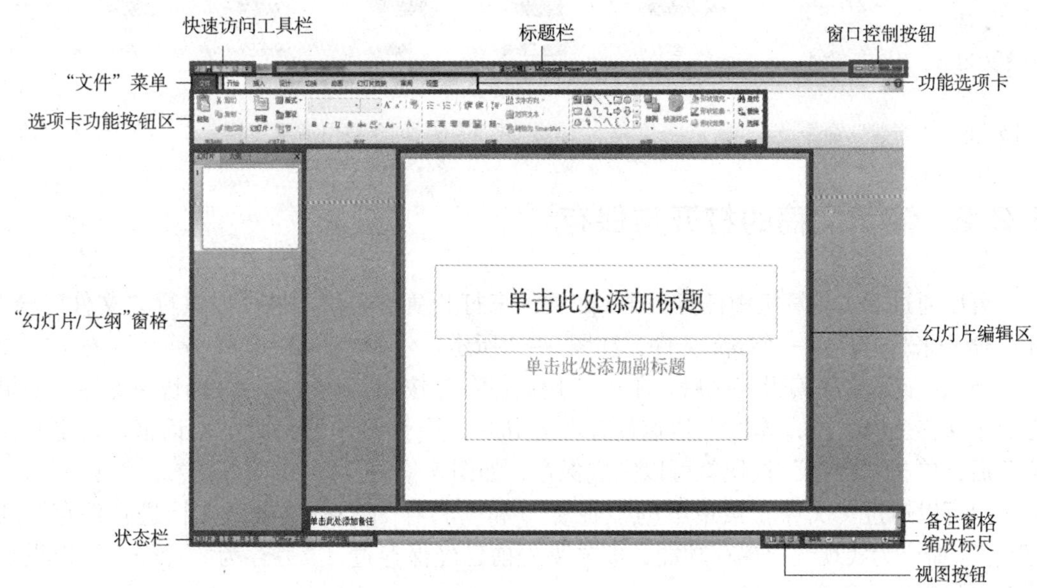

图 5－4 PowerPoint 2010 工作界面

5.2 演示文稿的基本操作

5.2.1 演示文稿的建立

启动 PowerPoint 2010 后，可以通过执行“新建”命令创建一个空白的演示文稿，如图 5 -5和图 5 - 6 所示。PowerPoint 还为用户提供了多种创建新演示文稿的方法，可以根据“内容提示向导”提供的建议内容和设计方案逐步创建所需的演示文稿，也可以创建不带建议内容和设计方案的新演示文稿。

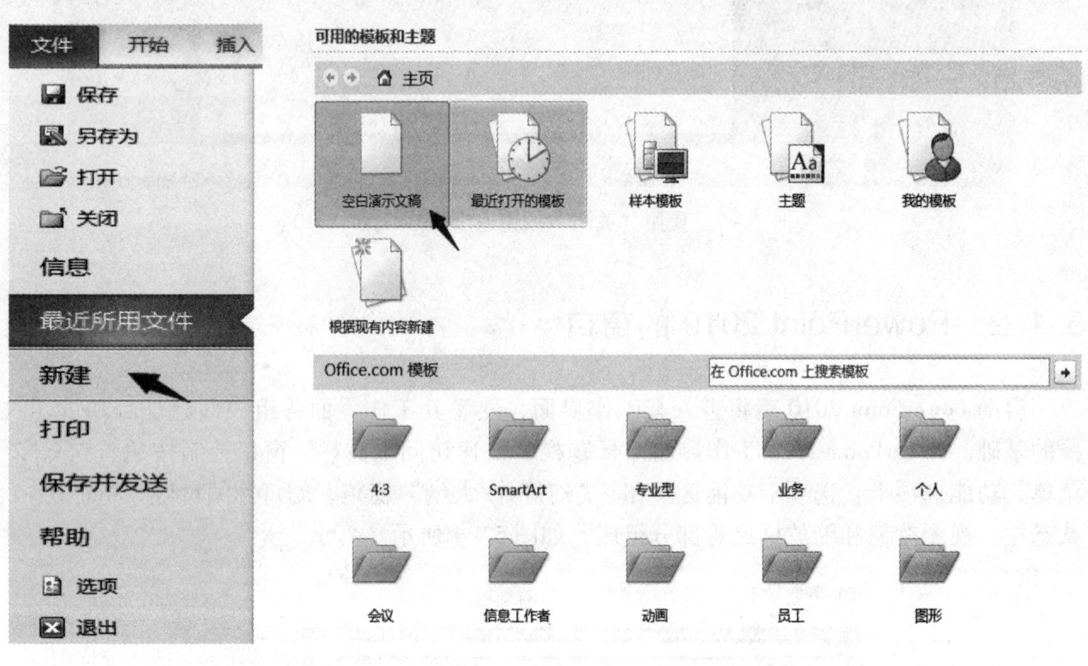

图 5 - 5 “新建”命令

图 5 - 6 创建空白演示文稿

5.2.2 演示文稿的打开与保存

可以通过双击计算机中任意一个 ppt 文件来打开演示文稿，也可以执行“文件”→“打开”命令来打开任意一个 ppt 文件，如图 5 - 7 所示。

当 ppt 演示文稿编辑完成后，单击“快速保存”按钮，就可以将文档快速保存，如果是之前未保存过的文档，单击“快速保存”按钮后，会弹出“另存为”对话框，设定好保存位置后，单击“保存”按钮就可以完成保存，如图 5 - 8 所示。

也可以通过“文件”菜单下的“保存”和“另存为”命令来对文档进行保存，其中“保存”命令为实现快速保存功能，即文稿先前已经保存过，“另存为”命令，可以设定文档保存位置进行保存。

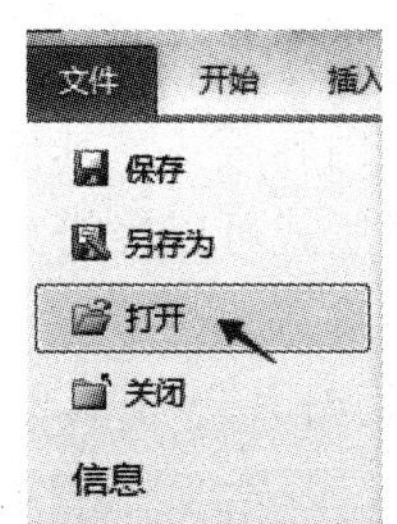

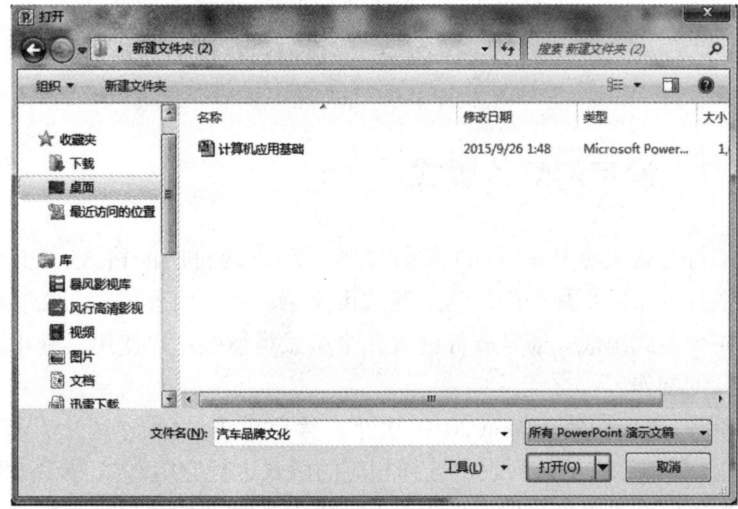

图 5－7　打开演示文稿

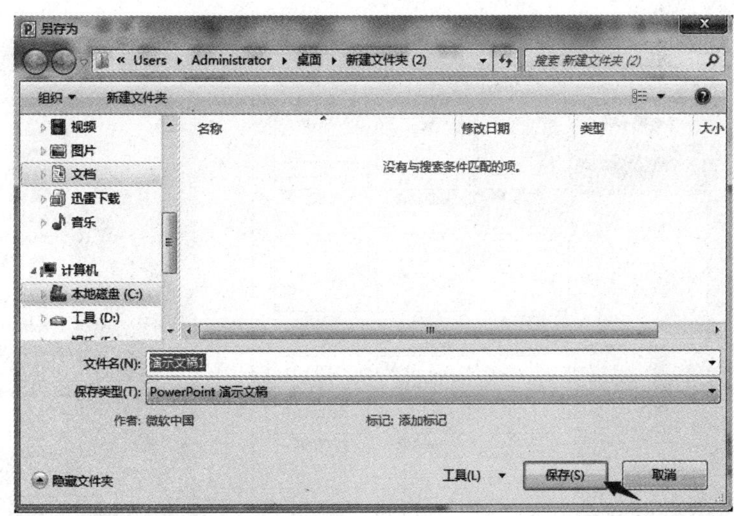

图 5－8　保存演示文稿

5.2.3　视图切换

PowerPoint 能够以不同的视图方式来显示 ppt 内容，设有普通视图、幻灯片浏览视图、备注页视图和阅读视图，但在 PowerPoint 2010 版本中各视图间的集成更合理，使用时比以前的版本更方便，如图 5－9 所示。

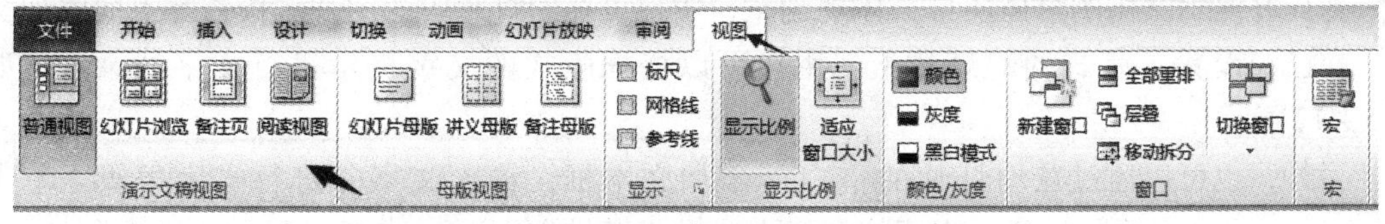

图 5－9　PowerPoint 2010 视图方式切换按钮

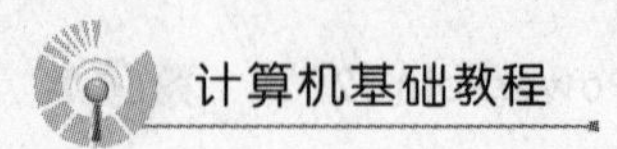

5.3 演示文稿的编辑

5.3.1 设定幻灯片版式

幻灯片版式是 PowerPoint 软件中的一种常规排版的格式，幻灯片版式的应用可以使文字、图片等布局更加合理简洁，版式由文字版式、内容版式、文字板式和内容版式、其他版式这 4 个版式组成。通常软件内置几个版式类型供用户使用，利用这 4 个版式可以轻松完成幻灯片的制作。

首先，启动 PowerPoint 2010 软件，然后单击“开始”选项卡→“幻灯片”工具组→“版式”按钮，在下拉列表中选择相应的版式进行应用，如图 5 - 10 所示。

也可以右击最左边的空白幻灯片，在弹出的快捷菜单中选择“版式”命令，如图 5 - 11 所示。

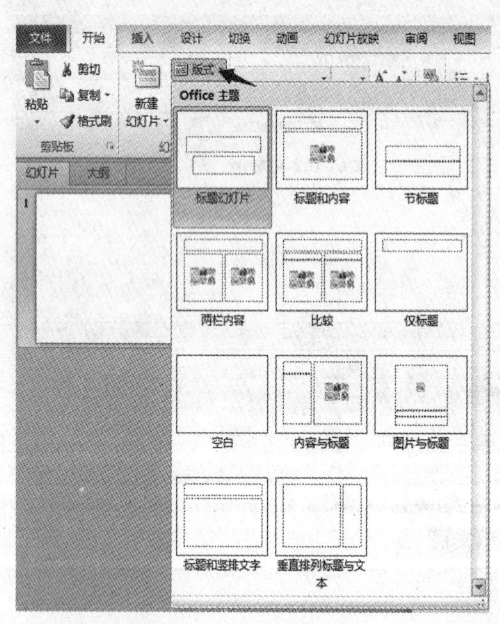

图 5 - 10　版式的选择

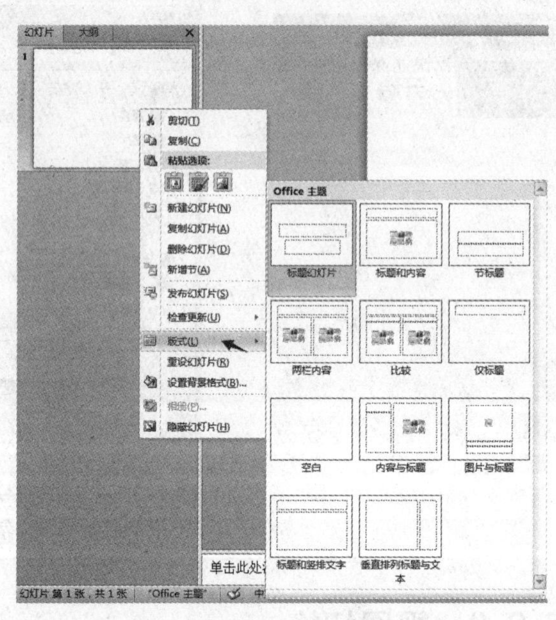

图 5 - 11　使用快捷菜单选择版式

5.3.2 编辑文本

为提升演示文稿的整体质量，体现创意，用户可在幻灯片中的图片、按钮等上面添加文字。在已经设置了版式的幻灯片上，用户可以根据版式的文字提示进行文字的录入，如图 5 - 12所示。

另外，也可以通过在幻灯片的空白处添加文本框，输入文字并进行文字编辑。单击“插入”→“文本框”按钮，在下拉列表中选择“横排文本框”或者“竖排文本框”命令，然后在空白处按下鼠标左键并拖动鼠标，就可以在该位置“拉出”一个文本框，输入文字

并进行文字的编辑，如图 5－13 所示。

图 5－12　幻灯片版式提示

图 5－13　添加文本框

选中文本框中输入的文字后，在“开始”选项卡中“字体”工具组内可以进行字体、字号、颜色等的设置，如图 5－14 所示。

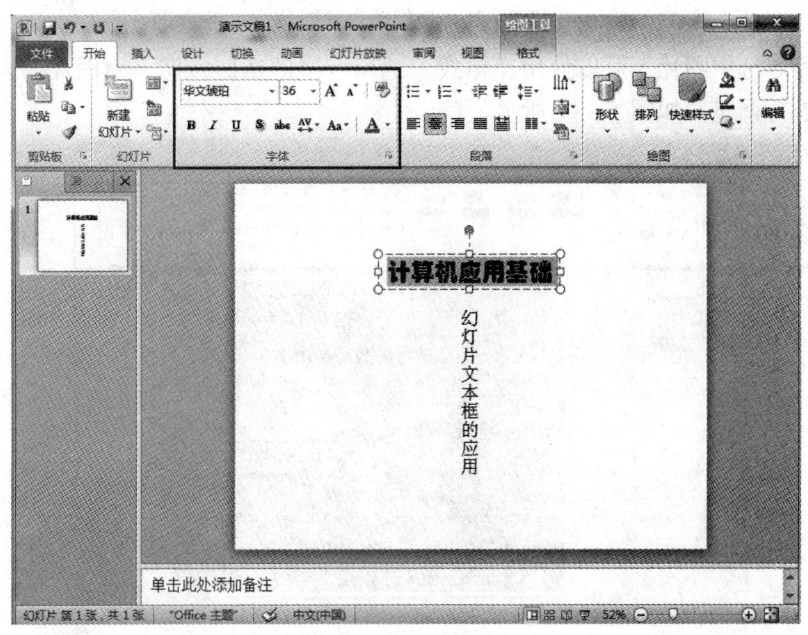

图 5－14　“字体”工具组

5.3.3　编辑图片、艺术字

为了让幻灯片更美观，通常会加入图片或者使用艺术字。具体步骤为：打开一个演示文稿，单击“插入”→“图像”→“图片”按钮。如图 5－15 所示

图 5－15　“图片”按钮

选择想要插入的图片，单击“插入”按钮，如图 5－16 所示。

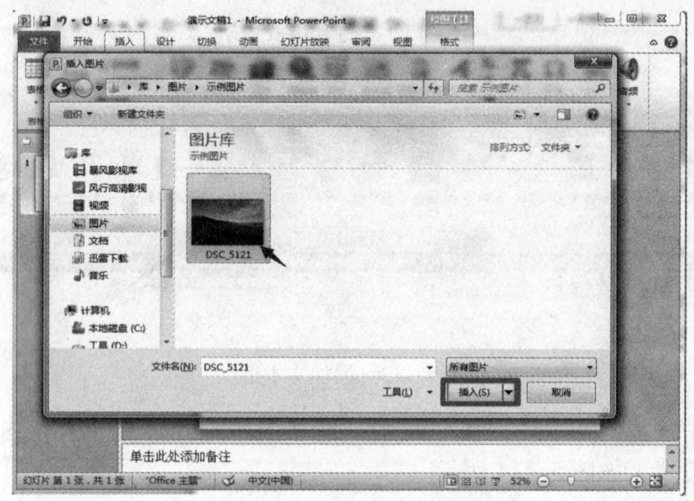

图 5－16　选择插入的图片

插入图片后选中图片，可以使用“格式”选项卡中的功能按钮，对图片的大小、样式、排列和颜色进行调整，如图 5－17 所示。

图 5－17　用于调整图片的功能按钮

另外，PowerPoint 提供了插入艺术字的功能。艺术字即做了特殊处理的文字，使用艺术字可使幻灯片更加具有艺术魅力。

单击“插入”→“文本”→“艺术字”按钮展开下拉列表，将光标悬停在某个图标上，就可以看到该艺术字的描述，单击适合的艺术字类型即可插入，如图 5－18、图 5－19 所示。

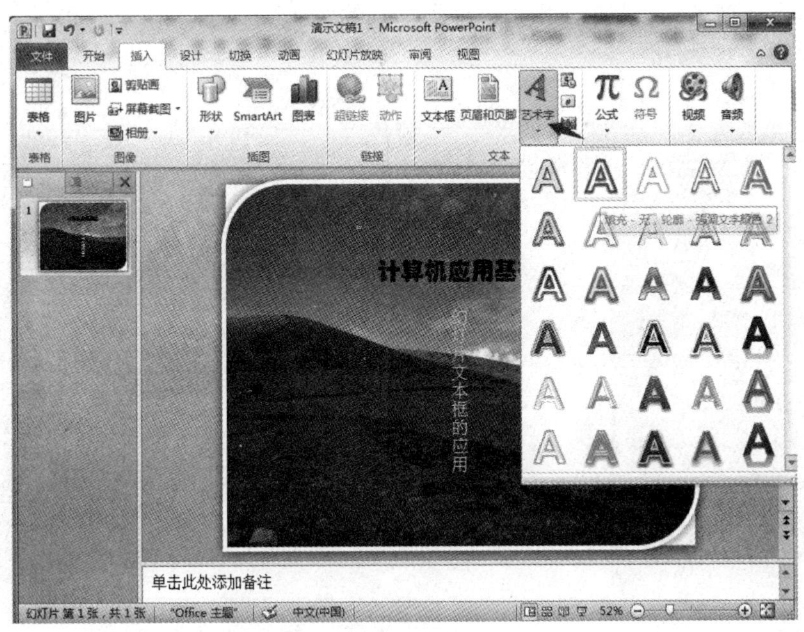

图 5－18　插入艺术字

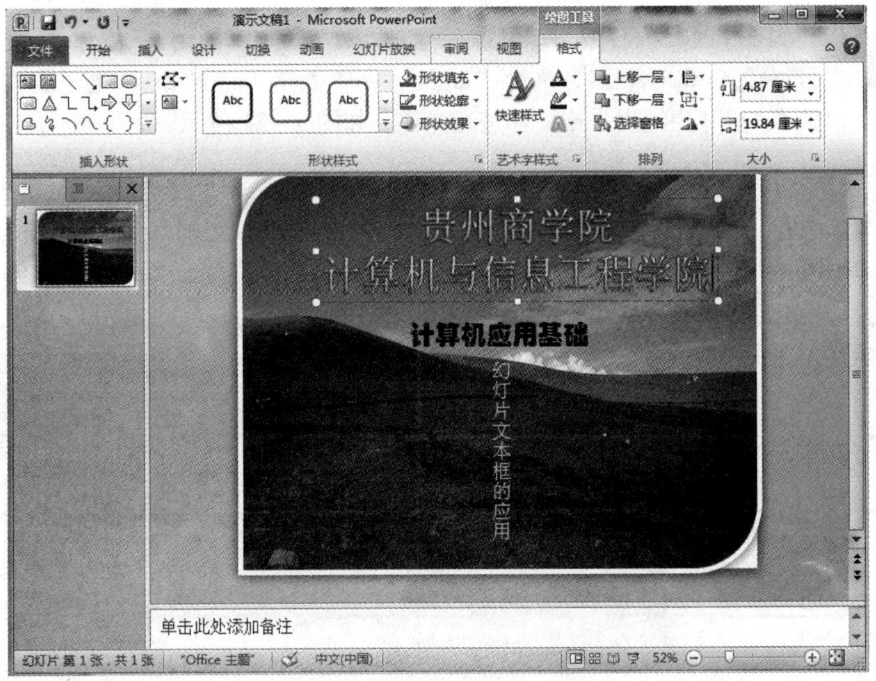

图 5－19　插入艺术字后效果

5.3.4 编辑表格和图表

表格可以让文稿中的数据看起来较直观且更专业。插入表格的步骤为：单击“插入”→“表格”按钮，在下拉列表中的“预设方格”上拖动光标，快捷创建出规则的方格，同时幻灯片编辑区会显示出效果，最后单击即可，如图 5-20 所示。

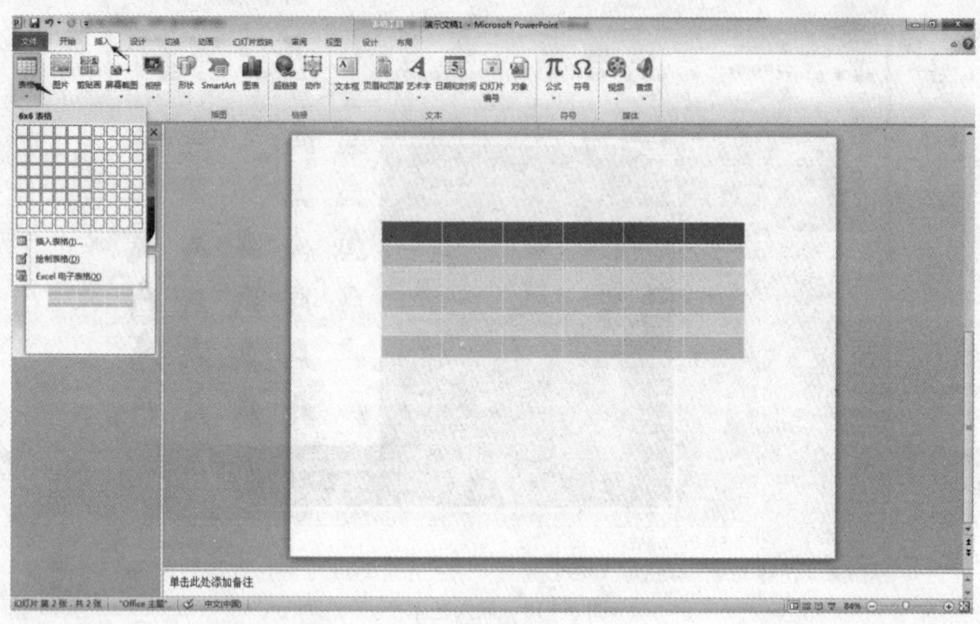

图 5-20　插入表格

随即可以在表格中进行内容编辑，就像在 Word 表格中的编辑操作一样。

另外，也可以插入 Excel 表格，执行“插入”→“表格”→“Excel 电子表格”命令，插入后也可以像在 Excel 中编辑表格一样进行操作，如图 5-21 所示。

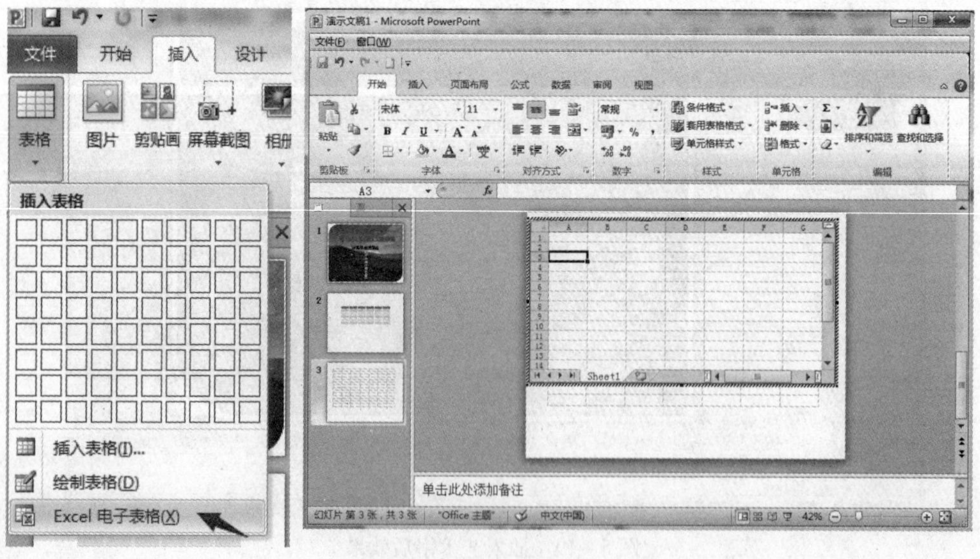

图 5-21　插入 Excel 表格

在 PowerPoint 中，除了插入表格以进行幻灯片美化以外，还可以插入图表以对需要演示的数据进行更加直观地描述。

单击“插入”→“插图”→“图表”按钮，弹出“插入图表”对话框，选择相应的图表类型，单击“确定”按钮即可，如图 5－22 所示。

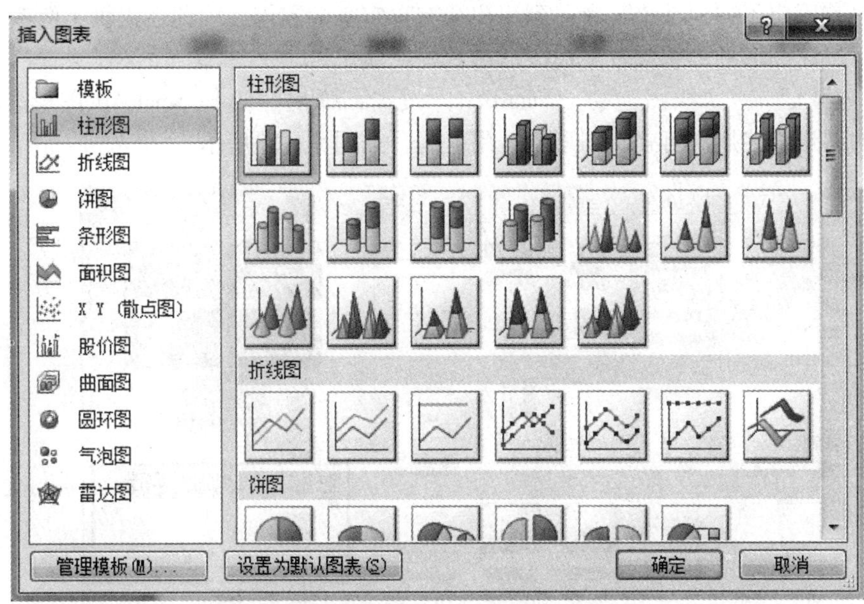

图 5－22 “插入图表”对话框

插入图表后右击图表，在弹出的快捷菜单中选择“编辑数据”命令，可以对图表显示的数据进行修改，如图 5－23 所示。

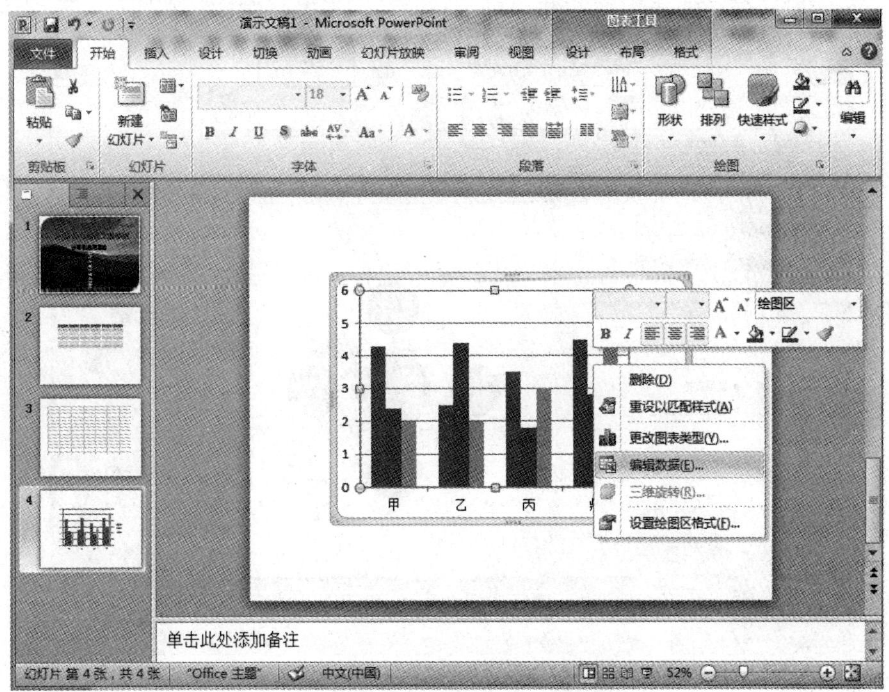

图 5－23 “编辑数据”命令

5.3.5 编辑 SmartArt 图形

在 PowerPoint 2010 中，系统自带的 SmartArt 图形的形状是固定的，选择了对应的图形，形状风格也就固定了，但系统又考虑到用户会有自定义的需求，因此还提供了修改系统自动生成的 SmartArt 图形的形状或者其他图形形状的功能。

单击“插入”→“插图”→“SmartArt”按钮，弹出“选择 SmartArt 图形”对话框，通过右边的图形描述用户可查看图形的适用范围，如图 5-24 所示。

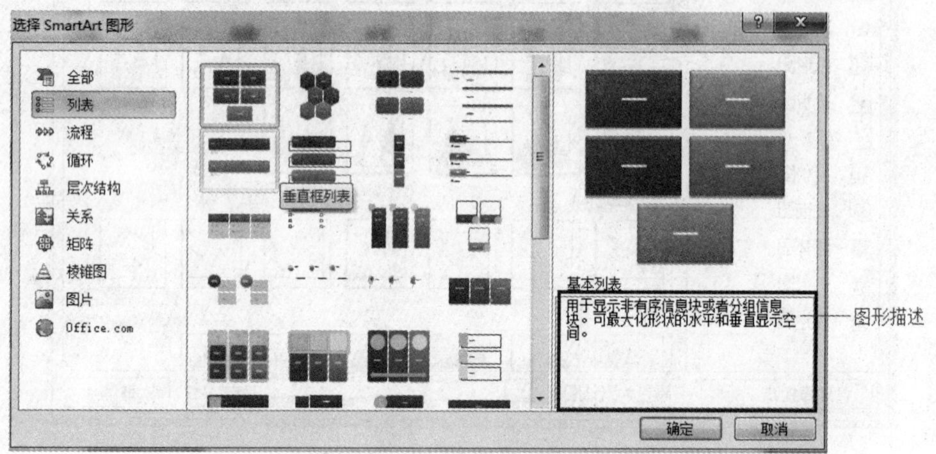

图 5-24 “选择 SmartArt 图形”对话框

选择图形，单击“确定”按钮，插入图形后，可以在图形中进行文字编辑，也可以使用“SmartArt 工具”选项卡中的功能按钮对 SmartArt 图形进行美化，如图 5-25 所示。

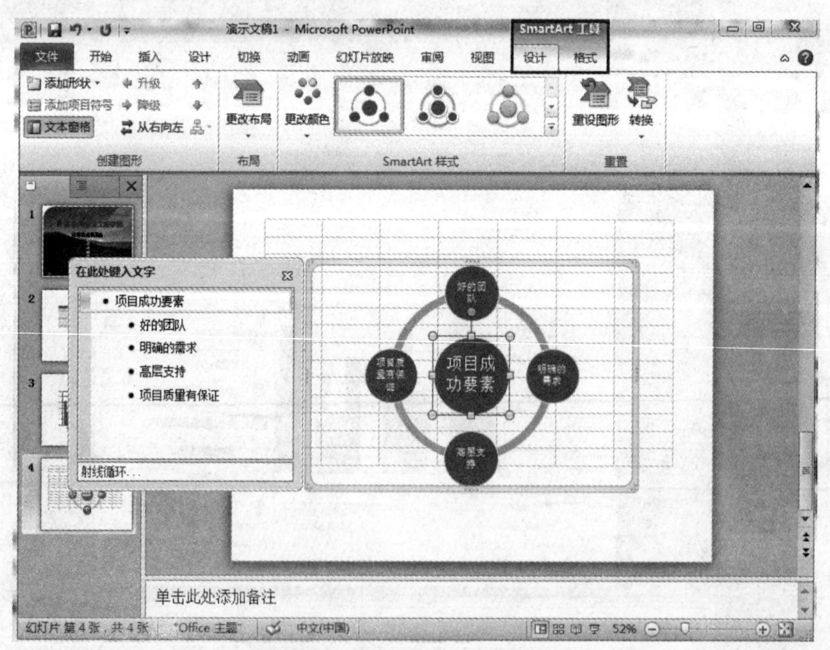

图 5-25 “SmartArt 工具”选项卡

5.3.6 演示文稿的页面设置与打印

不同的演示文档可能对幻灯片的版式有不同要求，例如有的要求页面竖排、有的要求横排、有的要求4:3的页面布局、有的要求16:9的页面布局，在PowerPoint中进行相应设置的具体步骤为：单击“设计”→“页面设置”按钮，打开“页面设置”对话框，如图5-26所示。

图5-26 “页面设置”对话框

在“页面设置”对话框中，可以对页面尺寸和显示比例进行设置，默认为4:3比例，目前市场上的大部分显示器支持16:9显示比例。

页面设置完成后，执行“文件”→“打印”命令，可以查看到相应的打印选项及打印预览，如图5-27所示。

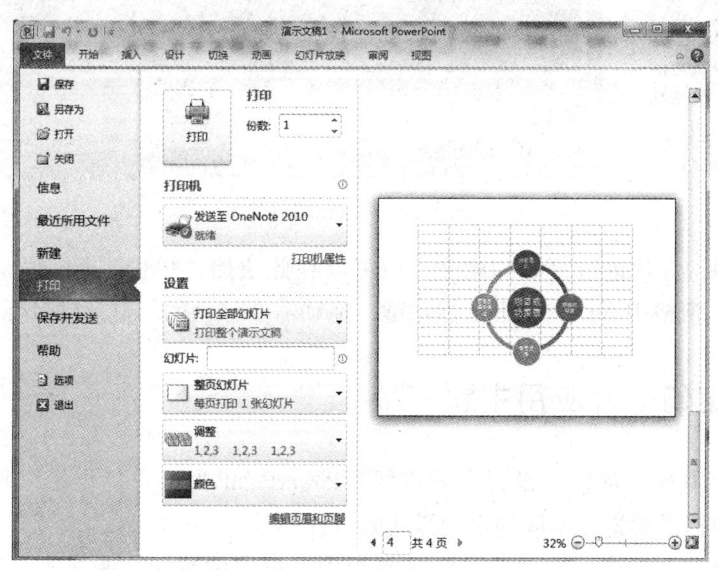

图5-27 打印选项和打印预览

用户可以选择打印的方式和范围，也可以在打印出来的页面上添加页眉和页脚。

5.4 管理幻灯片

5.4.1 幻灯片的选定、插入、移动、复制和删除

在“幻灯片/大纲”窗格中，会列表显示文件中所有的幻灯片，单击其中的页面，就可以在编辑区中显示出相应的幻灯片。如果想要在当前幻灯片后插入新的幻灯片，则右击当前幻灯片，在弹出的快捷菜单中选择“新建幻灯片”命令，如图 5-28 所示。

图 5-28　新建幻灯片

如果想要对幻灯片进行复制和删除，也可以在此快捷菜单中进行。移动幻灯片则是在“幻灯片/大纲”窗格中进行，按下鼠标左键，拖动需要移动的幻灯片到目标位置即可。

5.4.2 设定幻灯片应用主题

幻灯片是否美观，背景的设置十分重要。PowerPoint 为用户提供了多种内置的主题样式，用户可以根据需要选择不同的主题样式来设计幻灯片。

选择“设计”选项卡，在“主题”工具组中有很多内置的主题样式，直接单击主题样式，就可以应用到所有幻灯片。右击主题样式，在弹出的快捷菜单中可以选择“应用于选

定幻灯片”命令，则此主题样式只应用于被选定的幻灯片。如图5－29、图5－30所示。

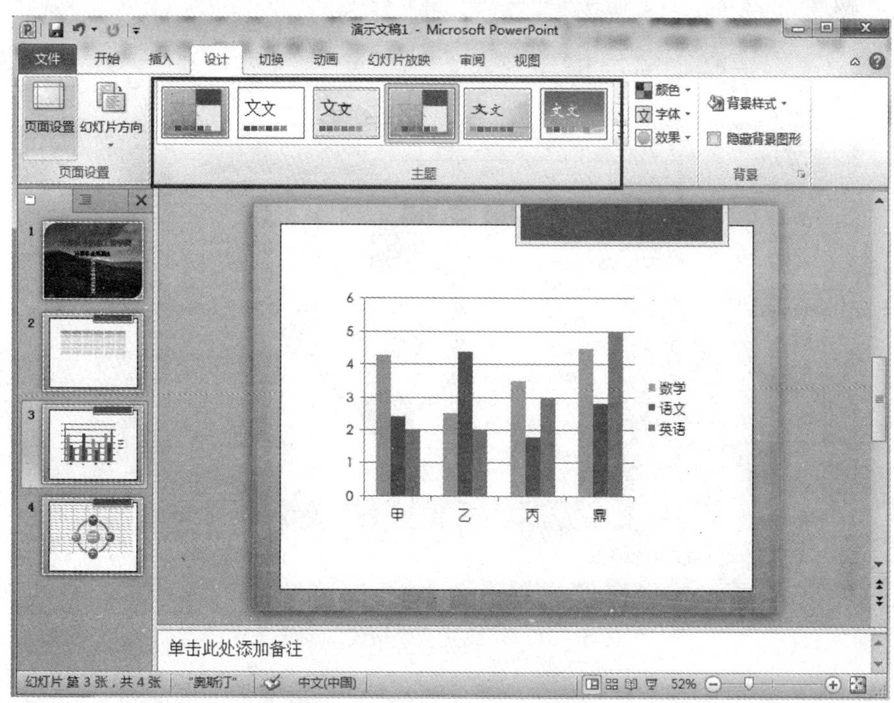

图5－29　“主题”工具组

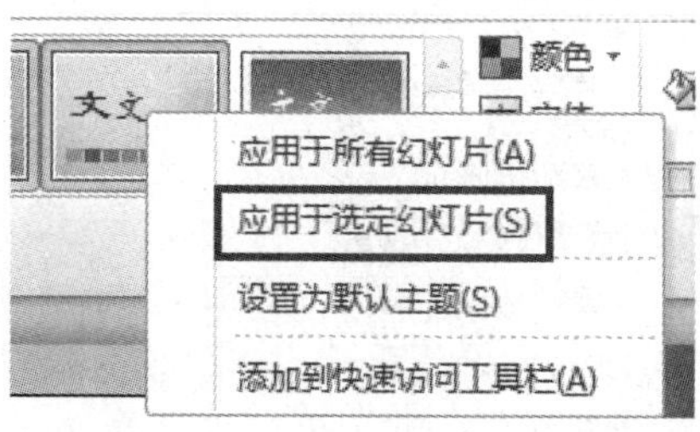

图5－30　“应用于选定幻灯片”命令

5.4.3　设定幻灯片背景

一个演示文稿要想吸引人，不仅需要内容充实、明确，“外表”的“装潢”也很重要。例如幻灯片的背景，一张清新淡雅的背景图片，就能把幻灯片包装得有创意且美观。在PowerPoint中设置背景及制作背景图片的步骤为：在打开的演示文稿中，右击任意幻灯片页面的空白处，在弹出的快捷菜单中选择“设置背景格式”命令，或者选择“设计”选项卡，单击“背景样式”按钮，在下拉列表中选择“设置背景格式”命令。如图5－31所示。

在弹出的“设置背景格式”对话框中，选择左侧的“填充”命令，就可以看到有“纯色填充”“渐变填充”“图片或纹理填充”“图案填充”4种填充模式，在幻灯片中不仅可以插入图片作为背景，还可以将背景设为纯色或渐变色，如图5－32所示。

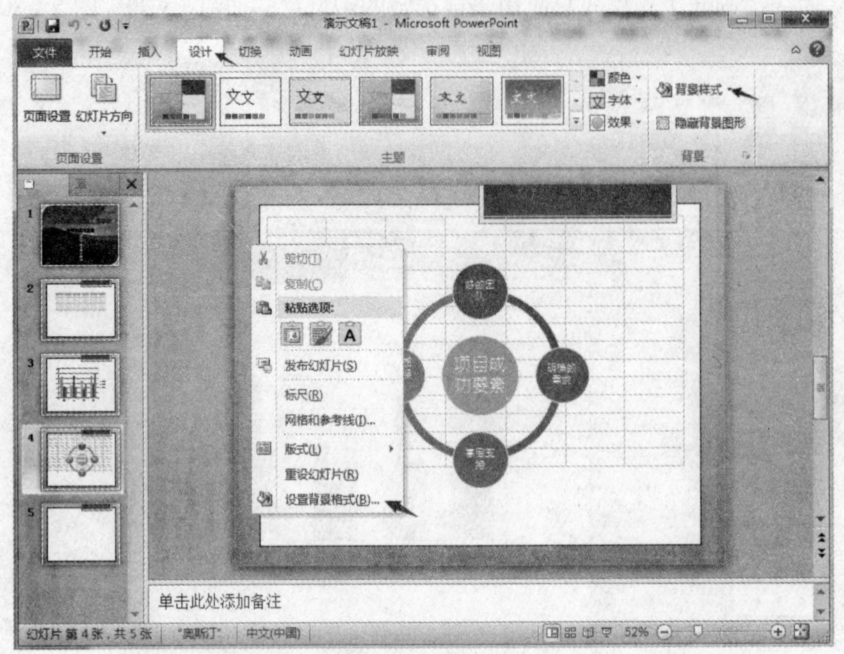

图 5－31　“设置背景格式”命令

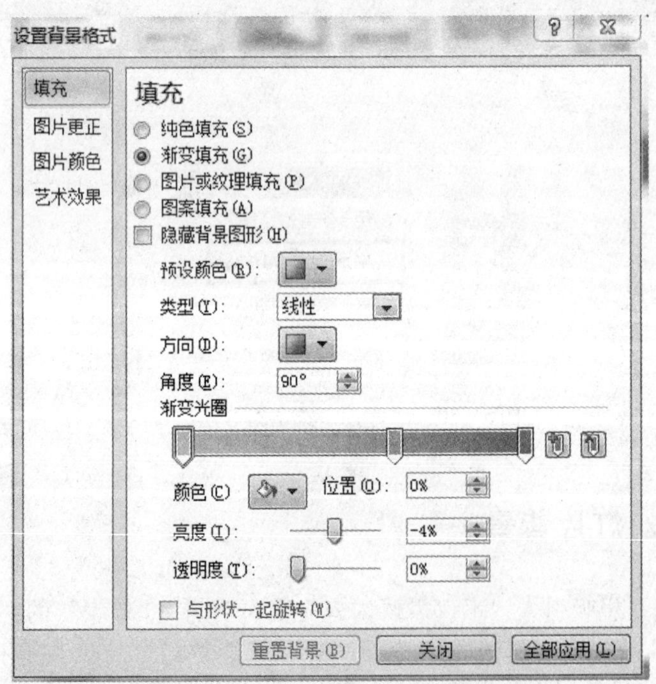

图 5－32　“设置背景格式”对话框

5. 4. 4　设定幻灯片母版

幻灯片母版用于设置幻灯片的样式，可供用户设定各种标题文字、背景、属性等，只需

更改一项内容就可更改所有幻灯片的设计，最大限度地减少重复编辑的操作，提高工作效率。

设定幻灯片母版同设定普通幻灯片的一样，没有特殊技巧，因此被广泛使用于工作中。具体操作步骤为：单击“视图”→“母版视图”→“幻灯片母版”按钮，即可进入幻灯片母版的编辑模式。在母版视图状态下，从左侧的预览中可以看到系统提供了12张默认幻灯片母版页面。其中第一张为基础页，对其进行的设置会在其余的页面上自动显示。如图5-33所示。

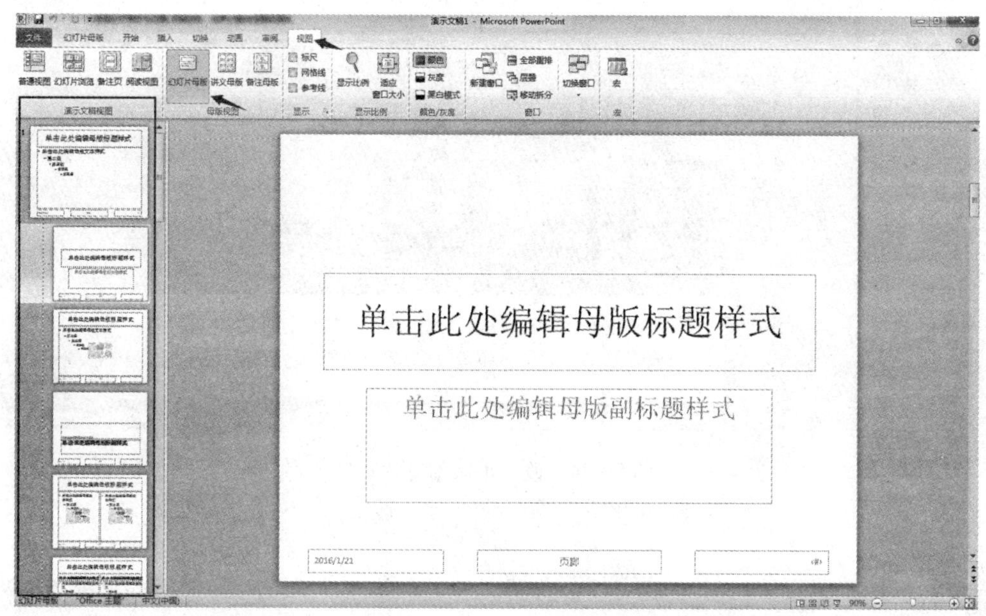

图5-33 幻灯片母版的编辑模式

单击“插入”→“图像”→“图片”按钮，为第一张幻灯片插入一张制作好的背景图片。这里也可以使用组合键“Ctrl+C”与“Ctrl+V”插入图片以节省时间。可以看出，不仅第一张的背景图片有所改变，其余11张默认的幻灯片背景也都改变了，而且这11张幻灯片的背景图片都无法选择和修改，若要改变只能在上面覆盖别的图片。可以说，第一张基础页是母版中的母版，一变全变，如图5-34所示。

在幻灯片母版中，第二张一般用于封面，所以若要使封面不同于其他页面，只能在第二张母版页单独插入一张图片覆盖原来的背景图片。可以看到，改变后只有第二张发生了变化，其余的幻灯片背景还是保持原来的状态，如图5-35所示。

当在第二张母版幻灯片中插入图片后，关闭母版视图回到普通视图，发现系统已经默认添加了封面，且这个封面在此视图中无法被修改。

可以继续增加内页查看效果。增加内页有两种方式，一是单击左侧缩略图的任意地方，再按Enter键；二是在缩略图的任意地方右击，在弹出的快捷菜单中选择“新建幻灯片”命令。可以发现，新增的演示文稿内页都是有背景图片的，也就是刚刚在第一张母版幻灯片中插入的图片，如图5-36所示。

图 5－34　改变母版幻灯片背景

图 5－35　更换母版中第二张背景图片后效果

图 5－36　增加内页后效果

还可以为内页更换版式。操作的前提是必须在母版中制作好各种需要用到的版式。更换版式时，在左侧缩略图中选择相应页面右击，在弹出的快捷菜单中选择“版式”命令，就可以选择预设的各个版式了。

5.5　幻灯片的播放设定

PowerPoint 软件可实现用户演示时添加动画的功能。好的动画能给文稿演示增加一定的吸引力，带动他人观看幻灯片的主动性。PowerPoint 动画效果分为自定义动画及幻灯片切换这两种效果，先介绍自定义动画。

5.5.1　设定动画效果

选择设计动画效果的对象，然后选择“动画”选项卡，在“动画”工具组中选择想要使用的动画效果，如图 5－37 所示。

针对同一个对象，可以使用一个或者多个动画效果，单击“高级动画”工具组内的“添加动画”按钮，就可以完成对一个对象添加多个动画效果的设置。

5.5.2　设置幻灯片切换效果

演示文稿放映过程中由一张幻灯片进入另一张幻灯片称为幻灯片之间的切换，为了使幻灯片放映更具有趣味性，幻灯片切换可以使用不同的技巧和效果。

图 5－37　动画效果

选择“切换”选项卡，在“切换到此幻灯片”工具组中，选择想要设定的幻灯片切换效果，还可以给每一张幻灯片设计不同的切换效果，如图 5－38 所示。

图 5－38　“幻灯片切换”效果

5.5.3　建立超链接

幻灯片中插入超链接能够快速转到指定的网站、打开指定的文件或者直接跳转至某页，

超链接可提高效率并使幻灯片的播放更加灵活生动。

打开演示文稿，单击“贵州商学院”标题，如图 5－39 所示。

图 5－39　单击标题

然后右击，在弹出的快捷菜单中选择“超链接”命令，如图 5－40所示。

图 5－40　添加超链接

选择“超链接”命令后，弹出“插入超链接”对话框，可以设置超链接所指向的位置或者文件，也可以指向本文档中的幻灯片，如图 5－41 所示。

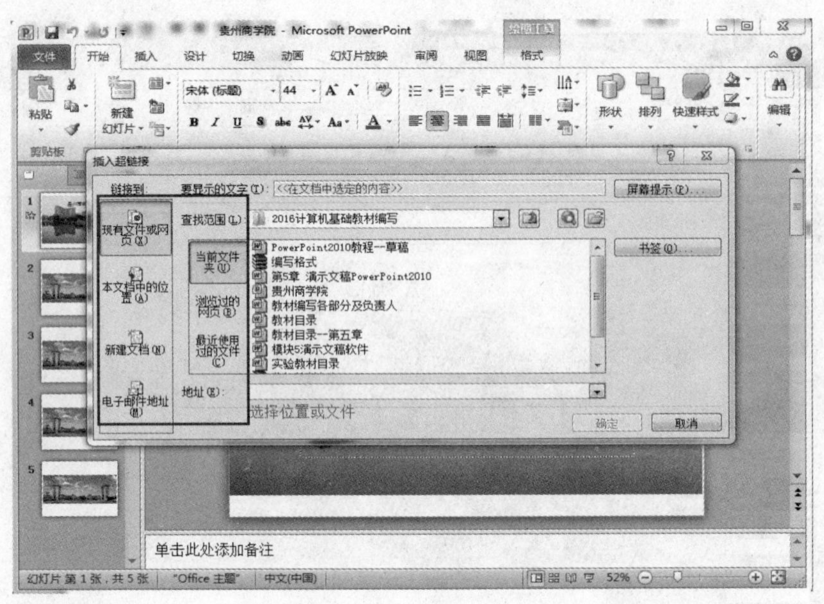

图 5－41 “插入超链接”对话框

另外，选中目标后，也可以选择“插入”选项卡，在“链接”工具组中单击“超链接”按钮，打开“插入超链接”对话框进行设置。

5.5.4 创建动作按钮

在制作幻灯片时，有时需要使用动作按钮，在播放幻灯片的时候可以单击动作按钮以达到预期效果，下面介绍设置动作按钮的方法。

在“插入”选项卡中，单击“插图”工具组内的“形状”按钮，在下拉列表中选择插入一个箭头形状用来向前翻页，如图 5－42 所示。

图 5－42 插入一个箭头形状

选中所画箭头，选择“插入”选项卡，在“链接”工具组中单击“动作”按钮，会弹出“动作设置”对话框，勾选“超链接到”单选框，在下拉列表中选择“超链接到上一张幻灯片”，如图5－43所示。

图5－43　“动作设置”对话框

动作按钮也可以用其他形状或者图片来代替，也可以将文字作为动作按钮。

5.5.5　设定放映方式

演示文稿制作完成后，可以由演讲者播放，也可以让观众自行播放，这需要通过设置幻灯片放映方式进行控制，设置幻灯片放映方式的步骤为：单击“幻灯片放映”→“设置”→“设置幻灯片放映”按钮，弹出“设置放映方式”对话框，在这个对话框中，可以进行放映的各项设置，如图5－44所示。

图5－44　“设置放映方式”对话框

5.5.6 幻灯片放映

幻灯片的放映主要通过“幻灯片放映”选项卡下“开始放映幻灯片”工具组中的功能按钮来实现，可以从头放映，也可以从当前幻灯片放映，直接单击“开始放映幻灯片”工具组中的按钮就可以完成。也可以使用快捷键进行播放，按下 F5 键，可以实现从头播放；按下“Shift + F5”组合键，可以实现从当前幻灯片播放。也可以通过窗口右下角的视图按钮实现从当前幻灯片放映。如图 5 – 45 所示。

图 5 – 45　“开始放映幻灯片”工具组

执行“幻灯片放映”→“自定义幻灯片放映”→“自定义放映”命令，弹出“自定义幻灯片放映”对话框，单击“新建”按钮，弹出“定义自定义放映”对话框，在对话框中用户可以打乱幻灯片的顺序，按照自己的想法重新设置幻灯片的顺序，并且按照这个顺序来进行播放，如图 5 – 46 所示。

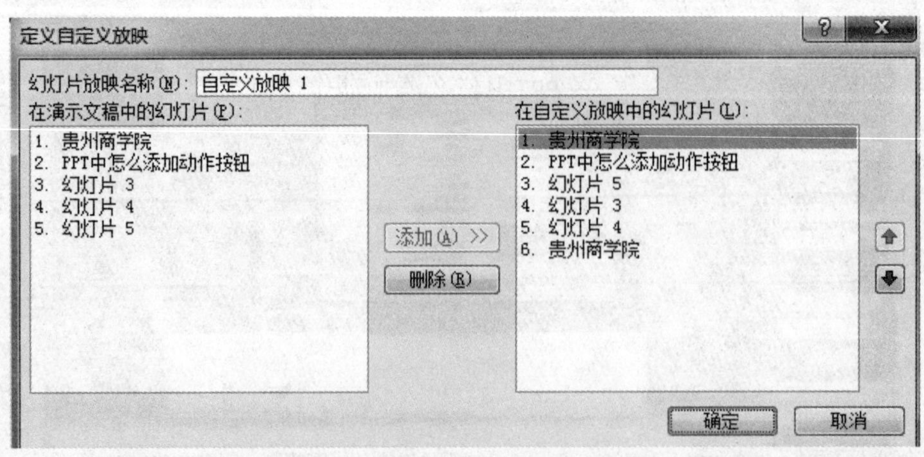

图 5 – 46　“定义自定义放映”对话框

5.5.7 排练计时

有时幻灯片的讲解是有时间限制的，这时候就需要用计时播放功能来提醒，可以使用提前设置好的时间来定时播放，在 PowerPoint 中称为排练计时。

在“幻灯片放映”选项卡中，单击“设置”工具组内的“排练计时”按钮，如图 5－47 所示，就可以进入“排练计时”视图。在“排练计时”视图中，用户按照需要的时间，单击切换幻灯片，这些时间点就会被记录下来。当所有幻灯片切换完毕后，系统会弹出提示对话框，确认信息后单击“是”按钮，排练时间就会被保存下来，如图 5－48 所示。

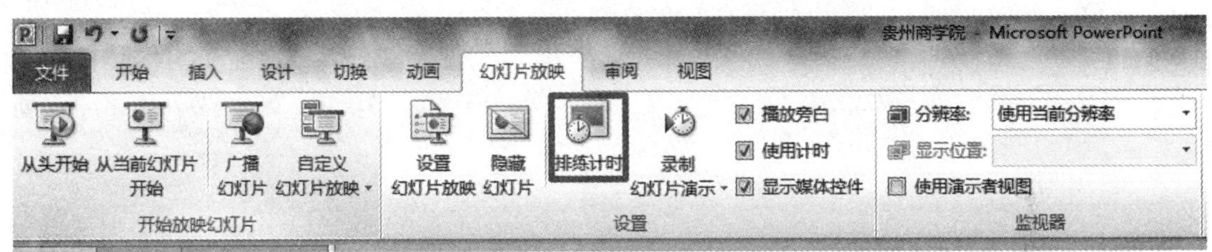

图 5－47　“排练计时”按钮

图 5－48　“排练时间”确认提示

本章小结

PowerPoint 是微软公司推出的演示文稿软件，现已升级至 2010 版本。现在，用户的软件应用水平逐步提高，软件应用领域越来越广，已成为了人们工作生活的重要组成部分，在工作汇报、企业宣传、产品推介、婚礼庆典、项目竞标、管理咨询、教育培训等领域有着举足轻重的地位。通过本章的学习，要求熟练掌握文字、图片、图表、动画、声音、影片、ppt封面、前言、目录、图表页、图片页、文字页、封底等的制作，从而掌握 PowerPoint 2010 的使用方法。

第 6 章 计算机网络基础知识

6.1 计算机网络的一般概念

计算机网络，简单来说就是把分布在不同地理区域的独立式计算机以专门的外部设备利用通信线路互联成一个规模宏大、功能强大的网络系统，从而使众多的计算机可以方便地互相传递信息和共享资源。

计算机网络是由各种类型计算机、通信设备和通信线路、数据终端设备等网络硬件和网络软件组成的大型计算机系统。网络中的计算机系统类型包括巨型计算机、大型计算机、中型机、小型机、微型机，都具有独立输入输出和数据处理功能，在断开网络连接后，仍可单机使用。

6.1.1 计算机网络的定义

资源共享观点将计算机网络定义为“以能够共享资源的方式互联起来的相互独立的计算机系统的集合”。资源共享观点的定义符合目前计算机网络的基本特征，这主要表现在以下 3 个方面。

（1）计算机网络建立的主要目的是实现计算机资源的共享。

（2）互联的计算机是分布在不同地理位置的多台独立的计算机。

（3）联网计算机之间的通信必须遵循共同的网络协议。

利用通信线路和通信设备将地理上分散的、具有独立功能的计算机系统按照一定的形式连接起来、以功能完善的网络软件实现资源共享和数据通信的复合系统。这是目前比较完美的计算机网络定义。

6.1.2 计算机网络系统的定义

从以上定义中可以看出，一个计算机网络系统的定义包含以下几个主要部分。

（1）计算机网络由 3 部分组成：计算机系统、通信系统和网络软件。

多个主计算机系统，包括各种为网络用户提供服务和进行管理的大型机、中型机、小型机及所要共享网络资源的个人计算机。

通信系统，是由各种通信线路和通信设备组成的通信子网。通信线路和通信设备是指通信媒体和相应的通信设备。通信媒体可以是光纤、双绞线、微波等多种形式，一个地域范围较大的网络中可能使用多种媒体。将计算机系统与媒体连接需要使用一些与媒体类型有关的接口设备以及信号转换设备，这些设备统称为通信设备。

将各种为用户共享网络资源和信息传递提供管理和服务的应用程序和软件统称为网络软件。

（2）计算机网络上的计算机系统必须具有独立功能，连接上网可以完成资源共享和数据通信；断开网络连接后同样具有数据输入和输出、数据处理功能，没有对网络的依赖性。这里，“具有独立功能的计算机系统”是指入网的每一个计算机系统都有各自的软、硬件系统，都能完全独立地工作，各个计算机系统之间没有控制与被控制的关系，网络中任一个计算机系统只在需要使用网络服务时才自愿登录上网，进入网络工作环境。

（3）计算机网络中的计算机接入网络必须有一定连接方式，不能随便接入。连接方式就是网络拓扑结构，即计算机应按照网络拓扑结构接入。

（4）计算机网络中的计算机都要遵守网络中的通信协议，并使用支持网络通信协议的网络通信软件；网络软件是必不可少的组件，功能齐全才能实现网络功能。网络操作系统和协议软件是指在每个入网的计算机的系统软件之上增加的，用来实现网络通信、资源管理、网络服务的专门软件。

（5）计算机网络组网的基本目的是实现资源共享和数据通信。“资源”是指网络中可共享的所有软、硬件，包括程序、数据库、存储设备、打印机、通信线路、通信设备等。

6.2　计算机网络的组成划分

6.2.1　按计算机网络逻辑划分

按网络逻辑划分，计算机网络由资源子网和通信子网组成。资源子网中的设备通常称为数据终端设备 DTE，通信子网中的设备通常称为数据通信设备 DCE，如图 6－1 所示。

1. 资源子网

资源子网由各计算机系统、中端控制器、终端设备、软件和可供共享的数据库等部分组成，资源子网负责全网的数据处理工作，向用户提供数据处理、数据存储、数据管理、数据输入和数据输出服务及其他数据资源。

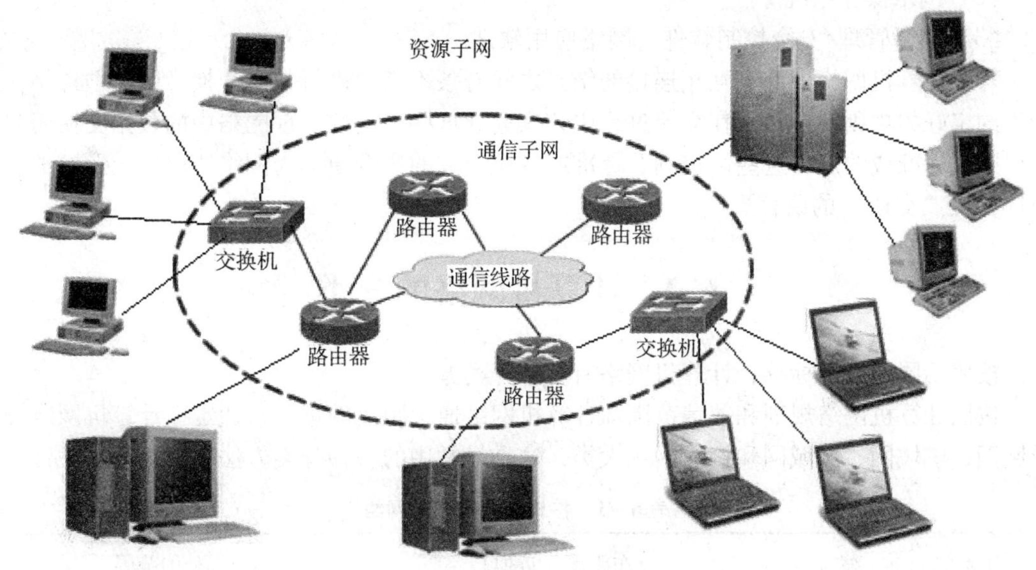

图 6－1 计算机网络的组成

2. 通信子网

通信子网是由通信硬件（交换机，路由器等通信设备和通信线路）和通信软件组成的，其功能是为网络中的用户共享各种网络资源提供通信服务和通信手段。

6.2.2 按网络组成划分

按网络组成划分，计算机网络由硬件部分和软件部分组成。

1. 硬件部分

计算机网络中硬件部分包括网络节点与通信链路。

1）网络节点

网络节点包括端节点和中间节点。

端节点——计算机。

中间节点——交换机、集中器、复用器、路由器、中继器。

2）通信链路

通信链路即信息传输的通道。

物理意义——传输介质。

逻辑意义——信道。

类比意义——CATV 的电缆和频道之间的关系。

2. 软件部分

计算机网络中软件部分包括以下三个部分：

（1）通信软件（网络协议软件）。

（2）网络操作系统。

（3）网络管理/安全控制软件、网络应用软件。

若要计算机网络中许多互相连接的结点之间有条不紊地进行数据交换，则必须遵循一些事先约定好的规则，还必须在交流过程中切实遵守这些为良好实现网络中的数据交换而建立的规则、标准或约定，这些由规则、标准或约定组成的集合便称为网络协议，或形象地比喻为计算机“交谈”的语言。

6.3 计算机网络的分类

按照不同的分类标准，计算机网络有多种分类方法。

按照计算机网络规划和覆盖范围即计算机网络通信距离的远近，通常把计算机网络分为局域网、广域网、城域网和接入网 4 大类，这是最常用的一种分类方法，如表 6 - 1 所列。

表 6 - 1 按地域范围划分网络

分类	缩写	分布距离（近似）	所处的范围
局域网	LAN	10 m	房间
		100 m	楼宇
		2 km	校园
城域网	MAN	2 ~ 10 km	城市
广域网	WAN	10 km 以上	城市、国家、洲或全球

1. 局域网

局域网（Local Area Network，简称 LAN），也称为本地网。局域网网络规模比较小，覆盖范围在几米到几千米内，一般都用专用的网络传输介质连接而成，是连接近距离计算机的网络，例如办公室、实验室内，或一幢建筑、一所校园、一处工厂内的计算机网络，因此也出现了校园网或企业网等名词。局域网的优点是数据传输快（一般在 10 ~ 100 Mbps）、成本较低、组网较方便、信息安全性好。

2. 广域网

广域网（Wide Area Network，简称 WAN），也称为远程网。广域网网络规模很大，覆盖范围从几十千米到几千千米，可能分布在一座城市、一个国家或全球范围，是由电话线、微波、卫星等远程通信线路连接起来的跨城市、跨地区，甚至跨洲的网络，在广大范围内实现资源共享。

3. 城域网

城域网（Metropolitan Area Network，简称 MAN），也称为都市网。城域网网络规模较大，覆盖范围介于前两者之间，一般为几千米到几十千米，通常是指城市地区的计算机网络，可以覆盖一组邻近的公司办公室或一座城市，既可以是私有的也可以是公用的。从网络的层次上看，城域网是广域网和局域网之间的桥接区。城域网的优点是支持数据和声音的传输，可实现高速通信和信息共享，城域网可能涉及当地的有线电视网。

4. 接入网

接入网（Access Network，简称 AN），也称为本地接入网或居民接入网，是近几年来由于用户对高速上网需求的增加而出现的一种网络技术。接入网提供多种高速接入技术，是局域网和城域网之间的桥接区（表中未列出）。

当然还可以根据网络的传输介质，将网络分为有线网和无线网。有线网根据线路的不同分为同轴电缆网、双绞线网和光纤网，还有最新的全光网络；无线网分为卫星无线网和使用其他无线通信设备的网络。也可以从网络的使用范围进行分类，划分为公用网和专用网。公用网（Public network）一般是国家的电信部门建造的网络，“公用”的意思就是所有愿意按电信部门规定交纳费用的人都可以使用，因此公用网也可称为公众网；专用网（Private network）是某个部门为本系统的特殊业务工作的需要而建造的网络，这种网络一般不向本系统以外的人提供服务，例如，军队、铁路、电力等系统均有本系统的专用网。

6.4 计算机网络的拓扑结构

组建网络时应根据网络安装的费用、网络的灵活性和可靠性来选择网络中各节点相互连接的结构类型，即网络的拓扑结构。组建网络的拓扑结构有很多种，其中最常见的有总线型（Bus）网络拓扑结构、星型（Star）网络拓扑结构和环型（Ring）网络拓扑结构。

1. 总线型网络拓扑结构

简称总线结构，是普遍采用的一种结构方式，将所有的入网计算机均接入到一条通信线上。为防止信号反射，一般在总线两端连接有终结器匹配线路阻抗，如图 6－2 所示。拓扑结构类型的典型例子就是以太网。

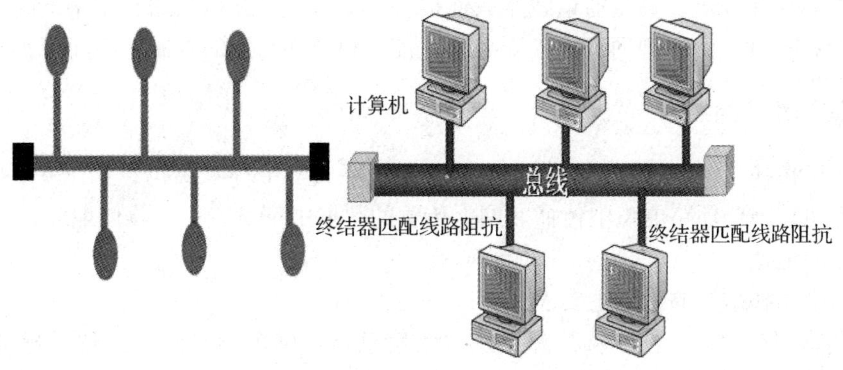

图 6－2　总线型网络拓扑结构

总线型网络拓扑结构的特点主要表现在以下几个方面。

（1）线路利用率高。由于多个节点共用一条传输线路，因此线路利用率较高。

（2）地理覆盖范围小。公用总线的长度受到一定的限制，通常小于几千米，节点至总线的连接线也较短，因此一般局限于某个单位。

（3）传输速率高。可利用高速信道来连接多个节点，其传输速率可达100 Mbps或更高。

（4）网络建造容易。由于网络的物理结构简单，将节点连接到总线上也容易，相应的传输控制机构也简单，因此网络建造容易。

2. 星型网络拓扑结构

星型网络拓扑结构是以一个节点为中心的处理系统，各种类型的入网终端均与该中心节点由物理链路直接相连，节点间不能直接通信，需要通过该中心节点转发，因此中心节点必须具有较强的功能和较高的可靠性。如图6-3所示。

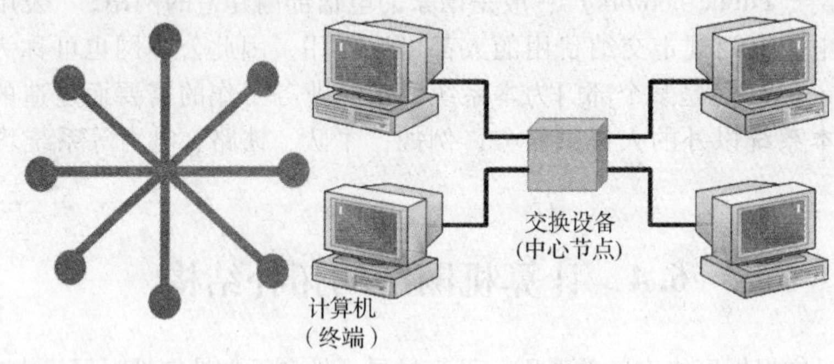

图6-3　星型网络拓扑结构

星型网络拓扑结构的特点主要表现在以下几个方面。

（1）功能高度集中。整个网络的处理和控制功能高度集中在中心节点。

（2）响应时间与终端数目有关。当终端数目较少时，终端的请求能够获得及时响应，但随着终端数目的增多，响应时间也随之加长。

（3）单信息流通路径。每个终端通常只有一条信息流通路径能到达中心节点，反之亦然，因此不存在路径选择问题。

（4）线路利用率低。每条通信线路只连接一个终端，因此该线路利用率不高。

（5）可扩充性差。星型网络由于受到硬件接口和软件功能的限制，因而可扩充性较差。

3. 环型网络拓扑结构

环型网络拓扑结构简称环型结构，指转发器围绕成一个环状结构，如图6-4所示，信号沿一个方向在闭合环路电缆中传播。网上传输的数据中都赋有一个具体地址，该地址也是网上某站点的地址。

环型网络拓扑结构的特点主要表现在以下几个方面。

（1）传输时延的确定性。从某源点发出的信息能在确定的时间内到达目标节点。基于这一特点，可构成实时性要求较高的网络。

（2）可靠性差。当环路上任何一个转发器或者两个转发器之间的连线发生故障时，将导致整个网络的瘫痪，因此基本环型网络是不可靠的。

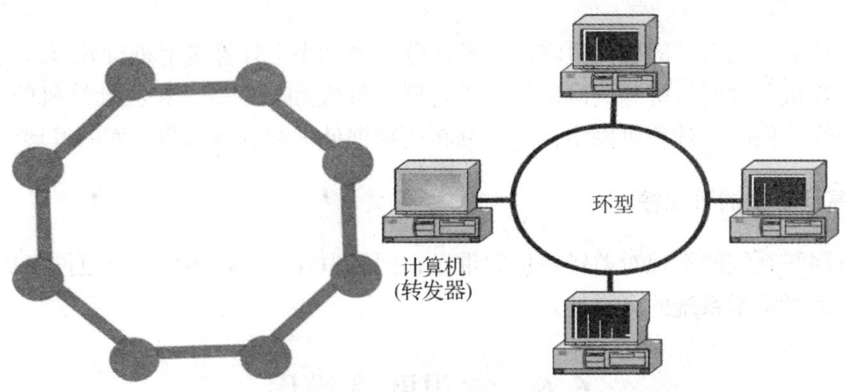

图6-4 环型网络拓扑结构

(3) 灵活性差。无论在增加或是减少网络节点时，都需要断开原有环路，并对介质访问控制进行调整。

(4) 网络建造容易。由于网络中的每个转发器都只与相邻的两个转发器相连接，网络结构简单，且介质访问控制也不复杂，所以网络建造比较容易。

总之，选择拓扑结构时，主要考虑的因素有安装难易程度、重新配置的难易程度、维护的相对难易程度、通信介质发生故障时受到影响的设备的情况等。

6.5 计算机网络功能

计算机网络具有丰富的功能。建立计算机网络的主要目的就是通过计算机之间的互相通信，实现网络资源共享。计算机网络的主要功能有以下几个方面。

1. 数据通信

数据通信是计算机网络最基本的功能。利用计算机网络可实现服务器与客户机、终端与计算机、计算机与计算机之间快速可靠地互相传送数据及进行信息处理，如传真、电子邮件（E-mail)、电子数据交换（EDI)、电子公告牌（BBS)、远程登录（Telnet）与信息浏览等通信服务。利用这一特点，可实现将分散在各个地区的单位或部门用计算机网络联系起来，进行统一的调配、控制和管理，从而可以方便地进行信息交换、收集和处理。

2. 资源共享

充分利用计算机资源是组建计算机网络的重要目的之一。“资源”是指网络中所有的软件、硬件和数据资源。“共享”是指网络中的用户都能够部分或全部地享受这些资源。资源共享使得计算机网络中分散在各地的资源可以互通有无、分工协作，资源利用率大幅提高。

3. 均衡负载

当网络内某一计算机负载过重时，可通过网络将部分任务调度给其他计算机去处理，因此能均衡各计算机的负载，提高处理问题的实时性。

4. 分布处理

对于一些大型综合性问题，可将问题各部分分散到多个计算机上进行分布式处理，也可使各地的计算机通过网络资源共同协作，进行联合开发和研究等，扩大计算机的处理能力，即增强实用性。同时，计算机网络促进了分布式数据处理和分布式数据库的发展。

5. 提高计算机的可靠性

计算机网络系统能实现对差错信息的重发，网络中各计算机还可以通过网络成为彼此的后备机，从而增强了系统的可靠性。

6.6 常用网络操作

6.6.1 设置 IP 地址

例 6.1 计算机要连接网络，首先应该设置 IP 地址，即使用指定的 IP 地址。设置步骤为输入 IP 地址、子网掩码、默认网关、DNS。

（1）执行“开始”→“控制面板”→“网络和共享中心”命令，在打开的“网络和共享中心”窗口右侧单击“更改适配器设置”链接，如图 6-5 所示。

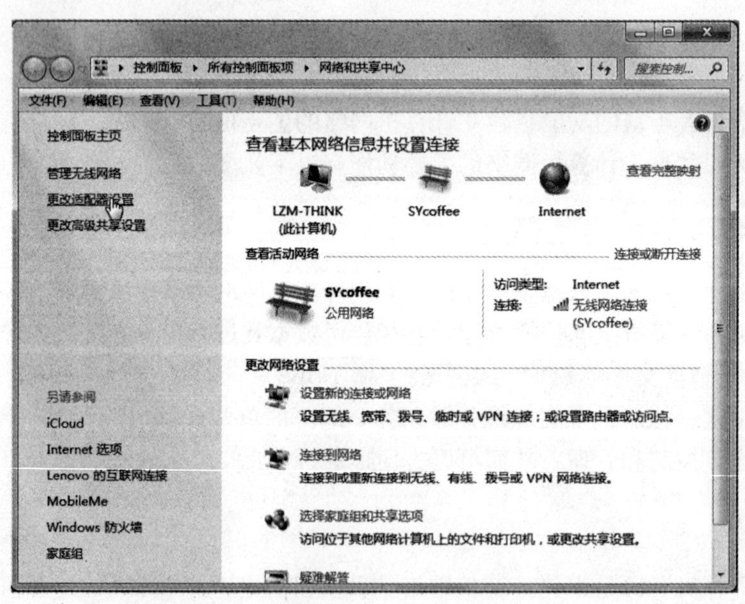

图 6-5 执行“更改适配器设置”命令

（2）在弹出的“网络链接”窗口中右击“本地链接”图标，在弹出的快捷菜单中选择“属性”命令，如图 6-6 所示。

（3）在打开的“本地连接属性”对话框中选中“Internet 协议版本 4（TCP/IPv4）”项目，然后单击“属性”按钮，如图 6-7 所示。

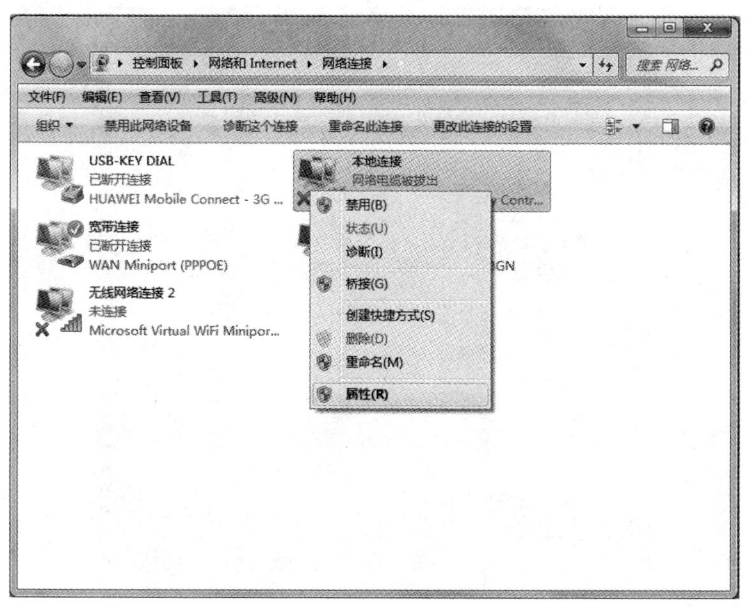

图 6-6 “网络链接”窗口

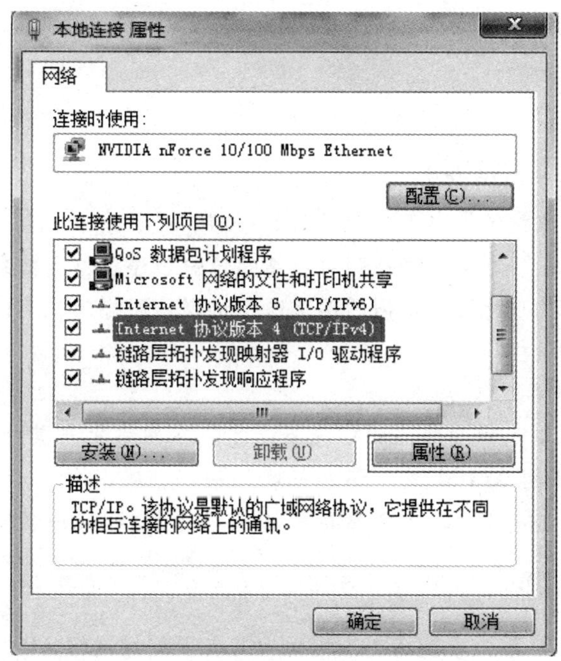

图 6-7 “本地连接 属性”对话框

（4）在打开的“Internet 协议版本 4（TCP/IPv4）属性”对话框里选择“使用下面的 IP 地址”单选框，在文本框中输入 IP 地址、子网掩码、默认网关。然后选择“使用下面的 DNS 服务器地址”单选框，在文本框中输入首选 DNS 服务器地址和备用 DNS 服务器地址。如图 6-8 所示。然后单击“确定”按钮，回到“Internet 协议版本 4（TCP/IPv4）属性”对话框，再单击“确定”按钮即可。

Internet 协议版本 4 (TCP/IPv4) 属性

常规

如果网络支持此功能，则可以获取自动指派的 IP 设置。否则，您需要从网络系统管理员处获得适当的 IP 设置。

自动获得 IP 地址(O)

使用下面的 IP 地址(S):

IP 地址(I): 192 .168 . 1 .112

子网掩码(U): 255 .255 .255 . 0

默认网关(D): 192 .168 . 1 . 1

自动获得 DNS 服务器地址(B)

使用下面的 DNS 服务器地址(E):

首选 DNS 服务器(P): 202 .106 . 0 . 20

备用 DNS 服务器(A): 211 .147 . 6 . 58

退出时验证设置(L)　高级(V)...

确定　取消

图 6-8　设置 IP 地址和 DNS 服务器地址

知识链接

网络协议

1. 计算机网络通信协议的意义

计算机网络通信协议就像人与人交流的语言一样，是计算机网络通信实体之间的语言，是计算机之间交换信息的规则。这种规则对信息的传输顺序、信息格式和信息内容等方面进行约定。不同的网络结构可能使用不同的网络通信协议；同样的，不同的网络通信协议的设计也造就了不同的网络结构。

2. 常用的计算机网络通信协议

一台计算机只有在遵守网络协议的前提下，才能在网络上与其他计算机进行正常的通信。Internet 的通信协议包含 100 多个相互关联的协议，常见的通信协议有 TCP/IP 协议、IPX/SPX 协议、NetBEUI 协议等。其中 TCP 和 IP 是两个最核心的关键协议，故把 Internet 协议组称为 TCP/IP。

1）TCP/IP 协议

TCP/IP 是 20 世纪 70 年代中期由美国国防部为其研究性网络 ARPANET 开发的网络体系结构。ARPANET 最初是通过租用的电话线将美国的几百所大学和研究所连接起来的网络。随着卫星通信技术和无线电技术的发展，这些技术也被应用到 ARPANET 网络中，而已有的协议已不能解决这些通信网络互连的问题，于是提出了新的网络体系结构，用于将不同的通信网络进行无缝连接。这种网络体系结构后来被称为 TCP/IP（Transmission Control Protocol/Internet Protocol）参考模型。

TCP/IP 是一种网际互联通信协议，其目的在于实现网际间各种异构网络和异种计算机的互联通信。TCP/IP 同样适用于在一个局域网内实现异种机的互联通信。在任何一台计算

机或者其他类型终端上，无论运行的是何种操作系统，只要安装了 TCP/IP，就能够相互连接和通信并接入 Internet。

TCP/IP 也采用层次结构，但与国际标准化组织公布的 ISO/OSI 参考模型的七层不同，它是四层结构，由应用层、传输层、网络层和接口层组成。

2）IP 地址

为了实现 Internet 上不同计算机之间的通信，每台计算机都必须有一个不与其他计算机重复的地址，相当于通信时每台计算机的名字，IP 地址即是在 Internet 上的每台计算机的名字。在 Internet 中，IP 地址是唯一的 Internet 通信地址，也是全球认可的通用地址格式，在网上任何一台服务器和路由器的每一个端口都必须有一个 IP 地址。

IP 地址由长度为 32 位的二进制数组成（即 4 个字节），每 8 位（1 个字节）之间用圆点分开，如 11000000. 10100100. 00000000. 00001010。用二进制数表示的 IP 地址难于书写与记忆，通常将 32 位的二进制地址写成 4 个十进制数字字段，书写形式为 ×××. ×××. ×××. ×××，其中每个字段 ××× 都在 0 ~ 255 取值。如前面的二进制 IP 地址转换成相应的十进制则表示为 192. 168. 0. 10。

每个 IP 地址包含网络号和主机号两部分。网络号用于识别一个逻辑网络，而主机号用于识别逻辑网络中一台主机的一个链接。对于某逻辑网络上的所有节点而言，网络号是相同的，而每个计算机的主机号则各不相同。IP 地址中网络部分通常分成 A、B、C、D、E 5 类，如图 6 – 9 所示。

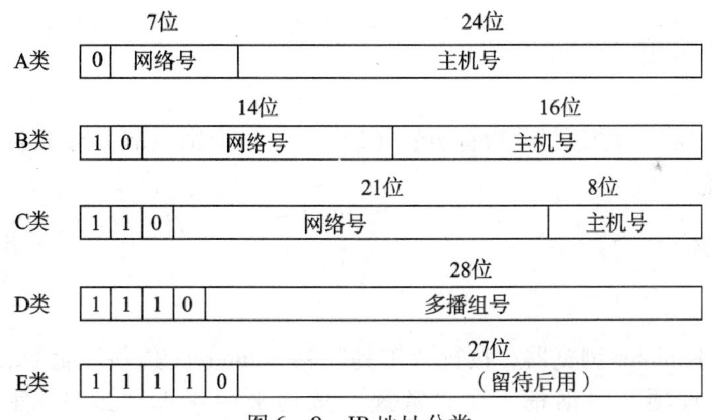

图 6 – 9　IP 地址分类

A 类地址（用于大型网络）：第 1 个字节标识网络地址，后 3 个字节表示主机地址；A 类地址中第 1 个字节首位总为 0，其余 7 位表示网络标识，A 类地址第 1 个数范围为 0 ~ 127。

B 类地址（用于中型网络）：前两个字节标识网络地址，后两个字节表示主机地址；B 类地址中第 1 个字节前两位为 10，余下 6 位和第 2 个字节的 8 位共 14 位表示网络标识，因此，B 类地址第 1 个数范围为 128 ~ 191。

C 类地址（用于小型网络）：前 3 个字节标识网络地址，最后 1 个字节表示主机地址；C 类地址中第 1 个字节前 3 位为 110，余下 5 位和第 2、3 个字节共 21 位表示网络标识，因此，C 类地址第 1 个数范围为 192 ~ 223。

D 类地址：用于组播传输，该地址中无网络地址与主机地址之分。用来识别一组计算机。其格式为：最高 4 位是 1110，其余 28 位全部用来表示组播地址。一个 D 类地址表示一组主机的共享地址，任何发送到该地址的信息都将传送副本到该组中的每一台主机上。

E 类地址最高 5 位为 11110，后面没做划分，留作扩展用。

此外，IP 地址的编码规定：当主机地址所有位均为 1 时，该地址用做广播地址，向网上所有节点广播，不能用做实际的节点地址。当主机地址所有位均为 0 时，表示本网络地址，该地址在路由器上配置 IP 时具有十分重要的作用。

3）IPX/SPX 及其兼容协议

IPX/SPX（Internet work Packet Exchange/Sequenced Packet Exchange，网际包交换/有序信息包交换协议）包括一个通信协议集，是局部地区网络使用的高性能协议，比 TCP/IP 更容易实现和管理，具有强大的路由功能，适用于组建大型的网络，如广域网。IPX/SPX 是 NetWare 网络的最好选择，在非 NetWare 网络环境中，一般不使用 IPX/SPX 协议。

IPX/SPX 及其兼容协议不需要任何配置，直接可通过网络地址来识别自己的身份。在 IPX/SPX 协议中，IPX 协议是网络最底层的协议，只负责数据在网络中的传送，并不保证数据是否传送成功，也不提供纠错服务；IPX 在负责数据传送时，如果接收节点在同一网段内，就直接按该节点的 ID 传送数据；如果接收节点是远程的（不在同一网段内，或位于不同的局域网中），数据将交给 NetWare 服务器或路由器中的网络 ID，继续数据的下一步传送。SPX 协议在整个协议中负责对所传送的数据进行无差错处理。

值得注意的一点是，在当前处理系统使用的 Windows 2000、Windows NT 和由 Windows 98 组成的对等网中，无法直接使用 IPX/SPX 协议进行通信。

6.6.2 浏览网页

例 6.2 （1）将“百度”设为首页；（2）浏览“中国高职高专教育网”网站；（3）将网页保存在本地。

1. IE 基本设置

1）设置主页

打开 Internet Explorer 浏览器，执行“工具”→“Internet 选项”命令，打开如图 6－10 所示的“Internet 选项”对话框，在“常规”选项卡中主页“地址”栏输入“http://www.baidu.com”并单击右下角“应用”按钮，即可将“百度”设置为主页，以后每次打开 IE，就会自动登录到百度首页。

2）安全设置

选择“安全”选项卡，如图 6－11 所示，单击“默认级别”按钮，在“该区域的安全级别”区域中设置移动滑块为不同的安全级别，注意阅读其不同的安全性能。

2. 浏览网络信息

启动 Internet Explorer 浏览器，在浏览器窗口地址栏输入“http://www.tech.net.cn”，按下 Enter 键后就可进入“中国高职高专教育网”主页，如图 6－12 所示。

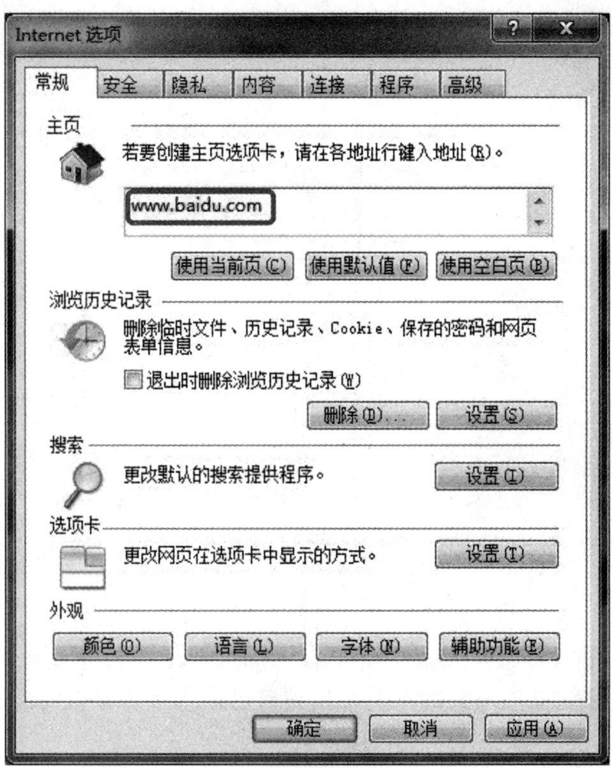

图 6－10 设置默认主页

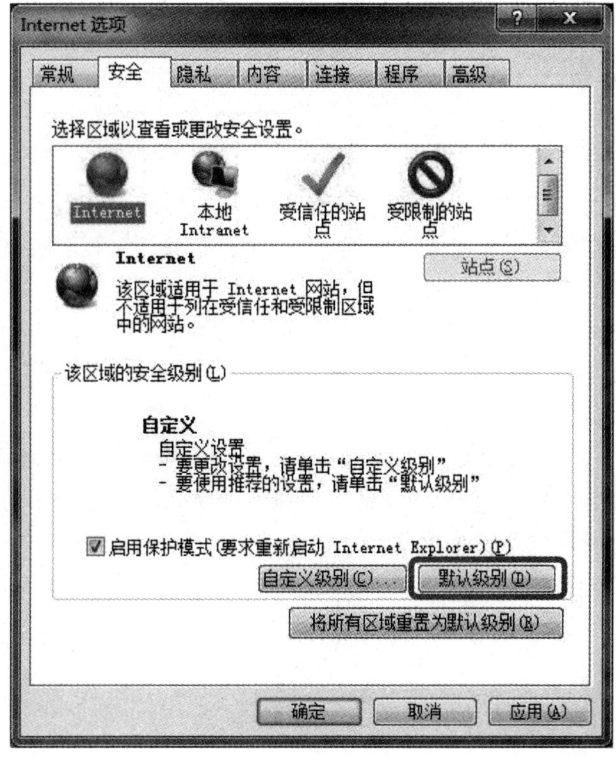

图 6－11 设置安全级别

图 6-12 "中国高职高专教育网"主页

在"中国高职高专教育网"主页上，单击"高等职业学校专业建设发展"链接，将进入高等职业学校专业建设发展专栏的页面。找到自己需要了解知识的标题，单击链接后便可打开具体的页面。

3. 保存网页

执行"文件"→"另存为"命令，将网页保存在桌面上，文件名为"高等职业学校专业建设专栏"，文件类型为".html"。

知识链接

（1）当光标在页面上移动时，如果指针变成手形，则表明所指向的为链接。链接可以是图片、三维图像或彩色文本（通常带下划线）。单击链接便可以打开链接指向的网页。

（2）直接转到某个网站或网页，可在地址栏中直接键入网址。如"www.sohu.com""www.edu.cn/HomePage/zhong_ guo_ jiao_ yu/index.shtml"。

（3）单击"后退"按钮可返回上次看过的网页，再单击"前进"按钮可查看在单击"后退"按钮前查看的网页。

（4）单击"主页"按钮可返回每次启动 Internet Explorer 时显示的网页。单击"收藏"按钮可从收藏夹列表中选择站点，单击"历史"按钮可从最近访问过的网页列表中选择网页。

（5）如果查看的网页打开速度太慢，可单击"停止"按钮中止。

（6）如果网页无法显示完整信息，或者想获得最新版本的网页信息，可单击"刷新"按钮。

6.6.3 搜索引擎的使用

例 6.3 （1）通过"百度"进行搜索；（2）通过"中国知网"检索专业论文。

1. 通过“百度”搜索

在浏览器窗口地址栏输入“http://www.baidu.com”，按 Enter 键后进入百度搜索引擎，如图 6－13 所示。

图 6－13　百度首页

在如图 6－13 所示的文本框中，输入关键词“中国高职高专”，并单击“百度一下”按钮，即可搜索出多条相关信息，如图 6－14 所示。

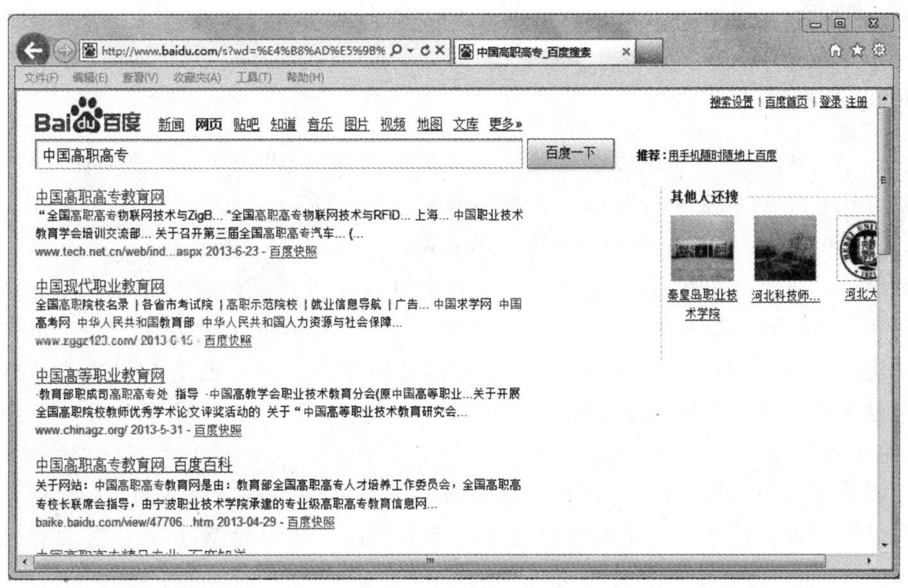

图 6－14　搜索结果

可以根据自己的需要，单击不同的链接，浏览不同的网页信息。

2. 通过“知网”检索

如果想要检索专业论文或成果方面的内容，可以通过专业性质较强的网站进行检索，如

“中国知网”。在地址栏中输入“http://www. cnki. net/”进入知网首页，如图 6 – 15 所示。通过“注册”可以享受中国知网会员的权限，可以在本站检索几乎涵盖了各类专业的相关论文，并获取相关知识。

图 6 – 15　中国知网首页

知识链接

1. Internet 概述

Internet 提供的服务功能很多，常见的服务有万维网（WWW）、电子邮件（E – mail）、文件传输（FTP）、远程登录（Telnet）、网络新闻（USENET）、网络检测工具等。

1）万维网（World Wide Web，缩写为 WWW）

简称 Web，也称 3W 或 W3。是一个由超文本链接方式组成的信息系统，是全球网络资源，是近年来 Internet 取得的最为激动人心的成就，是 Internet 上最方便、最受用户欢迎的信息服务类型。Web 为人们提供了查找和共享信息的方法，同时也是人们进行动态多媒体交互的最佳手段。最主要的两项功能是读超文本文件和访问 Internet 资源。

2）电子邮件

电子邮件（E – mail）服务是一种通过 Internet 与其他用户进行联系的方便、快捷、价廉的现代化通信手段，也是目前使用最为频繁的服务功能。通常的 Web 浏览器都有收发电子邮件的功能。

3）文件传输

在 Internet 上，文件传输（FTP）服务提供了在任意两台计算机之间相互传输文件的功能。连接在 Internet 上的许多计算机上都保存着若干有价值的资料，只要它们都支持 FTP 协议，就可以随时相互传送文件。

4）远程登录

远程登录就是用户通过 Internet，使用远程登录（Telnet）命令，使自己的计算机暂时成为远程计算机的一个仿真终端。远程登录允许任意类型计算机之间进行通信。

使用远程登录（Telnet）命令登录远程主机时，用户必须先申请账号，输入自己的用户名和口令，主机验证无误后，便登录成功。用户的计算机作为远程主机的一个终端，可对远程的主机进行操作。

5）网络新闻

网络新闻（USENET）是 Internet 的公共布告栏。网络新闻的内容非常丰富，几乎覆盖当今生活全部内容，用户通过 Internet 可参与新闻组进行交流和讨论。值得提醒的是，用户在参与交流和讨论时一定要注意遵守网络礼仪。

6）网络检索工具

信息鼠（Gopher）是菜单式的信息查询系统，提供面向文本的信息查询服务。Gopher 服务器为用户提供树形结构的菜单索引，引导用户查询信息，使用方便。用户通过检索（Archie）服务器，得到所需文件或软件存放的服务器地址。

2. Internet 的地址管理

在 Internet 中，要访问一个站点或发送电子邮件，必须有明确的地址。Internet 的网络地址有 IP 地址、域名系统、E－mail 地址、URL 地址等几类。

1）IP 地址

为保证不同网络之间实现计算机的相互通信，Internet 的每个网络和每台主机都必须有相应的地址标识，这个地址标识称为 IP 地址。IP 是 TCP/IP 协议族中网络层的协议，是 TCP/IP 协议族的核心协议。IP 协议的版本有 IPv4 和 IPv6，IPv4 的地址位数为 32 位（二进制），也就是说最多有 2^{32} 个计算机可以连接到 Internet 上。由于互联网的蓬勃发展，IP 地址的需求量愈来愈大，使得 IP 地址的发放愈趋严格，各项资料显示，全球 IPv4 地址可能在 2005 到 2008 年间全部发完。为了扩大地址空间，现已试用 IPv6 重新定义地址空间。IPv6 采用 128 位地址长度，几乎可以不受限制地提供地址。据保守方法估算，IPv6 可以分配的地址达到地球上每平方米 1000 多个。

目前仍使用的是 IPv4，IP 地址由网络号和主机号两部分组成，提供统一的 32 位地址格式，但由于二进制使用起来不方便，因此用户使用“点分十进制”方式表示。IP 地址是唯一能标识出主机所在的网络和主机所在网络中位置的编号，按照网络规模的大小，IP 地址分为 A、B、C、D、E5 类，其分类和应用如表 6－2 所列。常用 IP 地址为 A 类、B 类和 C 类。

表 6－2　IP 地址分类和应用

分　类	第一字节数字范围	应　用
A	0～127	大型网络
B	128～191	中型网络
C	192～223	小型网络
D	224～239	备用
E	240～255	实验用

为确保IP地址在Internet上的唯一性，IP地址由美国国防数据网的网络信息中心（DDN NIC）分配。对于其他国家和地区的IP地址，DDN NIC又授权给世界各大区的网络信息中心分配。

2）域名系统

域名系统是使用具有一定含义的字符串来标识网上计算机的一个分层和分布式管理的命名系统，与IP存在一种映射关系。用户可用各种方式为自己的计算机命名，为避免重名，Internet采取了在主机名后加上后缀的方法，这个后缀称为域名，用来标识主机的区域位置，域名是通过申请合法得到的，因此Internet上的主机可以用“主机名.域名”的方式唯一地进行标识。

域名采用分层次的命名方法，每层都有一个子域名，通常采用英文缩写，子域名间用小数点分隔，自右至左分别为最高层域名（顶级或一级域名）、机构名（二级域名）、网络名（三级域名）、主机名（四级域名）。例如，域名“www. bnu. edu. cn”中，cn是顶级域名，edu是二级域名。

顶级域名由ICANN（互联网名称与数字地址分配机构）批准设立，是两个英文字母或多个英文字母的缩写。顶级域名分为下面3种。

（1）通用顶级域名。通用顶级域名，如表6-3所列，由于历史原因，int、edu、gov、mil域名限美国专用。

表6-3　通用顶级域名

域名代码	服务类型	域名代码	服务类型
com	商业机构	edu	教育机构
int	国际机构	net	网络服务机构
org	非盈利组织盈	mil	军事机构
gov	政府机构		

（2）新增通用顶级域名。新增通用顶级域名包括以下7类。

①info：可以替代com的通用顶级域名，适用于提供信息服务的企业。

②biz：可以替代com的通用顶级域名，适用于商业公司。

③aero：适用于航空运输业的专用顶级域名。

④museum：适用于博物馆的专用顶级域名。

⑤name：适用于个人的通用顶级域名。

⑥pro：适用于医生、律师、会计师等专用人员的通用顶级域名。

⑦coop：适用于商业合作社的专用顶级域名。

（3）国家代码顶级域名。目前有240多个国家代码顶级域名，用两个字母缩写来表示。如表6-4所列为一部分国家的域名。

表 6-4 部分国家的域名

国家和地区代码	国家和地区名	国家和地区代码	国家和地区名
cn	中国	kr	韩国
us	美国	jp	日本
de	德国	sg	新加坡
fr	法国	ca	加拿大
uk	英国	au	澳大利亚

我国域名体系分为类别域名和行政区域名两套。类别域名依照申请机构的性质依次分为：ac——科研机构，com——工、商、金融等专业，gov——政府部门，edu——教育机构，net——互联网络、接入网络的信息中心和运行中心，org——各种非盈利性的组织。

行政区域名是按照我国的各个行政区划分而命名的，其划分标准依照国家技术监督局发布的国家标准而定，包括“行政区域名”34 个，适用于我国的各省、自治区、直辖市。如表 6-5所列为我国部分行政区的域名。

表 6-5 我国部分行政区域名

行政区代码	行政区名	行政区代码	行政区名
bj	北京市	he	湖北省
sh	上海市	nx	宁夏回族自治区
cq	重庆市	xj	新疆维吾尔自治区
he	河北省	tw	台湾
sx	山西省	hk	香港
ha	河南省	mo	澳门

CN 域名除 edu. cn 由 CernNic（教育网）运行外，其他的均由 CNNIC 运行。

6. 6. 4 下载文件

例 6. 4 下载千千静听播放器。

启动 IE 浏览器自动进入百度首页，输入关键字“千千静听播放器下载”，检索到多条相关信息，选择其中一条（例如“太平洋下载中心”）单击进入链接，如图 6-16 所示。

图 6-16　千千静听下载页面

单击“下载地址”按钮，然后在弹出的窗口中选择一种下载方式，如“本地电信 1”，如图 6-17 所示，在弹出的对话框中选择“保存”并输入保存的地址，之后可以查看下载进度及下载剩余时间。

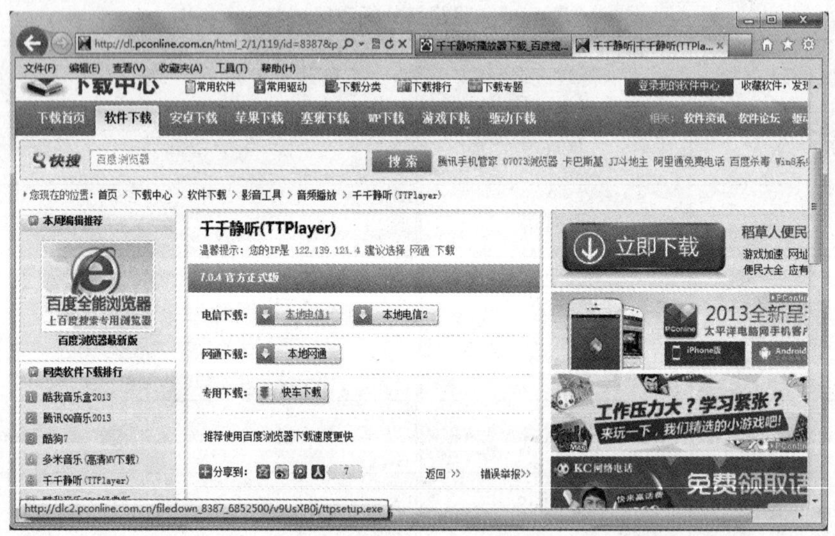

图 6-17　软件下载页面

6.6.5　收发电子邮件

Outlook 2010 是美国微软公司推出的一个优秀的电子邮件收发处理软件，通过 Outlook 2010 在不打开 IE 浏览器的情况下就可以收发邮件。

例 6.5　在不打开 IE 浏览器的情况下使用 Outlook 2010 收发邮件。

1. 添加账户

想要利用Outlook收发电子邮件，首先必须拥有一个邮件账户，初次打开Outlook时，系统会打开“Microsoft Outlook 2010启动”对话框提示用户添加账户，以方便今后收发电子邮件，单击“下一步”按钮即可进入“添加邮件”向导开始添加账户，用户可以根据自己申请到的电子邮箱为Outlook设置电子邮件账户。添加邮件账户的具体操作如下。

（1）启动Outlook 2010，打开“Microsoft Outlook 2010”对话框，如图6-18所示，单击“下一步”按钮，打开“账户配置”对话框，如图6-19所示。

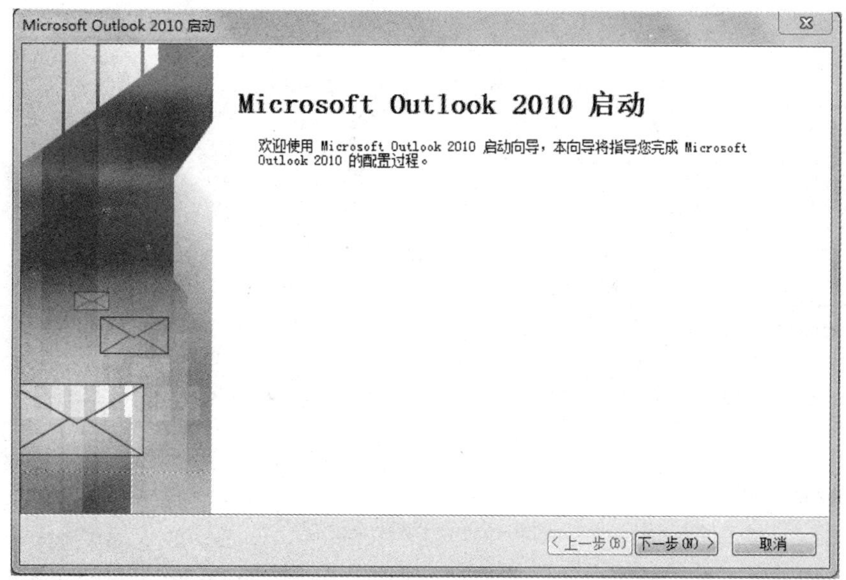

图6-18 “Microsoft Outlook 2010启动”对话框

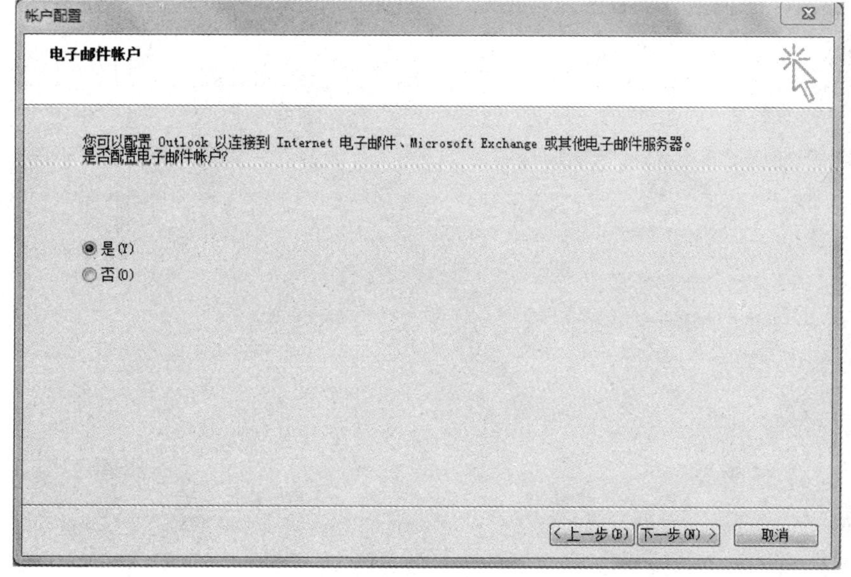

图6-19 询问是否配置电子邮件账户

（2）保持默认设置不变，单击“下一步”按钮，进入“添加新账户”对话框，在“您的姓名”文本框中输入自己的用户名，在“电子邮件地址”文本框中输入申请的电子邮箱地址，在“密码”和“重新键入密码”文本框中输入电子邮箱对应的密码，并确认密码，如图 6－20所示。

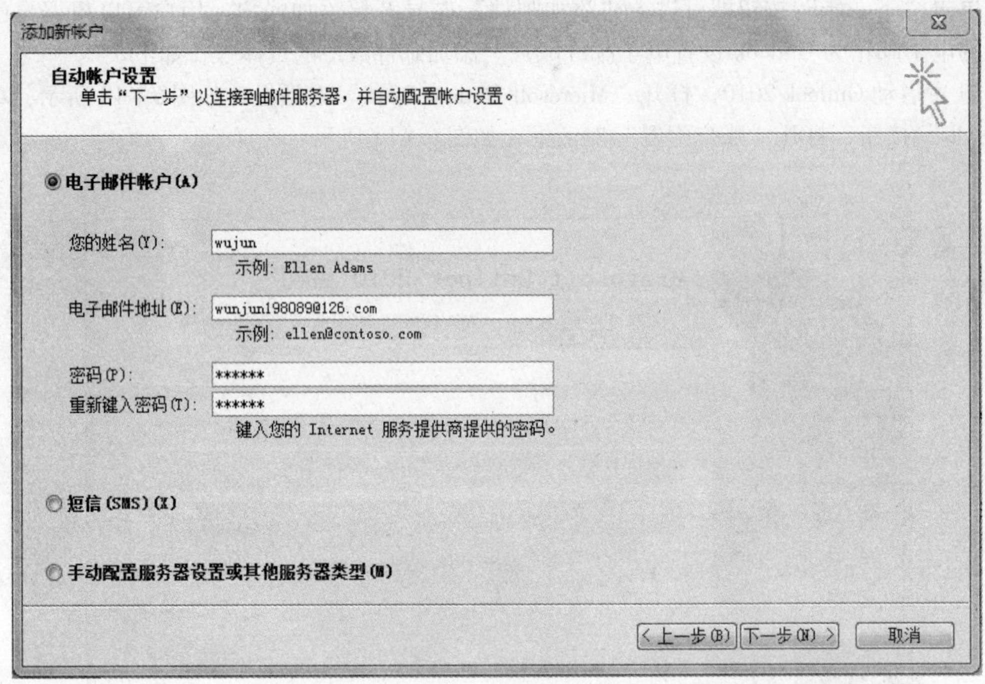

图 6－20　自动账户设置

（3）单击“下一步”按钮，系统会自动以加密的形式对服务器进行配置，如图 6－21所示。

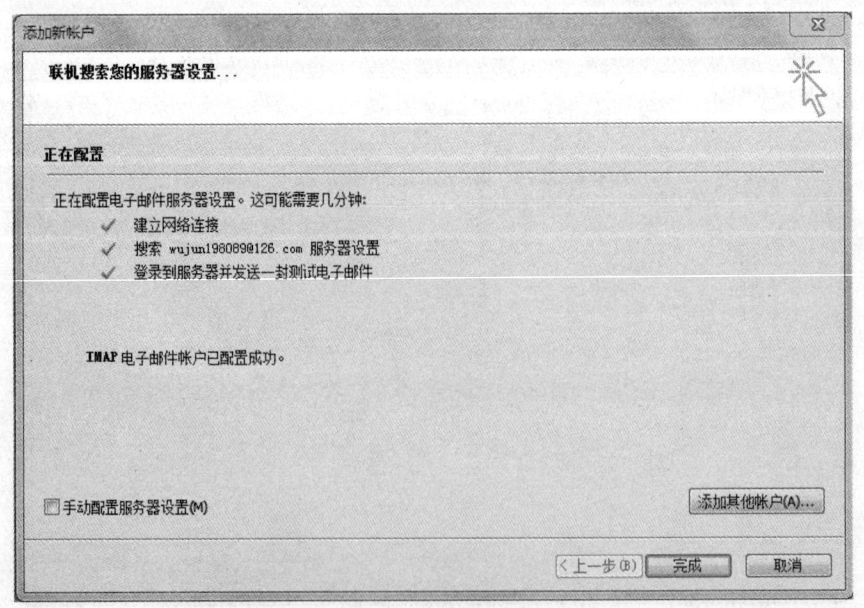

图 6－21　配置服务器

知识链接

如果在初次启动 Microsoft Outlook 2010 时，在打开的“Microsoft Outlook 2010 启动”对话框中单击“取消”按钮，那么日后需要添加账户时，可以在“文件”菜单左侧单击“信息”按钮，在右侧的“账户信息”窗口中单击“账户设置”按钮，打开“账户设置”对话框，单击“新建”按钮，即可进入“添加账户”向导开始添加账户。

2. 收取并阅读邮件

邮件账户添加完成后，就可以使用邮件与其他人进行通信了，每次启动 Outlook 时，系统都将自动从电子邮箱中读取电子邮件，在 Outlook 工作界面的内容显示区中可以进行查看，也可以双击邮件窗口进行查看。如果有附件，可以单击附件的名称进行查看。

（1）启动 Outlook，在“收藏夹”下拉列表中单击“收件箱”按钮，在任务窗口的“收件箱”邮件列表中单击需要阅读的邮件，即可在内容显示区中阅读需要的邮件信息，如图 6－22所示。

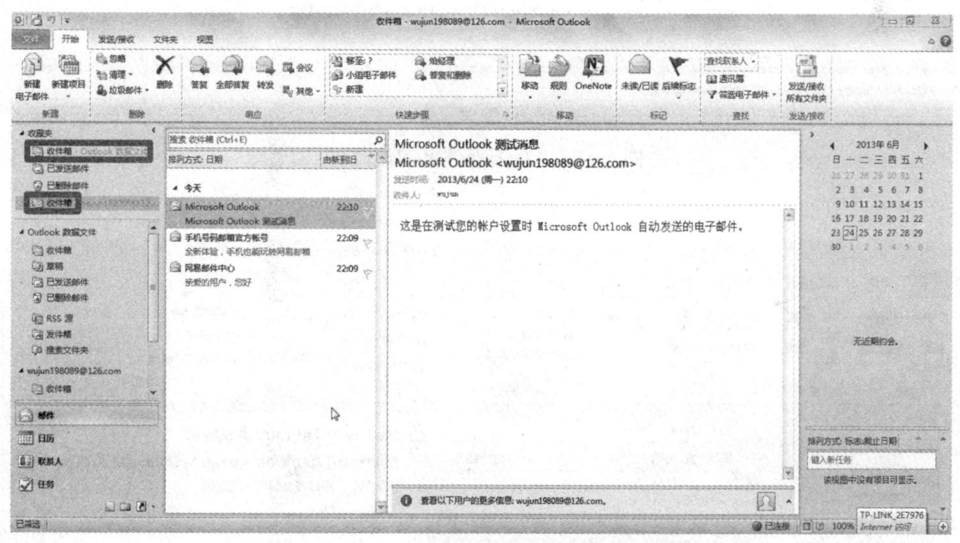

图 6－22　在 Outlook 收件箱中阅读邮件

（2）也可以在邮件列表中双击需要打开的邮件名称，在打开的窗口中查看邮件内容，如图 6－23 所示。

3. 撰写与发送邮件

（1）启动 Outlook，在“开始”选项卡中单击“新建电子邮件”按钮，如图 6－24 所示。

（2）打开“未命名——邮件”窗口，在“收件人”文本框中输入收件人地址；在“抄送”文本框中输入其他接收人的邮件地址，用逗号或分号隔开；在“主题”文本框中输入发送邮件的标题；在邮件编辑区中输入邮件的正文内容，如图 6－25 所示。

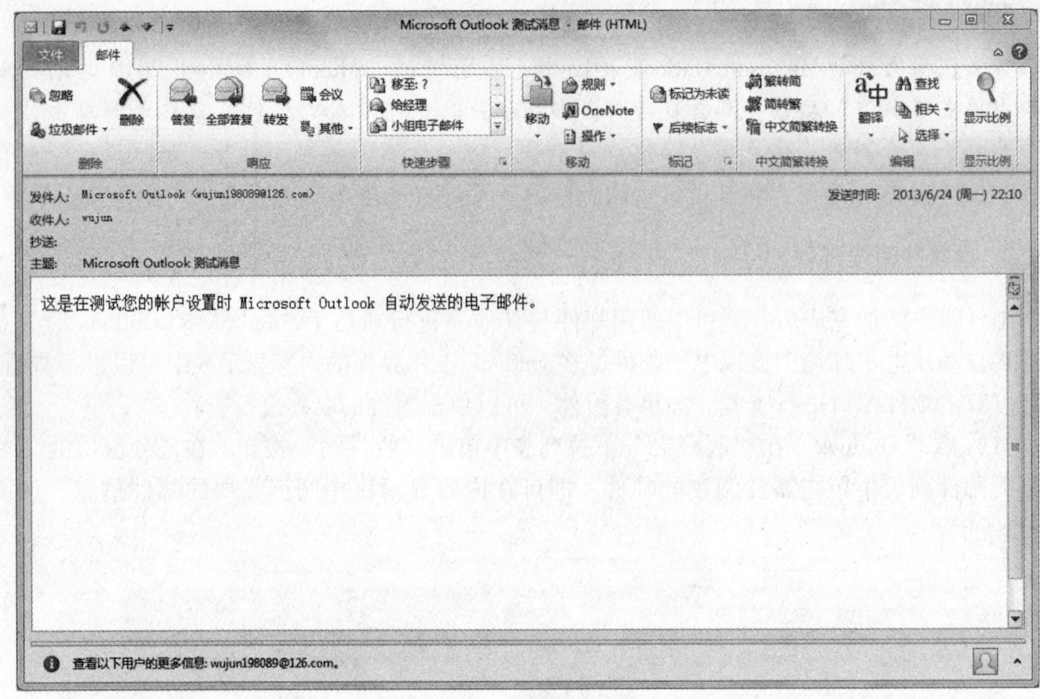

图 6－23　双击邮件名阅读邮件

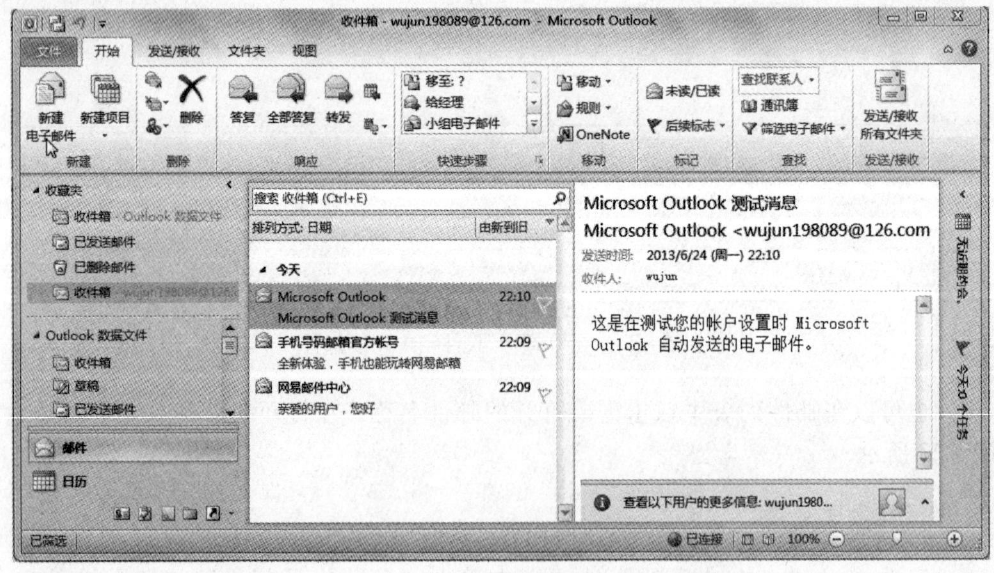

图 6－24　“新建电子邮件”按钮

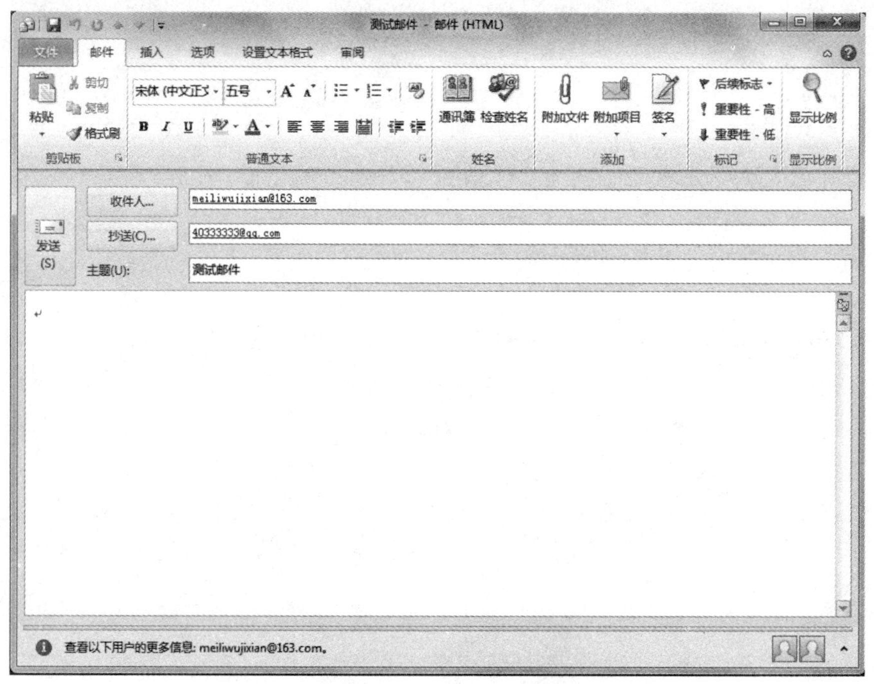

图 6－25　新建电子邮件

（3）单击“发送”按钮即可将邮件发送出去，邮件窗口将自动关闭。

4. 回复和转发邮件

1）转发

启动 Outlook 2010，单击需要转发的邮件，在“开始”选项卡上单击“转发”按钮，如图 6－26 所示，此时会在“主题”文本框中自动添加邮件主题和邮件内容，如图 6－27 所示。

图 6－26　单击“转发”按钮

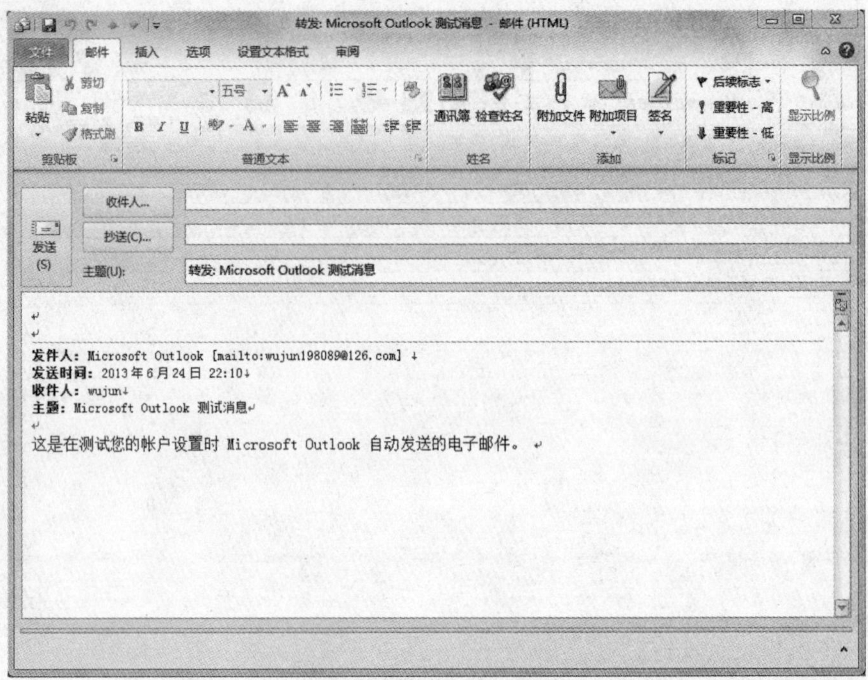

图 6-27　转发邮件

2）回复

启动 Outlook 2010，单击需要回复的邮件，在“开始”选项卡中单击“答复”按钮，此时将根据接收的邮件信息自动添加到回复邮件中的“收件人”和“主题”文本框中，如图 6-28 所示。

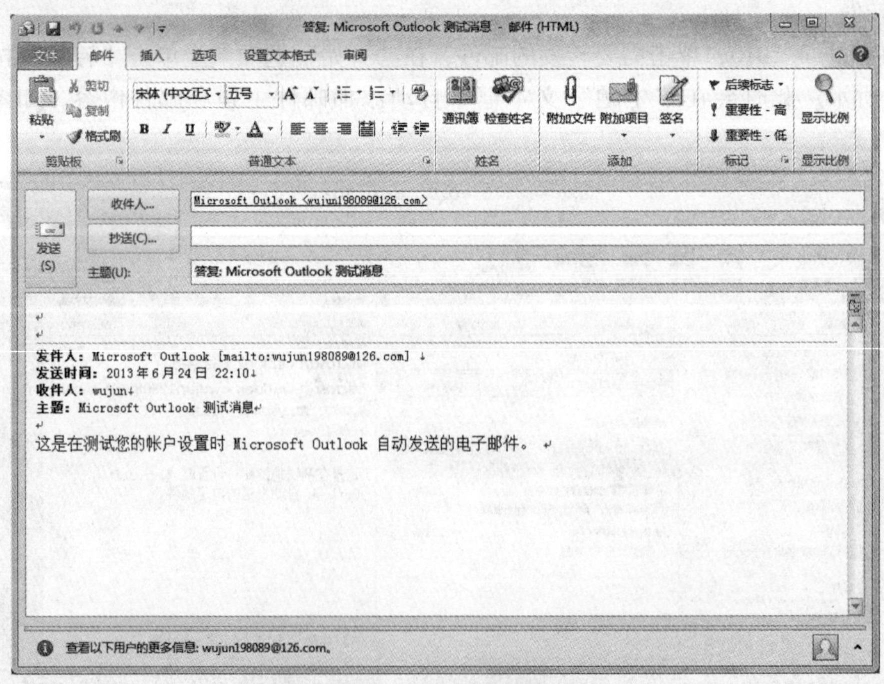

图 6-28　回复邮件

5. 删除邮件

Outlook 2010 在默认状态下将对收取的邮件和已发送的邮件进行自动保存，从而占用计算机大量的存储空间，用户可以根据实际情况将一些系统邮件或过期无用的邮件从收件箱中删除，以便更好地管理计算机存储空间。

如果想删除邮件，只需选中该邮件，然后单击“开始”选项卡中的“删除”按钮即可，如图 6－29 所示。

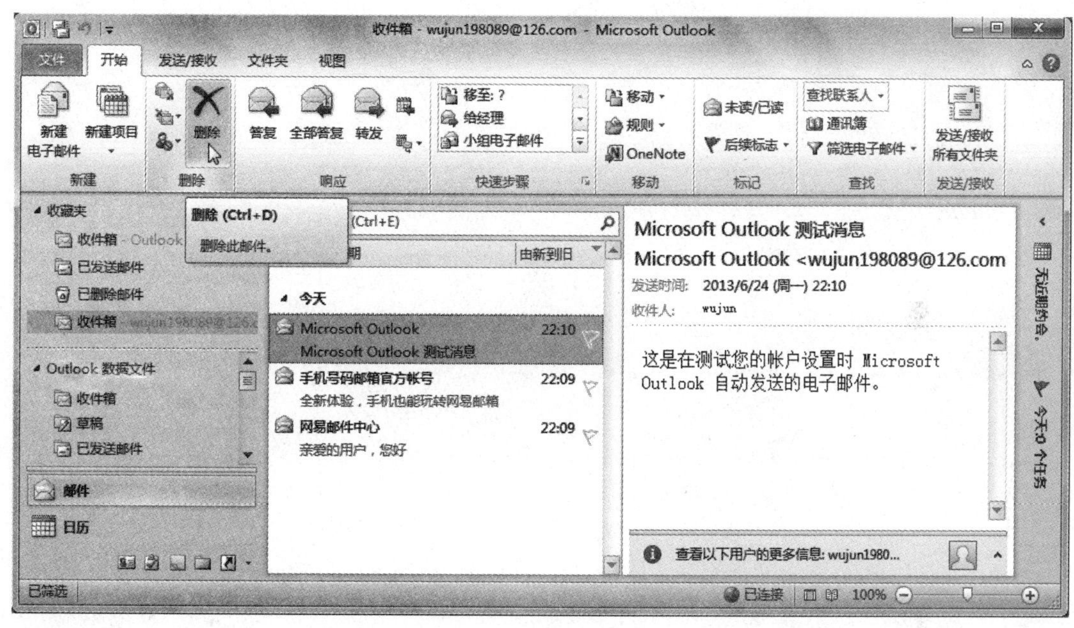

图 6－29　删除邮件

本章小结

本章主要介绍计算机网络的一些基础知识和基本网络功能操作，包括 IP 地址的设置、网页的浏览及保存、搜索引擎的使用、文件的下载和电子邮件的收发等操作。通过本章的学习，读者应对计算机网络有了一定的了解。

习　题

一、简答题

6－1　什么是计算机网络？

6－2　计算机网络的功能和特点是什么？

6－3　局域网常见的拓扑结构有哪些？

6－4　星形拓扑结构的优缺点有哪些？

6－5　计算机网络主要应用在哪些方面？根据你的兴趣，举出实例。

6－6　简述在使用搜索引擎时一些常用的搜索技巧。

6－7　常用的搜索网站站点有哪些?

二、操作题

6－8　试在网上申请一个免费电子邮箱。

6－9　试用 Outlook 给你的老师发送一封电子邮件。

第 7 章

数据库管理软件 Microsoft Access 2010

7.1 数据库基础

数据库技术产生于 20 世纪 60 年代末期。由于数据库技术的出现，计算机的数据处理能力得以大幅提升，可靠性不断增加，成本也不断降低，从而推动了计算机应用的普及。

数据是数据库中存储的基本对象。数据是对客观事物属性的描述与记载，是物理符号。在数据处理领域中，数据不仅包括数字、字母、文字和其他特殊字符组成的文本形式的数据，还包括图形、图像、动画、影像、声音等多媒体数据。但是最多、最基本的仍然是文字数据。

信息是客观世界中各种事物（包括数据）变化、相互作用和特征的反应，是一个抽象的概念。

数据是信息的具体表现形式，信息是数据有意义的表现。信息来源于数据，当数据传递给有关的人，通过相互作用，可以给人带来某种信息。可见，数据与信息既有联系又有区别。

7.1.1 数据处理

数据处理是指将数据转换成信息的过程。从数据处理的角度而言，信息是一种被加工成特定形式的数据，这种数据形式对于数据接收者来说是有意义的。因此，数据处理也称信息加工。人们有时说“信息处理”，其真正含义是为了产生信息和处理数据。通过处理数据获得信息。例如，每个人都具有出生日期这一基本的原始数据，而每个人的年龄这一信息则可以通过当前的年份与出生日期中的年份进行减法计算而得到。

7.1.2 计算机数据管理

数据管理是数据处理的核心和基础。数据管理是指对数据进行分类、组织、编码、存储和维护。其主要任务是收集信息、将信息用数据表示并按类别组织保存。实际上，管人、管财、管物或管事的工作都属于数据管理工作。

从世界上第一台电子计算机诞生以来，在应用需求的推动下，在计算机硬件、软件发展的基础上，数据管理技术经历了人工管理阶段、文件系统阶段、数据库系统阶段这 3 个阶段。

1. 人工管理阶段

20 世纪 50 年代中期以前，计算机主要用于科学计算。当时的外部存储器只有纸带、卡片、磁带，没有磁盘等直接存取的存储设备，没有操作系统，也没有专门管理数据的软件，数据由计算或处理数据的程序自行携带。数据处理是批处理。

这一阶段数据管理的特点是：数据不具有独立性，一组数据对应一组程序。若数据发生变化则必须对程序作出修改。数据不能保存、不可共享。

2. 文件系统阶段

20 世纪 50 年代后期到 60 年代中期，计算机开始大量用于管理中的数据处理工作。硬件方面有了磁盘、磁鼓等直接存取存储设备；软件方面出现了操作系统和专门的数据管理软件，这时的数据管理软件称为文件系统。数据处理不仅有批处理，而且能够联机实时处理。

这一阶段的特点是：数据与程序有了一定的独立性，程序和数据分开存储，有了数据文件，并且数据保存在数据文件中可被反复使用；由于数据文件是对应于某个具体的应用程序，当不同的应用程序使用相同的数据时，仍需建立自己的数据文件，因此共享性差、冗余大、数据独立性差。

3. 数据库系统阶段

自 20 世纪后期以来，需要计算机管理的数据量急剧增长，并且对数据共享的需求日益增加。文件系统管理的方式已不能适应信息系统发展的需要。为了实现计算机对数据的统一管理，达到数据共享的目的，发展了数据库技术。

这一阶段的特点是：数据采用特定的数据模型，数据库中的数据是有结构的，这种结构由数据库管理系统所支持的数据模型表现出来，数据库系统不仅可以表示事物内部各数据项之间的联系，而且可以表示事物与事物之间的联系，从而反映出现实世界事物之间的联系；有统一的数据控制功能，数据库可以被多个用户或应用程序共享，数据的存取往往是并发的，即多个用户同时使用同一个数据库。数据库系统必须提供必要的保护措施，拥有并发访问控制功能、数据的安全性控制功能和数据的完整性控制功能；实现数据共享、减少数据冗余；具有较高的数据独立性。

7.1.3 数据库管理系统

在数据库系统阶段，为了科学地组织和存储数据，进而高效地获取和维护数据，出现了统一管理数据的专门软件系统——数据库管理系统。

数据库管理系统是帮助用户建立、使用和管理数据库的计算机软件系统。是位于用户和操作系统之间的数据库管理软件，也是数据库系统的核心。

数据库管理系统发展到今天，已有很多不同的数据库管理系统软件。根据应用领域的不同，可分为两大类。

一类是大型网络数据库管理系统，常用的有 SQL Server、ORACLE、DB2、Sybase、Informix 等；另一类是小型桌面数据库管理系统，常用的有 Visual Foxpro、MS Access、Dbase 等。

7.1.4 大数据时代

大数据是大趋势、大挑战、大变革，大数据的“大”代表着“海量”，更代表着海量数据后隐藏的巨大价值。人类发展进入前所未有的大数据时代，数据正在呈指数级增长。大数据之所以产生，是因为今天无处不在的传感器和微处理器，现在几乎所有数据的产生形式都是数字化的。如何收集、管理和分析数据日渐成为网络信息技术研究的重中之重。以机器学习、数据挖掘为基础的高级数据分析技术，将促进从数据到知识的转化，从知识到行动的跨越。在全球的很多经济领域，大数据在以很多方式创造价值。研究表明：随着消费者、公司、各个经济领域不断挖掘大数据的潜力，大数据将驱动着创新生产、生产率提高、经济增长以及新的竞争形式和新价值的产生。过去，数据存储在不同的系统当中各不相关，例如财务系统、人力资源系统和客户管理系统等，而现在这些系统彼此相连，通过数据挖掘技术，可以获得一副关于企业运营的完整图景。商务智能提高了商业运营的效率，帮助企业预测未来，改善经营模式。

7.2 Access 2010 概述

7.2.1 Access 2010 功能简介

Microsoft Access 2010，是美国微软公司推出的 Microsoft Office 2010 系列办公软件的主要组件之一，主要用于数据库管理。使用 Access 可以高效地完成各种类型中小型数据库管理工作，Access 广泛应用于金融、行政、经济、教育、统计等行业的管理工作，可以大幅提高数据处理效率。用户可以根据自身管理工作需求开发特定的数据库应用系统。

Access 功能强大、界面友好、易学易用。Access 2010 在以前版本的基础上改进和增强了更多的功能，包括优化用户界面、增加新的数据类型、提高智能特性、实现创建 Web 网络数据功能等，这些改进更加突出了数据共享、网络交流、安全可靠的特性，同时也使数据库的开发、管理和应用工作变得更加简单和方便。

7.2.2 Access 2010 的启动与退出

1. 启动 Access 2010

启动 Access 2010 的方式与启动 Word 2010、Excel 2010 等一般应用程序的方式相同。有 4 种方式，分别为常规启动、桌面快捷方式启动、“开始”菜单命令启动和通过已存文件快速启动。

2. 关闭并退出 Access 2010

关闭并退出 Access 2010 的方式也有 4 种。

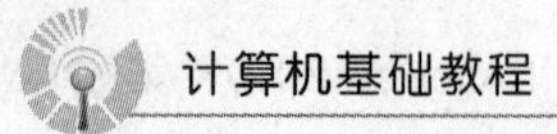

（1）单击“文件”菜单中的“退出”命令。

（2）单击窗口右上角的“关闭”按钮。

（3）单击标题栏左端“控制菜单”图标，选择下拉菜单中的“关闭”命令。

（4）按下“Alt + F4”组合键。

3. Access 2010 工作界面

启动 Access 2010 后，首先进入的是 Access 2010 工作首界面，如图 7－1 所示。

图 7－1　Access 2010 工作首界面

执行“文件”→“新建”命令后，选择创建“空数据库”或“空白 Web 数据库”或者某一模板后，就正式进入工作界面，工作界面各主要区域划分如图 7－2 所示。

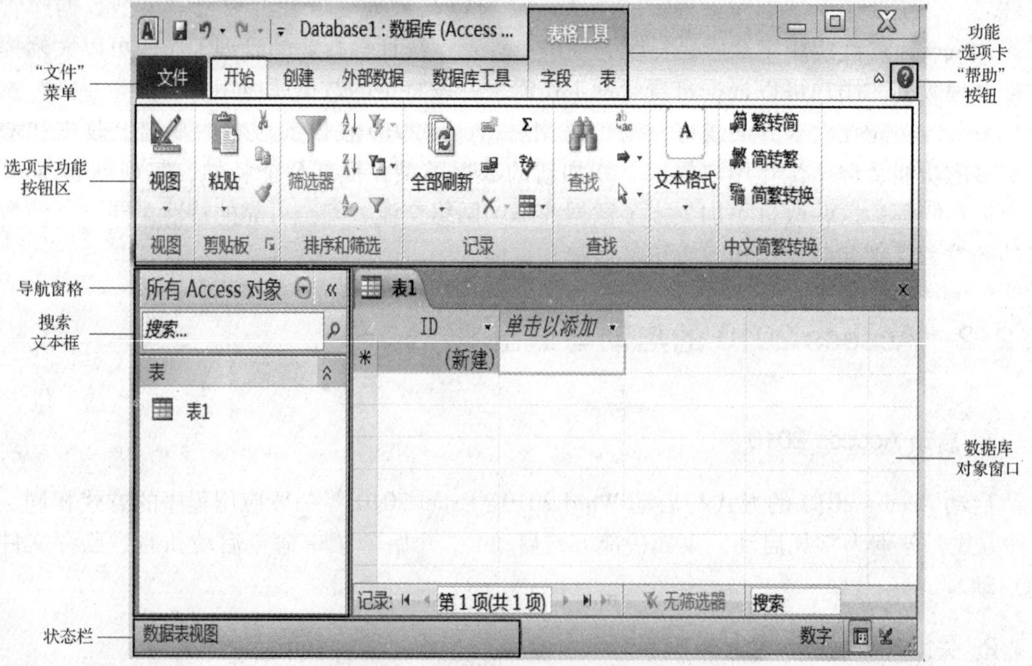

图 7－2　Access 2010 工作界面

7.3 数据库的创建和操作

Access 提供了两种创建数据库的方式，一种是创建空数据库，另一种是使用模板创建数据库。

7.3.1 创建空数据库

（1）启动 Access 2010，打开 Access 2010 工作首界面。选择“文件”菜单中的“新建”命令，单击“空数据库”图标按钮，右侧“文件名”文本框中默认的文件名为“Database1.accdb”，将其更改为“学生数据库”，如图 7－3 所示。

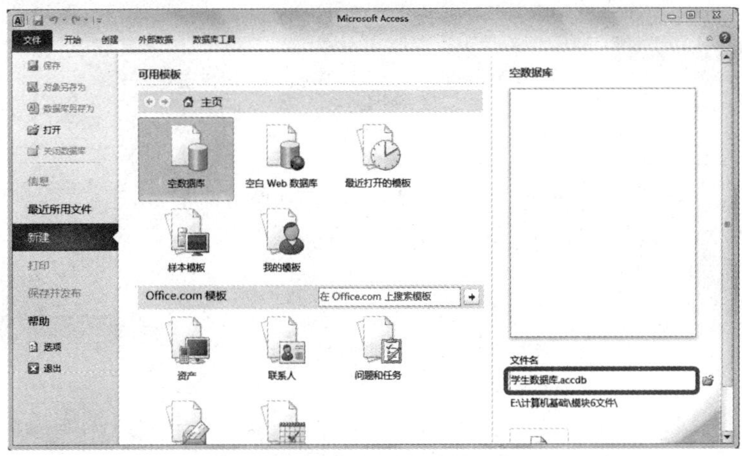

图 7－3 建立空数据库并重命名

（2）默认情况下，库文件将保存在文档文件夹中，若要更改文件的默认位置，单击文本框旁边的“浏览”按钮，设置新位置来存放数据库，再单击“创建”按钮即可。

（3）单击“创建”按钮后，在数据库视图中打开默认名为“表 1”的空数据表，且光标聚焦在“添加新字段”列中的第一个空单元格中，如图 7－4 所示。

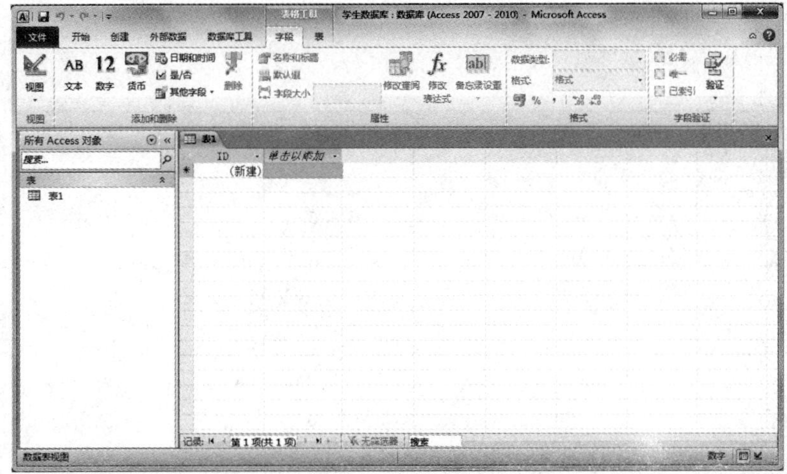

图 7－4 新建数据库

开始添加数据表字段名称，添加主键和记录等数据内容，表的创建过程见第 7.4 节。

7.3.2 使用模板创建数据库

（1）启动 Access 2010，打开工作首界面，在“Office. com 模板”的搜索文本框中输入“学生”，即在 Office. com 上搜索学生相关的模板，搜索结果如图 7－5 所示。

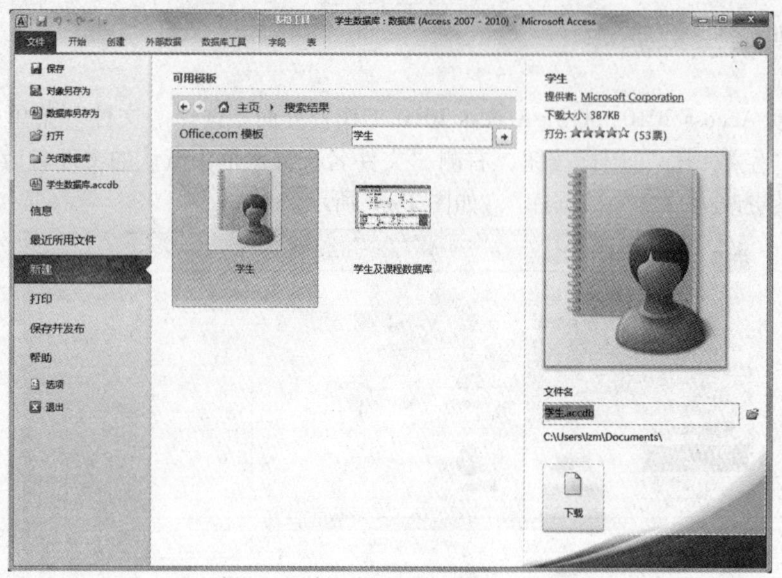

图 7－5　搜索结果

（2）单击“学生”模板，Access 将在“文件名”文本框中为数据库提供一个建议的文件名“学生 . accdb”，同样可以为其更名和更改存储位置。

（3）单击“下载”按钮，可将该模板的数据库文件下载到本机上，然后自动在 Access 中将实例打开，如图 7－6 所示。

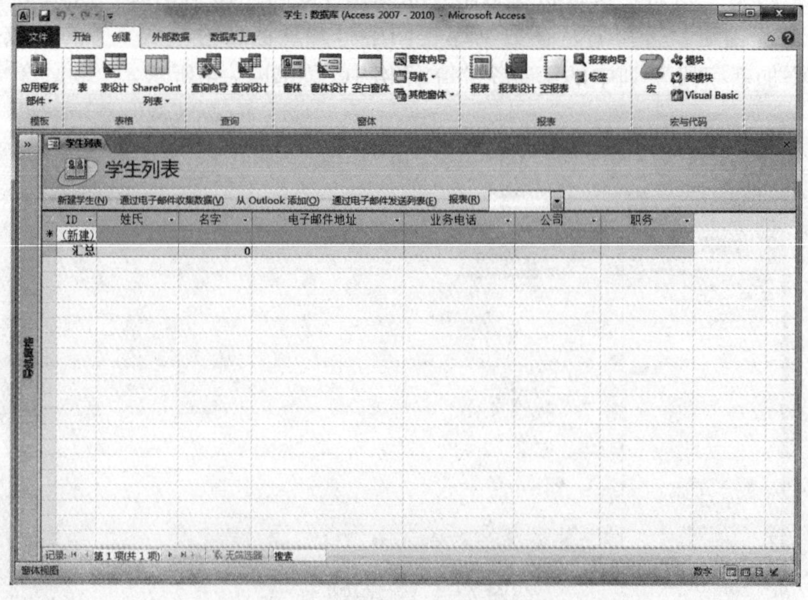

图 7－6　使用模板创建数据库

每个模板都是一个完整的跟踪应用程序，其中包含预定义的表、窗体、报表、查询、宏和关系。如果模板设计符合需求，则可以直接开始工作，如果不符合，则可以在模板原有的基础上修改、添加满足特定需求的数据库对象。

7.4 表

表是存储和管理数据的基本对象，所有的数据都存在表中。数据库中其他对象对数据库中数据的操作都是针对表进行的。在建立表时主要分为两部分，表结构的设计和表数据的录入。

7.4.1 表的设计

1. 表的主题

表是存储相关数据的集合，根据不同的主题创建不同的表，以实现根据需要对数据进行分类管理。例如，学生表中记录的是关于学生信息的数据；成绩表中记录的是关于成绩信息的数据；借阅表中记录是的图书借阅信息；教师表中记录的是关于教师信息的数据，因此可以有以下4张表。

- 学生表（系别，班级，学号，姓名，性别，出生日期，……）
- 成绩表（学号，课程号，成绩，……）
- 课程表（课程编号，课程名称，学时，学分，……）
- 教师表（教师编号，教师姓名，……）

2. 表的结构

表是指由若干行和若干列组成的二维表，表中的每个单元都是不可再分的。

（1）字段：表中的列称为字段，描述实体的某一属性。例如，学生表中有学号字段、姓名字段，成绩表中有课程号字段、成绩字段等。

（2）记录：表中的一行称为记录，用于描述某一具体实体。例如，学生表中的每一条记录都描述了每一位学生的具体信息，成绩表中的每一条记录都描述了每一位学生的某门课程的成绩。

（3）值：单元格中的具体数值。例如“张三”“1998 - 07 - 05”“99”。

（4）主键：能够起到唯一标识作用的列或列组合。例如，学生表中主键是“学号”字段，学号没有重复值，能起到唯一标识作用。成绩表中的主键是“学号 + 课程号”组合字段，一位学生的某门课程成绩记录只能出现一次，没有重复，所以能起到唯一标识作用。

（5）外键：引用其他表中的主键的字段，主要用于建立表之间的关系。

（6）数据类型：表中的每列数据都有统一的数据类型，数据类型一般根据数据的现实意义进行定义，以方便计算机实现对数据的管理和运算。Access 中有文本、数字、日期/时间、查阅向导、附件、计算和自定义等13种数据类型。不同的数据类型，其存储方式、占用空间大小等都可能不同。数据类型的设计如表7 - 1所示。

表 7-1 数据类型的设计

数据类型	说明	举例	存储空间
文本	用来存储文字数据，如字母、字符、汉字等	姓名、性别、电话号码等字符串	最长为 255 个字符
数字	用来存储需计算的数值数据，分为字节、整型、长整型、单精度型、双精度型、同步复制 ID 与小数等 7 种	成绩、年龄、工资等需要计算的数据	
日期/时间	用来存储日期和时间数据	出生日期、入学时间等	8B
货币	用来存储货币数字	工资、单价、汇款金额等，如 ¥1 000	8B
自动编号	在添加记录时自动插入唯一序号（每次递增 1）或随机编号	自动添加，不需人工输入	4B
是/否	代表两种值：是或否，真或假，开或关，1 或 0	为复选框，是则选取，否则不选取	4B
OLE 对象	用来存放图片、声音、电子表格及二进制等各类型的数据文件（对象）	图片、声音、动画或 Excel 表格等	最大可达 1 GB
超链接	保存超链接的字段，超链接可以是某个 UNC 路径或 URL	如 http://www.163.com	最大可达 64 000 个字符
附件	用于窗体的标签，若未输入标题，则该字段可用作标签		
计算	用于函数、数值计算等	如工资总和、平均年龄	
查阅向导	可以在此字段中选择输入的数据	如在性别字段中可以选择事先设置好的男或女	4B
备注	用来存储长度不固定的数据	简历、说明等	最大可达 64 000 个字符

7.4.2 创建表

完成表的设计后，就可以创建表了，即完成表字段的定义，包括字段名、数据类型设置等。

1. 使用表设计器创建表

（1）选择“创建”选项卡，单击“表”按钮，选择“表设计”或单击“表设计”按钮 。

（2）对于表中的每个字段，在“字段名称”列表中输入名称，然后从“数据类型”列表中选择数据类型、字段大小、格式、输入掩码、添加索引等，如图7－7所示。

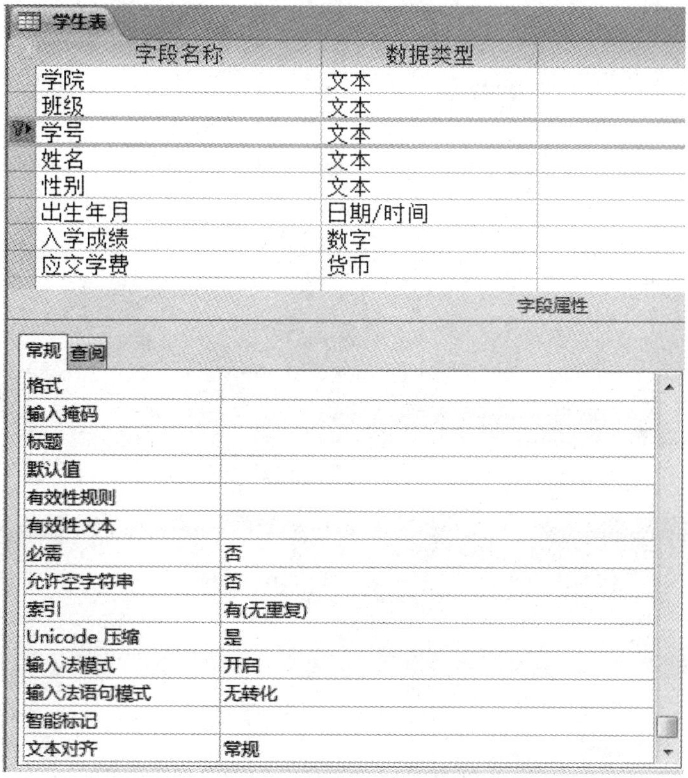

学生表

字段名称	数据类型
学院	文本
班级	文本
学号	文本
姓名	文本
性别	文本
出生年月	日期/时间
入学成绩	数字
应交学费	货币

字段属性

常规 查阅

格式	
输入掩码	
标题	
默认值	
有效性规则	
有效性文本	
必需	否
允许空字符串	否
索引	有(无重复)
Unicode 压缩	是
输入法模式	开启
输入法语句模式	无转化
智能标记	
文本对齐	常规

图7－7　使用设计视图创建表

（3）添加主键，主键是数据库表中用来标志唯一实体的元素，一个表只能有一个主键，主键可以是一个字段，也可以由若干个字段组合而成，主键不能为空。在该表中选中“学号”字段，然后单击“设计”选项卡下的“主键”按钮即可将其设置为主键。

（4）添加完所有字段后，执行“文件”菜单中的“保存”命令，保存该表。

（5）若要添加、删除、修改字段，可在导航窗格中右击该表，在弹出的快捷菜单中选择“设计视图”命令，切换到设计视图进行操作。

（6）右击该表名，在弹出的快捷菜单中选择“数据表视图”命令，在数据表视图中输入数据即可。

2. 输入数据创建表

（1）选择“创建”选项卡，单击“表”，Access在创建表的同时将光标置于“添加新字段”列中的第一个空单元格，单击“添加新字段”，可打开下拉列表，从中选择字段类型，如图7－8所示。光标自动移动到下一个字段，字段名自动按照“字段1”“字段2”……命名。数据类型使用依据如表7－1所示。

（2）双击字段命名，可为该字段重命名。

（3）直接在空单元格中输入数据，结果如图7－9所示。

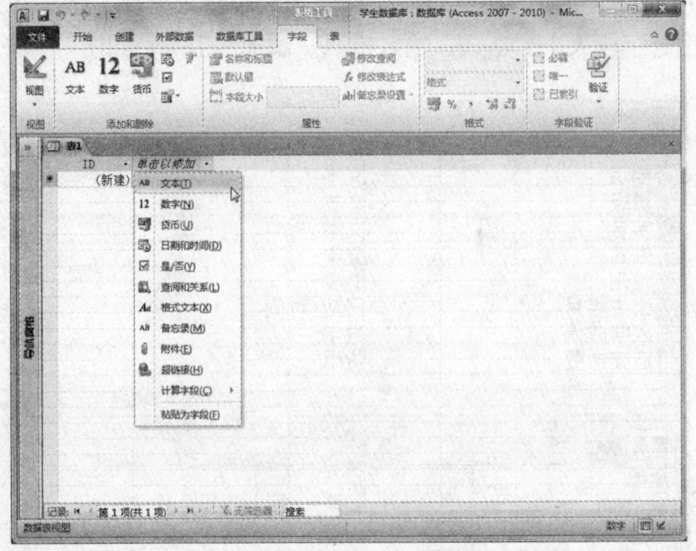

图 7－8　选择字段类型

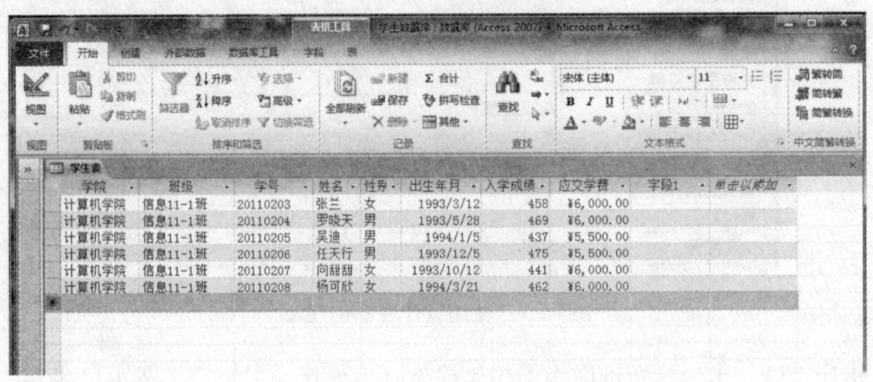

学院	班级	学号	姓名	性别	出生年月	入学成绩	应交学费	字段1	单击以添加
计算机学院	信息11-1班	20110203	张兰	女	1993/3/12	458	¥6,000.00		
计算机学院	信息11-1班	20110204	罗晓天	男	1993/5/28	469	¥6,000.00		
计算机学院	信息11-1班	20110205	吴迪	男	1994/1/5	437	¥5,500.00		
计算机学院	信息11-1班	20110206	任天行	男	1993/12/5	475	¥5,500.00		
计算机学院	信息11-1班	20110207	向甜甜	女	1993/10/12	441	¥6,000.00		
计算机学院	信息11-1班	20110208	杨可欣	女	1994/3/21	462	¥6,000.00		

图 7－9　学生表样式

（4）“照片”字段为 OLE 对象类型，可在表设计器中设置。输入数据的方法是：在字段中右击，在弹出的快捷菜单中选择“插入对象”命令，在打开的对话框的“对象类型”下拉列表中选中位图“Bitmap Image”选项，如图 7－10 所示。在自动打开的“画图板”对话框中单击“粘贴”下的“粘贴来源”，选择图片即可。

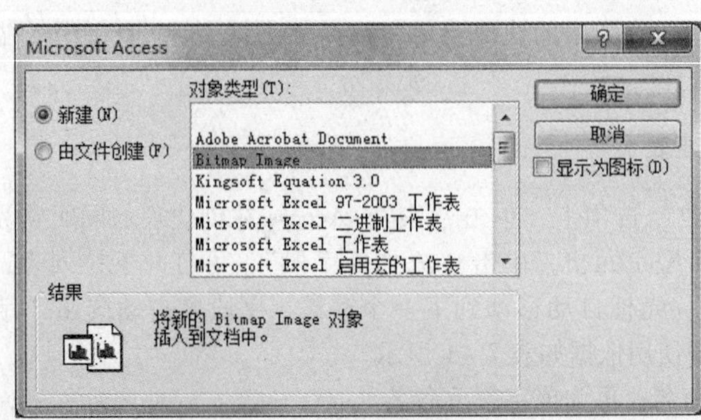

图 7－10　添加 OLE 对象数据

7.4.3 修改表结构和数据

一个好的表结构将给数据库的管理带来相当大的便利，然而第一次定义的数据表结构不一定是最优的，因此对表结构进行适当的修改是必要的。对表结构的修改主要包括添加字段、删除字段、改变字段的顺序及更改字段的属性。修改数据表的结构可以在设计视图中进行，也可以在数据表视图中进行。

1. 在设计视图中修改表的结构

（1）打开数据库，在导航窗格中右击需要修改的表，在弹出的快捷菜单中选择“设计视图”命令。

（2）在设计视图中，可以使用功能区的按钮或属性框进行修改。

2. 用数据视图修改表结构

（1）在打开的数据库中双击需要修改结构的数据表。

（2）在出现的数据表视图中单击“字段”选项卡，就可以对表结构进行相应的修改。

7.4.4 表之间的关系

Access 是关系数据库管理系统。在关系数据库中，表和表之间的关系有 3 种。

一对一关系（1：1），如果对于表 A 中的每一条记录，在表 B 中至多有一条记录（也可以没有）与之联系，则称表 A 与表 B 具有一对一联系。例如，在一个班里，一个班级只有一名班长，而一名班长只在一个班中任班长职务，那么班长表和班级表是一对一联系。

一对多联系（1：n），如果对于表 A 中的每一条记录，在表 B 中有 n 条记录与之联系，反之表 B 中的每一条记录，在表 A 中至多有一条记录与之联系，则称表 A 与表 B 具有一对多的联系。例如，在一间寝室里有多名学生，而一名学生只属于某一间寝室，所以寝室表和学生表是一对多联系。

多对多联系（m：n），如果对于表 A 中的每一条记录，在表 B 中有 n 条记录与之联系，反之对于表 B 中的每一条记录，在表 A 中也有 m 条记录与之联系，则称表 A 与表 B 具有多对多联系。例如，在一个班级里，每一门课程有多名学生选，而每一名学生也可以选择多门课程，那么学生表和选课表是多对多联系。

在 Access 中要想管理和使用好表的数据，就应该建立表与表之间的关系，只有这样才能将不同表中的相关数据联系起来，为建立查询、创建窗体和报表打下基础。值得注意的是，为数据库中的多个表之间建立关系，必须关闭所有打开的表。

1. 建立表间关系

（1）创建学生表、成绩表、课程表、教师表，如图 7－11、图 7－12、图 7－13 和图 7－14所示。

学院	班级	学号	姓名	性别	出生年月	入学成绩	应交学费
计算机学院	信息11-1班	20110203	张兰	女	1993/3/12	458	¥6,000.00
计算机学院	信息11-1班	20110204	罗晓天	男	1993/5/28	469	¥6,000.00
计算机学院	信息11-1班	20110205	吴迪	男	1994/1/5	437	¥5,500.00
计算机学院	信息11-1班	20110206	任天行	男	1993/12/5	475	¥5,500.00
计算机学院	信息11-1班	20110207	向甜甜	女	1993/10/12	441	¥6,000.00
计算机学院	信息11-1班	20110208	杨可欣	女	1994/3/21	462	¥6,000.00

图 7-11　学生表

ID	学号	课程编号	平均成绩	考试成绩
1	20110203	C01	75	80
2	20110203	C02	75	70
3	20110204	C01	85	90
4	20110204	S02	85	80
5	20110205	C01	90	85
6	20110205	S02	90	95
7	20110206	C01	55	50
8	20110206	S01	55	60
9	20110207	C01	60	55
10	20110207	C02	60	75

图 7-12　成绩表

课程编号	课程名称	学时	学分	教师编号	课程性质
C01	计算机应用基	48	2	tc01	选修课
C02	C语言程序设计	48	3	tc02	选修课
S01	计算机原理	60	3	tc03	必修课
S02	编译原理	60	3	tc04	指定选修课

图 7-13　课程表

教师编号	姓名	性别	出身日期	职称	基本工资
tc001	王利明	男	1980/1/7	讲师	¥6,583.00
tc002	陈辉	男	1975/5/23	副教授	¥7,916.00
tc003	吴敏之	女	1970/8/13	教授	¥8,094.00
tc004	刘江	男	1974/7/3	副教授	¥7,402.00

图 7-14　教师表

（2）选择“数据库工具”选项卡，单击“关系”按钮，将需要建立关系的表添加到对话框的空白处，如图 7-15 所示。

（3）用鼠标拖动学生表中主键字段到成绩表中的外键关键字，系统会自动弹出“编辑关系”对话框，如图 7-16 所示。将 3 个复选框全部选中，单击“创建”按钮，即可完成关系的创建。

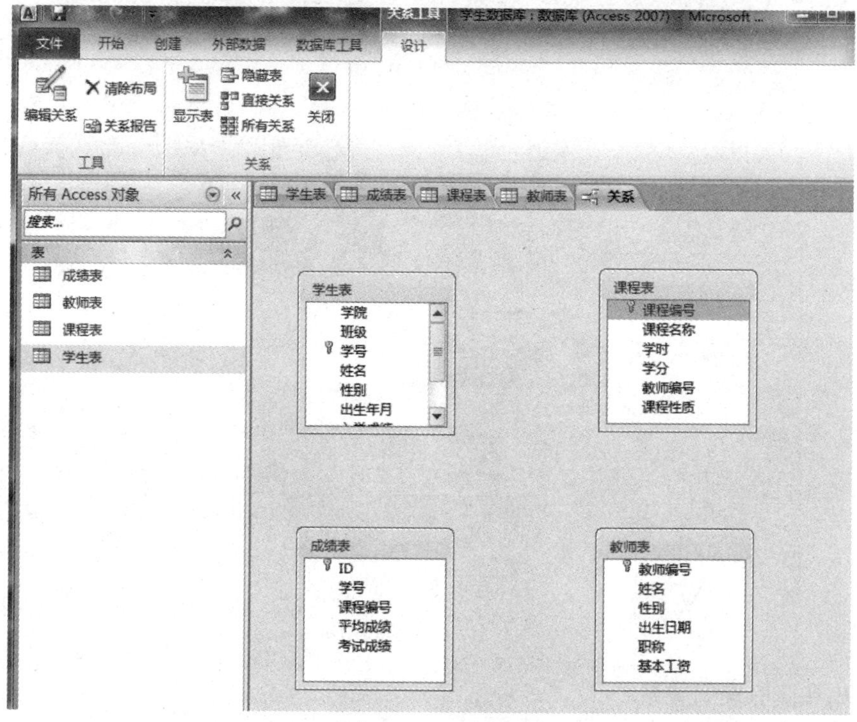

图 7－15 添加表

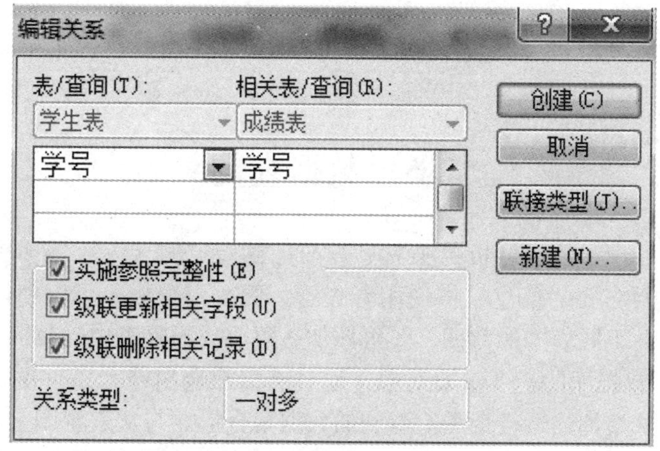

图 7－16 "编辑关系"对话框

2. 实施参照完整性

参照完整性是指在输入或删除数据时，为维护表之间已定义的关系而必须遵循的规则，在定义表之间的关系时，应设立一些准则，以保证数据的完整性。

如果实施参照完整性，那么当主表没有相关记录时，就不能将记录添加到相关表中，也不能在相关表中存在匹配的记录时删除主表中的记录，更不能在相关表中有相关记录时更改主表的主键值。

依同样的办法创建几个表之间的关系，得出如图 7－17 所示的关系图。

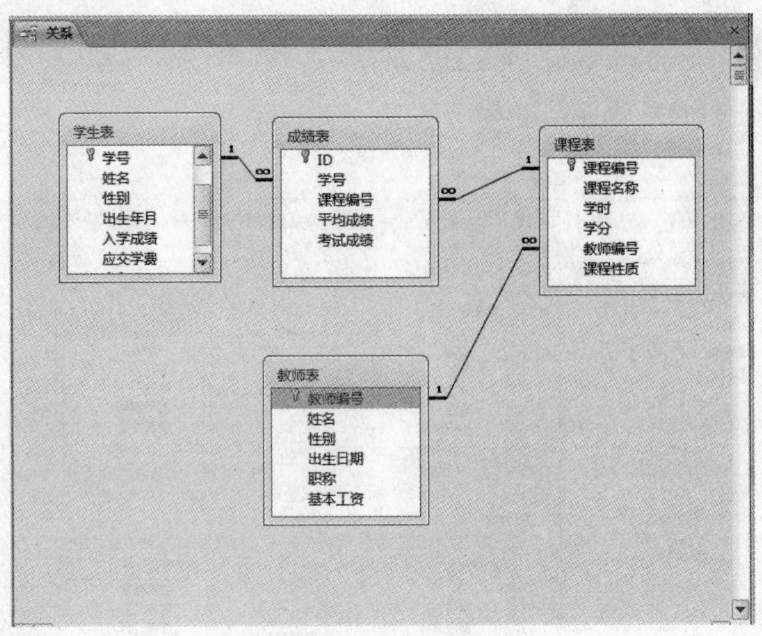

图 7－17　表之间关系

3. 编辑和删除表间关系

（1）编辑表间关系。双击所要修改的关系连线，打开“编辑关系”对话框，即可对其进行修改。

（2）删除表间关系。右击所要修改的关系连线，在弹出的快捷菜单中选择“删除”命令即可。

7.5　数据查询

查询是数据库处理和数据分析的工具。查询是在指定的（一个或多个）表中，根据给定的条件从中筛选所需要的信息，供使用者查看、更改和分析。可以使用查询回答简单问题、执行计算、合并不同表中的数据，还可添加、更改或删除表中的数据。

查询是 Access 数据库的一个重要对象，通过查询筛选出符合条件的记录，构成一个新的数据集合。尽管从查询的运行视图上看到的数据集合形式与从表视图上看到的数据集合形式完全相同，但是这个数据集合与表不同，并不是数据的物理集合，而是动态数据的集合。实际上，查询中存放的是如何取得数据的方法和定义，因此说查询是操作的集合，相当于程序。查询的功能有查看、搜索和分析数据，追加、更改和删除数据，实现记录的筛选、排序、汇总和计算，并作为报表和窗体的数据源，对一个和多个表中获取的数据实现连接。

7.5.1　查询的功能与种类

1. 查询的功能

利用查询可以实现选择字段、选择记录、编辑记录、实现计算、建立新表及作为其他查

询和窗体、报表的数据源。

2. 查询的种类

Access 支持 5 种不同的查询类型，即选择查询、参数查询、交叉查询、操作查询、SQL 查询。

（1）选择查询，是最常用的查询，可以从数据库的一个或多个表中检索出数据，也可以在查询中对记录进行分组，并对记录做总计、计数、求平均值以及其他类型的统计计算。

（2）参数查询，在执行时会出现对话框，提示用户输入参数的值，系统根据所输入的参数找出符合条件的记录。

（3）交叉查询，使用交叉查询可以计算并重新组织数据的结构，这样可以方便地进行数据分析。

（4）操作查询，可以对数据库中的表进行数据操作。包括追加、更新、生成、删除等 4 种查询类型。

（5）SQL 查询，是用户使用 SQL 语句创建的查询，是查询、更新、管理关系数据库的高级方式。

7.5.2 创建查询

下面分别介绍 Access 中支持的 5 种不同类型查询的创建方法。

1. 选择查询

在 Access 2010 中，可以将选择查询分为单表查询与连接查询（也称多表查询）。

使用向导创建查询是最常用、最简单的查询，可以在向导的指示下一步步地完成。

使用向导创建查询只能创建一些简单的查询，对于有条件的查询，是无法直接利用查询向导建立的，这时就需要在设计视图中自行创建查询。使用查询的设计视图可以自定义查询的条件和查询的表达式，从而创建灵活的满足特定需要的查询，也可以利用设计视图来修改已经创建的查询。

1）使用查询向导创建查询

使用查询向导创建是最简单的创建查询的方式。可通过单击“创建”选项卡中“查询”工具组内的“查询向导”按钮完成。

2）使用查询设计视图创建查询

查询设计视图是创建、编辑和修改查询的基本工具，可通过单击“创建”选项卡中“查询”工具组内的“查询设计”按钮调用查询设计视图。查询设计视图主要由两部分构成，上半部分为对象窗格，下半部分为查询设计网格。其中对象窗格中放置查询所需要的数据源表和查询。查询设计网格由若干行组成，其中有“字段”“表”“排序”“显示”“条件”“或”以及若干空行，如图 7 – 18 所示。

2. 参数查询

参数查询是一种可以重复使用的查询，每次使用时都可以改变其准则。当运行一个参数查询时，会出现一个对话框，提示用户输入新的准则。参数查询类似于选择查询，只需在选择查询的条件栏中添加查询的条件即可。

3. 交叉表查询

交叉表查询主要用于显示某一个字段数据的统计值，比如求和、计数、求平均值等，使查询后生成的数据显示更清晰、结构更紧凑合理。

4. 操作查询

操作查询是 Access 查询的重要组成部分，使用操作查询可以对数据库中的数据进行简单的检索、显示和统计，而且可以根据需要对数据库进行修改。操作查询包括更新查询、生成表查询、追加查询、删除查询 4 种类型。

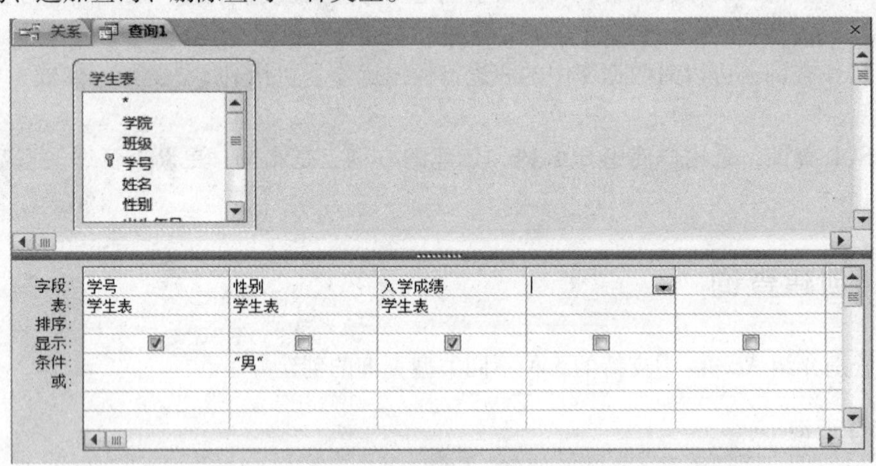

图 7－18　查询

1）更新查询

更新查询就是对一个或者多个数据表中的一组记录进行全局的更改。这样用户就可以通过添加某些特定的条件来批量更新数据库中的记录。

操作更新查询的一般步骤为：单击“创建”选项卡中“查询”工具组内的“查询设计”按钮调用查询视图，在“显示表”对话框中添加表；单击“查询类型”工具组中的“更新”按钮，设置更新方式；单击“结果”工具组中的“运行”按钮执行查询。

2）生成表查询

生成表查询可以根据单表/多表查询中的数据来新建数据表。这种由表产生查询，再由查询来生成表的方法，使得数据的组织更灵活，使用更方便。

生成表查询的一般步骤为：单击“创建”选项卡中“查询”工具组内的“查询设计”按钮调用查询视图，在“显示表”对话框中添加表；单击“查询类型”工具组中的“生成表”按钮，设置生成的新表；在查询设计网格中设计查询项，单击“结果”工具组中的“运行”按钮执行查询。

3）追加查询

追加查询用于将一个或多个表中的一组记录添加到另一个表的结尾，但是当两个表之间的字段定义不相同时，追加查询只添加相互匹配的字段内容，不匹配的字段将被忽略。追加查询以查询设计视图中添加的表为数据源，以在“追加”对话框中选定的表为目标表。

操作追加查询的一般步骤为：单击“创建”选项卡中“查询”工具组内的“查询设计”按钮调用查询视图，在“显示表”对话框中添加表；单击“查询类型”工具组中的“追加”按钮，设置目标表；在查询设计网格中设计查询项，单击“结果”工具组中的“运行”按钮执行查询。

4）删除查询

删除查询是将符合条件的记录删除。删除查询可以删除一个表中的记录，也可以利用表间关系删除多个表中相互关联的记录。

删除查询的一般步骤为：单击“创建”选项卡中“查询”工具组内的“查询设计”按钮，打开查询设计视图；在打开的“显示表”对话框中，将表添加到对象窗格中；单击“查询工具”→“设计”选项卡中“查询类型”工具组内的“删除”按钮；将表中的“ * ”号和对应字段拖曳到设计网格中，在对应字段的“条件”行中输入条件；单击“结果”工具组中的“运行”按钮执行查询。

5. SQL 查询

当在查询设计视图中创建查询时，Access 将自动在后台生成等效的 SQL 语句。当查询设计完成后，单击建立的查询，选择“设计视图”，单击“工具”按钮并选择“SQL 视图”命令，即可查看该查询对应的 SQL 语句。

在数据库窗口中单击“查询”，选择“在设计视图中创建查询”命令，将在不添加表的情况下在功能区显示按钮，单击此按钮或其下的“SQL 视图”命令即可进入“SQL 视图”窗口。

在“SQL 视图”窗口中，可以通过直接编写 SQL 语句来实现查询功能。SQL 语句最基本的语法结构是“SELECT... FROM... [WHERE] ...”，其中 SELECT 表示要选择显示哪些字段，FROM 表示从哪些表中查询，WHERE 说明查询的条件，缺省时对全体记录操作。

下面简单介绍 SQL 中常用的语句。

1）SELECT 语句（查询）

基本格式：SELECT 字段名表 [INTO 目标表] FROM 表名 [WHERE 条件]
[ORDER BY 字段] [GROUP BY 字段 [HAVING 条件]]

功能：在指定表中查询有关内容。

说明：

（1）ORDER BY 字段：按指定字段排序。

（2）GROUP BY 字段：按指定字段分组。

（3）HAVING 条件：设置分组条件。

（4）INTO 目标表：将查询结果输出到指定目标表。

示例：查询“xsda”表中女同学的信息，并将查询结果输出到“女生”表。

```
SELECT * INTO 女生 FROM xsda WHERE 性别="女"
```

2）UPDATE 语句（字段内容更新）

基本格式：UPDATE 表名 SET 字段=表达式 [WHERE 条件]

功能：对指定表中满足条件的记录，用指定表达式的内容更新指定字段。

示例：将班级编号“201001”修改为“201010”。

UPDATE xsda SET 班级编号 =" 201010" WHERE 班级编号 ="201001"

3）INSERT 语句（插入记录）

基本格式：INSERT INTO 表名（字段名表）VALUES（内容列表）

功能：在指定表中插入记录，以指定内容列表中的内容为字段内容。

示例：在“xsda”表插入一条记录。

INSERT INTO xsda（学号，姓名，性别，出生日期，班级编号）

VALUES（"201001011"，"张山"，"女"，#1/1/1990#，"201001"）

4）DELETE 语句（删除记录）

基本格式：DELETE　FROM 表名［WHERE 条件］

功能：删除指定表中符合条件的记录。

示例：删除 xsda 表中班级编号为“201001”的所有记录。

DELETE FROM xsda WHERE 班级编号 ="201001"

7.6　窗　　体

窗体又称为表单，是 Access 数据库的重要对象之一。窗体既是管理数据库的窗口，又是用户和数据库之间的桥梁。通过窗体可以方便地输入、编辑、查询、排序、筛选和显示数据。Access 利用窗体将整个数据库组织起来，从而构成完整的应用系统。

7.6.1　窗体类型和窗体视图

1. 窗体类型

Access 窗体有多种分类方法，通常是按功能、按数据的显示方式和显示关系分类。按功能分，窗体有数据操作窗体、控制窗体、信息显示窗体和交互信息窗体 4 种类型。不同类型的窗体完成不同的任务。

2. 窗体视图

为了能够从不同的角度与层面来查看窗体的数据源，Access 为窗体提供了多种视图，在不同的视图中，窗体以不同的布局形式来显示数据源。一般来说，在 Access 2010 环境下，窗体具有 6 种视图类型，即窗体视图、数据表视图、设计视图、数据透视表视图、数据透视图视图和布局视图。

7.6.2　创建窗体

1. 使用窗体向导创建窗体

（1）单击“创建”选项卡中的“窗体向导”按钮，在弹出的“窗体向导”对话框中选

中已经存在的学生表，并选择该表的部分字段，如图 7－19 所示。

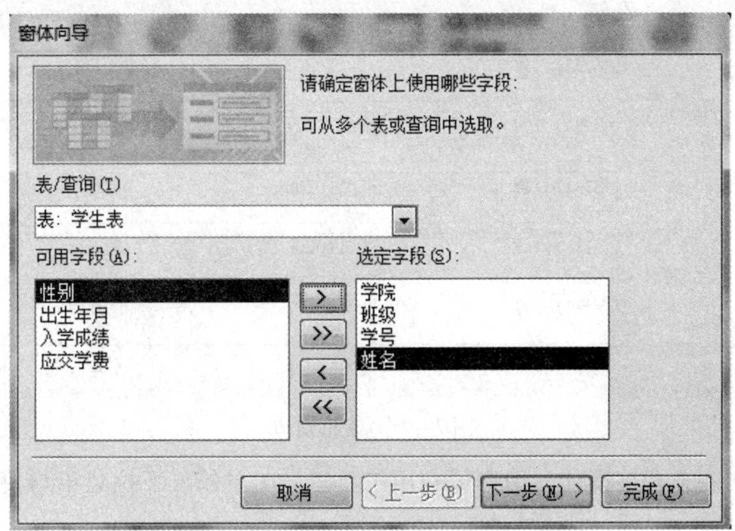

图 7－19　选择数据源中的字段

（2）单击“下一步”按钮，选择窗体布局为“表格”，如图 7－20 所示。

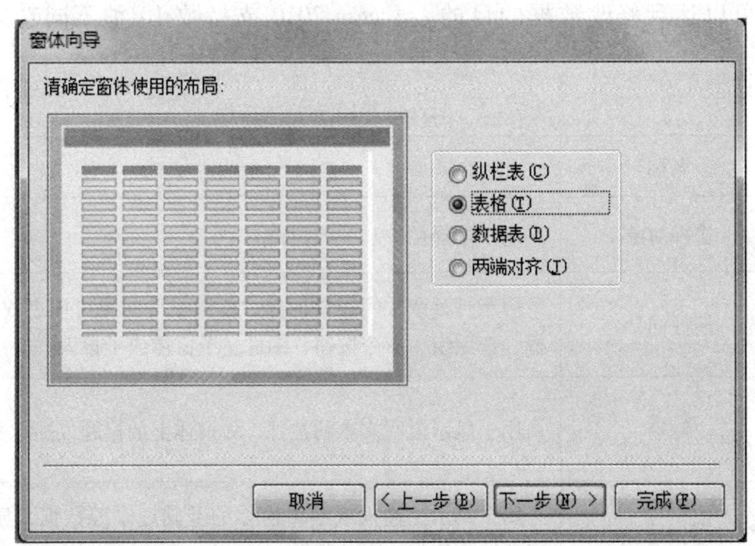

图 7－20　选择窗体布局

（3）单击“完成”按钮，出现如图 7－21 所示的表格窗体。

根据图 7－21 的表格窗体，通过窗体“设计视图”修改格式，即可得到最终结果。

2. 在设计视图中创建窗体

在设计视图中创建窗体具有以下特点。

（1）不但能创建窗体，而且能修改窗体。

学生表1

	学院	班级	学号	姓名
▶	计算机学院	信息11-1班	20110203	张兰
	计算机学院	信息11-1班	20110204	罗晓天
	计算机学院	信息11-1班	20110205	吴迪
	计算机学院	信息11-1班	20110206	任天行
	计算机学院	信息11-1班	20110207	向甜甜
	计算机学院	信息11-1班	20110208	杨可欣

图 7－21　表格窗体

（2）支持可视化程序设计，用户可利用工具栏、工具箱、下拉菜单与快捷菜单在窗体中创建与修改对象。

3. 自动创建窗体

在数据表中输入不同的数据可以实现更新数据表的目的，同样，在窗体中使用控件输入不同的数据也可以达到修改数据的目的。Access 2010 支持数 10 种不同功能的控件，如表 7－2所列。

表 7－2　Access 2010 支持的控件

控件符号	名称	功　能
	选择对象	用于选择控件、节或窗体
	控件向导	用于打开或关闭控件向导。使用控件向导可以创建列表框、组合框、选项组、命令按钮、图像、子窗体或子报表
Aa	标签	用于显示说明文本的控件，如窗体上的标题或提示文字
ab|	文本框	用于显示、输入或编辑窗体的基础记录源数据，显示计算结果，或者接收用户输入的数据
	选项组	与复选框、选项按钮（单选框）或切换按钮搭配使用，可显示一组可选值
	切换按钮	使用一个单独的控件绑定 Access 数据库中的“是/否”数据类型的字段
	选项按钮（单选框）	使用一个单独的控件绑定 Access 数据库中的“是/否”数据类型的字段

续表

控件符号	名称	功能
☑	复选框	使用一个单独的控件绑定 Access 数据库中的“是/否”数据类型的字段
	组合框	组合了列表框和文本框的特性，可以在文本框中输入文字，也可以在列表框中选择输入项
	列表框	显示可以滚动的数值列表。在窗体视图中，可以从列表框中选择值输入到新记录中，或者更改现有记录中的值
	命令按钮	用于完成各种操作，如查找记录、打印记录或应用窗体筛选
	图像	用于在窗体中显示静态图片。由于静态图片并非 OLE 对象，因此一旦将图片添加到窗体或报表中，就不能进行图片编辑
	未绑定对象框	用于在窗体中显示未绑定的 OLE 对象，如 Excel 表格
	绑定对象框	用于在窗体或报表中显示 OLE 对象。该控件针对的是保存在窗体或报表基本记录源字段中的对象
	分页符	在窗体上开始一个新的屏幕，或在打印窗体上开始一个新页
	选项卡控件	用于创建一个多页的选项卡窗体或选项卡对话框，也可以在选项卡控件上复制或添加其他控件
	子窗体/子报表	用于显示来自多个表的数据
	直线	在窗体上画直线
	矩形	显示图形效果，如在窗体中将一组相关的控件组织在一起
	其他控件	单击将弹出一个列表，可从中选择要添加到当前窗体内的控件

文本框控件、标签控件、组合框控件、列表框控件、选项卡控件、图像控件、复选框、切换按钮、选项按钮（单选框）等控件是窗体设计中最常用的控件。

1）文本框控件

文本框既可以用于显示指定的数据，也可以用来输入和编辑字段数据。文本框分为 3 种类型，即绑定（也称结合）型、未绑定（也称非结合）型和计算型。

2）标签控件

当需要在窗体上显示一些说明性文字时，通常使用标签控件（称为独立标签）。标签不显示字段的数值，没有数据源。

3）组合框控件和列表框控件

组合框控件和列表框在功能上是十分相似的。在很多场合下，窗体上输入的数据往往是取自某张表或查询中的数据，这种情况应该使用组合框控件或列表框控件。

4）选项卡控件

利用选项卡控件可以在有限的屏幕上摆放更多的可视化元素，如表格、文本、命令、图像等。如果要查看选项卡上的某些元素，只需单击相应的选项卡标签切换到相应的选项卡界面即可。

5）图像控件

使用图像控件可以在窗体中插入自定义图片，让用户制作出更加美观的窗体。对于插入窗体后的图像控件，还可以进一步调整其大小与位置。

6）复选框、切换按钮和选项按钮（单选框）

复选框、切换按钮和选项按钮（单选框）作为单独的控件用来显示表或查询中的“是/否”值，当选中复选框或选项按钮（单选框）时，设置为“是”，如果未选中则设置为“否”。

7.7 报　表

使用数据库时，一般使用报表来查看数据、设置数据格式和汇总数据。报表是一种数据库对象，可用来显示和汇总数据。报表可提供有关各个记录的详细信息和许多记录的汇总信息。报表也提供了一种分发或存档数据快照的方法，可以将它打印出来、转换为 PDF 或 XPS 文件或导出为其他文件格式。用户还可使用 Access 报表来创建标签以用于邮寄或其他目的。

7.7.1 报表和报表窗口的类型

在 Access 中，报表是按节来设计的，用户可在设计视图中打开报表以查看各个节。在布局视图中看不到这些节，但它们仍然存在，可使用“格式”选项卡中“选中内容”工具组来进行选择。若要创建有用的报表，则需要了解每个节的工作方式。节类型及其用途简单介绍如下。

（1）报表页眉，此节只在报表开头显示一次。报表页眉用于显示一般出现在封面上的信息，如徽标、标题或日期。当在报表页眉中放置使用“总和”聚合函数的计算控件时，将计算整个报表的总和。报表页眉位于页面页眉之前。

（2）页面页眉，此节显示在每页顶部。例如，使用页面页眉可在每页上重复报表标题。

（3）组页眉，此节显示在每个新记录组的开头。使用组页眉可显示组名。例如，在按产品分组的报表中，使用组页眉可以显示产品名称。当在组页眉中放置使用“总和”聚合函数的计算控件时，将计算当前组的总和。一个报表上可具有多个组页眉节，具体取决于已添加的分组级别数。

（4）主体，对于记录源中的每一行，都会显示一次此节内容。此位置用于放置组成报表主体的控件。

（5）组页脚，此节位于每个记录组的末尾。使用组页脚可显示组的汇总信息。一个报表上可具有多个组页脚，具体取决于已添加的分组级别数。

（6）页面页脚，此节位于每页结尾。使用页面页脚可显示页码或每页信息。

（7）报表页脚，此节只在报表结尾显示一次。使用报表页脚可显示整个报表的报表总和或其他汇总信息。

7.7.2 创建报表

1. 选择记录源

报表的记录源可以是表查询、命名查询或嵌入式查询。记录源必须包含要在报表上显示的数据的所有行和列。如果所需的数据包含在现有表或查询中，则可在导航窗格中选择该表或查询，然后继续执行下一步骤。如果记录源尚不存在，可先创建包含要使用的数据的表或查询，并在导航窗格中选择，然后继续执行下一步骤；或者直接执行下一步骤，在报表工具中选择“空报表”工具。

2. 选择报表工具

报表工具的分类如表 7－3 所列。

表 7－3　报表工具

按钮图像	工具	说　　明
	报表	创建简单的表格式报表，其中包含在导航窗格中已选择的记录源中的所有字段
	报表设计	在设计视图中打开一个空报表，可在该报表中只添加所需的字段和控件
	空报表	在布局视图中打开一个空报表，并显示出字段列表任务窗格。当将字段从字段列表拖到报表中时，Access 将创建一个嵌入式查询并将其存储在报表的记录源属性中
	报表向导	显示一个多步骤向导，允许指定字段、分组/排序级别和布局选项。该向导将基于所做的选择创建报表
	标签	显示一个向导，允许选择标准或自定义的标签大小、要显示哪些字段以及希望这些字段采用的排序方式。该向导将基于所做的选择创建报表

3. 创建报表

单击所要实现的功能所对应的按钮，如果出现向导，则按照向导中的步骤操作，然后单击最后一页上的“完成”按钮即可。

Access 会在布局视图中显示所创建的报表，调整报表格式直到符合要求。调整字段和标签大小的方法是选择字段和标签，然后按住鼠标左键拖动边缘，当达到需要的大小时松开鼠标即可。选择一个字段及其标签（如果有），然后拖到新位置来移动字段。右击一个字段，使用快捷菜单上的命令，合并或拆分单元格、删除或选择字段以及执行其他格式化任务，创建后的报表如图 7-22 所示。

学生表1

学院	班级	学号	姓名	性别
计算机学院	信息11-1班	20110203	张兰	女
计算机学院	信息11-1班	20110204	罗晓天	男
计算机学院	信息11-1班	20110205	吴迪	男
计算机学院	信息11-1班	20110206	任天行	男
计算机学院	信息11-1班	20110207	向甜甜	女
计算机学院	信息11-1班	20110208	杨可欣	女

图 7-22　报表

7.7.3　美化报表

创建报表后，还可使用下列功能使报表更加美观易读。

（1）添加分组、排序或汇总。

（2）使用“主题”获得专业外观。

（3）预览和打印报表。

本章小结

本模块主要介绍了数据库的基本知识，以及如何使用 Microsoft Access 2010 软件进行数据库的创建和数据的管理。通过对本章的学习，应对数据信息的概念有了初步理解，了解数据库管理系统并掌握 Access 的基本操作。

第 8 章

程序设计与算法

8.1 程序设计与计算机语言

程序设计就是使用计算机程序设计语言编写程序的过程，当计算机解决某一问题时，无论是简单还是复杂，都必须按照程序的安排来进行。因此，要使计算机能按人的意图去处理问题，首先要把问题处理的过程和方法转换成程序。显然，程序设计就是为计算机安排工作步骤，使计算机能按预期目标完成各项任务。

语言是人们交流思想、传达信息的工具。人类在长期的历史发展过程中，为了交流思想、表达情况和交换信息，逐步形成了语言。这类语言，如汉语和英语，通常称为自然语言。另一方面，人们为了某种专门用途，创造出种种不同的语言，例如旗语和哑语，这类语言通常称为人工语言。专门用于人与计算机之间交流信息的各种人工语言称为计算机语言或程序设计语言。

8.1.1 程序设计

程序设计（Programming）是指设计、编制、调试程序的过程和方法，其内容涉及有关的程序基本概念、编程工具、方法以及方法学等。由于程序是软件的本体，软件的质量主要是通过程序的质量来体现的，因此在软件研发中，程序设计非常重要。

8.1.2 设计步骤

程序设计就是使用各种程序设计语言编写程序代码来驱动计算机完成特定功能的过程。程序设计的基本步骤是由分析所求解的问题、建立数学模型、确定数据结构并设计算法、画出流程图并编写程序、调试运行程序直至得到正确结果、整理文档等 6 个阶段所组成的，如图 8－1 所示，其具体设计步骤如下。

（1）确定要解决的问题，对任务进行调查分析，明确要实现的功能。

（2）对要解决的问题进行分析，找出运算和变化规律，建立数学模型。当一个问题有多个解决方案时，选择适合计算机解决问题的最佳方案。

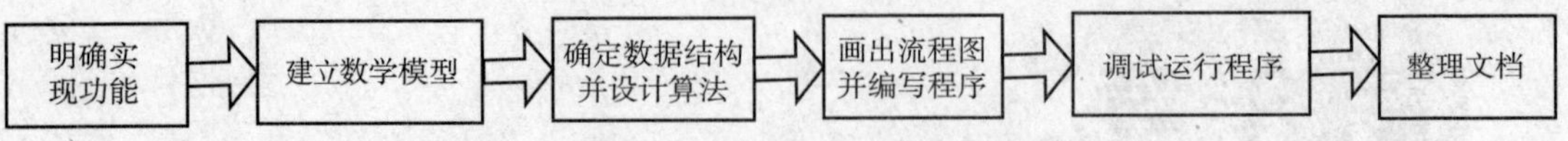

图 8－1　程序设计的基本步骤

（3）依据解决问题的方案确定数据结构并设计算法。

（4）绘制流程图并根据算法选择一种合适的计算机语言来编写程序。

（5）通过反复执行所编写的程序找出程序中的错误，直到程序的执行效果达到预期的目标。

（6）对解决问题整个过程的相关资料进行整理，编写程序使用说明书。

8.1.3　程序设计分类

1. 结构化程序设计

1）结构化程序设计的基本观点

结构化程序设计的基本观点是：随着计算机硬件性能的提高，程序设计的目标不再集中于如何充分发挥硬件的效率，新的程序设计方法就以结构清晰、可读性强、易于分工合作编制和调试程序为基本目标。结构化程序设计思想认为，好的程序应具有层次化的结构，应该采用“逐步求精”的方法，使用顺序、分支和循环等基本程序结构通过组合、嵌套来编写。

2）程序控制结构

程序一般由若干子程序构成，而子程序又是语句构成的。对于程序员来说，程序设计工作的一个主要内容，就是如何将解决问题的算法，用某种语言，按照一定的结构编写成语句和子程序。

结构化设计方法是以模块化为中心，将待开发的软件系统划分为若干个相互独立的模块，这样就使完成每一个模块的工作变得单纯而明确，为设计一些较大的软件打下良好的基础。由于模块间相互独立，所以在设计一个模块时，不会受到其他模块的干扰，因而可将一个复杂的大问题分解为若干个简单的小问题来处理，即编写一系列简单的小模块。模块的独立性还为扩充已有的系统、建立新系统带来不少方便。按照结构化程序设计方法设计出的程序具有结构清晰、可读性好、易于修改、易于扩充和容易调试的优点。结构化程序设计包括 3 种结构，即顺序结构、选择结构和循环结构。

（1）顺序结构是最自然的一种结构，如图 8－2 所示。由前到后，一条语句接着一条语句地执行。先执行“程序模块 1”再执行“程序模块 2”。从逻辑上看，模块 1 和模块 2 可以合并为一个模块。但无论怎样合并，新程序模块也只能从模块入口进入，一条语句接着一条语句去执行，当执行完所有的语句后，再从新模块出口退出模块去执行其他的程序模块。但试想，一个程序不可能只由顺序结构构成，在日常工作和生活中，当要处理一个问题时，往往需要根据不同的条件去进行不同的处理，还有时要对某些条件重复地进行某些操作，编程也一样，因此就需要在程序中引入选择结构和循环结构。

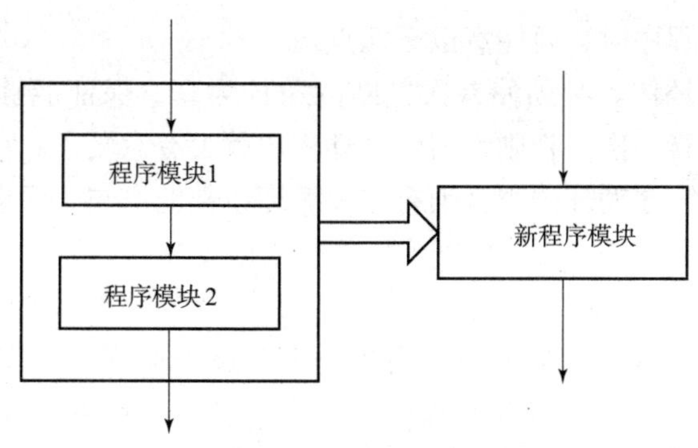

图 8－2　顺序结构

（2）选择结构如图 8－3 所示，从图中可以看出，根据逻辑条件是否成立，分别选择执行模块 1 或模块 2，虽然选择结构比顺序结构稍微复杂一些，但是仍可以看成一个只有一个入口和一个出口的新程序模块。

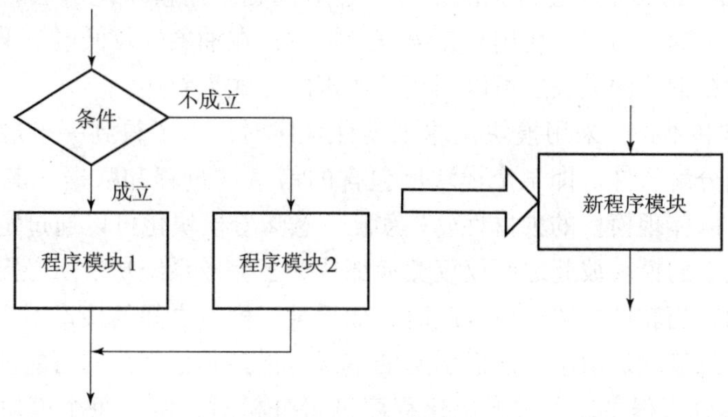

图 8－3　选择结构

（3）循环结构分为两种类型，如图 8－4 所示，第一种类型为：在进入循环结构时，首先判断条件是否成立，如果条件成立，则执行程序模块，执行后，再去判断循环条件，如果成立再去执行程序模块，如此循环往复，直到条件不成立时退出程序模块。第二种类型为：在进入循环结构时，先执行一次程序模块，执行后再去判断循环条件，如果条件成立则再去执行程序模块，如此循环往复，直到条件不成立时退出程序模块；如果不成立，则直接退出程序模块。

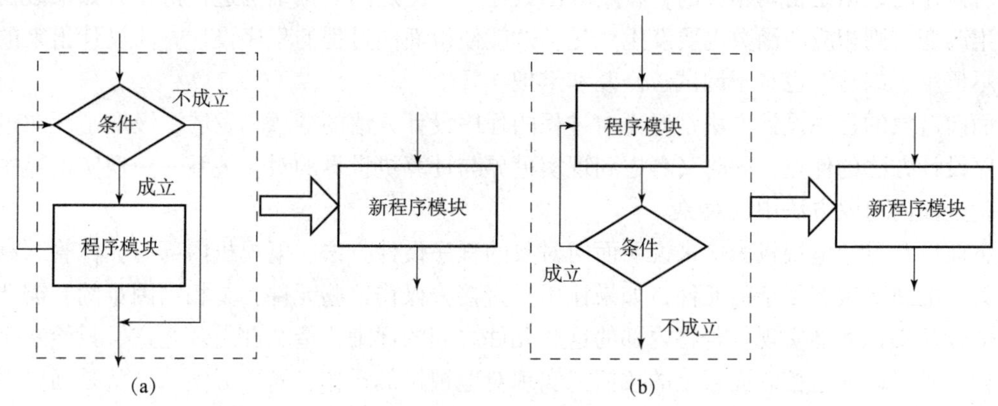

图 8－4　循环结构

在编写循环结构的程序时，要注意以下两点。

①保证能够进入循环体。必须使首次判断的条件为真，保证能够进入循环体。也就是说，至少要使循环体执行一次，否则编写的循环程序就没有意义了。

②不能出现死循环。在循环体中必须有修改循环条件的语句，保证循环在执行有限次后能够退出，不会出现死循环。

3）结构化程序的特点

结构化程序设计的基本思想是采用“自顶向下、逐步求精”的程序设计方法和“单入单出”的控制结构。具有结构化特点的程序，实际上是由一些具有相对独立功能、结构清晰、容易理解的小程序模块连接起来的顺序结构。在进行具体的程序设计时，可以将这些相对独立的小程序用过程和函数等编程手段定义成“模块”，即将程序模块化。程序模块化的优点在于以下 4 个方面。

(1) 便于将复杂的问题转化为个别的小问题，从而容易实现“逐个击破”。

(2) 便于从抽象到具体地进行程序设计，当对问题采用模块化解法时，可以提出许多抽象的层次。在抽象的最高层，使用自然语言来描述；在抽象的较低层，采用比较具体化的方法来描述；最后在抽象的最底层可以用直接实现的方式来叙述。

(3) 便于测试和维护。采用模块化原则设计程序时，为了得到一组最佳模块，应当遵循信息隐蔽的原则分解软件。即某个模块所包含的信息（过程和数据）其他模块不需要知道，即不能访问，以体现模块的独立性。“隐蔽”意味着模块化可以通过定义一组独立的模块来实现，这些独立的模块彼此之间仅仅交换那些为了完成系统功能所必需的信息。在测试和以后的维护期间，当软件需要进行修改时，如果某一模块之间的接口不变，每个模块内部的具体细节可以任意修改，由于疏忽而引起的错误传播到其他部分的可能性很小。

(4) 便于理解分析程序，在对模块化程序进行分析时，由于每个模块功能明确，彼此独立，所以可以采用自底向上的分析方法，首先确定每个模块的功能，进而完成整个程序。

2. 面向对象的程序设计

在面向对象的程序设计技术（Object Oriented Programming，OPP）出现前，程序员们一般采用面向过程的程序设计方法（Process Oriented Programming，POP）。面向过程的程序设计方法采用函数来完成对数据结构的操作，但又将函数和所操作的数据结构分离开来。但函数和所操作的数据是密切相关的，特定的函数往往对特定的数据结构进行操作；如果数据结构发生改变，则相应的函数也要发生变化。这就使得面向过程的程序设计方法设计出来的大程序不但难于编写，也难于调试、修改和维护。

面向对象的程序设计方法是对面向过程的程序设计方法的继承和发展，汲取了面向过程的程序设计方法的优点，同时又考虑到现实世界与计算机世界的对应关系——现实世界中的实体就是面向对象方法中的对象。

下面以常见的电视机为例来说明面向对象的程序设计方法。电视机内部有显像管、高压包、集成电路等很多复杂的元件，如果让用户直接去操作这些元件，是相当困难的，需要有一定的专业知识才能实现。若将内部的这些元件之间的详细构造全部封装起来，只给一个控制面板，则可以通过控制面板上的按钮来实现对电视机的操作，简单方便。这就是面向对象程序设计中所谓的“封装”，电视机就是“对象”，而对电视机的操作就是“方法”。

8.1.4 基本规范

程序设计规范是进行程序设计的具体规定。程序设计是软件开发工作的重要部分，而软件开发是工程性的工作，所以要有规范。

1. 源程序文档化

源程序文档化主要包括符号名的命名、程序注释和程序的视觉组织。

（1）符号名的命名。符号名的命名应具有一定的实际含义，以便于对程序功能的理解。

（2）程序注释。正确的注释能够帮助读者理解程序。注释分为序言性注释和功能性注释。序言性注释通常位于每个程序的开头部分，给出程序的整体说明，主要描述内容可以包括程序标题、程序功能说明、主要算法、接口说明、开发简历等。功能性注释嵌在源程序体之中，主要描述其后的语句或程序是做什么的。

（3）视觉组织。为了使程序结构一目了然，在程序中利用空格、空行、缩进等技巧可以使程序逻辑结构清晰、层次分明。

2. 语句的结构

语句力求简单直接，不应该为提高效率而使语句复杂化。

（1）在一行内只写一条语句，并采用适当的缩进格式，使程序的逻辑和功能变得明确。

（2）尽可能使用库函数。

（3）避免使用临时变量而使程序的可读性降低。

（4）避免使用无条件转移语句。

（5）避免使用复杂的条件语句。

（6）避免过多的循环嵌套和条件嵌套。

（7）要模块化，使模块功能尽量单一。

（8）除非对效率有特殊要求，否则程序编写要做到清晰第一、效率第二。

3. 输入和输出

输入、输出格式往往是决定了用户对应用程序是否满意的一个因素，应尽可能方便用户的使用。

（1）对所有的输入数据都要检验其合法性。

（2）检查输入项的各种重要组合的合理性。

（3）输入格式要简单，输入的步骤和操作尽可能简洁。

（4）输入数据时，应允许使用自由格式。

（5）输入一批数据时，最好使用输入结束标志。

（6）在以交互式输入/输出方式进行输入时，要在屏幕上使用提示符明确提示输入的请求，同时在数据输入过程中和输入结束时，在屏幕上给出状态信息。

（7）当程序设计语言对输入格式有严格要求时，应保持输入格式与输入语句的一致性。

8.1.5 程序设计语言

程序设计语言（Programming Language）是用于编写计算机程序的语言。语言的基础是一组记号和一组规则。根据规则由记号构成的记号串的总体就是语言。在程序设计语言中，这些记号串就是程序。

程序设计语言包含3个方面，即语法、语义和语用。语法表示程序的结构或形式，亦即表示构成程序的各个记号之间的组合规则，但不涉及这些记号的特定含义，也不涉及使用者。语义表示程序的含义，亦即表示按照各种方法所表示的各个记号的特定含义，但也不涉及使用者。语用表示程序与使用的关系。

程序设计语言的基本成分有数据成分、运算成分、控制成分和传输成分。数据成分用于描述程序所涉及的数据；运算成分用于描述程序中所包含的运算；控制成分用于描述程序中所包含的控制；传输成分用于表达程序中数据的传输。

8.1.6 语言分类

按照语言级别可以分为低级语言和高级语言。低级语言有机器语言和汇编语言。低级语言与机器有关，功效高，但使用复杂、烦琐、费时、易出错。机器语言是表示成数码形式的机器基本指令集，或者是操作码经过符号化的基本指令集。汇编语言是机器语言中地址部分符号化的结果，或进一步包括宏构造。高级语言的表示方法要比低级语言更接近于待解问题的表示方法，其特点是在一定程度上与具体机器无关，易学、易用、易维护。

根据程序设计语言发展的历程，可将其大致分为4类，具体如下。

1. 机器语言

机器语言是用二进制代码表示的计算机能直接识别和执行的机器指令的集合，即处理器的指令系统。处理器类型不同的计算机，其机器语言是不同的，按照一种计算机的机器指令编制的程序，不能在指令系统不同的计算机中执行。机器语言的优点是能够被计算机直接识别、执行速度快。其缺点是难记忆、难书写、难编程、易出错、可读性差、可移植性差。

2. 汇编语言

为了克服机器语言的缺点，人们采用与代码指令实际含义相近的英文缩写词和字母的数字符号来取代指导代码，产生了汇编语言（也称为符号语言），汇编语言是由一条条助记符所组成的指导系统。使用汇编语言编写的程序（汇编语言源程序），计算机不能直接识别，需要由一种具有翻译作用的程序（汇编程序），将其翻译成机器语言程序（目标程序），计算机方可执行，这一翻译过程称之为汇编。

不同指导集的处理器系统都有自己相应的汇编语言。因此汇编语言与机器语言一样，可移植性较差。但汇编语言比机器语言更直观，其每一条符号指令与相应的机器指令均有对应关系，同时又增加了一些诸如宏、符号地址等功能，存储空间的安排可由计算机解决，减少了程序员的工作量，也减少了出错率。

3. 高级语言

计算机技术的发展，促使人们去寻求一些与人类自然语言相接近且能为计算机所接受的语义确定、规则明确、自然直观和通用易学的计算机语言。这种与自然语言相近并为计算机所接受和执行的语言称为高级语言。用高级语言编写程序时，程序员可以不必了解计算机的内部逻辑，而主要考虑问题的解决方法。高级语言的源程序需要翻译成机器语言程序才能执行，翻译方式有两种，即编译方式和解释方式。编译方式是由编译程序将高级语言的源程序翻译成目标程序；解释方式是由解释程序对高级语言的源程序逐条翻译执行，不生成目标程序。

1）传统的高级程序设计语言

1954 年，约翰·巴克斯发明了 FORTRAN 语言。FORTRAN 语言是最早出现的高级程序设计语言，主要应用在科学和工程计算领域。

1958 年，在 FORTRAN 的基础上改进的 ALGOL 语言诞生，与 FORTRAN 相比，ALGOL 的优点是引入了局部变量和递归过程的概念，提供了较为丰富的控制结构和数据类型，对后来的高级语言的发展产生了深刻的影响。

1960 年出现的 COBOL 是商用数据处理应用中广泛使用的标准语言。COBOL 通过性强，容易移植，并提供了与事务处理有关的大范围的过程化技术。COBOL 是世界上最早实现标准化的语言，它的出现、应用与发展改变了人们认为计算机只能用于数值计算的观点。

1964 年，汤姆·库斯和约翰·凯孟尼创建了被称为“初学者通用符号指导代码”的 BASIC 语言。目前 BASIC 语言有多种版本，Microsoft Visual BASIC 是目前使用最广泛的 BASIC 语言开发工具，提供了一个可视的开发环境，具有图形设计工具、面向对象的结构化事件驱动编程模式和开放的环境，使用户可以既快又简单地编制出 Windows 的各种应用程序。

2）通用的结构化程序设计语言

结构化程序设计语言的特点是具有很强的过程功能和数据结构功能，并提供结构化的逻辑构造。这一类语言的代表有 Pascal、C 和 Ada 等，它们都是从 ALGOL 语言派生出来的。

Pascal 语言体现了结构化程序设计的思想，以系统、精确、合理的方式表达了程序设计的基本概念，特别适合用来进行程序设计和高级语言的教学。

C 语言既有高级语言的特点，又可以实现汇编语言的许多功能，因此适用于编写系统软件和应用软件。C 语言的主要特点是具有丰富的数据结构、基本程序结构是函数调用、支持用户自定义函数以扩充语言的功能、与汇编语言接口好、具有丰富的函数库、具有比较强的图形处理功能。

Ada 语言是由美国国防部出资开发的，作为一种用于嵌入式实时计算机设计的标准语言。

3）专用语言

专用语言是为特殊的应用而设计的语言，通常具有自己特殊的语法形式，面向特定的问题、输入结构及词汇，与该问题的相应范围密切相关。代表性的专用语言有 APL、LISP、PROLOG、C ++ 、Java 等。

APL 是一种简单的对数组和向量的处理非常有效的语言。几乎不支持结构化设计和数据类型划分，但拥有丰富的操作运算符，主要用来解决一些数学计算问题。

LISP 是一种人工智能领域专用的语言，特别适用于组合问题中的符号运算和表处理。

PROLOG 是另一种广泛用于专家系统构造的程序设计语言，提供了支持知识表示的特性。这种语言用一种称为 Term 的统一的数据结构来构造所有的数据和程序，每一个程序都由一组代表事实、规划和推理的子句组成，特别适合于处理对象及其相互关系的问题。

C++有丰富的类库和函数库，可嵌入汇编语言中，使程序优化，但这种语言难于学习和掌握，需要有 C 语言编程的基础经验和较为广泛的知识。

Java 是一种简单的、面向对象的、分布式的、强大的、安全的、解释的、高效的、结构无关的、易移植的、多线程的、动态的语言。Java 语言接近C++，但做了许多重大修改。Java 中提供了附加的例程库，通过例程库的支持，Java 应用程序能够自由地打开和访问网络上的对象，就像在本地文件系统中一样。Java 有建立在公共密钥技术上的确认技术，指示器语义的改变将使应用程序不能再去访问以前的数据结构或私有数据，这样大多数病毒也就无法破坏数据，因而使用 Java 可以构造出无病毒、安全的系统。

4. 4GL 语言

4GL 语言的出现，将语言的抽象层次又提高到一个新的高度。与其他人工语言一样，4GL 语言也采用不同的文法表示程序结构和数据结构，但其是在更高一级的抽象层次上表示这些结构，不再需要规定算法的细节。关系数据库的标准语言 SQL 即属于这类语言。

4GL 语言兼有过程性和非过程性的两重特性。程序规定条件和相应的动作，属于过程性的部分；程序需要指出想要的结果，属于非过程部分，然后由 4GL 语言系统运用其专门领域的知识来填充过程细节。

8.2 算法概述

8.2.1 计算机程序与算法

算法和程序是有区别的。程序是某种计算机语言对算法的具体实现；算法是对解题步骤（过程）的描述，可以与计算机无关。可以用不同的计算机语言编写程序实现同一个算法，算法只有转换成计算机程序后才能在计算机上运行。

算法是对解决某一特定问题的操作步骤的具体描述。简单地说，算法就是解决一个问题而采取的方法和步骤。如打电话，要拨电话→接通后通话→结束通话，这就是通话算法；植树的过程，就是挖坑→栽树苗→培土→浇水，这就是植树算法。

在计算机科学中，算法是描述计算机解决给定问题的有明确意义操作步骤的有限集合。计算机算法一般可以分为数值计算机算法和非数值计算机算法。数值计算机算法就是对所给的问题求数值解，如求函数的极限、求方程的根等；非数值计算算法主要是指对数据的处理，如对数据的排序、分类、查找及文字处理、图形图像处理等。

8.2.2 算法的特征

算法应具有以下基本特征。

可行性：算法中描述的操作必须是可执行的，通过有限次基本操作可以实现。

确定性：算法的每一步操作，必须有确切的含义，不能有二义性和多义性。

有穷性：一个算法必须保证执行有限步骤之后结束。

输入：一个算法有零个或多个输入，以描述运算对象的初始情况，所谓零个输入是指算法本身定出了初始条件。

输出：一个算法有一个或多个输出，以反映对输入数据加工后的结果。没有输出的算法是毫无意义的。

8.2.3 用自然语言描述算法

自然语言就是人们日常使用的语言，因此，用自然语言表示一个算法便于人们理解。

例 8.1 用自然语言描述交换两个变量值的算法。

两个变量的值不能直接交换，需借助中间变量采取间接交换的办法。设有变量 a、b 和中间变量 c。

解决问题的算法如下。

（1）输入两个值到变量 a 和变量中 b。

（2）将变量 a 的值赋给中间变量 c。

（3）将变量 b 的值赋给变量 a。

（4）将中间变量 c 的值赋给变量 b。

例 8.2 用自然语言描述求 $sum=1+2+\cdots+100$ 的算法。

解决问题的算法如下。

（1）将 0 赋给变量 sum。

（2）将 1 赋给变量 n。

（3）计算 $sum+n$，将结果存入变量 sum 中。

（4）取下一个自然数（$n+1$）给变量 n。

（5）若 n 小于或等于 100，则重复步骤（3）和步骤（4）否则继续下一步。

（6）输出累加和 sum。

用自然语言表示算法，虽然容易表达也易于理解，但文字冗长且模糊，在表示复杂算法时也不直观，而且往往不严格。对于同一段文字，不同的人会有不同的理解，容易产生“二义性”。因此，除了很简单的问题以外，一般不用自然语言表示。

8.2.4 用伪代码描述算法

伪代码，就是利用文字和符号的方式来描述算法的一种语言。在实际应用中，人们往往采用接近于某种程序设计语言的代码形式作为伪代码，这样可以方便编程。

例 8.3 用伪代码描述求 *sum* = 1 + 2 + ⋯ + 100 的算法。

```
BEGIN
  sum = 0
  n = 1
    FOR  n = 1  TO  STEP  1
      sum = sum + n
    ENDFOR
END
```

8.2.5 用流程图描述算法

流程图是用一些图形符号、箭头线和文字说明来表示算法的框图。用流程图表示算法的优点是直观形象、易于理解，能将设计者的思路清楚地表达出来，便于以后检查修改和编程。

美国国家标准化协会规定了如下一些常用的流程图符号，如图 8 - 5 所示。

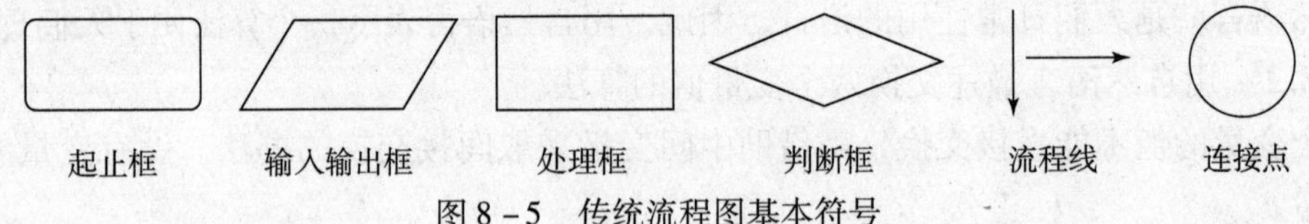

图 8 - 5　传统流程图基本符号

通常，在各种符号上加上简要的文字说明，以进一步表明该步骤所要完成的操作。

例 8.4 用流程图描述求 *sum* = 1 + 2 + ⋯ + 100 的算法，如图 8 - 6 所示。

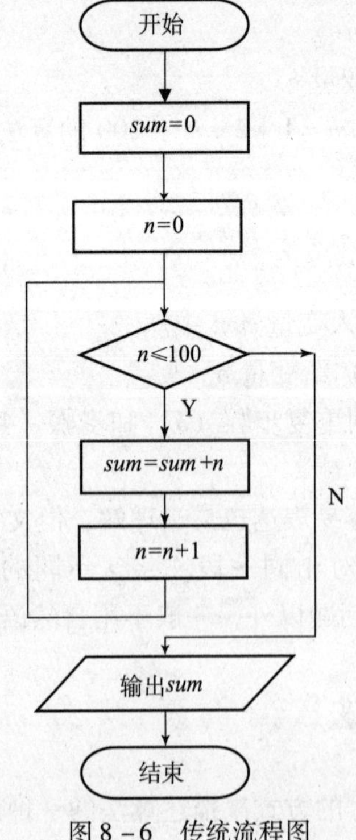

图 8 - 6　传统流程图

8.2.6 使用计算机软件绘制流程图

1. Microsoft Office Visio 软件

使用 Microsoft Office Visio 软件可以帮助用户快速创建具有专业外观的各种图表，以便理解记录和分析信息、数据、系统和过程。在使用 Visio 时，以可视方式传递重要信息。打开模板，将形状拖放到绘图中并添加相关文字说明，便可轻松完成各种图表的制作。Visio 的操作界面和具体应用（例如，绘制人力资源管理系统的总体功能结构）如图 8 -7、图 8 -8 所示。

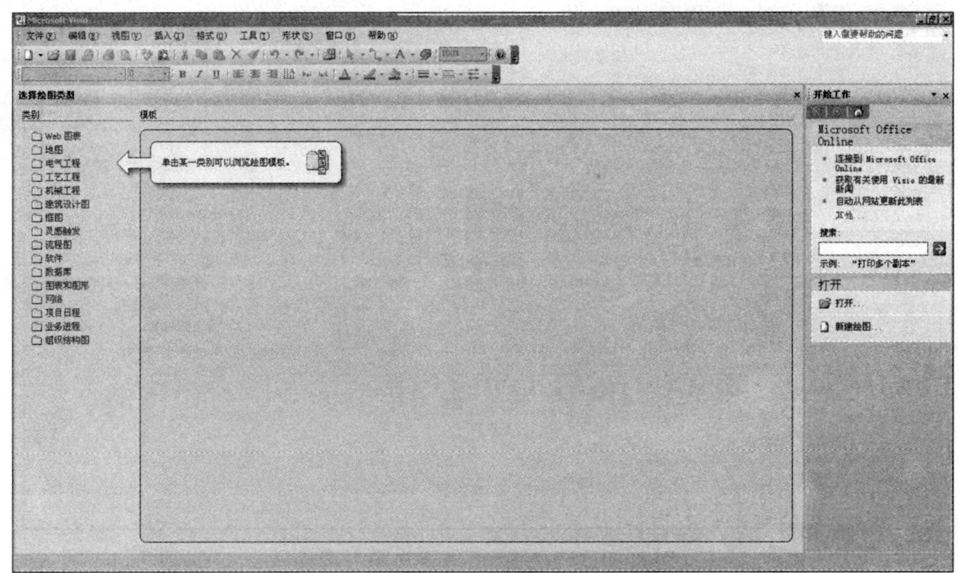

图 8 -7　Microsoft Office Visio 的操作界面

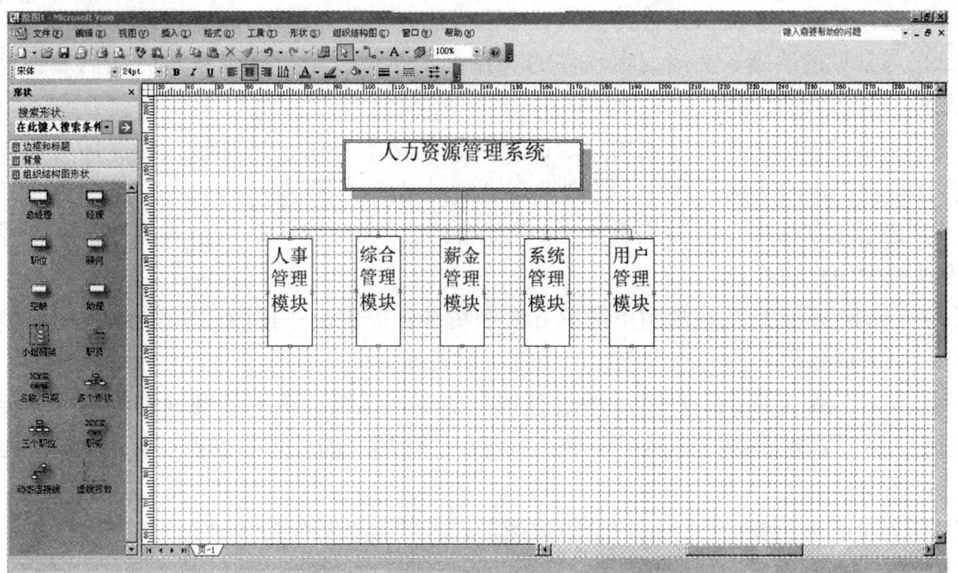

图 8 -8　绘制人力资源管理系统的总体功能结构

2. 亿图图示专家

亿图是一款综合矢量绘制软件，具有新颖小巧、功能强大等优点，可以很方便地绘制各种专业的流程图、组织结构图、网络拓扑图、思维导图、图表、科学设计图等。界面如图 8－9 所示。

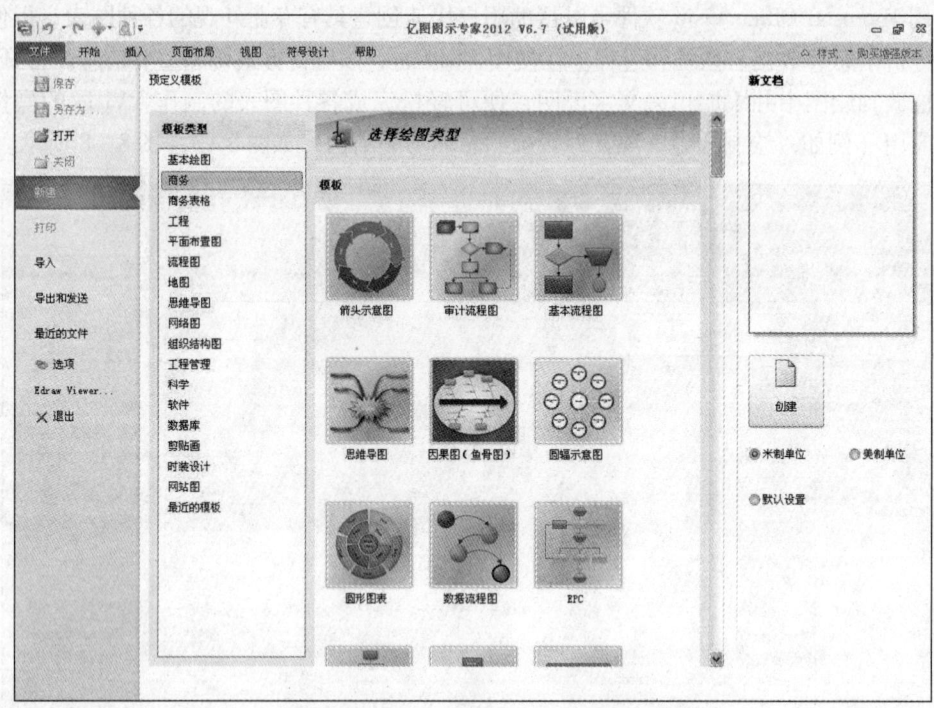

图 8－9 “亿图图示专家”软件界面

该软件具有以下特点。

（1）人性化设计。提供完善的绘制、修改方法，各种显示模式之间可随意切换。

（2）与常见的绘图、文档编辑软件的操作方式相似，用户可以在短时间内掌握软件的使用方法。

（3）丰富的预定义模板库让用户绘制图形无须从头开始，只要轻轻拖曳即可做出漂亮的图表。系统提供的实例模板库，让用户在绘图时思路开阔。

（4）模板形状库中全部为矢量绘图，缩放自如。支持插入其他格式的图形和对象，最大限度地减少用户输入量。

（5）绘图过程比用纸笔画图更简单方便和精准，提供统一排版、图层控制等格式设置，让用户轻松完成各类专业的流程图、网络图、软件设计图等。

（6）基本绘图工具让用户可以通过直线、曲线、弧线、矩形和椭圆工具等元素绘制出新的图形，并可以保存到图形模板库供日后使用，使用户的思想和创意能够淋漓尽致地体现在绘图过程中。

（7）矢量图形抗锯齿，令用户绘制的图形在任何角度都保持美观。

（8）无限撤销和重做功能，使用更加方便灵活。

（9）可以输出为亿图专用的绘图格式，或者各种通用的图形格式，用户可以将绘制好的图形直接嵌入到 Office 程序中来轻松制作图文并茂的文档。

(10) 所见即所得的操作方式，使用户可以将任何时候看到的绘图形状输出为各种通用的图形格式或直接打印。

用亿图绘制的销售管理系统业务功能图，如图 8 - 10 所示。

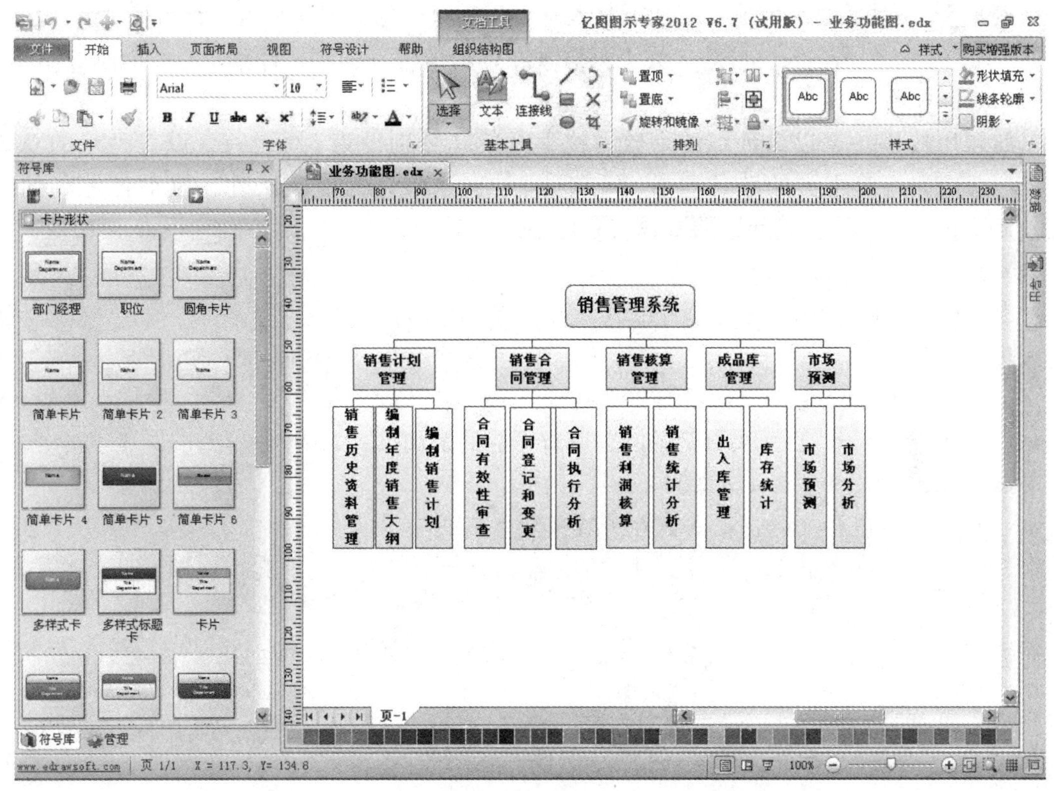

图 8 - 10 用亿图绘制的销售管理系统业务功能图

8.3 常用算法简介

8.3.1 枚举算法

枚举算法的基本思想是根据提出的问题，列举所有可能的情况，并用问题中给定的条件检验哪些是需要的，哪些是不需要的。因此，枚举算法常用于解决“是否存在”或“有多少种可能”等类型的问题，例如求解不定方程。

枚举算法的特点是算法比较简单。但当列举的可能情况较多时，执行枚举算法的工作量将会很大。因此，在用枚举算法时，应该重点注意优化方案，尽量减少程序运算量。通常，在设计枚举算法时，只要对实际问题进行详细的分析，将与问题有关的知识进行条理化、完备化、系统化处理，从中找出规律；或对所有可能的情况进行分类，引出一些有用的信息，便可以减少运算量。

枚举算法的设计步骤如下。

(1) 确定列举范围。

(2) 明确检验条件。

(3) 确定循环控制方式和列举方式。

例 8.5 百钱买百鸡问题：有假设某人有 100 元，打算买 100 只鸡。到市场一看，公鸡 3 元 1 只，小鸡 1 元 3 只，母鸡 2 元 1 只。现在，请编写一程序，计算怎样才能刚好用 100 元买 100 百只鸡?

此题用枚举法，以 3 种鸡的个数为枚举对象（分别设为 i，j，k），以 3 种鸡的总数（$i+z+k$）和买鸡用去的钱的总数（$i*3+j*2+k/3$）为检验条件，枚举各种鸡的个数。解决这个百钱买百鸡问题的 C 语言程序如下。

```
#include <stdio.h>
int main ()
{
    int i, j, k;
    printf (" 百元买百鸡的问题所有可能的解如下：\n");
    for ( i =0; i< = 100; i + + )
      for ( j =0; j < = 100; j + + )
        for ( k =0; k < = 100; k + + )
        {
            if ( 3 * i +2 * j + k/3 = =100 && k% 3 = =0 && i +j +k = =100 )
            {
                printf (" 公鸡 %2d 只，母鸡 %2d 只，小鸡 %2d 只\n", i, j,
k);
            }
        }
      return 0;
}
```

8.3.2 迭代算法

迭代法也称辗转法，是一种不断用变量的旧值递推新值的过程。迭代算法是用计算机解决问题的一种基本方法，利用计算机运算速度快、适合做重复性操作的特点，让计算机对一组指令（或一定步骤）进行重复执行，在每次执行这组指令（或这些步骤）时，都从变量的原值推出一个新值。

跟迭代法相对应的是直接法（或者称为一次解法），即一次性的快速解决问题，例如通过开方解决方程 $X^2=4$。一般情况下，直接解法总是优先考虑的。但当遇到复杂问题时，特别是在未知量很多，方程为非线性时，无法找到直接解法（例如5 次及更高次的代数方程没有解析解），这时候可以通过迭代法寻求方程（组）的近似解。

利用迭代算法解决问题，需要做好以下 3 个方面的工作。

1）确定迭代变量

在可以用迭代算法解决的问题中，至少存在一个直接或间接地不断由旧值递推出新值的变量，这个变量就是迭代变量。

2）建立迭代关系式

所谓迭代关系式，指如何从变量的前一个值推出其下一个值的公式（或关系）。迭代关系式的建立是解决迭代问题的关键，通常可以用顺推或倒推的方法来完成。

3）对迭代过程进行控制

在什么时候结束迭代过程是编写迭代程序必须考虑的问题。不能让迭代过程无休止地重复执行下去。迭代过程的控制通常可分为两种情况：一种是所需的迭代次数是确定的值，可以计算出来；另一种是所需的迭代次数无法确定。对于前一种情况，可以构建一个固定次数的循环来实现对迭代过程的控制；对于后一种情况，需要进一步分析出用来结束迭代过程的条件。

例 8.6 一家饲养场引进一只刚出生的新品种兔子，这种兔子从出生的下一个月开始，每月新生一只兔子，新生的兔子也如此繁殖。如果所有的兔子都不死去，请问到第 12 个月时，该饲养场共有兔子多少只?

不妨假设第 1 个月时兔子的只数为 u_1，第 2 个月时兔子的只数为 u_2，第 3 个月时兔子的只数为 u_3……根据题意，“这种兔子从出生的下一个月开始，每月新生一只兔子”，则有

$$u_1 = 1,\ u_2 = u_1 + u_1 \times 1 = 2,\ u_3 = u_2 + u_2 \times 1 = 4,\ \cdots\cdots$$

根据这个规律，可以归纳出下面的递推公式：

$$u_n = u_{n-1} \times 2\ (n \geqslant 2)$$

对应 u_n 和 u_{n-1}，定义两个迭代变量 y 和 x，可将上面的递推公式转换成如下迭代关系

$$y = x \times 2$$

$$x = y$$

让计算机对这个迭代关系重复执行 11 次，就可以算出到第 12 个月时的兔子数。参考程序如下。

```
#include <stdio.h>
int main ()
{
    int i, x =1, y;
    for (i =2; i < =12; i + +)
      {
  y =x *2;
x =y;
}
printf (" 第十二个月共有兔子数量 \n", y);
}
```

本章小结

计算机语言与程序设计、程序与算法是计算机技术的初学者最容易混淆和理解错误的几

个基本概念。计算机语言是用于编写计算机程序的语言；程序设计是伴随着计算机编程过程而产生的一种特殊技术。程序是某种计算机语言对算法的具体实现；算法是对解题步骤（过程）的描述，可以与计算机无关。本章主要介绍计算机语言、程序设计与算法的基本概念，通过本章的学习，掌握程序设计的分类、计算机语言的分类，掌握枚举算法和迭代算法的原理，并学会使用软件工具绘制流程图的方法。

参 考 文 献

[1] 张静. Office 综合应用[M]. 北京:清华大学出版社,2009.
[2] 王崇义. 信息技术应用——常用计算机工具软件[M]. 北京:中国人事出版社,2011.
[3] 李永平. 信息化办公软件高级应用[M]. 北京:科学出版社,2011.
[4] 阵建莉,廖广宁,文颖. 计算机应用基础[M]. 成都:西南交通大学出版社,2014.
[5]教育部考试中心. 全国计算机等级考试一级教程:计算机基础及 MS Office 应用(2015 版)[M]. 北京:高等教育出版社,2014.
[6] 徐辉. 大学计算机应用基础[M]. 北京:北京理工大学出版社,2015.
[7] 叶符明. SOL Server 2012 数据库基础及应用[M]. 北京:北京理工大学出版社,2013.
[8] 耿蕊. 大学计算机基础教程[M]. 北京:中国铁道出版社,2013.